U0501969

现代电子线路基础

（下册）

陆利忠　王志刚　编著

国防工业出版社

·北京·

内容简介

本教材是为适应电子线路课程教学改革需要,并结合作者多年从事教学、科研实践体会而编写的,内容包括:半导体器件和组件、信号放大器基础、模拟集成电路基础、集成运算放大器应用、功率电子电路、通信电子电路、传感器与信号处理电路、数字模拟混合电路和电子系统设计基础等。全书共有九章,分上下两册出版。

本教材编写以"分立电路讲基本原理、分立为集成服务"为宗旨,将"讲清基本原理、理论结合实际、培养创新意识"为指导思想,并力求处理好传统与现代、分立和集成、理论与实践以及与先修课程的衔接等关系。

为便于读者自学,本书各节均有内容小结和复习思考题,每章末有难易适中的练习题并附答案。另外还有学习指导书一册与本教材配套,有些受篇幅限制不宜写入教材的内容将它写入指导书中,便于感兴趣的读者进一步学习提高。

本书配有CAI课件。本教材可作为高等学校通信、电子信息工程等专业的本科生教材,也可作为从事相关领域工作的有关工程技术人员的参考书。

图书在版编目(CIP)数据

现代电子线路基础. 下册/陆利忠,王志刚编著.
—北京:国防工业出版社,2011.1
ISBN 978-7-118-07242-6

Ⅰ.①现... Ⅱ.①陆...②王... Ⅲ.①电子电路 - 教材 Ⅳ.①TN710

中国版本图书馆 CIP 数据核字(2011)第 006351 号

※

国防工业出版社出版发行
(北京市海淀区紫竹院南路 23 号 邮政编码 100048)
北京嘉恒彩色印刷有限责任公司
新华书店经售
*
开本 787×1092 1/16 印张 19¾ 字数 453 千字
2011 年 1 月第 1 版第 1 次印刷 印数 1—4000 册 总定价 83.00 元 上册 42.00 元
下册 41.00 元

(本书如有印装错误,我社负责调换)

国防书店:(010)68428422   发行邮购:(010)68414474
发行传真:(010)68411535   发行业务:(010)68472764

前　言

　　教学改革是一项长期而艰巨的任务。压缩课程课内学时,增加学生的自助、自主学习和实习、实践时间已成为教学改革的一个必然趋势。作为通信类和电子信息类各专业开设的一门重要的专业基础平台课程,如何做到在有限的教学学时内使学生了解更多的知识,掌握好电子线路的基本原理和分析方法,建立系统性概念和学会工程应用方法是我们编写本教材的一个基本出发点。

　　鉴于数字技术不可能完全取代模拟技术,基本电子器件及其线路仍然是电子技术的重要基础这一因素,本教材以模拟电子线路的基本原理和分析方法、常用电子电路的功能实现和应用等为主要内容。但考虑到当前模拟集成电路设计技术的长足进步和课程的工程实践性和应用性都很强这一特点,教材编写中始终贯彻"以分立电路讲基本原理、分立为集成服务"这一思想。将"讲清基本原理、理论结合实际、培养创新意识"作为教材的一条主线。为此,本教材在编写过程中力求注意处理好如下几个关系。

　　传统和现代、分立和集成的关系。虽然电子技术日新月异,但也不可能把新技术和新电路原封不动地搬进教材。为此我们在讲清基本电子电路原理的基础上,适当介绍一些新知识新内容,以拓宽读者视界。如在重点讲述通用集成运放原理的基础上,又介绍了一些新型运放的内容,如可编程模拟器件中采用的跨导运算技术和开关电流技术等。整套教材始终将集成电路放在主要地位,以分立元件电路为基础讲基本原理,以集成电路为应用,分立为集成服务。

　　理论与实践的关系。工程实践性是电子线路的一个最显著的特点,教材虽然以基本理论为主,但也结合实际内容。例如,重要的电路功能单元都有相应的实际应用电路配合;器件参数和电路指标常给出实际典型数值;例题和作业题电路中的元件数值均为实际标称系列值等。有些电路和内容是编者实际从事电子系统开发和应用的体会,如程序增益控制放大器、正确使用集成运算放大器和数字模拟混合电路中的部分内容等。

　　与其他课程的衔接关系。教材尽量把电子电路的分析方法与先修课程或已有的相关知识点联系起来。例如,晶体管的小信号等效电路从它的电流方程按动态是在静态基础上变化的思路导出,并把它和网络参数联系起来;振幅调制与频移定理联系起来讲解等。

　　注意内容的系统性和完整性。例如,把晶体管和场效应管的高频等效电路放到器件一章中讲述,使读者同时建立起高频和低频概念,以便更完整地理解电子器件;将运算放大器组件放到器件一章中讲述,把它视为一个功能强大的电子器件;小信号放大器中增加了放大器传输特性的有关内容,以便更全面理解放大器的工作状态和线性动态范围等。力求避免讲到哪里缺什么内容临时再补充什么内容的情况出现。

　　为了适应当前电子技术的发展趋势和能力培养要求,本教材适当精简了传统电子电路中较为陈旧的内容,如过多的分立元件晶体管电路内容、按步就班的分析方法、给定电路进行分析的正向思维定势等。而是适当增加了场效应管电路的内容,适当增加了逆向思考的内容。本教材还增加了典型传感器原理、传感器接口电路和应用;数字模拟混合电路和电子系统设计基础等方面的内容。使内容更系统更完整。

本教材也没有按照根据音频和射频范围建立起来的低频电子线路、高频电子线路的传统教材体系来编写,而是按照电路的作用功能区分编写,以突出它们的功能应用性。

为给读者提供课后复习和自助、自主学习的条件,教材中除了各节有小结、复习思考题和每章末有较丰富的习题并提供参考答案外,同时还编写了与教材配套的学习指导书作为本教材的一个补充,有些因受教材篇幅和学时限制或工程性过强的不宜写入教材的内容将它写入指导书,以便学有余力的读者进一步提高。

全书共有9章,分上、下两册出版,与之配套的还有《现代电子线路基础学习指导》书一册。配套的多媒体课件可以在国防工业出版社网站下载。全书教学计划120学时,上、下册各60学时。建议各章教学学时分配为:上册第1章14学时,第2章14学时,第3章10学时,第4章10学时,第5章10学时,机动2学时。下册第6章34学时,第7章10学时,第8章8学时,第9章6学时,机动2学时。

陆利忠编写第1章、第2章和第3章的3.3节、3.5节、3.6节,第4章的4.1节,第6章的6.4节~6.7节及附录,并负责全书统稿、最终修改定稿以及全书电子课件的编写和制作工作。刘文珂编写第4章的4.2节、4.3节和第6章的6.1节~6.3节,胡君杰编写第7章,孙红胜编写第3章的3.1节、3.2节、3.4节和第5章,彭振哲编写第8章和第9章。

清华大学董在望教授审阅了本书初稿并提出了指导性意见,在此向他表示崇高的敬意! 教材编写过程中也得到我校现代电子技术教研室其他教员的大力支持和帮助,刘高明、胡泽民、万方杰、田梅、苏敏敏等同志还指出了教材初稿试用过程中发现的一些错误,在此对他们表示衷心感谢!

由于编写时间仓促和编者水平有限,书中一定存在不少问题、疏漏和不当之处,恳请读者批评指正。

编著者
2010 年 12 月于郑州

本书常用符号表

（下　册）

符号	符号说明或示例		
A	A 增益 A_M 模拟乘法器增益	A_v 电压增益 A_p 功率增益	A_{vo} 谐振电压增益
B	BW 电路或信号的带宽	$BW_{0.7}$（BW_{3dB}）3dB 带宽	BW_u 单位增益带宽
C	C 电容 C_μ 晶体管集电结结电容 CMRR 共模抑制比	C_{ie} 晶体管输入电容 C_J 变容二极管电容	C_{oe} 晶体管输出电容 C_Σ 回路总电容
E	E 电场强度	E_G 禁带宽度	E_{GO} 温度 0K 时禁带宽度
F	F 噪声系数、传输函数或反馈系数 f_s 信号频率 f_r 参考频率	FSR 满量程 f_n 干扰频率 f_c 载波频率、控制频率 f_o 固有频率或本振频率	f 频率 f_I 中频频率 f_Ω 调制信号频率
G	G_s 信号谱密度 g 电导、跨导	G_n 噪声谱密度 g_d 鉴频跨导	g_c 混频跨导 g_o 谐振电导
I	I 直流电流、交流电流有效值 i_s 信号源电流	i 交流电流	i_i 交流输入电流 i_o 输出电流
K	K 热力学温度单位 k_p 调相灵敏度 K_o 压控灵敏度	k_a 调幅灵敏度 k_d 鉴相灵敏度 K_d 包络检波器检波系数	k_f 调频灵敏度 $K_{0.1}$ 矩形系数
L	L 电感	L_q 晶体等效电感	
M	M 互感系数 m_p 调相波调制指数	m_a 调幅波调制指数	m_f 调频波调制指数
N	N 分频系数、倍频系数	N 线圈匝数	
P	P 功率 $P_{\omega c \pm \Omega}$ 上、下边频功率 P_D 直流电源功率	p 微分算子、匝数比 P_c 集电极输出功率 P_T 耗散功率	P_c 载波功率 P_a 调幅波总功率
Q	Q 品质因数、电荷量 q 电荷电量	Q_o 回路固有品质因数	Q_L 回路有载品质因数
R	R 电阻 R_i 输入电阻 r_q 损耗电阻	R_L 负载电阻 R_F 反馈电阻 R_o 输出电阻	R_s 信号源内阻 r_d 二极管动态电阻 R_{id} 检波器输入电阻

(续)

符号	符号说明或示例		
S	S 脉动系数、开关函数 S_T 温度系数 S_n 灵敏度	s 拉氏算子 S_I 电流调整率 SFDR　无杂散动态范围	S_v 电压调整率 S_{np} 纹波抑制比
T	T 温度、环路增益 t_r 上升时间	T_r 变压器 t_d 延迟时间	t 时间 t_s 响应时间
V	VT 晶体管或场效应管 V_T 热电压 V_{REF} 直流参考电压 v_i 输入信号电压 v_e 误差电压 v_r 参考信号电压	VD　二极管 V_m 电压振幅值 V_{go} 带隙电压 v_o 输出电压 v_f 调频信号电压 v_c 载波信号电压	VD_Z 稳压二极管 v_Ω 调制信号电压 V_{Io} 失调电压 v_s 信号源电压 v_p 调相信号电压
X	X 电抗		
Y	Y、y 导纳 y_{fe} 晶体管正向传输导纳	y_{ie} 晶体管输入导纳 y_{re} 晶体管反向传输导纳	y_{oe} 晶体管输出导纳
Z	Z 阻抗	Z_C 特性阻抗	
β	β 晶体管共发射极电流放大系数		
α	α 晶体管共基极电流放大系数	$\alpha(\theta)$ 波形分解系数	α_T 温度系数
ω	ω、Ω 角频率 Ω 调制信号角频率 ω_I 中频角频率	ω_o 固有角频率、本振角频率或输出 信号角频率	ω_c 载波角频率 ω_s 输入信号角频率
σ	σ 电导率		
ρ	电阻率		
τ	τ 时间常数或延迟时间		
η	η 效率	η_c 集电极效率	
θ	θ 导通角	θ_f 调频波瞬时相位	θ_p 调相波瞬时相位
φ	φ 相角		
ξ	ξ 一般失谐	ξ 集电极电压利用系数	
Δ	Δ 增量或变化量 $\Delta\theta$、$\Delta\varphi$ 相位变化量	$\Delta\omega$ 角频偏 Δf_m 最大频偏	Δf 频率变化量、频偏

目　录

下　册

第6章 通信电子电路

　　人类社会的发展建立在信息交流的基础上,而通信技术使得人们克服了距离上的障碍,能够迅速而准确地传递信息。可以毫不夸张地说,通信是推动社会文明进步与发展的巨大动力。从原始的烽火狼烟,到近代的邮政服务、电报、电话、无线广播、电视,再到现代的互联网以及移动电话,通信技术越来越显著地影响着人们的日常生活、思维习惯以及行为模式,以至于当今社会的时代特征——信息时代,都深深地打下了通信技术的鲜明印记。实现"在任何时间、任何地点以任何方式进行可靠通信"是人类共同的理想。

　　随着信息时代的来临,完成各种通信任务的通信系统越来越多,构成各种通信系统的通信电路更是层出不穷。本章仅对各种通信系统共用的基本电路尤其是模拟电路进行分析,主要包括选频放大电路、振荡电路、调制与解调电路、变频电路和锁相与频率合成电路等,旨在为进一步学习通信电路知识,打下良好的基础。

6.1　通信系统的组成

6.1.1　通信系统的基本概念

　　通信的目的是要将信息从发信者传送到收信者。从广义上讲,一切将信息从发信者传送到收信者的过程都可视为通信(Communication),而实现信息传输过程的系统称为通信系统。

　　通信系统完成"通信"的整个过程包含"通"和"信"两个方面。所以,通信系统的任务就是要确保"畅通"和"可信"。

　　通信系统的典型框图如图6.1.1所示。其中,输入变换器把要传递的信息转换成相应的电信号,即基带信号,这种信号的频率一般比较低。

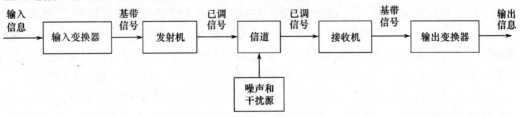

图 6.1.1　典型通信系统框图

　　发射机和接收机是现代通信系统的核心部件,是为了使基带信号在信道中有效和可靠地传输而设置的。

　　发射机将基带信号变换为适合于在信道中传输的信号,变换过程最主要是实现了基带信号对载波的调制。调制后的信号称为已调信号。发射机主要由载波产生器、调制器、功率放大器、天线等组成，其框图如图 6.1.2 所示。

以调幅发射机为例，载波产生器产生等幅高频正弦信号，称为载波，其频率称为载频。调制器的作用是用基带信号控制载波振幅，使其随基带信号幅度大小而变化，产生的已调信号称为调幅波，此时基带信号相应地称为调制信号。图 6.1.3 给出了基带信号为单音正弦波时，调幅波的波形示意图。从图中可以看出，调幅波幅度变化的规律与调制信号变化规律一致。或者说，已调波包含有调制信号的信息。

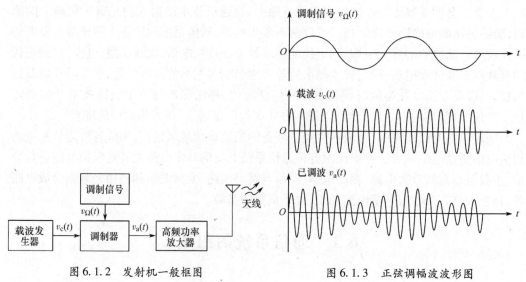

图 6.1.2　发射机一般框图　　　　图 6.1.3　正弦调幅波波形图

为什么基带信号必须调制到高频载波上送入信道进行发送呢？这主要基于如下几个原因：

（1）易于发射。因为只有当天线长度与发射信号波长相比拟时（一般是大于信号波长的 1/10），信号才能有效地发射。而基带信号的频率一般很低，波长很长，以致使天线过长难以实现。例如，语音信号频率范围是 20Hz ~ 3kHz，对应的波长为 100km ~ 15000km，而制作一个几千米长的天线是不现实的。而发射高频已调波，天线长度就可大为缩短，易于实现。

（2）实现信道复用。一般来讲被传输信号的带宽小于信道带宽，因此，一个信道只传输一个信号是很浪费的，但又不能同时传输多路信号，因为这将导致信号间干扰，然而，经过调制把各个信号的频谱搬移到指定的互不重叠的位置，就可以在一个信道里同时传输多路信号。这种在频率域内实现信道的多路复用称为频率复用。同样，在时间域内，也可将信号利用脉冲调制方法使多路信号交替传输实现信道复用，这种方法称为时间复用。

（3）改善系统性能。例如，经过调制，信号频谱被搬移到载频附近的某个频带内，有效带宽相对于最低频率而言很小，是一个窄带信号，在很窄的频带内，传输特性往往会比较均匀。再如，信号经一定方式的调制后可以提高它的带宽，从而提高抗干扰性。

信道是发射机和接收机之间传输已调信号的媒介，可分为有线信道和无线信道两类。有线信道包括架空明线、同轴电缆、波导管和光缆等。无线信道包括地球表面、地下、水下、地球大气层（如对流层、电离层等）及宇宙空间等。不同的信道有不同的工作频率范围,超出这个范围信号将不能在此信道中传输。频段划分与常用信道的工作频率范围如表6.1.1所列。

表6.1.1　常用信道工作频段划分

波段名称		波 段（波长范围）	频 段（频率范围）	传 输 信 道	
				无线信道	有线信道
甚 长[*] 波		1000km~100km	0.3kHz~3kHz	海 水	架空明线
超 长 波		100km~10km	3kHz~30kHz	海水、地表层、电离层、自由空间	架空明线、对称电缆
长 波		10km~1km	30kHz~300kHz		
中 波		1000m~200m	0.3MHz~1.5MHz	地表层、电离层、自由空间	
短 波		200m~10m	1.5MHz~30MHz		同轴电缆
超短波	米波	10m~1m	30MHz~300MHz	自由空间	
微波	分米波	100cm~10cm	0.3GHz~3GHz		
	厘米波	10cm~1cm	3GHz~30GHz		
	毫米波	10mm~1mm	30GHz~300GHz		
	亚毫米波	1m~0.1mm	300GHz~3000GHz		波导管
光波	长波长	$1.25\mu m~1.6\mu m$			光缆
	短波长	$0.8\mu m~0.9\mu m$			

接收机的功能是完成发射机功能的逆过程,从信道中接收已调信号并恢复出基带信号。接收机主要由接收天线、选频放大器和解调器组成,如图6.1.4所示。

输出变换器的功能是将已恢复的基带信号转换成携带信息的物理量。例如,扬声器将基带信号还原成语音。

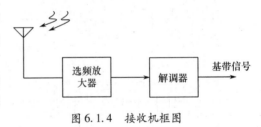

图6.1.4　接收机框图

图6.1.1中的噪声和干扰源,集中表示了信道中的噪声和干扰以及分散在通信系统中其它各处的噪声。由于它们的存在,会使接收端与发送端基带信号之间存在一定误差,影响通信质量。

通信系统的分类方法很多,如按使用信道不同,可分为有线通信系统和无线通信系统;按工作频段不同,可分为长波、中波、短波、微波、光通信系统;按传输信号的特征及对信号的处理方法不同,可分为模拟通信系统和数字通信系统。下面分别简述模拟通信系统和数字通信系统,并对现代通信系统作一简介。

6.1.2　模拟通信系统

直接传输模拟信号的通信系统称为模拟通信系统。当基带信号为模拟信号时,图6.1.1就是典型的模拟通信系统框图。

在模拟通信系统中,输入变换器可以是话筒、拾音器、电键、电视摄像机等,它们将输入信息载体(声音、电码、图像等)转换成相应的模拟基带信号。输出变换器可以是喇叭、打印机、电视显像管等,将模拟基带信号还原成相应的原始信息。

　　图6.1.2和图6.1.4是典型模拟通信系统中发射机和接收机组成框图。发射机中的调制器为模拟调制,其按照载波的不同分为正弦波调制和脉冲调制两类。

　　模拟正弦波调制的载波是高频正弦波。根据基带信号控制载波的参量(幅度、频率、相位)不同又可分为幅度调制(AM)、频率调制(FM)和相位调制(PM)。它们分别表示载波的幅度、频率、相位随基带信号幅度大小作线性变化的调制过程。图6.1.5是基带信号为正弦波时调幅波和调频波的波形示意图。

　　模拟脉冲调制的载波是脉冲序列,根据基带信号控制载波参数(幅度、宽度、位置)的不同,又可分为脉幅调制(PAM)、脉宽调制(PWM)和脉位调制(PPM)。它们分别表示载波脉冲的幅度、宽度(持续时间)和位置(重复频率)随基带信号的大小作线性变化的过程。图6.1.6是基带信号为正弦波时调幅波、调宽波的波形示意图。

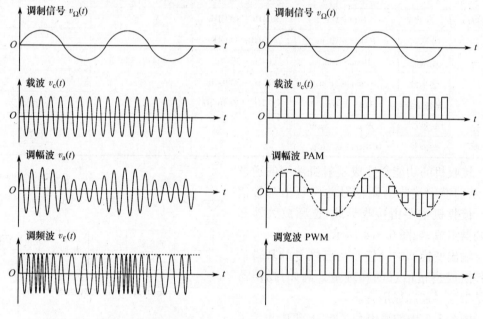

图6.1.5　模拟正弦调制波形　　　　　图6.1.6　模拟脉冲调制波形

　　接收机通过解调器将接收的高频已调波还原成模拟基带信号。根据高频已调波的类型不同(调幅波、调频波和调相波),相应的解调器分别称为振幅解调器(检波器)、频率解调器(鉴频器)和相位解调器(鉴相器)。

　　图6.1.7是模拟调幅无线电通信系统框图实例,图中还以单音基带信号为例,画出了各方框的输出信号波形。

　　在发射机中,高放(或倍频)是对高频振荡器产生的高频等幅正弦信号进行放大或同时升高频率,以产生具有一定幅度和频率的载波信号。话筒将单音信息变成单音基带信号后经低放、低功放进行不失真放大,形成调制信号,再经调幅器对载波进行调幅,产生调幅波并由天线发射。

　　在接收机中,先由频道选择电路选出需接收的信号,然后经高频放大器不失真放大后送入混频器。

　　混频器的作用是产生本振信号和高频调幅波的差频,即产生中频已调信号,其调制规

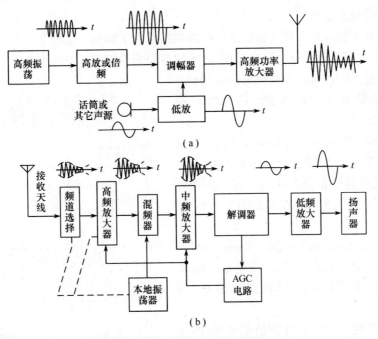

图 6.1.7　模拟调幅通信系统框图

(a)发射部分框图；(b)接收部分框图。

律不变。本地振荡器产生一个高频等幅正弦信号,其频率总是比接收的已调信号载频高一个中频值(在我国,中波收音机的中频值为 465kHz)。具有这种混频器的接收机称为超外差式接收机。

　　中频放大器的功能是将中频已调波进行线性放大,然后经解调器还原出基带信号,再经音频放大后由扬声器还原出原始声音。

　　AGC(自动增益控制)电路的作用是当信道特性发生变化使接收的已调信号强度随之变化时,检波器输出一个电压去改变高放和中放的增益,使之产生相反变化,从而使检波器输入的已调信号强度平稳。

　　频道选择电路、高频放大器和本地振荡器 3 个方框用虚线连接,表示该 3 个电路需要同时进行调整,保证在接收不同频道时,本振频率比信号频率都高一个中频。

6.1.3　数字通信系统

　　基带信号为数字信号的通信系统称为数字通信系统,它的组成框图如图 6.1.8 所示。输入基带模拟信号经信源编码和信道编码变成数字基带信号,其中,信源编码是为提高传输有效性而采取的编码,信道编码则是为提高传输可靠性而采取的编码(如自动纠、检错编码)。接收端则需将数字基带信号经信道解码和信源解码变成模拟基带信号,再将模

图 6.1.8　数字通信系统模型

拟信号变换成原始信息。

用数字基带信号对高频正弦载波进行的调制称数字调制。根据基带信号控制载波的参数不同,数字调制通常分为振幅键控、频率键控和相位键控 3 种基本方式。

振幅键控(Amplitude – Shift Keying, ASK)是载波振幅受基带信号控制,其波形如图 6.1.9(c)所示。

相位键控(Phase – Shift Keying, PSK)是载波相位受基带信号控制。当基带数字信号为高电平时,载波起始相位为 0 或 π,低电平时,载波起始相位为 π 或 0,其波形如图 6.1.9(d)所示。

频率键控(Frequency – Shift Keying, FSK)是载波频率受基带信号控制。高电平时频率为 f_1,低电平时频率为 f_2,其波形如图 6.1.9(e)所示。

接收端经解调器恢复基带数字信号,再经解码变换为基带模拟信号。

随着电子技术的发展,数字无线通信的应用日益广泛。与模拟通信相比较,数字通信系统增加了 A/D、D/A,信道编码、信道解码等功能电路。

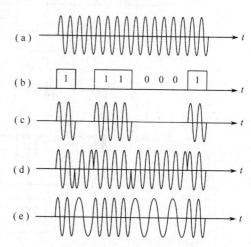

图 6.1.9　数字调制波形图
(a)载波;(b)基带信号;(c)ASK;
(d)PSK;(e)FSK。

数字通信与模拟通信相比有如下特点:

(1)数字通信有较强的抗干扰能力,通过再生中继技术可以消除噪声的积累,并能对信号传输中因干扰而产生的差错及时发现和纠正,从而提高了信息传输的可靠性。

(2)数字信号便于保密处理,实现保密通信。

(3)数字信号便于用计算机进行处理,使通信系统更加通用和灵活。

(4)数字电路易于大规模集成,便于设备的微型化。

但是数字信号占据频带较宽,频率利用率低。目前已提出了一些新的数字调制技术,以增大通信容量,提高频率利用率。

为了发挥数字通信和模拟通信的各自优势,目前很多通信系统采用了模拟和数字的混合系统,如图 6.1.10 所示。其调谐为数字调谐,可以进行预调谐和电台存储,基带部分也实现了数字处理,体现了数字通信的优点,而高、中频电路仍由模拟电路构成。这种系统目前已被广泛应用。

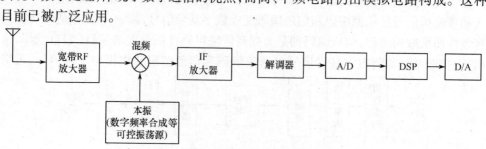

图 6.1.10　现代超外差接收机框图

　　通信的发展趋势是数字化、宽带化、综合化、智能化和个人化,最后实现任何时间、任何地点可与任何人通信。而实现这一目标必须依赖于各种新兴的通信技术组成现代通信系统。

6.1.4　现代通信系统

　　利用现代先进技术构成的通信系统称为现代通信系统。最具代表性的现代通信系统当数软件无线电(Software Radio)和认知无线电(Cognitive Radio)。

一、软件无线电

　　软件无线电是指其通路的调制波形是由软件确定的,它是一种用软件实现物理层连接的无线通信设计。采用软件无线电技术的通信系统通常是一个可以进行重新配置的系统,它只需要开发一套通用的硬件系统,便可通过不同的软件来适应不同的环境,如多种业务、标准和频带等。因此,软件无线电是一种灵活的无线电体系结构,能够实时改变无线系统的特性。应用软件无线电技术,一个移动终端可以在不同系统和平台间畅通无阻地使用。

　　规范的软件无线电典型结构如图 6.1.11 所示,在这样一个硬件平台上,包括工作频段、调制解调方式、信道多址方式等均可通过注入不同的软件编程实现传统电路的各种功能,形成不同标准的通信系统(移动终端或者基站),保证各种通信业务的无缝集成。

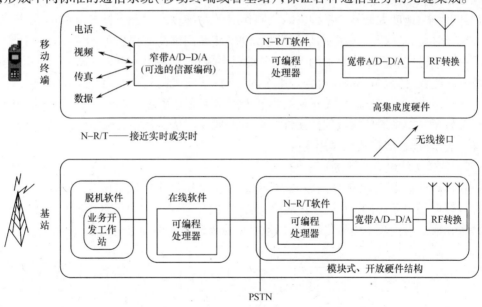

图 6.1.11　软件无线电的典型结构

　　1. 软件无线电的特点

　　1)具有完全的可编程性

　　软件无线电是通过安装不同的软件来实现不同的电路功能。通信的工作模式是通过可编程软件来改变的,系统的功能由软件来定义。

　　2)软件无线电基于 DSP 技术

　　DSP 及其相应软件是软件无线电系统的关键模块。系统所需的信号处理工作,如变频、滤波、调制、信道编译码、信道和接口的协议与信令处理,以及信号加解密、抗干扰处理、网络监控管理等,均是基于 DSP 芯片对数据流的实时或近实时处理来实现的。这极大地改善和提高了无线通信系统的性能。

3)软件无线电具有很强的灵活性

由于用软件实现,通信设备可以任意地转换信道接入方式,改变调制方式或者接收不同系统的信号等。

4)软件无线电具有集中性

由于软件无线电结构具有相对集中统一的硬件平台,因此多个信道可以享有共同的射频前端与宽带 A/D – D/A 转换器,从而可以获取每一信道相对廉价的信号处理性能。

2. 软件无线电技术的应用

软件无线电的提出是为了解决三军联合作战的军事通信的互通问题。经过十几年的研究,随着电子技术的进步,软件无线电有了长足的发展。它不仅适于军事通信领域,还在个人通信、卫星通信、扩频通信等通信领域得到应用,其新的设计思想也推广到几乎所有的无线电系统,如雷达、数字电视系统等。

1)软件无线电在军事通信中的应用

软件无线电概念的最早提出是源于海湾战争中多国部队各军种进行联合作战时遇到的互通、互联、互操作问题。特别在海湾战争中,美军暴露出军事通信互通性差、反应速度慢、带宽太窄、速度太低等一系列影响协同作战的关键技术问题。针对这些问题,研究者于 1992 年提出了软件无线电的最初设想,1995 年美国国防部提出了 SPEAKeasy 计划,开发出一种能适应联合作战要求的电台,它具有多频段、多模式(Multi – Band Multi – Mode Radio)的特点,称为 MBMMR 电台。美军的行动有力地推动了软件无线电的发展。

之后,在电台的基础上,美军研制出联合战术无线电系统(JTRS)。以此同时,其它国家也开始了在军事通信领域软件无线电电台的研制工作。其中,德国的 M3TR 电台就是这样一类多频段、多模式和多用途战术电台。

2)软件无线电在民用通信中的应用

在移动通信中,信号频率比较高,如果直接进行 A/D 采样比较困难,必须先将信号变到相对较低的中频,再进行 A/D 转换,得到数字信号。这个过程可以用图 6.1.12 所示的电路来完成。得到数字信号之后,再用数字信号处理技术对信号进行软件解调。

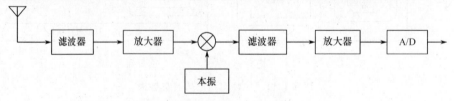

图 6.1.12　软件无线电基站宽带前端电路

对于软件无线电基站发射系统,如图 6.1.13 所示。其中,利用数字信号处理技术对信号进行数字调制,由于信号工作频率很高,对 A/D 转化器的速率要求就高,难以实现,故数字调制在较低的中频段完成,不同频段信号可以采用相似的多通道并行结构来分别完成调制。之后,再将这些信号合成,统一进行数模转换得到宽带中频信号,该信号再经混频器混频得到所需的信号。

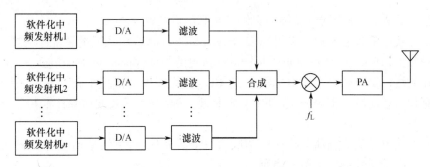

图 6.1.13　多信道软件无线电基站发射系统框图

3）软件无线电在卫星通信系统中的应用

卫星通信是当代最重要的通信方式之一，但是由于目前卫星通信系统设备种类繁多，设备管理和维护工作复杂，使得卫星通信系统更新换代周期长，难以适应现代高科技的发展步伐。另外，基于卫星通信的信号频带宽，信息速率高且变化范围大的特点，在目前的计算机水平上，如果设备功能全由软件来实现，由于软件逐条运行指令的特点，即使采用多重处理器来协同运算，也无法实现高信息速率下的实时处理，这使得卫星通信的使用范围受到了限制。

而软件无线电以其软件定义功能和开放式模块化的技术思想能很好地解决卫星通信系统存在的问题。通信系统的功能包括设备功能和系统功能。软件无线电技术采用先进的技术手段，使得上述功能可以用软件来定义。通过友好的人机界面，人们可以在不改变硬件设备的情况下实时地改变通信系统的功能，从而使该系统能适应各种应用环境，因而具有很强的实用性和灵活性。图 6.1.14 是卫星通信地面站软件无线电的结构图，其中，接口设备和信道设备模块都有 DSP 处理器。

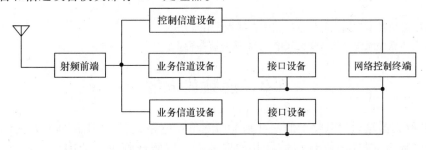

图 6.1.14　卫星站软件无线电结构

二、认知无线电

认知无线电的概念源于 1999 年，它是针对日益匮乏的频谱资源提出的，是在软件无线电基础上发展起来的，其核心是具有学习能力，能与周围环境交互信息，以感知和利用在该空间的可用频谱，并限制和降低冲突的发生。

认知无线电也称为智能无线电、频谱捷变无线电和机会频谱接入无线电，它是一种具有频谱感知功能的无线电。它可通过与其运行环境交互而改变发射机参数（如传输功率、载波频率和调制方式等），使其内部状态适应接收到的无线信号的统计性变化，以达到任何时间任何地点的高可靠通信和对频谱资源的有效利用。特别是能够借助频谱感知技术让未授权用户使用授权用户的频段，实现对无线频谱资源的动态共享，极大地提高频谱利用率。另外,它还为网络及终端提供了更高的灵活性。

认知无线电的核心是通过频谱感知(Spectrum Sensing)和系统的智能学习能力,实现动态频谱分配(Dynamic Dpectrum Allocation)和频谱共享(Spectrum Sharing)。

认知无线电具有软件无线电的特点,它以软件无线电为扩展平台。它的关键技术是频谱检测和自适应频谱资源分配,其中包含载波分配技术、子载波功率技术和复合自适应传输技术等。

认知无线电已成为当前无线通信领域的一个研究热点,无线通信业界普遍认为它将成为下一波有冲击性的技术革新浪潮。

小结

1. 通信的任务是传递信息,传递信息的系统称为通信系统。通信系统常分为模拟通信系统和数字通信系统两类。通信系统的技术都是围绕"畅通"和"可信"展开的。

2. 直接传输模拟信号的通信系统称模拟通信系统。这种系统频率利用率高、成本低,但保密性差、信号失真较大,不易集成,导致设备笨重。

3. 传输数字信号的通信系统称数字通信系统。这种系统保密性强、噪声干扰小、信号失真小,便于集成使设备微型化,但频率利用率低,成本高。

4. 部分数字电路、部分模拟电路组成的通信系统称模数混合系统。20 世纪 90 年代以后,通信系统已逐步开始走向软件化。

复习思考题

1. 简述模拟通信系统和数字通信系统的组成,并说明系统中各单元的主要功能。

2. 无线通信系统中为什么要采用调制器和解调器? 不采用调制器和解调器能否构成一个通信系统?

3. 数字通信系统和模拟通信系统相比有哪些优缺点?

4. 什么叫软件无线电和认知无线电,它们具有哪些特点? 主要支撑技术是什么?

6.2 选频放大器

选频放大器是通信电路中的一种基本功能单元电路,它的作用是抑制并滤除无用信号和干扰、噪声,选择有用频道信号并加以放大。按照选频放大器中放大器件(BJT 或FET 等)工作状态的不同,可分为小信号选频放大器(线性)和大信号选频放大器(非线性放大器,即高频功率放大器)两种。前者输入信号微弱,重在放大和选频,多见于接收机中的高放和中放,后者输入信号较大,重在提高效率,常在发射机中使用。

从原理上讲,这两种放大器与前面所讨论的低频小信号放大器和低频功率放大器并无本质差别,但因为它们具有选频作用且工作在高频,故选频放大器的负载是一个具有选频作用的选频网络。因此,学习选频放大器先要对选频网络(如 LC 谐振回路)和放大管的高频等效电路有较好的理解(详见本书附录 A、附录 B)。

6.2.1 小信号选频放大器

在各种通信接收机中,从天线接收到的信号是多种多样的,除了需要的有用信号外,还有各种不需要的无用信号(统称为干扰信号)。为了使接收机能够正确接收有用信号并排除无用干扰,通常需要采用选频放大器来实现这一功能,即选频放大器具有放大有用信号、排除干扰信号的能力。因接收机中接收到的信号往往很小,常在微伏至毫伏数量级,故这种选频放大器工作在小信号状态。

放大有用信号需要足够的增益和合适的带宽,排除干扰信号需要一定的选择性。所以,增益、带宽和选择性是小信号选频放大器的基本指标。

小信号选频放大器的基本结构如图6.2.1所示,通信接收机中的高频放大器和中频放大器基本都是这种结构的电路。图中,放大器件可以是晶体管、场效应管和集成运放等。电源和偏置电路给放大器件提供合适的静态工作点,选频电路完成选频功能,它可以是 LC 谐振电路或其它专用带通滤波器(如晶体滤波器、陶瓷滤波器、表面声波滤波器、开关电容滤波器及其它宽带选频网络等)。

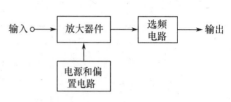

图 6.2.1　选频放大器结构图

小信号选频放大器的主要指标有电压增益、功率增益、通频带、选择性和失真等。

实践中使用的小信号选频放大器形式多样,有单调谐的和双调谐的,也有集中选频式的,在级数上往往属于多级放大器。

一、单级单调谐放大器

图6.2.2是用晶体管构成的选频放大器电路。通常,谐振回路的谐振频率可调,故这种电路又称为调谐放大器。单调谐是指晶体管的选频网络为一个单 LC 并联谐振回路。

电路中的 LC 并联谐振电路采用抽头方法接到晶体管上,通常将这种连接称为部分接入,目的是减小晶体管参数(输出电导、输出电容,这些参数稳定性差)对回路的影响,有利于提高和稳定放大器性能指标,并能实现负载与晶体管之间的阻抗匹配。

y_{i2} 是放大器的负载,它通过变压器方式与回路相耦合。在多级放大器中,它就是下一级放大器的输入导纳。有的多级电路还采用自耦变压器或者双电容电路与下级耦合,进行阻抗变换,实现阻抗匹配。

放大器输入端通过变压器将信号耦合到晶体管的基极。发射极交流接地,为公共端。R_{B1}、R_{B2} 为偏置电阻,通过电源 V_{CC} 给晶体管提供合适的静态偏流,C_B 为耦合电容、C_E 为旁路电容,它们对信号频率都相当于短路。

将图6.2.2与图6.2.3比较可知,小信号选频放大器与 RC 耦合低频放大器的不同点在于集电极负载。前者的集电极负载是具有选频功能的 LC 回路,后者是一个电阻。因此,分析选频放大器的重点在选频网络上。

图6.2.2所示电路的交流等效电路如图6.2.4(a)所示。图中,$y_{ie} = g_{ie} + j\omega C_{ie}$ 为晶体管的输入导纳,$y_{oe} = g_{oe} + j\omega C_{oe}$ 为晶体管的输出导纳,y_{fe} 为晶体管的正向传输导纳,它们都是晶体管的 y 参数(参见本书附录 A)。$y_{i2} = g_{i2} + j\omega C_{i2}$ 为负载导纳。

设谐振回路电感线圈抽头 1 和 2 之间的匝数为 N_{12},初级线圈总匝数为 N_{13},次级线圈总匝数为 N_{45}。令 $p_1 = N_{12}/N_{13}$ 为管子对谐振回路的接入系数,$p_2 = N_{45}/N_{13}$ 为负载对谐振回路的接入系数,则利用折算原理,可将晶体管和负载分别折算到回路两端,得到图

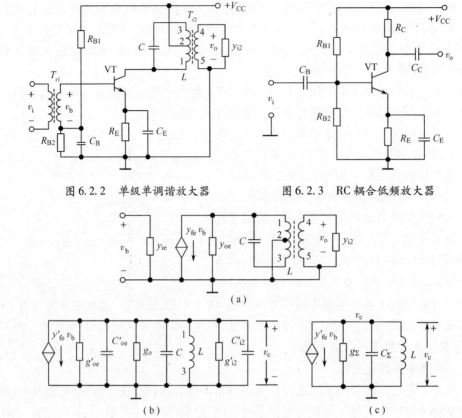

图 6.2.2　单级单调谐放大器　　　　图 6.2.3　RC 耦合低频放大器

（a）

（b）　　　　　　　　　　　（c）

图 6.2.4　小信号选频放大器的交流通路及其简化

6.2.4(b)所示的电路。图中，g'_{oe} 和 C'_{oe} 为晶体管的输出电导 g_{oe} 和输出电容 C_{oe} 折算到回路两端后的值，g'_{i2} 和 C'_{i2} 为负载电导 g_{i2} 和负载电容 C_{i2} 折算到回路两端后的值，g_o 是谐振回路的谐振电导。它们分别表示为

$$g'_{oe} = p_1^2 g_{oe}, C'_{oe} = p_1^2 C_{oe}, y'_{fe} = p_1 y_{fe} \qquad (6.2.1)$$

和

$$g'_{i2} = p_2^2 g_{i2}, C'_{i2} = p_2^2 C_{i2} \qquad (6.2.2)$$

再把图 6.2.4(b)电路中的同类型元件合并得到图 6.2.4(c)所示的电路。图中，$g_\Sigma = g'_{oe} + g'_{i2} + g_o$，$C_\Sigma = C + C'_{oe} + C'_{i2}$。由图 6.2.4 电路可得到放大器的性能指标如下。

1. 工作频率 f_o

工作频率也就是等效后回路的谐振频率，可表示为

$$f_o = \frac{1}{2\pi \sqrt{LC_\Sigma}} \qquad (6.2.3)$$

由于负载电容和晶体管的输出电容经部分接入回路后对回路谐振频率影响较小，故在数值上该频率与回路固有谐振频率差别不大，有时甚至不加区分。

2. 通频带 BW

$$BW = f_o/Q_L, Q_L = \omega_o C_\Sigma/g_\Sigma \qquad (6.2.4)$$

式中：Q_L 为回路的有载品质因数,应注意与回路固有品质因数 Q_o 相区别。

3. 电压增益

由图6.2.4(c)可知,回路两端电压为

$$v_c(\mathrm{j}\omega) = -y'_{\mathrm{fe}}v_b Z(\mathrm{j}\omega) = \frac{-y'_{\mathrm{fe}}v_b}{g_\Sigma(1+\mathrm{j}\xi)} = -\frac{p_1 y_{\mathrm{fe}} v_b}{g_\Sigma(1+\mathrm{j}\xi)} \qquad (6.2.5)$$

式中：$\xi = 2Q_L\Delta f/f_o$ 称为回路失谐系数。

因为 $v_o = p_2 v_b$,将其代入式(6.2.5)得到电路的电压增益表达式为

$$A_v(\mathrm{j}\omega) = \frac{v_o}{v_b} = -\frac{p_1 p_2 y_{\mathrm{fe}}}{g_\Sigma(1+\mathrm{j}\xi)} \qquad (6.2.6)$$

谐振时 $\zeta = 0$,得到谐振电压增益为

$$A_{vo} = A_v(\mathrm{j}\omega_o) = -\frac{p_1 p_2 y_{\mathrm{fe}}}{g_\Sigma} \qquad (6.2.7)$$

由式(6.2.7)可知,要增大电压增益,$|y_{\mathrm{fe}}|$ 要大,g_Σ 要小(即晶体管 g_{oe} 小、回路 g_o 小,负载 g_{i2} 小)。另外 A_{vo} 还与 p_1、p_2 有关,p_1、p_2 越大 A_{vo} 也就越大。但是 p_1 和 p_2 的增大将使 g_Σ 增大,从而使 Q_L 减小,造成通频带增宽,选择性变差。所以 p_1 和 p_2 应全面考虑,选取最佳值。实际放大器的设计要在满足通频带和选择性的前提下,尽可能提高电压增益。

4. 选择性

放大器通频带的宽窄不能代表放大器选择性的好坏,良好的选择性应是在满足通频带的前提下有较陡的带外衰减特性。为此,定义矩形系数来表明选频放大器的选择性性能,即

$$K_{0.1} = \frac{\mathrm{BW}_{0.1}}{\mathrm{BW}_{0.7}} \qquad (6.2.8)$$

利用式(6.2.6)可得单级单调谐选频放大器的矩形系数为 $K_{0.1} = 9.96$。可见,单 LC 回路的 $K_{0.1}$ 远大于1,说明选择性较差,这是该放大器的主要缺点。

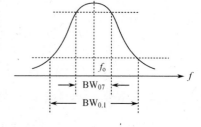

图6.2.5　矩形系数的意义

例6.2.1　小信号选频放大器如图6.2.6所示,已知晶体管 VT_1 和 VT_2 参数相同,

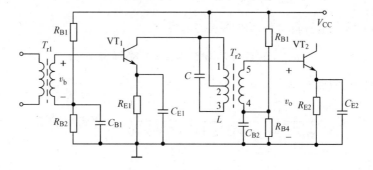

图6.2.6　例6.2.1用图

$g_{ie}=0.4\text{mS}, C_{ie}=120\text{pF}, g_{oe}=60\mu\text{S}, C_{oe}=8\text{pF}, y_{fe}=40\text{mS}$，回路电感 $L=576\mu\text{H}$，总匝数 $N_{13}=117$ 匝，回路固有品质因数 $Q_o=85$，工作频率 $f_o=465\text{kHz}$，通频带为 10kHz。试求：

（1）p_1、p_2 最佳接入系数，N_{12}、N_{45} 的匝数。

（2）回路电容 C。

（3）单级放大器谐振时的电压增益 $A_v(\text{j}\omega_o)$。

解：(1) 根据题意，谐振回路的有载品质因数为

$$Q_L=\frac{f_o}{BW}=\frac{465}{10}=46.5$$

则谐振回路的总导纳为

$$g_\Sigma=\frac{1}{Q_L\omega_o L}=\frac{1}{46.5\times2\pi\times465\times10^3\times576\times10^{-6}}=12.78(\mu\text{S})$$

回路固有谐振电导为

$$g_o=\frac{1}{Q_o\omega_o L}=\frac{1}{85\times2\pi\times465\times10^3\times576\times10^{-6}}=6.99(\mu\text{S})$$

晶体管 VT_1 输出导纳折合到回路两端的导纳为 g'_{oe}，晶体管 VT_2 输入导纳折合到回路两端的导纳为 g'_{ie}，阻抗匹配时为最佳接入，即 $g'_{oe}=g'_{ie}=\frac{1}{2}(g_\Sigma-g_o)=2.9\mu\text{S}$

由于 $\quad\quad\quad\quad\quad p_1^2 g_{ie}=g'_{ie}=2.9\mu\text{S}, p_1^2 g_{oe}=g'_{oe}=2.9\mu\text{S}$

则

$$p_1=\sqrt{g'_{oe}/g_{oe}}=\sqrt{2.9/60}=0.22$$

$$p_2=\sqrt{g'_{ie}/g_{ie}}=\sqrt{2.9/400}=0.085$$

由接入系数 p_1、p_2 可确定 N_{12} 和 N_{45} 的匝数为

$$N_{12}=p_1 N_{13}=0.22\times117=26(匝)$$

$$N_{45}=p_2 N_{13}=0.085\times117=10(匝)$$

（2）晶体管 VT_1 输出电容折合到回路两端的电容为

$$C'_{oe}=p_1^2 C_{oe}=0.22^2\times8=0.387(\text{pF})$$

晶体管 VT_2 输入电容折合到回路两端的电容为

$$C'_{ie}=p_2^2 C_{oe}=0.085^2\times8=0.867(\text{pF})$$

谐振回路的总电容为

$$C_\Sigma=\frac{1}{\omega_o^2 L}=\frac{1}{4\pi^2\times465^2\times10^6\times576\times10^{-6}}=203.4(\text{pF})$$

则回路电容为

$$C=C_\Sigma-C'_{oe}-C'_{ie}=203.4-0.387-0.867=202(\text{pF})$$

（3）谐振时电压增益为

$$A_{\text{vo}} = -\frac{p_1 p_2 y_{\text{fe}}}{g_\Sigma} = -58.5$$

二、多级单调谐放大器

为了提高增益和改善选择性,实际的选频放大器常为多级放大器。将单级单调谐放大器级联即可构成多级单调谐放大器。如果每一级调谐于同一频率,则称为同步调谐放大器,如果每级调谐频率有一定间隔,则称参差调谐放大器。下面只对同步调谐放大器作介绍。

设 n 级单调谐放大器均调谐于同一频率 ω_o 上,则总的电压增益为

$$A_\text{v}(\text{j}\omega) = A_{\text{v1}}(\text{j}\omega) \cdot A_{\text{v2}}(\text{j}\omega) \cdots A_{\text{vn}}(\text{j}\omega) = [A_{\text{v1}}\text{j}\omega]^n \tag{6.2.9}$$

谐振时电压增益为

$$A_\text{v}(\text{j}\omega_\text{o}) = [A_{\text{v1}}(\text{j}\omega_\text{o})]^n \tag{6.2.10}$$

频率特性为

$$\frac{A_\text{v}(\text{j}\omega)}{A_\text{v}(\text{j}\omega_\text{o})} = \frac{1}{\left(1 + \text{j}Q_\text{L}\dfrac{2\Delta\omega}{\omega_\text{o}}\right)^n} \tag{6.2.11}$$

当上式模值下降为 $1/\sqrt{2}$ 时,可求出多级放大器总通频带为

$$\text{BW}_n = \frac{\omega_\text{o}}{Q_\text{L}}\sqrt{2^{1/n} - 1} = \text{BW}_1\sqrt{2^{1/n} - 1} \tag{6.2.12}$$

式中:BW_1 为单级放大器的通频带。

由于 n 是大于 1 的正整数,则总通带必小于单级通频带,且级数越多,通频带越窄。表 6.2.1 列出缩小因子 $\sqrt{2^{1/n} - 1}$ 与 n 的关系。

由上面分析可知,多级放大器存在着增益提高,通带变窄的矛盾,这是特别需要注意的问题。

表 6.2.1　$\sqrt{2^{1/n} - 1}$ 与 n 的关系

n	1	2	3	4	5	6	7	8
$\sqrt{2^{1/n} - 1}$	1.0	0.64	0.51	0.43	0.39	0.35	0.32	0.3

根据矩形系数定义,可求得多级调谐放大器的矩形系数为

$$K_{0.1} = \frac{(\text{BW}_n)_{0.1}}{\text{BW}_n} = \frac{\sqrt{100^{1/n} - 1}}{\sqrt{2^{1/n} - 1}} \tag{6.2.13}$$

$K_{0.1}$ 与级数 n 的关系见表 6.2.2,可见,n 增加时,$K_{0.1}$ 减小,对改善放大器的选择性是有利的,但在 $n \geq 2$ 以后,选择性的改善比较缓慢。因此,增加放大器级数并不是设计中的最佳选择。

表 6.2.2　$K_{0.1}$ 与 n 的关系

n	1	2	3	4	5	6	7	8	9	10	∞
$K_{0.1}$	9.95	4.8	3.75	3.4	3.2	3.1	3.0	2.94	2.92	2.9	2.56

三、调谐放大器的稳定性

调谐放大器放大的信号频率比较高,所以晶体管内部 C_μ 的反馈影响不能忽视,这种影响将引起放大器自激。为了减小 C_μ 的影响,除了选用 C_μ 小的晶体管外,还可从电路上减少或消除这种影响,使之单向化传输,采用的方法有中和法和失配法两种。

中和法是通过外接中和电容 C_N 以抵消 C_μ 的反馈,下面结合图 6.2.7 简述其原理。由图可见,若输入信号 v_b 负向增加时,则由于内部电容 C_μ 的存在将有反馈电流 i_f 从 VT$_1$ 集电极流入基极。接入中和电容 C_N 后,又有电流 i_N 从基极流出,如果电容数值合适,可以使内部反馈电流 i_f 与流过 C_N 的外部反馈电流 i_N 在管子输入端互相抵消。从而消除了内部反馈的影响。但由于 C_N 是固定的,它只能在一个频率上起到较好的中和作用,而不能中和一个频段。

失配法是通过减小负载阻抗,使输出严重失配,从而使输出电压减小、反馈减小的一种方法。基本原理与共射—共基组合态放大器相同,电路如图 6.2.8 所示。

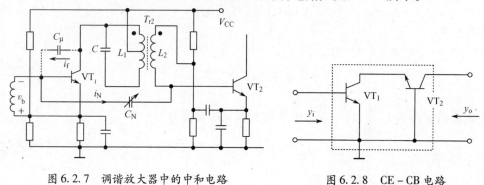

图 6.2.7　调谐放大器中的中和电路　　　　　　　图 6.2.8　CE – CB 电路

共基电路输入导纳大,作为共射级的负载,使之失配,从而大大减小了共射级的内部反馈。失配后共射级电压增益降低,但电流增益仍较大,共基级的电压增益大,但它不存在 C_μ 的反馈,所以两者级联后,电压和电流增益都较大,而内部反馈很小,且能在频率较宽的范围内削弱内部反馈的影响。

另外,要提高选频放大器的稳定性,良好的电路接地措施、合理的元件布局和采用电源滤波等都很重要。因此,在实际应用中要注意这些问题。

四、集成选频放大器

用集成电路构成的选频放大器称为集成选频放大器。集成电路体积小,外部接线及焊点少,使电路的稳定性和可靠性得到提高。但由于高品质因数的电感和容量较大的电容不易制造在基片上,因而选频放大器还不能全集成化,仍需外接选频电路和相关元件。

在选择集成调谐放大器时,要考虑工作频率范围、3dB 带宽、增益、噪声系数和输出阻抗等因素。具有自动增益控制(AGC)的集成器件还必须在 AGC 引出端施加电压(或电流)以控制其增益。有些是专用集成电路,专门用在某种电子系统中,如收音机、电视机专用集成电路等。

图 6.2.9 是用 MC1590 做放大器件组成的集成选频放大器。器件的输入和输出端各接一个谐振回路,分别是 L_3、C_5 并联谐振回路和 L_1、C_1 并联谐振回路。图中,C_4 和 C_6 是隔直流电容,C_4 对信号频率呈短路,它对 L_3、C_5 并联谐振回路的谐振频率几乎没有影响,C_6

用于耦合信号。C_2、C_3 和 L_2 组成电源滤波器,防止产生寄生耦合。V_{AGC} 是增益控制电压。

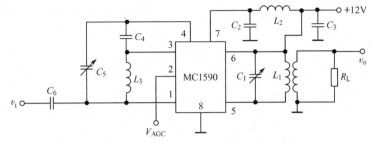

图 6.2.9　MC1590 集成选频放大器

图 6.2.10 是基于 MBC13720 的 1.9GHz ~ 2.4GHz 低噪声射频放大器。图中,T_1、T_2 和 T_3 为 50Ω 微带线,引脚 EN_1、EN_2 为工作模式控制端,当 $EN_1 EN_2$ = "00" 时为待机模式,电流消耗小于 20μA,$EN_1 EN_2$ = "01" 时为旁路模式,此时不消耗电流。当 $EN_1 EN_2$ = "10" 或 $EN_1 EN_2$ = "11" 时为工作模式,工作电流分别为 11mA 和 5mA,"10" 模式时最高输入互调截点为 10dBm(1.9GHz)和 13dBm(2.4GHz)。

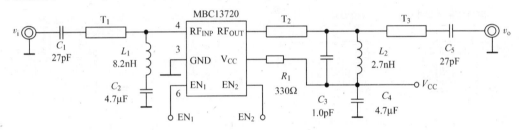

图 6.2.10　MBC13720 构成的选频放大器

五、集中选频放大器

调谐式放大器的主要优点是谐振频率可在一定范围内连续可调,主要缺点是 L、C 元件本身的稳定性差,晶体管参数的不稳定对回路也有影响,从而造成调试困难,而且增益和带宽的矛盾不易解决。

目前广泛应用一种非调谐式放大器,即用高增益、宽带线性集成放大组件对信号放大,再用矩形系数好的集中选择性滤波器完成信号的选择,从而克服了调谐放大器的缺点。

集中选择性滤波器常见的有石英晶体滤波器、压电陶瓷滤波器、声表面波滤波器、回转器滤波器等。石英晶体滤波器中心频率稳定,阻带内衰减陡峭,但带宽较窄。陶瓷滤波器的品质因数高、矩形系数小,但频率特性离散性较大。它们的电路结构和原理详见本书附录 B。

图 6.2.11 所示为由二端陶瓷滤波器构成的选频放大器。放大器中用陶瓷滤波器 2L 取代放大管射极电阻 R_3 的旁路电容。该电路工作在中心频率 f_o = 465kHz 时,陶瓷片发生串联谐振,阻抗很小,放大器负反馈最小,放大倍数最大。而

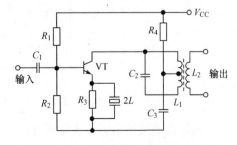

图 6.2.11　2L 型陶瓷滤波器选频放大器

在其它频率上负反馈增强,放大器输出减小,从而提高了中放的选择性。

声表面波(SAW)滤波器体积小,重量轻,尤其适合于高频、超高频(几兆赫兹至 1 吉赫兹)工作,其相对频带可达到 50%,而且矩形系数接近于 1,制造简单,是当前彩色电视,雷达和通信系统中广泛采用的一种集中选择滤波器。

SAW 滤波器是以铌酸锂、锆钛酸铅或石英等材料为基体构成的一种电—声换能元件,其结构图与符号分别如图 6.2.12 (a)、(b)所示。图 6.2.12(a) 中,左右两对叉指状电极分别称为发和收换能器,是利用真空蒸镀法,在抛光过的压电体基片(晶体片或陶瓷片)表面形成的厚度约为 $10\,\mu m$ 的金属电极。当信号加到发换能器时,通过压电效应,使压电体基片振动产生表面声波。表面声波传到收换能器,通过压电效应产生电信号,加到负载上。吸收材料的作用是吸收声波,防止边缘反射产生干扰。

换能器叉指宽度 a 和间距 b 决定器件固有波长。若声表面波的速度为 v(约为 $3 \times 10^3\,m/s$),则滤波器的固有频率为

$$f_o = \frac{v}{2(a+b)} \tag{6.2.14}$$

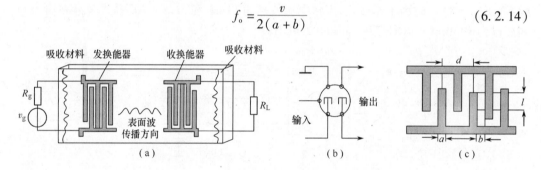

图 6.2.12　声表面波滤波器的基本结构及符号

当外加信号的频率等于 f_o 时,发换能器各节激发的表面波同相叠加,振动幅度最大;而当信号频率偏离 f_o 时,各节激发的表面波因相位不同而互相抵消,使振动幅度减小。结果收换能器两电极间产生的电压随输入信号频率变化达到滤波的目的。

图 6.2.13 是用于彩色电视机中的采用声表面波滤波器(SAWF)的预中频放大器电路。由于 SAWF 插入损耗较大,所以 SAWF 前加一级由晶体管 VT 构成的预中放电路。

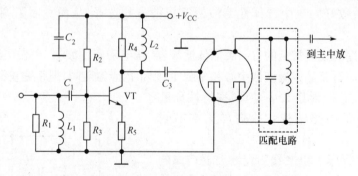

图 6.2.13　采用表面声波滤波器的预中放电路

回转器滤波器是为解决集成电路中无法集成电感,从而用回转器和电容器来模拟电感线圈,这种滤波器的特点是性能稳定、便于成批生产。其工作频率可达几百兆赫兹,已

广泛用于电子设备中。

图 6.2.14 (a)是其原理框图,图 6.2.14 (b)是其等效电路。由图可知,回转器 g(g 是回转比)和 C_2 等效为电感 L_{eq},再与 C_1 并联构成 LC 滤波器。

已知回转器的端口方程为

$$i_1 = gv_2 , \quad i_2 = -gv_1 \qquad\qquad (6.2.15)$$

因为

$$i_2 = -j\omega C_2 v_2$$

则

$$i_2 = -gv_1 = -j\omega C_2 v_2 = -j\omega C_2 i_1 / g$$

故

$$Z_i = \frac{v_1}{i_1} = \frac{j\omega C_2}{g^2} = j\omega L_{eq}$$

由上式可得到等效电感为

$$L_{eq} = C_2 / g^2 \qquad\qquad (6.2.16)$$

图 6.2.14 (c)是采用两个跨导运算放大器实现的回转器。由此电路容易写出它的回转方程为

$$i_1 = g_m v_2 , \quad i_2 = -g_m v_1$$

回转器滤波器已广泛用于电视接收机中做 5.5MHz 伴音滤波器和 4.43MHz 彩色负载带通滤波器等。

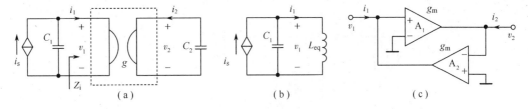

图 6.2.14　回转器滤波器的构成

6.2.2　大信号选频放大器

大信号选频放大器又称谐振功率放大器或高频功率放大器,简称高功放。

在无线电发射机中或者其它高频设备中,广泛采用高频功放对载波或已调波进行功率放大。在发射机的前级电路中,调制或振荡电路所产生的射频信号功率很小,需要经过缓冲级、中间放大器和末级功率放大器等多级放大,获得足够的功率后才能馈送到天线上转化为电磁波进行远距离传输。

根据输出功率的大小要求,选用晶体管、场效应管或电子管作为高功放的放大器件。对于要求输出功率为千瓦级以上的可采用电子管。晶体管、场效应管一般应用于要求输出功率几十瓦、上百瓦的场合,若采用功率合成技术,输出功率可达到 3kW。

高功放的工作频率很高(通常在 10^5 Hz ~ 10^{10} Hz 范围内),但相对频带很窄。所以高功放与小信号选频放大器一样也采用选频网络作为负载,它们同属于窄带放大器。

高频功放研究的中心问题是功率和效率。为了获得大功率和高效率,高频功放的输入信号通常较大(0.5V 以上),且工作在丙类(Class C)状态。

一、电路和工作原理

高频功放的原理电路如图 6.2.15 所示。图中,V_{BB} 为基极提供负偏压,使晶体管工作在丙类状态。VT 为高频大功率管,其输出端接有并联谐振回路,该回路既有选频作用又有使放大器输出端与负载匹配的作用。

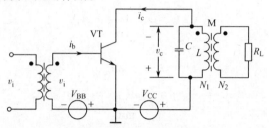

图 6.2.15　高频功率放大器原理图

设输入信号为 $v_i = V_{im}\cos\omega t$。因为输入是大信号,为便于分析,晶体管转移特性用折线近似,于是可画出相应的集电极电流波形如图 6.2.16 所示。可见,由于晶体管工作在丙类状态,虽然输入信号为完整的余弦波形,但集电极电流却是余弦脉冲波形,导通角 $\theta < \pi$。不过该电流中包含有输入信号频率 ω 的成分,因此,只要把输出谐振回路调谐在 ω 上,经选频后回路两端可得到完整的余弦波形,于是在负载上也得到完整的余弦波形。

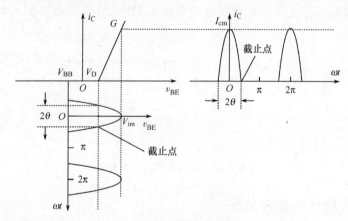

图 6.2.16　丙类功放的电压电流波形图

由图 6.2.16 可知

$$V_D + |V_{BB}| = V_{im}\cos\theta$$

则晶体管的导通角为

$$\theta = \arccos \frac{V_D + |V_{BB}|}{V_{im}} \tag{6.2.17}$$

式中:V_D 为晶体管的门槛电压;V_{im} 为输入信号电压振幅。

可见,在输入信号幅度一定时,偏置电压 V_{BB} 决定晶体管的导通角。

集电极电流峰值为

$$I_{cm} = G(V_{im} - V_D - |V_{BB}|) = G(V_{im} - V_{im}\cos\theta) = GV_{im}(1 - \cos\theta) \tag{6.2.18}$$

集电极电流表达式为

$$i_C(t) = \begin{cases} G(v_i - V_{im}\cos\theta) = GV_{im}(\cos\omega t - \cos\theta) = I_{cm}\dfrac{\cos\omega t - \cos\theta}{1 - \cos\theta} & ,v_i > V_D + |V_{BB}| \\ 0, & v_i \leqslant V_D + |V_{BB}| \end{cases}$$

$$(6.2.19)$$

将 $i_C(t)$ 用傅里叶级数展开为

$$i_C(t) = I_{co} + I_{c1m}\cos\omega t + I_{c2m}\cos2\omega t + \cdots + I_{cnm}\cos n\omega t + \cdots \quad (6.2.20)$$

式(6.2.19)中,各分量振幅如下:

直流电流分量为

$$I_{co} = \frac{1}{2\pi}\int_{-\pi}^{\pi} i_C(t)\,\mathrm{d}\omega t = I_{cm}\alpha_0(\theta) \quad\quad (6.2.21)$$

基波电流振幅为

$$I_{c1m} = \frac{1}{\pi}\int_{-\pi}^{\pi} i_C(t)\cos\omega t\mathrm{d}\omega t = I_{cm}\alpha_1(\theta) \quad\quad (6.2.22)$$

第 n 次谐波电流振幅为

$$I_{cnm} = \frac{1}{\pi}\int_{-\pi}^{\pi} i_C(t)\cos n\omega t\mathrm{d}\omega t = I_{cm}\alpha_n(\theta) \quad\quad (6.2.23)$$

式中:$\alpha(\theta)$ 为余弦脉冲中各分量的波形分解系数,其表达式为

$$\alpha_0(\theta) = \frac{1}{\pi}\frac{\sin\theta - \theta\cos\theta}{1 - \cos\theta} \quad\quad (6.2.24)$$

$$\alpha_1(\theta) = \frac{1}{\pi}\cdot\frac{\theta - \sin\theta\cos\theta}{1 - \cos\theta} \quad\quad (6.2.25)$$

$$\alpha_n(\theta) = \frac{2}{\pi}\cdot\frac{\cos\theta\sin n\theta - n\sin\theta\cos n\theta}{n(n^2 - 1)(1 - \cos\theta)} \quad (n\geqslant 2) \quad\quad (6.2.26)$$

图 6.2.17 为分解系数 $\alpha(\theta)$ 与 θ 之间的关系曲线。

下面分析高频谐振功率放大器的输出功率、效率与波形分解系数的关系,进而分析它们与导通角的关系。

直流电源提供功率为

$$P_D = V_{CC}I_{c0} = V_{CC}I_{cm}\alpha_0(\theta)$$

放大器集电极输出的交流功率为

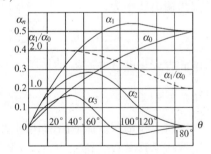

图 6.2.17　余弦脉冲的分解

$$P_o = \frac{1}{2}V_{cm}I_{c1m} = \frac{1}{2}V_{cm}I_{cm}\alpha_1(\theta) \quad\quad (6.2.27)$$

则晶体管的集电极效率为

$$\eta_c = \frac{p_o}{p_D} = \frac{1}{2}\frac{V_{cm}I_{c1m}}{V_{CC}I_{c0}} = \frac{1}{2}\cdot\frac{V_{cm}\alpha_1(\theta)}{V_{CC}\alpha_0(\theta)}$$

令 $\xi = V_{cm}/V_{CC}$ 为集电极电压利用系数,$g_1(\theta) = \alpha_1(\theta)/\alpha_0(\theta)$ 为波形系数。则集电极效率可表示为

$$\eta_c = \frac{p_o}{p_D}\frac{1}{2} \cdot \frac{V_{cm}}{V_{CC}}\frac{\alpha_1(\theta)}{\alpha_0(\theta)} = \frac{1}{2} \cdot \xi \cdot g_1(\theta) \tag{6.2.28}$$

从图 6.2.17 可看出,当 $\theta = 120°$ 左右时,$\alpha_1(\theta)$ 最大,此时 P_o 最大,但这时 $g_1(\theta)$ 小,η_c 也小。所以从兼顾输出功率 P_o 和效率 η_c 上考虑,工程上一般取 $\theta = 65° \sim 75°$ 左右。

从图 6.2.17 中还可看出,$\theta = 60°$ 时,$\alpha_2(\theta)$ 最大,此时 I_{c2m} 最大,$\theta = 40°$ 时,$\alpha_3(\theta)$ 最大,此时 I_{c3m} 最大。因此,$\theta = 60°$ 和 $\theta = 40°$ 时是电路作为二倍频器和三倍频器时的最佳通角值。

上述分析是为简化起见将晶体管转移特性理想化后进行的,因此所得结果与实际工作会有一定误差,但因其分析简便,故在工程上也是允许的。

例 6.2.2 一高频功率放大器,要求负载上能获得功率 P_L 为 5W,已知电源电压为 24V,输出端耦合网络传输效率 η_T 为 0.7,试选择功放管。

解:功放管的选择应从它的 3 个极限参数 BV_{CEO}、I_{CM} 和 P_{CM} 上考虑。

由题意可知晶体管的集电极输出功率为

$$P_o = \frac{P_L}{\eta_T} = \frac{5}{0.7} = 7.1(W)$$

选导通角 θ 为 70°,考虑到晶体管的饱和压降取集电极电压利用系数 $\zeta = 0.9$,则集电极效率为

$$\eta_c = \frac{1}{2}\xi\frac{\alpha_1(\theta)}{\alpha_0(\theta)} = \frac{1}{2} \times 0.9 \times \frac{0.44}{0.25} = 0.79$$

集电极功耗为

$$P_C = P_o\frac{1 - \eta_c}{\eta_c} = 7.1 \times \frac{1 - 0.79}{0.79} = 1.9(W)$$

因为输出功率为

$$P_o = \frac{1}{2}I_{c1m}V_{cm} = \frac{1}{2}I_{cm}\alpha_1(\theta)\xi \cdot V_{CC} = \frac{1}{2} \times 0.44 \times 0.9 \times 24 I_{cm} = 4.8 I_{cm}$$

由此得到集电极电流幅度为

$$I_{cm} = \frac{P_o}{4.8} = \frac{7.1}{4.8} = 1.5(A)$$

由于输出端谐振回路的作用,最大集电极反向电压瞬间可能达到 $2V_{CC}$,即 48V。因此所选功率管参数应满足:$BV_{CEO} > 48V$,$I_{CM} > 1.5A$,$P_{CM} > 1.9W$,并留有一定裕量。

二、动态工作状态分析

由上述分析可知,晶体管的导通角大小与放大器的工作紧密相关,它决定到放大器的输出功率和效率。而输出功率和效率往往是矛盾的,输出功率大时效率低,反之亦然。那么,高功放是否存在一个输出功率和效率都相对较高的最佳工作状态呢?以下对其进行分析。

晶体管 C - E 极之间的瞬时电压为(因谐振回路作用集电极仅有基波电压分量)

$$v_{CE} = V_{CC} - V_{cm}\cos\omega t$$

集电极电流由式(6.2.18)得到为

$$i_C(t) = GV_{im}(\cos\omega t - \cos\theta) = GV_{im}\left(\frac{V_{CC} - v_{CE}}{V_{cm}} - \cos\theta\right) \tag{6.2.29}$$

式(6.2.29)为高功放的负载线方程,其电压电流的变化应满足此方程。将该方程分别令 $i_c = 0$ 和 $v_{CE} = V_{CC}$ 得到两个特殊点 A、B,作出负载线可得高功放图解如图6.2.18所示。图中所画直线 AB(或 BB 和 CB)称为放大器的动态特性曲线,放大器工作时将随着信号大小沿该特性曲线变化。

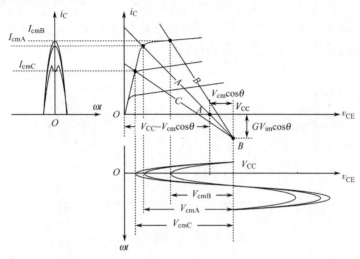

图6.2.18　丙类功率放大器图解(近似)

高功放的动态特性曲线可以借用低频小信号放大器输出回路图解中的负载线来理解(在进行折线近似和谐振状态下),因此,可以把图中所示的动态特性曲线用一个等效的集电极负载电阻 R_c 来表示。则动态特性曲线的斜率等于 $-1/R_c$,R_c 越大负载线越平坦,反之则越陡,所以可以用等效的 R_c 来描述高功放的动态特性。

由图6.2.18可知

$$R_c = \frac{V_{cm} - V_{cm}\cos\theta}{I_{cm}} = \alpha_1(\theta) \cdot (1 - \cos\theta) \cdot R_e \tag{6.2.30}$$

式中:R_e 为LC回路的谐振电阻和经折算后的负载电阻两者的总电阻。

式(6.2.30)表明,丙类功率放大器的工作状态不仅与导通角有关,还与输出端选频网络的谐振电阻和负载电阻有关。

当 R_c 太小时,特性曲线较陡,如图中 BB 所示,此时集电极电流幅度最大,但输出电压最小,故称其为欠压状态(Under Excitation)。可以肯定,处于欠压状态时放大器的输出功率和效率都不会高。

当 R_c 太大时,特性曲线较平坦,如图中 CB 所示,此时集电极电流幅度最小且出现下凹畸变,但输出电压最大,故称其为过压状态(Over Excitation)。这种状态下放大器的输出功率和效率也不高。过压状态下下凹畸变产生的原因是因为此时晶体管处在饱和状态,且 v_{CE} 随着谐振回路两端电压的增加而减小,因而出现了回路电压增加而集电极电流减小的下凹现象。

在合适的导通角 θ 和 R_e 下，定会有一个合适的 R_c，使集电极电流和输出电压都较大，如图 6.2.18 中 AB 所示，这种状态称为临界状态(Critical Excitation)。在临界状态下，放大器的输出功率和效率都较高。高功放应当工作在这种状态。

在导通角一定的情况下(即 V_{BB}、V_{bm} 和 V_{CC} 保持不变)，利用式(6.2.30)可以研究动态特性与 R_e(统称为负载)的关系特性，这种关系特性称为负载特性。图 6.2.19 表示基波电流、平均电流、输出功率和效率与 R_e 的关系曲线。因为由式(6.2.30)可知，当 R_e 从小到大逐渐增加时，R_c 也逐渐增大，放大器由欠压区经临界区向过压区过渡，电流幅度、电源功率逐步减小，而效率和输出功率逐渐增加，只有当 R_e 达到最佳值 R_{eopt} 时，输出功率和效率都较高，这就是临界状态。R_{eopt} 称为最佳负载。

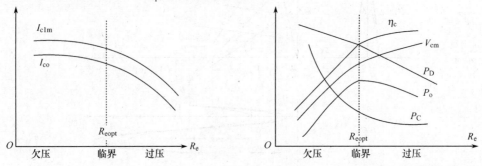

图 6.2.19　负载特性曲线

当实际负载 R_e 不等于 R_{eopt} 时，应调整管子、负载与回路的接入系数，或接入匹配网络，将实际负载变换为匹配负载。匹配网络参见附录 C。

三、丙类功放的馈电线路

馈电线路就是为功放提供偏置和信号通路的电路，它要确保偏置正常供给但又不影响信号传输。放大器基极馈电线路通常有如图 6.2.20 所示的 4 种形式。其中图 6.2.20(a)所示电路为外加偏置，为晶体管提供小的正偏电压。图 6.2.20(b)、(c)、(d)所示电路均为自偏压电路，其中，图 6.2.20(b)所示电路为基极自偏压，用基极电流脉冲中的平均分量在 R 上产生 V_{BB}。图 6.2.20(c)所示电路为发射极自偏压，用发射极电流脉冲中的平均分量在 R 上产生 V_{BB}。图 6.2.20(d)所示电路为基极自偏压，基极电流脉冲中的平均分量在高频扼流圈 L_C 中的直流电阻上产生 V_{BB}。

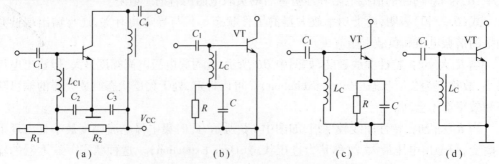

图 6.2.20　丙类谐振功放的基极偏置电路

　　图 6.2.21 是放大器集电极回路两种馈电方式。图中，L、C 为输出并联谐振回路，L_C 为高频扼流圈，C_C 为高频滤波电容，C_o 为耦合电容。图 6.2.21（a）电路中的电源、谐振回路和晶体管在形式上为串接，称为串联馈电电路。图 6.2.21（b）电路中电源、回路和晶体管在形式上为并接，称为并联馈电电路。无论串联馈电还是并联馈电，都是直流电能消耗在晶体管上，交流电能加到输出回路上。

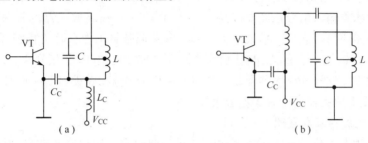

图 6.2.21　调谐功放的集电极馈电线路

　　图 6.2.22 是 VMOS 管调谐功放电路。它的工作频率为 175MHz，功率增益可达 10dB，效率大于 60%，可向 50Ω 负载提供 10W 功率。栅极采用了 C_1、C_2、C_3 和 L_1 组成的 T 型匹配网络，使本级输入电阻与前级要求的 50Ω 特性阻抗匹配，并有选频作用。漏极采用 C_6、C_7、C_8 和 L_2、L_3 组成的 π 型匹配网络，将 50Ω 负载变换成管子要求的匹配阻抗。栅、漏均采用并联馈电方式。VMOS 管的主要优点是动态范围大（电压达几百伏、电流达几十安）；输入阻抗高达 10^8Ω，输入信号功率小，栅极偏流小等。

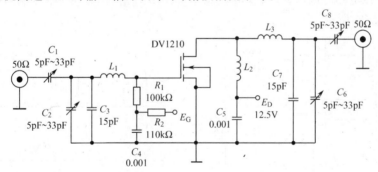

图 6.2.22　175MHz VMOS 管高功放

四、集成高频功放简介

　　集成高功放体积小、外接元件少、可靠性高，输出功率在几瓦至十几瓦间。在超短波频段已出现了一些功率放大组件，例如，日本三菱公司的 M57704 系列和美国 MOTOROLA 公司的 MHW 系列是其代表产品。表 6.2.3 列出了 MHW 系列中部分型号的特性参数供参考。

表 6.2.3　Motorola 公司 MHW 系列部分功放器件电特性（$T=25℃$）

型　号	电源电压典型值/V	输出功率/W	最小功率增益/dB	效率/%	最大控制电压/V	频率范围/MHz	内部放大器级数	输入/输出阻抗/Ω
MHW105	7.5	5.0	37	40	7.0	68～88	3	50
MHW607－1	7.5	7.0	38.5	40	7.0	136～150	3	50
MHW704	6.0	3.0	34.8	38	6.0	440～470	4	50

6.2.3　丁类和戊类高频功放

从对甲类(Class A,A 类)、乙类(Class B,B 类)到对丙类(Class C,C 类)放大器的分析可知,放大器的效率是随着导通角 θ 的减小而提高的。但这并非可以说导通角能够无限减小,这是因为导通角减小会导致输出基频分量减小,在保持输出功率不变的前提下,减小导通角意味着输入信号幅度要提高。因此,要进一步提高放大器的效率且又要有足够的输出功率需要另辟途径。借助开关电源中开关调整管工作在开关状态可以提高稳压电源效率(可达90%以上)的思想,让放大器中的功放管也工作在开关状态,同样可以提高放大器的效率。这样的放大器便是丁类(Class D,D 类)和戊类(Class E,E 类)放大器,所以,丁类和戊类放大器属于开关型放大器。

一、丁类功放的基本原理

丁类功率放大器分为电压开关型和电流开关型两类。这里介绍前者,其原理电路如图 6.2.23 所示。图中,v_{b1} 和 v_{b2} 是由 v_i 经变压器 T_{r1} 耦合得到的两个极性相反的激励电压。L、C 组成串联谐振回路,其谐振频率与输入信号中心频率相等。

若输入信号是一个角频率为 ω 的余弦波,且其幅度足够大,可直接使晶体管饱和导通。则在 v_i 的正半周,v_{b1} 使 VT_1 饱和导通,v_{b2} 使 VT_2 截止,V_{CC} 经 VT_1 对电容 C 充电,使 $v_A = V_{CC} - V_{CES1}$。在 v_i 的负半周,v_{b2} 使 VT_2 饱和导通,v_{b1} 使 VT_1 截止,电容 C 经 VT_2 放电形成 i_{C2},$v_A = V_{CES2}$。可见,两管轮流导通推挽工作,v_A 是一个矩形电压波。该电压通过谐振于 ω 的 LC 串联谐振电路滤波后,在负载得到 v_A 中的基波分量,该分量与 v_i 的频率成分相同。波形如图 6.2.24 所示。

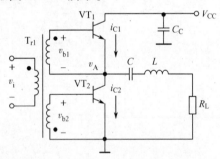
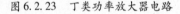
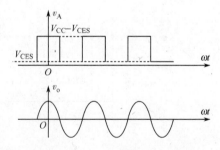

图 6.2.23　丁类功率放大器电路　　　　图 6.2.24　丁类功放波形示意图

因为晶体管导通时才有电源电流,且饱和压降 V_{CES} 很小,故管耗也很小,所以可以提高放大器的效率。

二、功率和效率分析

将 v_A 波形用傅里叶级数展开可知其基波电压分量振幅近似为

$$V_{A1m} \approx \frac{4}{\pi}(V_{CC} - 2V_{CES}) \tag{6.2.31}$$

则放大器的输出功率为

$$P_o = \frac{1}{2R_L}V_{A1m}^2 = \frac{8(V_{CC} - 2V_{CES})^2}{\pi^2 R_L} \tag{6.2.32}$$

LC 串联回路谐振于 ω 时，i_{C1} 和 i_{C2} 的基波电流振幅为 $4(V_{CC}-2V_{CES})/\pi R_L$，直流电流分量为

$$I_{c1o}=I_{c2o}=\frac{4(V_{CC}-2V_{CES})}{\pi^2 R_L} \tag{6.2.33}$$

于是得到电源供出的功率为

$$P_D=I_{c1o}v_{CC}+I_{c2o}v_{CC}=\frac{8(V_{CC}-2V_{CES})V_{CC}}{\pi^2 R_L} \tag{6.2.34}$$

集电极效率为

$$\eta_c=\frac{P_o}{P_D}=\frac{V_{CC}-2V_{CES}}{V_{CC}} \tag{6.2.35}$$

可见，电源电压 V_{CC} 越大、晶体管的饱和压降 V_{CES} 越小，则集电极效率就越高。在忽略晶体管饱和压降后的理想效率为 100%。实际情况下效率小于 100%，典型值大于 90%。

丁类功放的主要优点是集电极效率高，输出功率大。缺点是当工作频率较高时，开关转换瞬间的功耗增大，导致效率降低。另外，丁类放大器工作在开关状态，因而不适合放大振幅变化的信号。

三、戊类功放

在丁类功放中，若考虑到晶体管结电容和电路中分布电容的影响时，晶体管从截止到导通或从导通到截止均需一定的转换时间，因而 v_A 也不是一个前后沿十分陡峭的矩形波，而是一个需要一定过渡时间的电压波形，如图 6.2.25 所示。这样，不仅使晶体管的功耗增加效率降低，而且也限制了放大器工作频率的提高。

如果在开关工作的基础上采用特殊的技术，能保证当晶体管的 v_{CE} 为最小值的一段时间内才有集电极电流流通（图 6.2.25），即可克服上述缺点。基于这种思想构成的放大器称为戊类放大器。

图 6.2.26 是单管戊类放大器的原理电路图。图中，L_2 和 C_2 组成高 Q 值串联谐振回路，L_1、C_1 是外接的集电极扼流电感和并接电容。选择合适的 L_1、C_1 数值可以迫使功率管 VT 在导通时只有 $v_{CE}=0$ 后才出现集电极电流 i_C，在截止时只有 $i_C=0$ 后才出现集电极电压 v_{CE}。即把集电极电流延迟到 $v_{CE}=0$ 后，把集电极电压延迟到 $i_C=0$ 后，这样可减小管耗，从而进一步提高效率。

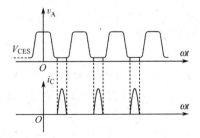

图 6.2.25　戊类放大器波形示意图

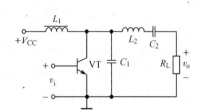

图 6.2.25　单管戊类放大器电路

小结

1. 分析小信号选频放大器时要用 Y 参数等效电路,Y 参数可以测量得到,也可以查手册。

2. 单级单调谐放大器是最基本的小信号选频放大器。为了减小放大管和负载对谐振回路的影响,晶体管和负载对谐振回路都采用部分接入方式。

3. 能说明选频放大器选频特性好坏的指标是矩形系数,多级放大器可以提高选择性,但级数超过三级后选择性改善不明显。

4. 集成调谐和非调谐式放大器通常由集中滤波器和集成宽放组成,其性能指标优于分立元件组成的多级调谐放大器,且调试简单,电路可靠性高。

5. 分析丙类高频功放采用折线图解法,关注效率,导通角在 65°～75°时可兼顾输出功率与效率两者。导通角和负载将影响高功放的工作状态,应保证放大器工作在临界状态,而不应工作在过压或欠压状态。

6. 高频功放有串馈和并馈两种直流馈电方式,基极通常采用自偏压方式。

7. 目前出现一些集成高频功放组件,如 M57704 系列和 MHW 系列等。

8. 不能通过无限减小放大器中放大管的导通角来提高效率,进一步提高效率的方法是让放大管工作在开关状态,这类放大器称为丁类和戊类功放。

复习思考题

1. 简述小信号选频放大器的主要作用和在通信系统中的应用地位。
2. 什么叫部分接入?为何要对晶体管和负载采取部分接入的方法接入谐振回路?
3. 分析小信号选频放大器为何要采用晶体管的 Y 参数,它与混合 π 参数有何关系?
4. 说明提高选频放大器稳定性中采用中和法和适配法的基本原理。
5. 常见的集中选频网络有哪几种?它们有哪些特点和应用场合?
6. 大信号选频放大器和小信号选频放大器有何异同?
7. 哪些因素决定放大器中晶体管的导通角?在图 6.2.20(a)中基极有外加正向偏置电压,此时还能构成丙类放大器吗?
8. 在丙类功放中,为何当晶体管的集电极电流为 0 时集电极电压却不为 0?集电极电流和集电极电压波形有何不同?为什么?
9. 丙类功放有几种工作状态?它受何因素影响?如何兼顾输出功率和效率的关系?
10. 丁类和戊类放大器提高效率的基本原理是什么?

6.3 宽带功率放大器

上节所述选频放大器(小信号、大信号)的负载是一个选频网络,它的相对带宽BW/f_0 仅有千分之几到百分之几,这种放大器称为窄带放大器,它只能放大窄带信号,用于固定频道信号或频率变化较小的设备中。

通信技术的发展要求保密性好和抗干扰性能高,且需要在较大的频率变化范围内自动切换电台频率。而窄带放大器调谐系统复杂,转换工作频率需要不断改变谐振网络参数,这对多波道(宽带)、大功率通信系统是不合适的,甚至是难以完成的。

为了获得宽带功率输出,常用宽带功率放大器。宽带功率放大器实质是一种用非谐振式单元作为输出匹配电路的功率放大器,其中,非谐振式单元是一种频带很宽的传输线变压器,工作频率可达上千兆赫兹。这种放大器可以覆盖好几个频段,频率覆盖系数(上限频率对下限频率的比值)可达 10^4,可实现放大器不用重新调谐频率而可以在很宽的频率范围内改变工作频率的目的。因非谐振式单元没有选频作用,故谐波抑制成为一个问题,因此,这种放大器只能在失真较小的甲类或乙类状态下工作,由此带来了效率降低,在同样级数条件下输出功率减小。所以,宽带功率放大器是以牺牲效率获取宽带的,而对于输出功率的减小可通过增加放大器级数的方法解决。

6.3.1　传输线变压器

一、高频变压器

从工作频率上看,变压器可分为工频(低频)、高频和宽带 3 种。决定变压器工作频率的主要因素是制作变压器采用的材料和变压器的结构。高频变压器一般用漆包线绕制在导磁率高、损耗小的瓷罐、磁孔或磁环上。其特点是变压器尺寸小、匝数少,工作频率在几十兆赫兹以内,主要作用是阻抗变换、隔直流和传输信号。

图 6.3.1 是高频变压器的等效电路。图中,L_S 为引线电感,C_S 为分布电容,L 为励磁电感。在高频情况下,L_S 有分压作用,而 C_S 有旁路作用,它们限制了高频变压器的高频运用。一般认为,在低阻抗负载(小于几百欧姆)、变压器变比(N_1/N_2)不大的情况下,高频变压器的频宽比(上限频率和下限频率之比)约为 8 ~ 16。因此高频变压器不能在宽带放大器中使用。

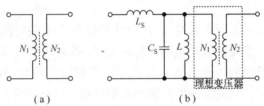

图 6.3.1　高频变压器和等效电路

(a)高频变压器;(b)等效电路。

二、传输线变压器原理

1. 传输线变压器的结构

传输线变压器的结构如图 6.3.2 所示。它是用两根长度相等的双绞线均匀穿绕在一

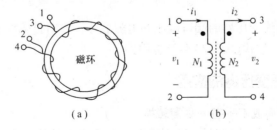

图 6.3.2　传输线变压器的结构

(a)结构;(b)电路符号。

个闭合的磁环上而构成的一种变压器。这种变压器频带宽,可实现倒相、阻抗变换、隔离、平衡与不平衡转换、功率分配和功率合成等多种功能。工作频率可达上千兆赫兹。

根据传输线变压器的结构可知,理想情况下下式成立:

$$\begin{cases} v_1 = v_2 \\ i_1 = i_2 \end{cases} \tag{6.3.1}$$

2. 传输线变压器的工作形式

传输线变压器有两种工作方式,变压器方式和传输线方式,它们由信号源、变压器和负载的连接方式决定,如图6.3.3所示。

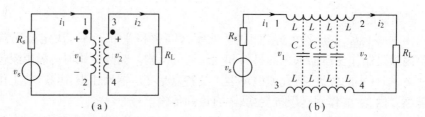

图6.3.3 传输线变压器工作原理
(a)变压器方式;(b)传输线方式。

在变压器方式中,传输能量的形式与普通变压器相同,它将信号加于初级,依靠磁通耦合在次级感应出交变电压传输给负载。因存在漏感和分布电容,其工作频率不高,实际中较少采用。

传输线方式是将信号加于1、3端,经传输线传输在2、4端将能量送给负载。此种方式在信号源频率较低时主要依靠磁通耦合传输能量,高频时则依靠电波传播形式传输能量,此时,单位长度双绞线的等效电感 L 和单位长度双绞线两线间的分布电容 C 起到了电磁能交换的作用,而在中频段,两种传输形式都存在。传输线方式是传输线变压器应用的一种主要形式。

传输线变压器的一个重要参数是它的特性阻抗 Z_C,其值等于 $\sqrt{L/C}$。L 和 C 分别是单位长度双绞线的等效电感和分布电容。当传输线长度小于信号波长的1/8,且满足 $R_s = R_L = Z_C$ 时,图6.3.3(b)电路达到匹配,此时特性阻抗满足如下关系:

$$Z_C = \frac{v_1}{i_1} = \frac{v_2}{i_2} \tag{6.3.2}$$

即特性阻抗等于传输线变压器的端口电压和电流之比。在对传输线变压器电路的分析中常在匹配条件下进行,故式(6.3.2)会经常用到。

6.3.2 传输线变压器的应用

一、平衡—不平衡或不平衡—平衡转换

电路如图6.3.4(a)、(b)所示。前者将两个对称于地的信号输入转换成一个不对称的输出,后者则将一个不对称信号转换成两个对称于地的信号输出。

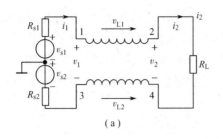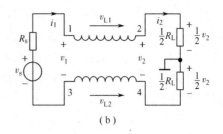

（a）　　　　　　　　　　（b）

图 6.3.4　信号转换器

（a）平衡—不平衡转换；（b）不平衡—平衡转换。

二、高频反相器

电路如图 6.3.5 所示。因为 $v_{L1} = v_{L2}$，故输出电压 v_2 相对于输入电压 v_1 在以"3"为参考地时是反相的。

三、阻抗变换器

图 6.3.6 是一个由传输线变压器组成的 4:1 阻抗变换器，即由 1、4 端向变压器方向视入的阻抗 Z_{14} 是负载电阻 R_L 的 4 倍。根据传输线变压器的基本关系可标出各处电压和电流如图 6.3.6 所示，则阻抗为

$$Z_{14} = \frac{v_{L1} + v_{L2}}{i} = \frac{2v_{L2}}{i} = 4 \times \frac{v_{L2}}{2i} = 4R_L$$

该电路的匹配条件为

$$Z_C = 2R_L = R_S/2$$

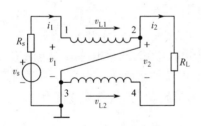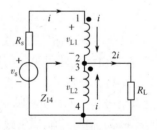

图 6.3.5　高频反相器　　　　图 6.3.6　4:1 阻抗变换器

例 6.3.1　一阻抗变换器电路如图 6.3.7 所示。试分析阻抗变换比并说明其匹配条件。

解：先设负载两端电压为 v_L，流入输入端的电流为 i，则依据传输线变压器的原理可推得其它各处电压电流如图 6.3.7 所示。于是可知

$$Z_i = \frac{4v_L}{i} = 16 \times \frac{v_L}{4i} = 16R_L$$

即阻抗变换比等于 16。匹配条件为

$$Z_{C1} = 4Z_{C2} = 8R_L$$

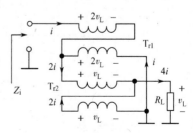

图 6.3.7　例 6.3.1 用图

四、功率分配器和功率合成器

实际的宽带功率放大器往往需要用多个功率放大器进行放大,以获得足够的输出功率。在多级放大的宽带功放中,需要将信号源功率或前级放大器的输出功率分配到后级放大器,经放大器放大后的输出功率还要用功率合成器送给下以级电路,如图 6.3.8 所示。通过这种方法可以获得远大于单个功放的总功率输出,数值上可以达到上百瓦甚至上千瓦高频功率。

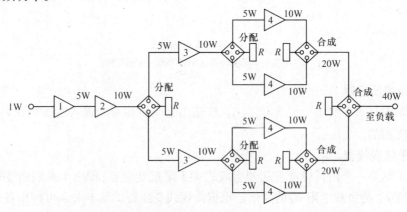

图 6.3.8 功率分配和合成

传输线变压器用于功率分配或功率合成时的电路连接形式如图 6.3.9 所示。图中的 4 个电阻可以理解为负载电阻或信号源内阻,具体就看电路如何连接。这个电路要求满足如下匹配关系:

$$\begin{cases} R_A = R_B = Z_C = R \\ R_D = 2Z_C = 4R_C = 2R \end{cases} \tag{6.3.3}$$

图 6.3.9(a)所示的传输线方式是最常用的电路形式,它与图 6.3.9(b)所示的变压器方式完全等效。由该电路可见,它其实是一个电桥电路,两个电感 L 和电阻 R_A、R_B 组成 4 个桥臂,理想情况下它是平衡的,所以,如果在 C 端加激励源(此时 R_C 为源内阻),D 端(负载 R_D)没有信号,在 D 端加激励源(R_D 为源内阻),C 端(负载 R_C)没有信号,所以,C、D 端之间相互隔离。信号传输到负载 R_A、R_B 上。

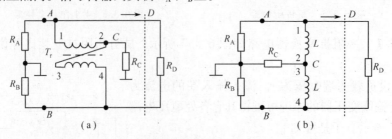

图 6.3.9 功率分配或合成混合网络
(a)传输线方式;(b)变压器方式。

1. 功率分配器

功率分配器的作用是将信号功率等分到两个负载上,分为同相分配和反相分配两种,电路如图 6.3.10(a)、(b)所示。同相功率分配器为 C 端激励，A、B 端得到同相信号，功率平均分配到 R_A 和 R_B，而 D 端功率为零。反相功率分配器则为 D 端激励，A、B 端得到反相信号，功率平均分配到 R_A 和 R_B，D 端功率为零。

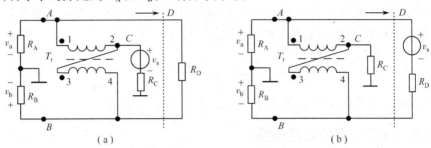

图 6.3.10　功率分配器
(a)同相功率分配器；(b)反相功率分配器。

　　实际应用时有时需要将一个激励源的功率平均分配到 C、D 端，而不是分配到 A、B 端。此时激励源应接在 A 端或 B 端而不能接在 C 端或 D 端，如图 6.3.11 所示。因为 B 端对地电压为 $v_b = v_{43} + v_c = v_{43} + 2i \cdot R_C = -v_{34} + i \cdot R$，而 $v_{34} = v_{12} = v_{13} = i \cdot Z_C = i \cdot R$，所以 $v_b = 0$。可见，A 端激励时 B 端功率为 0，同理也可证明 B 端激励时 A 端功率为 0，即 A、B 端之间是互相隔离的。

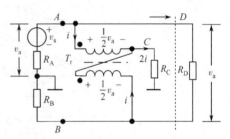

　　A 端输出功率为 $P_A = v_a^2/R$，C 端得到的功率为 $P_C = (v_a/2)^2/R_C = v_a^2/2R = P_A/2$，$D$ 端得到的功率为 $P_D = v_a^2/R_D = v_a^2/2R = P_A/2$，$C$、$D$ 端各得 A 端功率的 1/2。所以，图 6.3.11 所示的电路可将 A 端或 B 端激励时的功率平均分配到 C、D 端，而 A、B 端之间相互隔离。

图 6.3.11　实际功率分配器

2. 功率合成器

　　功率合成器的作用是将两个信号功率合成到一个负载上，分为同相合成和反相合成两种，电路如图 6.3.12(a)、(b)所示。

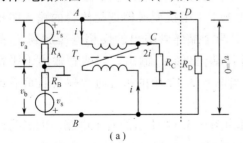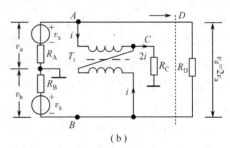

图 6.3.12　功率合成器
(a)同相功率合成器；(b)反相功率合成器。

　　在同相功率合成器中，两个信源在 A、B 端同相激励，端电压 v_a 和 v_b 大小相等方向相同（对地均为正或负），D 端电压为 0，故 D 端功率 $P_D = 0$。C 端功率为

$$P_C = 4i^2 \frac{R}{2} = 2i^2 R = i^2 R + i^2 R = P_A + P_B$$

即 A、B 端同相激励时功率合成到 C 端,而 D 端功率为 0。

在反相功率合成器中,两个信源在 A、B 端反相激励,端电压 v_a 和 v_b 大小相等方向相反,C 端电压为 0,故 C 端功率 $P_C = 0$。D 端功率为

$$P_D = \frac{4v_a^2}{2R} = \frac{2v_a^2}{R} = P_A + P_B$$

即 A、B 端反相激励时功率合成到 D 端,而 C 端功率为 0。

6.3.3　宽带功率放大器电路

图 6.3.13 是一级宽带功率放大器电路,它是输出功率为 75W、带宽为 30MHz ~ 75MHz 放大器的一部分。图中,T_{r1} 和 T_{r6} 为 1:1 传输线变压器,起不平衡—平衡和平衡—不平衡转换作用。T_{r2} 和 T_{r5} 是混合网络。T_{r3} 和 T_{r4} 为 4:1 阻抗变换器,起阻抗匹配作用。

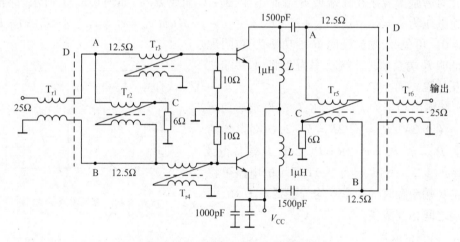

图 6.3.13　宽带功率放大器电路例

T_{r2} 是反相功率分配器,它将加在 D 端的功率反相分配到 A、B 两端,A、B 两端的等效负载 $R_A = R_B = 12.5\Omega$,它是由 T_{r3} 和 T_{r4} 这两个 4:1 阻抗变换器把晶体管的输入阻抗(约为 3Ω)经变换后与前级信源匹配得到的。两个晶体管输出的反相电压加到 T_{r5} 的 A、B 端,经 T_{r5} 构成的反相功率合成器合成到 D 端,再经 T_{r6} 输出。当两管输出不平衡时,C 端 6Ω 电阻上会有一定功率,6Ω 电阻相当图 6.3.12 中的 R_C,通常称为假负载或平衡电阻。

进一步分析可将图 6.3.13 所示电路分解为图 6.3.14 所示的两个电路。前者为以 T_{r2} 为核心的反相功率分配器,D 端激励,功率均分到 A、B 端,图中的 R_A 和 R_B 为由 4:1 阻抗变换器将晶体管的输入电阻变换得到。后者为以 T_{r5} 为核心的反相功率合成器,图中的 R_A 和 R_B 为两个晶体管的输出电阻,对称时两者相等。若设输入信号为一个高频正弦信号,则可以画出电路中各点波形如图 6.3.15 所示,它更进一步说明了该电路的工作原理。

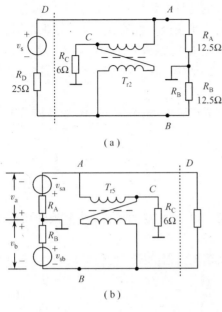

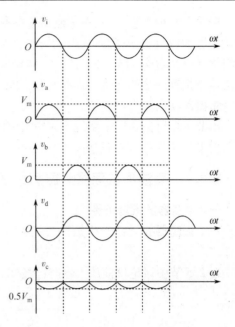

图 6.3.14　图 6.3.13 的等效电路
(a)反相功率分配器;(b)反相功率合成器。

图 6.3.15　图 6.3.13 的波形图

小结

1. 宽带功放用于对多频道信号的放大。为解决宽带和失真问题,拟采用非谐振传输线变压器作宽带匹配网络和多级甲类或乙类推挽电路。

2. 传输线变压器可由变压器方式和传输线方式传输能量,使上限频率得以提高,频带加宽,得到广泛应用。它主要用作阻抗变换、功率分配和功率合成。无论分配和合成,C 端和 D 端总是互相隔离。

3. 传输线变压器的工作方式由信号源的激励方法决定,传输信号能量的形式由信号源的频率决定。

复习思考题

1. 传输线变压器与普通高频变压器相比有何不同? 传输线变压器为何工作频率高?

2. 试总结传输线变压器用于阻抗变换时的规律特点。分析 9:1 阻抗变换器的匹配条件。

3. 什么是阻抗匹配? 在宽带功率放大器中为何要求做到阻抗匹配?

4. 总结功率分配器和功率合成器的电路特点和功能。

5. 试证明在图 6.3.11 中,若在 B 端激励,功率被平均分配到 C、D 端,而 A 端功率为 0。

6.4　振 荡 电 路

振荡电路(Oscillator)又称振荡器或者信号产生器,是一种能量转换装置。它不需外加激励信号,就可以将电源提供的直流功率转换为指定频率的交流功率输出,它广泛应用于通信和各种电子设备中,如接收机中混频器的本地振荡信号产生、发射机中调制器的载波发生器和相干解调器中参考信号的产生器等。

　　振荡器的种类很多,从振荡电路中有源器件的特性和形成振荡的原理上,可分为反馈型振荡器和负阻型振荡器;从产生的波形上可分为正弦波振荡器和非正弦波振荡器;从选频网络元件上可分为 LC 振荡器、晶体振荡器、RC 振荡器和压控振荡器等。其中,从 LC 振荡器中选频网络的连接形式上又分为电容三点式和电感三点式振荡器。另外,还有集成电路振荡器也已大量应用。

　　本节重点讨论在通信系统中最常用的反馈型正弦波振荡器(LC 振荡器和晶体振荡器),对非正弦波振荡器只作简单介绍。

6.4.1　反馈型振荡器的振荡原理

一、振荡器的振荡条件

　　一个振荡器要能够产生振荡并持续下去必须满足一定的条件,这个条件便是振荡条件。

　　在 2.5 节中讨论反馈放大器时已经知道,反馈放大器的闭环传输函数为

$$A_f = \frac{x_o}{x_s} = \frac{A}{1 + AF} \tag{6.4.1}$$

　　当环路增益 $T = AF = -1$ 时,传输函数的模为无穷大,此时放大器无需外加任何激励也会有信号输出,放大器变成了振荡器。因此,使放大器稳定工作的条件为

$$\begin{cases} |AF| \neq 1 \\ \varphi_A + \varphi_F \neq \pm(2n+1)\pi \end{cases}$$

放大器不稳定工作的条件为

$$\begin{cases} |AF| = 1 \\ \varphi_A + \varphi_F = \pm(2n+1)\pi \end{cases} \tag{6.4.2}$$

　　反馈型振荡器其实就是一个不稳定工作的放大器,它就是要能做到在没有输入信号激励的时候也能输出信号,因此,放大器的不稳定条件式(6.4.2)便是振荡器的振荡条件。如把反馈信号极性规定为如图 6.4.1 中的(＋)所示,则振荡条件可以改写为

$$\begin{cases} |AF| = 1 \\ \varphi_A + \varphi_F = \pm 2n\pi \end{cases} \tag{6.4.3}$$

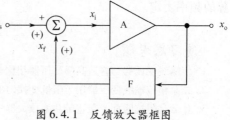

图 6.4.1　反馈放大器框图

　　事实上,振荡器在振荡的初期需要有一个时间很短的增幅过程才能产生振荡,即开始振荡时环路增益必须大于1,待振荡建立起来后环路增益才等于1。因此,完整的振荡条件应为

$$\begin{cases} |AF| \geq 1 \\ \varphi_A + \varphi_F = \pm 2n\pi \end{cases} \tag{6.4.4}$$

这是振荡器振荡条件的常见表达式。

　　式(6.4.4)包含有 3 层意思:$|AF| \geq 1$ 是振幅条件,其中 $|AF| > 1$ 称为振幅起振条件,

即振荡器上电时应满足的条件,此时$|x_f| > |x_i|$,实现增幅振荡。$|AF| = 1$ 称为振幅稳定条件,振荡稳定后满足这个条件,此时 $|x_f| = |x_i|$,实现等幅振荡。$\varphi_A + \varphi_F = 2n\pi$ 称为相位平衡条件,亦即振荡电路要满足正反馈条件。

二、振荡器的起振和平衡

现结合图 6.4.2 所示的互感耦合振荡器电路来说明振荡器的起振和振荡的平衡问题。该电路的增益 A 和反馈系数 F 的表示式为

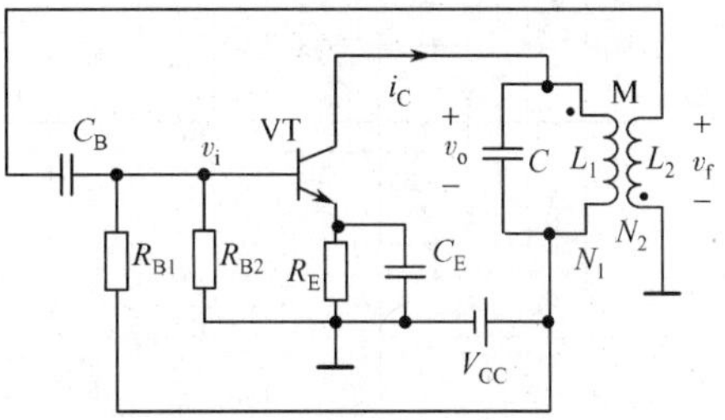

图 6.4.2　互感耦合振荡器

$$A = \frac{v_o}{v_i} = \frac{i_C \cdot Z}{v_i} = y_f \cdot Z = |y_f| \cdot |Z| \exp(\varphi_f + \varphi_z) \tag{6.4.5}$$

$$F = \frac{v_f}{v_o} = \frac{j\omega M i_L}{(r + j\omega L_1) i_L} = \frac{j\omega M}{r + j\omega L_1} = |F| \exp(j\varphi_F) \tag{6.4.6}$$

式中:$|y_f|$、φ_f 为晶体管正向传输导纳的模和幅角;r 为电感 L_1 的损耗电阻(包括基极损耗折合到 L_1 中的值);$|Z|$、φ_z 是 $L_1 C$ 回路阻抗的模和幅角。

φ_z 的表达式为

$$\varphi_z \approx -\mathrm{arctg} Q \frac{2\Delta\omega}{\omega_o} \tag{6.4.7}$$

当忽略损耗电阻 r 时 $F = M/L_1$。当互感为全耦合时 $F = N_2/N_1$。

该电路的环路增益为

$$T = \frac{v_f}{v_i} = A \cdot F = |A \cdot F| \exp(\varphi_z + \varphi_f + \varphi_F) \tag{6.4.8}$$

图 6.4.2 中,两个线圈同名端的正确连接可保证电路满足正反馈条件,通过调整 A 或 F 可以满足环路增益 $|AF| > 1$ 的起振条件。

1. 振荡器的起振

振荡器中管子的初始工作点电流为 I_{CQ},晶体管处于放大区,工作在甲类。当接通直流电源时,电路中将出现由噪声引起的扰动或电源接通瞬间产生的突变电流,它们均具有很宽的频谱。若其中某一频率分量的电压经放大、选频和反馈产生的 v_f 加到输入端为 v_{i1},经环路后产生反馈信号 v_{f1},由于环路增益 $|T| > 1$,故 $v_{f1} > v_{i1}$。v_{f1} 作为新的输入信号 v_{i2},经环路反馈后又产生下一个输入信号 $v_{i3}(v_{i3} > v_{i2})$……则在与回路谐振相同的这个频率上,经放大和反馈的不断循环,输出幅度将不断增大,这就是振荡器从无到有,振幅不断增长的起振过程。如图 6.4.3(a) 所示,相应的集电极电流波形如图 6.4.3(b) 所示。

那么增幅过程是否会永远进行下去呢? 回答是不会的。这是因为随着振荡幅度增加晶体管将进入非线性状态,如图 6.4.3(a) 所示的 v_{i6}。此时晶体管集电极电流为一个余弦脉冲,集电极电流的平均分量 I_C 比初始工作点电流 I_{CQ} 大,该电流通过射极电阻 R_E 变成电压反向加到晶体管基极,使晶体管偏置电压降低,晶体管的工作状态逐步由甲类向甲乙类、丙类过渡,从而使晶体管放大能力下降,$|A|$ 下降,环路增益 $|AF|$ 减小,最终使 $|AF| = 1$,$v_i = v_f$,电路进入平衡状态,开始持续等幅振荡,如图 6.4.3(a) 中的 v_{i7} 所示。

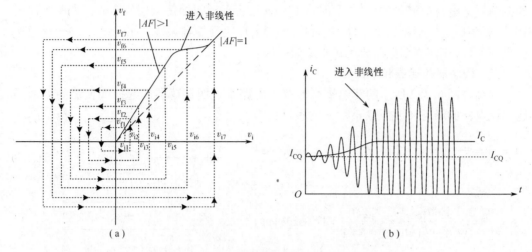

图 6.4.3　振荡器的起振过程和集电极电流波形

(a)反馈增幅过程示意图;(b)集电极电流波形和平均分量的变化。

2. 振荡器的平衡和稳定

振荡器在工作过程中,不可避免地会受到如电源电压波动、环境温度变化等因素的影响,这些因素会导致晶体管参数或回路参数发生变化,从而破坏振荡器的平衡条件。如果此时通过环路循环能够使振荡器重新回到平衡状态,则振荡器是稳定的,如果不能回到平衡状态,导致振荡器停振或突变到另一个平衡状态,则振荡器是不稳定的。因为晶体管参数或回路参数的变化均可使振幅平衡条件和相位平衡条件遭到破坏,所以,振荡器的平衡和稳定包含振幅平衡稳定和相位平衡稳定两个方面。

1) 振幅平衡和稳定

振荡器要做到振幅稳定,在其平衡点附近必须具有阻止振幅变化的能力。亦即当振荡幅度增大时,环路增益$|T|$要减小,使反馈电压v_f减小(v_i减小),以阻止振荡幅度的增大。反之,当振荡幅度减小时,环路增益$|T|$要增大,使反馈电压v_f增大(v_i增大),以阻止振荡幅度的减小。可见,振幅平衡的条件为在平衡点附近T对v_i的变化率小于0,即

$$\left.\frac{\partial T}{\partial v_i}\right|_{v_i = v_{ia}} < 0 \qquad (6.4.9)$$

式中:v_{ia}为平衡点输入电压。

式(6.4.9)可用图6.4.4(a)来说明,在平衡点v_{ia}附近,当$v_i > v_{ia}$时,$|T|$减小,反馈得到的v_i也小,使新的v_i向v_{ia}靠近。当$v_i < v_{ia}$时,$|T|$增大,反馈得到的v_i也大,使新的v_i向v_{ia}靠近。所以,a点是一个平衡稳定点。因此,图6.4.4(a)是一个满足起振和平衡稳定条件的环路增益特性,且在平衡点附近的变化率越快振幅越稳定。

可见,振荡器的幅度稳定是依靠管子的非线性来实现的。

当振荡器的环路特性出现如图6.4.4(b)所示的两个平衡点时,a点是稳定的,b点是不稳定的。在b点附近,当$v_i > v_{ib}$时,$|T|$增大,反馈得到的v_i也增大,使新的v_i不断向v_{ia}靠近,最终稳定在a。但当$v_i < v_{ib}$时,$|T|$减小,反馈得到的v_i也减小,经几次循环后直到停振。这种振荡器只有在上电时有一个大于v_{ib}的扰动电压(如用起子在基极上轻微敲击一

下)才能持续产生振荡,常将这种产生振荡的方式称为硬激励。而将具有如图 6.4.4(a)所示环路特性的振荡器能够自动进入持续振荡的方式称为软激励。

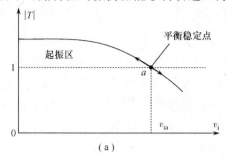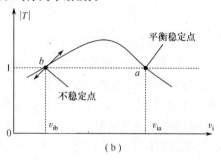

图 6.4.4 振荡器环路特性与振幅稳定性的关系

(a)合适的环路增益特性;(b)稳定点判别。

2) 相位平衡和频率稳定

由式(6.4.4)和式(6.4.8)可知,振荡器的相位平衡条件为

$$\varphi_T = \varphi_z + \varphi_f + \varphi_F = 2n\pi \tag{6.4.10}$$

当该条件因某种原因遭到破坏时,振荡器应能重新回到平衡状态。因为瞬时相位对时间的变化率就是瞬时角频率,所以,相位稳定条件与频率稳定条件是相一致的。具体来说就是当 φ_T 产生一个小的正(或负)相位增量 $\Delta\varphi$ 时(即角频率 ω 升高或降低),环路应能产生一个小的负(或正)相位增量 $\Delta\varphi$,使式(6.4.10)重新得到平衡。所以,振荡器中相位平衡的条件是在平衡点附近 φ_T 对 ω 的变化率小于0,即

$$\left.\frac{\partial\varphi_T}{\partial\omega}\right|_{\varphi_T=\varphi_{Ta}} < 0 \tag{6.4.11}$$

式中: φ_{Ta} 为平衡点处 φ_T 的相位。

一般说来, φ_f 和 φ_F 很小。且随 ω 变化不明显,在小的 ω 变化范围内,可视其为与 ω 无关的常数,而 φ_z 变化明显。故可以将 φ_z 的特性近似理解为 φ_T 的特性。

将式(6.4.10)改写为

$$\varphi_z = -(\varphi_f + \varphi_F) \tag{6.4.12}$$

式(6.4.12)表明,在相位平衡点附近,当晶体管参数和反馈网络参数因某原因发生变化,导致 $(\varphi_f + \varphi_F)$ 产生一个正的(或负的)相位增量 $\Delta\varphi$ 使相位失去平衡时, φ_z 应能产生一个负的(或正的)相位增量 $\Delta\varphi$,使式(6.4.10)得到满足,达到相位平衡。

式(6.4.10)可以用图 6.4.5 来说明。图中, a 点是一个平衡点,在平衡点附近,若 $(\varphi_f + \varphi_F)$ 产生一个正相位增量 $\Delta\varphi$(即 ω 增大,如图中水平虚直线所示), φ_z 将产生一负相位增量使相位重新满足平衡条件(图中 b 点)。由图 6.4.5 可见,相位平衡点对应的角频率为 ω_a,该角频率即为

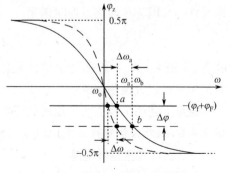

图 6.4.5 相位平衡的图解说明

振荡器的振荡角频率。将式(6.4.7)代入式(6.4.12)可得到振荡频率的表达式为

$$\omega_a = \omega_o\left[1 + \frac{1}{2Q}\tan(\varphi_f + \varphi_F)\right] \tag{6.4.13}$$

式中：ω_o 为回路固有振荡角频率。

可见，振荡器的振荡频率并非与选频回路的固有频率相等。但只要回路的损耗小、Q 值足够高，φ_z 特性的斜率陡，则在小的相位变化 $\Delta\varphi$ 范围内角频率变化量 $\Delta\omega$ 很小（图 6.4.5 中虚线所示），ω_a 近似等于 ω_o。所以，工程上一般就将回路的固有振荡角频率 ω_o 视为振荡器的振荡角频率 ω_a。而且 Q 值越大，由 $\Delta\varphi$ 范围引起的 $\Delta\omega$ 就越小，频率越稳定。所以，振荡器振荡频率的稳定是依靠选频网络来实现的。

6.4.2 LC 正弦波振荡器

以 LC 振荡回路作选频网络的反馈振荡器，统称 LC 振荡器。LC 振荡器可用晶体管、场效应管、差分对管或线性集成电路作为放大器件，可以产生几十千赫兹到几百兆赫兹的正弦信号。如用微带电路构成 LC 回路，上限频率可达几千兆赫兹。

LC 振荡器按反馈网络的结构可分为互感耦合振荡器（例如图 6.4.2）和三点式振荡器两种。这里讨论通信电路中常用的三点式振荡器。

一、三点式振荡器的构成要点

三点式振荡器的基本结构（交流通路）如图 6.4.6 所示。图中，X_{be}、X_{cb} 和 X_{ce} 是 3 个电抗性元件，在电路结构上，3 个电抗性元件连接后的 3 个端点分别接到晶体管的 b、c、e 电极。这是构成三点式振荡器的第一个要点。

设 X_{be}、X_{cb} 和 X_{ce} 均是纯电抗元件，则在电路谐振时有

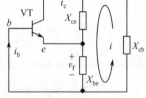

$$\frac{v_{eb}}{X_{be}} = \frac{v_{ce}}{X_{ce}} \tag{6.4.14}$$

即

$$v_{be} = -v_{ce} \cdot \frac{X_{be}}{X_{ce}} \tag{6.4.15}$$

图 6.4.6　三点式振荡器
电路结构

因为 v_{be} 和 v_{ce} 是反相的，故式(6.4.15)中的负号应存在，所以，X_{be} 和 X_{ce} 应当是同性质的电抗元件。又因为在回路谐振时满足

$$X_{be} + X_{ce} + X_{cb} = 0 \tag{6.4.16}$$

故 X_{cb} 是和 X_{be}、X_{ce} 异性质的电抗性元件。X_{be} 和 X_{ce} 是同性质电抗性元件，X_{cb} 和它们异性质是构成三点式振荡器的第二个要点。

满足上述两个要点的三点式振荡器也就满足了振荡器正反馈的相位条件。例如，在图 6.4.6 中，当反馈电压 v_f 增加时，i_b 减小，i_c 减小，v_{ce} 增加，v_f 增加，形成正反馈。

二、三点式振荡器电路

根据三点式振荡器组成的第二个要点，如果 X_{be}、X_{ce} 为电容器，则 X_{cb} 是电感器，这时组成电容三点式振荡器（Colpitts Oscillator，考毕茨振荡器），如图 6.4.7(a)所示。如果

X_{be}、X_{ce}为电感器,则 X_{cb} 是电容器,这时组成电感三点式振荡器(Hartley Oscillator,哈特莱振荡器),如图 6.4.7(b)所示。

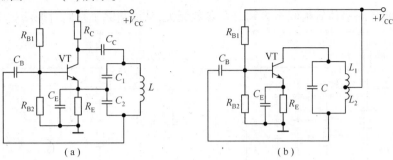

图 6.4.7　三点式振荡器电路

(a)电容三点式;(b)电感三点式。

图 6.4.7 所示电路中,R_{B1}、R_{B2}、R_{C} 和 R_{E} 是偏置电阻,用来确定晶体管静态工作点。L、L_1、L_2 和 C、C_1、C_2 是谐振回路元件。C_{E} 为旁路电容,C_{C}、C_{B} 是耦合电容,它们对振荡频率而言均可视为短路。于是可得到图 6.4.7 电路的交流通路如图 6.4.8 所示。

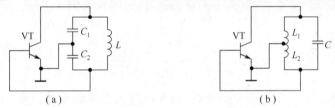

图 6.4.8　三点式振荡器的交流通路

(a)电容三点式;(b)电感三点式。

对于电容三点式振荡器,反馈系数和振荡频率分别为

$$F = \frac{v_{\mathrm{f}}}{v_{\mathrm{ce}}} = \frac{v_{\mathrm{be}}}{v_{\mathrm{ce}}} = \frac{C_1}{C_2} \tag{6.4.17}$$

$$f_{\mathrm{o}} = \frac{1}{2\pi\sqrt{LC_{\Sigma}}}, \quad C_{\Sigma} = \frac{C_1 C_2}{C_1 + C_2} \tag{6.4.18}$$

电容三点式振荡器的振荡频率常在数百千赫兹到百兆赫兹左右,它的优点是因反馈电压是从电容两端取出,对高次谐波呈现阻抗小容易滤除,因此输出波形好。缺点是为了不改变反馈系数,调节频率时要求 C_1、C_2 同时改变,这在使用上不方便;另外,分布电容也会影响振荡频率和起振。因此实际中常使用改进型电容三点式振荡电路,也称为克拉泼振荡器(Klapp Oscillator),如图 6.4.9(a)所示。图中,C_{o} 和 C_{i} 表示管子的输出电容、输入电容或电路分布电容。C_3 为串接电容。

克拉泼振荡器电路的振荡频率为

$$f_{\mathrm{o}} = \frac{1}{2\pi\sqrt{LC_{\Sigma}}}, \quad C_{\Sigma} = 1 \Big/ \Big(\frac{1}{C_3} + \frac{1}{C_{\mathrm{o}} + C_1} + \frac{1}{C_{\mathrm{i}} + C_2} \Big)$$

若使 C_3 远小于 C_1 和 C_2,则 $C_3 \approx C_{\Sigma}$,振荡频率可表示为

$$f_o = \frac{1}{2\pi \sqrt{LC_\Sigma}} \approx \frac{1}{2\pi \sqrt{LC_3}} \qquad (6.4.19)$$

可见,振荡频率与晶体管极间电容和分布参数无关,从而消除了它们对振荡频率的影响。

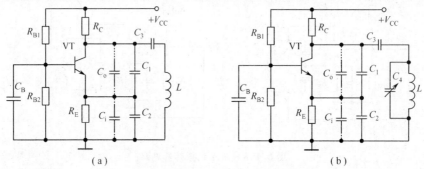

图 6.4.9　改进型电容三点式振荡器

(a)克拉泼振荡器;(b)西勒振荡器。

为了使振荡频率可调,常在电感两端并接一个电容 C_4,从而构成另一种改进型电容三点式振荡器,称为西勒振荡器(Seiler Oscillator),如图 6.4.9(b)所示。西勒电路的振荡频率为

$$f_o = \frac{1}{2\pi \sqrt{LC_\Sigma}} \approx \frac{1}{2\pi \sqrt{L(C_3 + C_4)}} \qquad (6.4.20)$$

可见,调整振荡频率不改变反馈系数,因此也就不会影响电路起振。所以,西勒电路成为应用广泛的一种振荡电路。

对于电感三点式振荡器,它的反馈系数和振荡频率分别为

$$F = \frac{v_f}{v_{ce}} = \frac{v_{be}}{v_{ce}} = \frac{L_2 + M}{L_1 + M} \qquad (6.4.21)$$

$$f_o = \frac{1}{2\pi \sqrt{(L_1 + L_2 + 2M)C}} \qquad (6.4.22)$$

式中:M 为互感系数。

电感三点式振荡器的优点是改变电容即可改变振荡频率而不改变反馈系数,缺点是振荡的最高频率不如电容三点式高,且反馈电压取自电感,其对高次谐波呈现的感抗大,因而输出波形较差,故实际中极少使用。

例 6.4.1　振荡电路及其电路参数如图 6.4.10(a)所示。画出它的交流通路,并计算反馈系数和振荡频率范围。

解:由电路中元件所处位置可知,C_B、C_C 是耦合电容,L_E 是高频阻流线圈,它们对振荡频率没有影响,于是画出交流通路如图 6.4.10(b)所示。可见它是电容三点式振荡器。

反馈系数为

$$F = \frac{C_1}{C_2} = \frac{51}{2200} = 0.023$$

振荡频率表示式为

$$f_o = \frac{1}{2\pi \sqrt{LC_\Sigma}}, C_\Sigma = C_3 + 1/\left(\frac{1}{C_1} + \frac{1}{C_2}\right)$$

当 C_3 的变化范围为 12pF~200pF 时,计算可得 C_Σ 的变化范围为 61.84pF~249.8pF。于是可求出振荡频率范围为

$$f_{omin} = \frac{1}{2\pi \sqrt{LC_\Sigma}} \approx \frac{1}{2\pi \sqrt{5 \times 10^{-7} \times 2.5 \times 10^{-10}}} \approx 14.24(\mathrm{MHz})$$

$$f_{omax} = \frac{1}{2\pi \sqrt{LC_\Sigma}} \approx \frac{1}{2\pi \sqrt{5 \times 10^{-7} \times 6.18 \times 10^{-11}}} \approx 28.65(\mathrm{MHz})$$

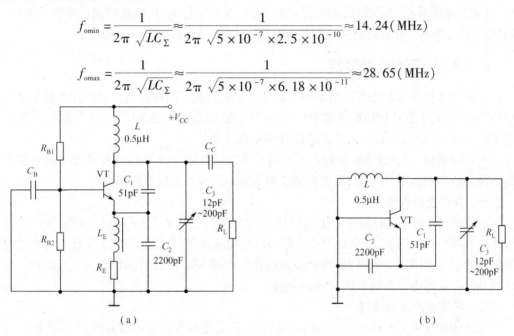

图 6.4.10 例 6.4.1 用图

(a)振荡器电路;(b)交流通路电路。

三、频率稳定度

当振荡器的外界因素变化时,会引起电路参数发生变化,使 φ_z、φ_f 和 φ_F 变化,从而使振荡频率发生变化。例如,温度变化会使晶体管的各极电流、电压、PN 结电阻和电容变化,造成回路参数 Q 和 ω_o 变化,从而使 φ_z、φ_f 和 φ_F 变化,结果使振荡频率变化。

为了衡量实际振荡频率 f 偏离标称频率 f_o 的程度,定义频率稳定度指标如下:

$$\delta = \frac{|f - f_o|_{max}}{f_o}/\Delta t \qquad (6.4.23)$$

式中: $|f - f_o|_{max}$ 是多次测量中的最大频率偏移; Δt 为时间间隔。

例如,某振荡器, $f_o = 5\mathrm{MHz}$,在一天内的多次测量中测得偏离 f_o 最大的 $f = 4.9995\mathrm{MHz}$,则 $\delta = |4.9995 - 5|/5 = 10^{-5}/$日。

不同用途的设备对频率稳定度要求不同。Δt 在一天以上,称为长期稳定度,用来评价计时设备的精度,如天文、报时和电台所用设备。Δt 在一天以内,称为短期稳定度,主要评价通信、测量设备中主振器的指标,如一般仪器仪表。Δt 在秒和毫秒内,称为瞬时稳定度,主要用来评价通信、雷达设备的指标,如高速通信设备。

通常,未采取稳频措施的 LC 振荡器的频率稳定度大约在 10^{-4} 左右,而有些应用场合频率稳定度需要达到 $10^{-5} \sim 10^{-9}$ 量级(如单边带发射机),显然一般振荡器无法满足要

求。这就需要对振荡器采取稳频措施。

通常,提高频率稳定度的方法从两个方面着手:一是优化工作环境,减小外界因素的变化。例如,用恒温装置减小温度变化、用稳压电路减小电源电压波动、用隔离电路(如射随器等)减小负载对振荡器的影响,以及采取防潮、减振等措施。二是提高回路的标准性,选用温度系数小的元器件,如低耗高 Q 元件、高频陶瓷电容、热绕密封电感等。其中,选用高 Q 元件中最有效的是采用石英谐振器来选频,从而构成晶体振荡器。

6.4.3　石英晶体振荡器

石英晶体振荡器是用石英谐振器控制和稳定振荡频率的振荡器。它的特点是振荡频率稳定度很高,不加任何措施可达 $10^{-4} \sim 10^{-6}$ 量级,加措施可达 $10^{-7} \sim 10^{-8}$ 量级,极限可达 $10^{-12} \sim 10^{-13}$ 量级。石英谐振器的原理参见附录 B。

实践应用中,可构成并联型和串联型两种类型振荡器,前者石英谐振器在振荡器中作为振荡回路中的高 Q 值电感,后者石英谐振器起高选择性短路器作用。

一、并联型晶体振荡器

电路如图 6.4.11(a)所示。由图可见,若将回路电感用石英晶体取代,则它与电容三点式振荡器相似。因此,要满足三点式振荡器的相位条件,石英晶体应工作在 f_q 与 f_p 之间呈感性的频率范围内。所以,并联型晶体振荡的振荡频率在石英晶体的 $f_q \sim f_p$ 之间。并联型晶体振荡器也称为皮尔斯(Pierce)电路。

二、串联型晶体振荡器

电路如图 6.4.11(b)所示。由图可见,它实际上是电容三点式振荡器,只是在振荡回路与晶体管射极之间的反馈支路上接入了一个石英谐振器。当晶体工作在串联谐振频率 f_q 时,它的阻抗最小,相当于一个短路器,则频率为 f_q 的信号正反馈最强,而在其它频率上,晶体阻抗急剧增大,反馈迅速减弱。因此,串联型晶体振荡器的振荡频率等于晶体的串联谐振频率 f_q。

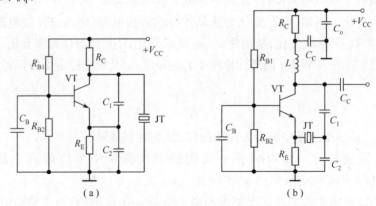

图 6.4.11　晶体振荡器
(a)并联型;(b)串联型。

三、泛音晶体振荡器

在泛音晶振中。为保证振荡在所需的奇次泛音上,必须调整环路增益,使它在泛音频率上环路增益大于1。满足振幅起振条件,而在其它频率上,不满足振荡条件。

图 6.4.12(a)是并联型泛音晶振电路,图 6.4.12 (b)是其中 LC_1 回路的电抗特性。

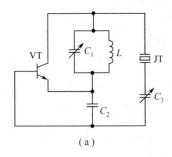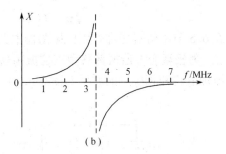

(a)　　　　　　　　　　　　　　　(b)

图 6.4.12　泛音晶振电路

(a)原理电路;(b)LC_1 回路电抗特性。

设电路振荡在 5 次泛音上,标称频率为 5MHz,基频为 1MHz,则 LC_1 回路必须调谐在 3 次和 5 次泛音频率之间。这样在 5MHz 上,回路呈容性,满足相位条件。对于基音和 3 次泛音来说回路呈感性,不满足相位条件。对 5 次以上泛音,调整环路增益使其值小于 1,不满足振幅条件。因此,电路只能工作在 5 次泛音上。

对于串联型泛音晶振,如在图 6.4.12 中晶体改用泛音晶体,而 LC 回路谐振在晶体泛音标称频率附近即可。

6.4.4　压控振荡器(VCO)

压控振荡器(Voltage Controlled Oscillator)是在普通振荡器的基础上接入控制电路,在控制电路中控制电压作用下改变振荡频率。其电路类型甚多,有的通过控制回路参数控制振荡频率,也有控制振荡管参数控制振荡频率。输出波形有矩形波、三角波、正弦波或锯齿波等。压控振荡器在频率调制、锁相环路和频率合成、频谱分析仪器等方面有广泛应用。

以下介绍几种常用电路。

一、变容二极管压控振荡器

变容二极管是利用 PN 结的结电容随外加反向电压变化的原理制作的一种器件。它的结电容与外加反向电压的关系为

$$C_J = \frac{C_J(0)}{(1 - v_D/V_\Phi)^n} \tag{6.4.24}$$

式中:V_Φ 为 PN 结的势垒电压;v_D 为外加反向电压;$C_J(0)$ 是 PN 结在零偏压($v_D = 0$)时的结电容;n 为电容变化指数,其值取决于 PN 结的结构和杂质浓度分布。

若用一个交流信号去控制结电容,即令 $v_D = V_{DQ} + V_{\Omega m}\cos\Omega t$,且 $|V_{\Omega m}| < |V_{DQ}|$,则结电容将随交流信号变化。如果再把变容管作为振荡器中谐振回路的一个电抗元件,则振荡频率将随交流信号变化,这就是变容管压控振荡器的基本原理。

例如,某变容管压控振荡器的交流通路如图 6.4.13 所示,

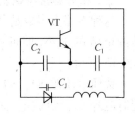

图 6.4.13　某变容管压控振荡器交流通路

它的振荡频率为

$$f_o = \frac{1}{2\pi\sqrt{LC_\Sigma}}, \quad C_\Sigma = 1 / \left(\frac{1}{C_1} + \frac{1}{C_2} + \frac{1}{C_J}\right)$$

在 6.5 节中将对变容管压控振荡器电路进行详细讨论。

二、射极耦合多谐振荡器型压控振荡器

原理电路和相应点的波形如图 6.4.14 所示。

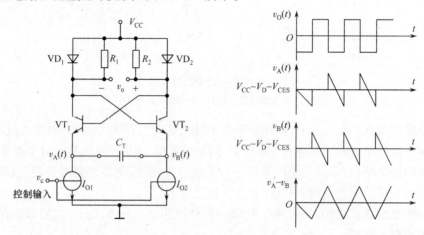

图 6.4.14　射极耦合多谐振荡器型 VCO

图中,交叉耦合的晶体管 VT_1、VT_2 形成正反馈,并分别接由电压 V_c 控制的电流源 I_{01}、I_{02}（通常 $I_{01} = I_{02} = I_0$）。V_{CES} 是晶体管的饱和管压降。当 VT_1、VT_2 相互翻转时,定时电容 C_T 由 I_{01}、I_{02} 交替充电,使 VT_1、VT_2 集电极得到对称方波输出。二极管 VD_1、VD_2 分别与负载 R_1、R_2 并联,构成 VT_1、VT_2 的负载。可见,其输出方波频率 f 与 C_T、I_0 和 v_c 有关。分析表明,其值为

$$f = \frac{I_o}{4C_T V_D} = \frac{g_m v_c}{4C_T V_D} = K_o v_c \qquad (6.4.25)$$

式中:V_D 为二极管正向压降（约 0.7V）;g_m 为压控恒流源的跨导;$K_o = g_m/(4C_T V_D)$ 为压控振荡器的压控灵敏度。

可见 g_m、C_T 和 V_D 固定时,f 与 v_c 呈线性关系。

MC1658 集成压控振荡器就是采用了这种电路,其工作频率为 155MHz。国产单片集成锁相环 L562 中的 VCO 也采用了这种电路。

三、积分施密特触发压控多谐振荡器

这种电路大多数是利用恒流源给外部接入的定时电容充电或放电来工作的,改变恒流源电流的大小,即可控制频率的变化,通常其振荡频率低于 1MHz,电路形式如图 6.4.15 所示。

镜像电流源 VT_1、VT_2 为差分对 VT_3、VT_4 提供偏置电流。当 VT_4 导通时,控制电流使定时电容 C_T 恒流放电;而当 VT_3 导通时,控制电流经镜像电流源 VT_5、VT_6 向定时电容充电。所以,定时电容 C_T 上的电压是一个上升边与下降边相等的三角波。由 VT_7 与 VT_8 组成比较器,当三角波电压上升到最大值时,VT_7 导通 VT_8 截止,输出电压跳到最低值。反

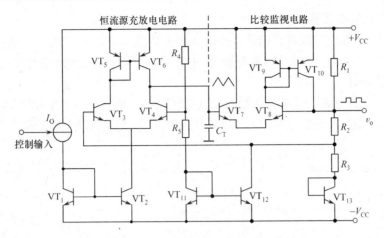

图 6.4.15　积分施密特触发压控多谐振荡器

之,当三角波下降到最低值时,VT_7 截止,VT_8 导通,输出电压跳到最高值。所以,输出电压 v_o 是占空比为 1/2 的方波。输出电压正反馈到 VT_3、VT_4 以控制翻转。因此,这种有正反馈的比较电路属于施密特触发器的类型。该电路由于使用了较多的 PNP 管,限制了速度,故工作频率低于 1MHz。工作频率高于 1MHz 的电路,多采用发射极耦合的多谐振荡器。

6.4.5　集成电路振荡器

一、差分对振荡器

差分对振荡器是集成电路振荡器中常用的一种电路结构。原理电路如图 6.4.16 所示,这是从集成振荡器芯片 E1648(图 6.4.17)中摘画出的电路,其中,L、C 为外接谐振回路元件。电路中的 VT_7、VT_8 是差分对管,V_{BB} 为偏置电压,它既是 VT_7、VT_8 的基极偏置电压,又是 VT_8 的集电极电压。因为 VT_8 基极和集电极电位基本相等,所以为了防止 VT_8 饱和,LC 回路两端振荡电压不能太大,约为 200mV 左右。但通过内部放大器放大后的输出电压可远大于此值。

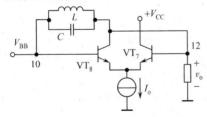

图 6.4.16　差分对振荡器原理电路

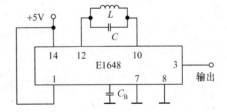

图 6.4.17　E1648 集成振荡器

从交流通路上看,VT_7 为共集组态,VT_8 为共基组态。当 v_o 升高时,两晶体管发射极电位升高,则 VT_8 的集电极电位也升高,从而使 v_o 进一步升高。所以,这个电路满足正反馈条件。

差分对振荡器的优点是差分对晶体管传输特性的非线性不是靠晶体管进入饱和区,而是靠一管趋于截止实现的,这样可大大减小晶体管对回路的影响,提高 Q 值,从而可提高频率稳定度。

二、集成运放振荡器

把晶体管、场效应管或其它振荡管用运算放大器代替可组成集成运放型振荡器。图 6.4.18 是用运放组成的互感耦合振荡器,图中,C_C 为耦合电容,正确的同名端连接可使电路满足正反馈条件。

用运算放大器组成三点式振荡器的要点与用晶体管时相同,即同相输入端与反相输入端、同相输入端与输出端之间的电抗元件性质相同,反相输入端与输出端之间的电抗元件性质与前两个异性质。

图 6.4.19(a)、(b)是用运放组成的三点式振荡器。前者为哈特莱振荡器,后者为皮尔斯振荡器。

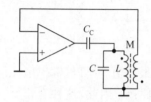 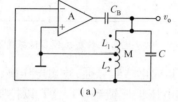 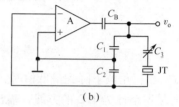

图 6.4 18　运放组成
　　互感耦合振荡器

图 6.4.19　由运放构成的三点式振荡器
(a)运放电感三点式振荡器;(b)运放皮尔斯电路。

运放型振荡器的优点是电路简单,调整容易。不足是振荡频率受运放上限频率限制。但当前已有可在很高频率下工作的高速高频运放,所以,上述不足也容易克服。

三、集成多谐振荡器

有时利用专用集成电路芯片产生多谐振荡信号十分方便。LM566 就是一种通用型集成压控振荡器芯片,用它可以产生方波和三角波,输出重复频率是输入控制电压的线性函数。

LM566 的振荡原理类似于图 6.4.15。图 6.4.20 是其内部原理简化图,图中,R_T 和 C_T 是需要外部连接的定时元件。该电路可以同时输出方波和三角波两个信号,这两个信号的重复频率相同。

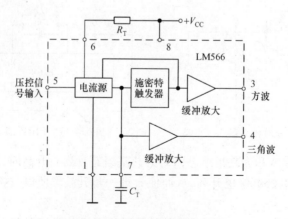

图 6.4.20　LM566 简化原理图

该电路的输出信号重复频率为

$$f_{\mathrm{o}} = \frac{2(V_{81} - V_{51})}{R_{\mathrm{T}} C_{\mathrm{T}} V_{81}} \tag{6.4.26}$$

式中:V_{81} 和 V_{51} 分别为引脚 8 和引脚 1、引脚 5 和引脚 1 之间的电压。

　　图 6.4.21 是 LM566 的两种应用电路。其中,图 6.4.2(a)所示电路输出调频方波或调频三角波,在电路参数不变的情况下输出号频率随输入信号电压的升高而降低。调整 R_{T} 可以调整输出信号频率。图 6.4.2(b)所示电路是 FSK(频率键控)信号发生器 ,它可将串行输入的“0、1”代码分别变换为重复频率为 1.5kHz 和 3.0kHz 的方波或三角波输出。输出信号频率 1.5kHz 时代表输入代码为“0”,输出信号频率 3.0kHz 时代表输入代码为“1”。所以 FSK 也称为数字信号的载波传输。

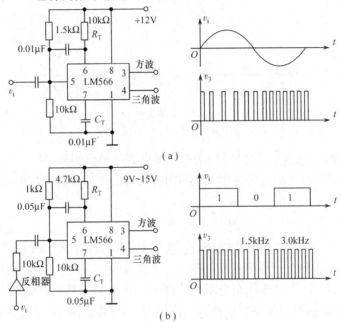

图 6.4.21　集成多谐振荡器芯片 LM566 的两种应用电路

(a)输出调频方波或三角波;(b)FSK 信号发生器。

6.4.6　负阻振荡器

　　负阻振荡器(Negative resistance oscillator)是由具有负电阻特性的的元件来维持等幅振荡的一种振荡器。由 LC 谐振电路可知,若给回路以初始能量,就会产生电流,但由于损耗电阻 R 的存在,电流将逐渐衰减直至为 0。如果设法将谐振回路的电阻抵消使回路总电阻等于 0,则由于回路没有能量消耗,就可产生持续振荡。为此可采用具有负电阻($-r$)特性的元件来抵消回路电阻 R,如图 6.4.22 所示。

　　具有负阻特性的元件有点接触晶体管、隧道二极管、雪崩晶体管、PNPN 型晶体管和电子管中的四极管、五极管等。

　　典型负阻器件的特性如图 6.4.23 所示。图中,AB 段具有负阻特性,通常称具有如图 6.4.23(a)所示特性的器件为 N 型负阻器件或电压控制器件,这种器件(如隧道二极管)的电流是电压的单值函数。称具有如图 6.4.23(b)所示特性的器件为 S 型负阻器件或电

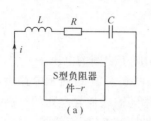
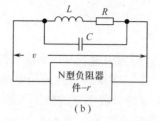

图 6.4.22　负阻器件和 LC 回路的连接
(a)串联谐振;(b)并联谐振。

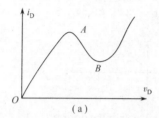
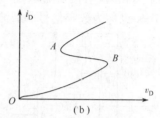

图 6.4.23　负阻器件特性
(a)N 型负阻器件;(b)S 型负阻器件。

流控制器件,这种器件(如单结晶体管)的电压是电流的单值函数。

现以图 6.4.22(a)所示电路为例说明负阻振荡器的振荡过程。该电路的微分方程为

$$\frac{\mathrm{d}^2 i}{\mathrm{d}^2 t} + \frac{R - r}{L}\frac{\mathrm{d}i}{\mathrm{d}t} + \frac{i}{LC} = 0 \qquad (6.4.27)$$

则当 $r > R$ 时,式(6.4.27)的解为增幅振荡,这就是起振条件。$r = R$ 时为等幅振荡,这就是平衡条件。从起振到平衡也是依靠负阻器件的非线性实现的。因为串联振荡电路中的元件电流相等,负电阻 $r > R$ 表明负电阻上压降大于正电阻上压降,即提供的能量大于消耗的能量,故为增幅振荡。振荡幅度达到一定值时,负电阻值减小,即提供的能量减少,直到与消耗的能量相等时电路维持等幅振荡。可见,负电阻的值必须随电流振幅的增大而减小,即

$$\frac{\mathrm{d}r}{\mathrm{d}I_\mathrm{m}} < 0 \qquad (6.4.28a)$$

同样,在并联振荡的负阻振荡电路中,负电阻的值必须随电压振幅的增大而增加,即

$$\frac{\mathrm{d}r}{\mathrm{d}V_\mathrm{m}} > 0 \qquad (6.4.28b)$$

图 6.4.24(a)是由隧道二极管 VD 组成的负阻振荡电路及其等效电路。图中,R_1 用于调整隧道二极管工作所需的直流偏压。因为隧道二极管属于电压控制器件,它要求直流电源的内阻小,故图中用取值较小的 R_2 用来降低等效直流电源的内阻。C_1 对高频旁路,避免 R_2 消耗高频能量。这样可得等效电路如图 6.4.24(b)所示。

该电路的振荡频率和起振条件分别为

$$f_\mathrm{o} = \frac{1}{2\pi\sqrt{L(C + C_\mathrm{d})}} \qquad (6.4.29)$$

$$r > \frac{\omega_o^2 L^2}{R} \qquad (6.4.30)$$

式中：r、C_d 为负阻器件的等效电阻和电容。

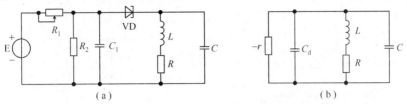

图 6.4.24　隧道二极管负阻振荡器电路

(a)隧道二极管振荡电路；(b)等效电路。

6.4.7　振荡器中的几种现象

有些时候在 LC 振荡器中会出现一些特殊现象,如间隙振荡、频率拖曳、频率占据和寄生振荡等现象。这些现象有的是不希望出现的,有的在特殊情况下可以利用它们实现某种特殊功能。

一、寄生振荡

寄生振荡(Parasitic Oscillation)是一种振荡器正常工作时所产生的不希望的振荡(图 6.4.25)。它是一种非人为安排的振荡、是由电路中的寄生电感、电容等寄生参数或通过电源内阻抗构成寄生反馈引起的。寄生振荡的表现形式多样,振荡频率可能远高于真正的振荡频率,因而有时用示波器并非一定能够观察得到。寄生振荡的存在往往破坏了电路的正常工作,有时甚至会使振荡管因过载而损坏。

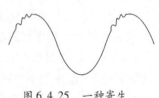

图 6.4.25　一种寄生振荡现象

克服寄生振荡现象可从以下几方面着手:一是对电源进行滤波,滤波电容用容量相差 10 倍以上的两个电容并联,小容量电容选用 10^4 pF $\sim 10^5$ pF 的无感电容。二是对敏感元件采取静电屏蔽和磁屏蔽措施。三是尽量少用带有引线的元件,最好采用贴片元件,因为这类元件的分布参数小。如果一定要用引线元件,则引线应尽量短。

二、间隙振荡

在对图 6.4.2 所示互感耦合振荡器原理的分析中已知,振荡器从开始起振、进入非线性到达振幅平衡是通过射极电阻 R_E 产生自偏压效应实现的。但如果 C_E 或 C_B 选取过大,则偏置电压的变化跟不上振荡振幅的变化,就会产生周期性的起振和停振现象,这就是间隙振荡(Squegging Oscillation),如图 6.4.26 所示。

现用图 6.4.27 所示的简化电路说明间隙振荡产生的过程。

在振荡电压 v_i(即反馈到输入端的电压)作用下,每个振荡周期内 VT 有导通和截止两个过程。导通时 C_E 充电,截止时 C_E 通过 R_E 放电。因充电快放电慢,偏置电压随振荡振幅而变化,最终使 $|AF| = 1$,维持等幅振荡。但如果时间常数 $R_E C_E$ 太大,则惰性就大,振荡器起振后振荡幅度迅速增大,但 V_{BE} 偏压往负向增加得慢,跟不上振幅的变化,因此,即使在电路满足 $|AF| = 1$ 的条件下,V_{BE} 偏压还在减小,从而使 $|A|$ 进一步减小,导致 $|AF| <$

1,不满足振幅平衡条件。于是振荡电压幅度逐步减小,直到停振。停振后 C_E 上电压逐渐减小,V_{BE} 偏压向正向增加,逐步到达起振时的 V_{BE} 值,振荡器又重新起振,重复上述过程,形成间隙振荡。C_B 选取过大同样存在上述问题。

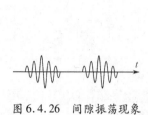

图 6.4.26　间隙振荡现象

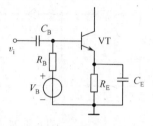

图 6.4.27　振荡器的偏置电路

可见,要消除间隙振荡,选择合适的 $R_E C_E$ 值至关重要,其值可通过调试决定。起振时的 $|AF|$ 值也不能太大,否则振荡建立过快,容易产生间隙振荡。采用晶体振荡器也是防止间隙振荡的一个办法,晶体振荡器一般不产生间隙振荡。

三、频率牵引(频率拖曳)

前述的 LC 振荡器,图 6.4.7、图 6.4.11 等都是以单谐振回路作振荡管的负载。这样的电路其振荡频率基本上等于回路的固有谐振频率。但在实际工作中,为了将振荡信号传输到下级负载,往往要采用互感或其它耦合的方法,负载也有可能是谐振回路(从而与初级一起构成双调谐回路),如图 6.4.28 所示。则在调谐次级谐振回路时,振荡频率会随着次级谐振回路的调谐而变化,严重时甚至产生频率跳变,这种现象称为频率牵引(Frequency Pulling),也称为频率拖曳。

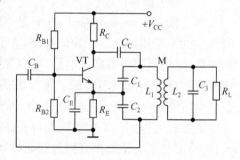

图 6.4.28　双回路互感耦合振荡器

产生这种现象的原因是双调谐回路存在 3 个谐振频率 ω_1、ω_2 和 ω_3,这 3 个频率取决于初、次级的固有谐振频率 ω_{o1}、ω_{o2} 和两回路间的耦合系数 k(参见附录 B)。如果振荡器在 ω_1、ω_2 和 ω_3 中的某一个,如 ω_1 上满足振荡条件,则开始振荡,振荡频率等于 ω_1。当调谐次级回路时 ω_{o2} 发生变化,ω_1、ω_2 和 ω_3 相应变化,若在 ω_1 的一定频率变化范围内仍能满足振荡条件,则振荡持续但频率会有所变化,从而产生频率拖曳。如果导致在新频率如 ω_2 上满足振荡条件,则振荡频率由 ω_1 变为 ω_2,这就是频率跳变。

频率拖曳现象一般应当避免,因为它使振荡频率不能由谐振回路惟一确定。为了避免频率拖曳现象发生,两个回路间的耦合不要太紧,次级回路 Q 值也不能太大。

四、频率占据

在一般的 LC 振荡器中,如果引入一个频率为 f_s 的外加信号,当 f_s 与振荡频率 f_o 相差较大时,则外加信号对 f_o 的影响极小。当 f_s 逐渐向 f_o 靠近时,外加信号对振荡频率的影响逐步增大,使 f_o 向 f_s 靠近。当 f_s 接近到 f_o 的某一程度时,振荡器的实际振荡频率完全等于外加信号频率,并且当 f_s 在 f_o 上下变化时,振荡频率也随之变化,产生了振荡频率仿佛被外加信号频率所"占据"的现象,故称为频率占据(Frequency Occupancy)。可以发生占据现象的外加信号频率 f_s 的最大变化范围,称为占据频带。

频率占据现象的发生主要是因为外加信号频率 f_s 落在振荡器谐振回路带宽之内发生的。当 f_s 处在回路带宽内时,外加信号改变了振荡器的相位平衡条件,使平衡条件在新的频率上得到满足,从而发生占据现象。

一般振荡器是不允许发生占据现象的,例如,在拍频振荡器中最忌发生占据现象,应设法避免。因此,要防止发生占据现象,应减小回路损耗、提高 Q 值。但占据现象在无线电设备中也有用处,例如,利用频率非常稳定的信号源来占据振荡频率不太稳定的振荡器,可以达到稳频的目的。有时希望一个被控制的振荡器的频率随另一个可变频率一起改变,这就是同步。有时利用占据现象可以从一已知振荡得到它的分谐波,这就是占据分频。

小结

1. 反馈振荡器是由放大器和反馈网络组成的具有选频能力的正反馈系统,必须满足振幅条件和相位条件才能产生振荡。

2. 振荡器的振幅平衡(振幅稳定)依靠振荡管的非线性特性实现,相位平衡(频率稳定)依靠选频网络实现。

3. 实际振荡器的振荡频率并非等于回路固有谐振频率,但工程上近似认为振荡频率等于回路固有谐振频率。

4. 三点式振荡器是通信电路中常用的振荡电路形式,组成要点是 C – E 和 B – E 间的电抗元件同性质,C – B 间的电抗元件与它们异性质。

5. 采用石英谐振器是提高振荡频率稳定度的有效方法。主要构成并联型和串联型两种振荡器,前者石英晶体作高 Q 值电感使用,后者石英晶体作短路器使用。

6. 压控振荡器多用集成电路实现,可产生方波、三角波、正弦波等,具有波形发生器的功能。

7. 负阻器件有电压控制型和电流控制型之分,组成振荡器时对它们有不同的要求。负阻振荡器的振荡原理与晶体管 LC 振荡器相仿。

8. 振荡器中存在寄生振荡、间隙振荡、频率拖曳和频率占据等现象,有的应加以避免,有的可以利用。

复习思考题

1. 试解释振荡器中振荡条件的物理意义?

2. 振荡器是如何由增幅振荡过渡到等幅振荡的? 如何保证振荡器的振幅稳定和频率稳定?

3. 常用的 LC 振荡器有哪些类型?

4. 组成三点式振荡器电路的要点是什么? 为何电容三点式的振荡波形比电感三点式好,从反馈系数上能否对其解释?

5. 并联型晶体振荡器和串联型晶体振荡器各具有什么特点,能否大致确定晶体振荡器的振荡频率? 能否将晶体当作一个电容器使用?

6. 压控振荡器的基本原理是什么? 它是通过控制哪些电路参数实现控制频率的?

7. 什么是电压控制型和电流控制型负阻器件? 负阻振荡器的基本原理是什么? 它与非负阻振荡器有何异同?

8. 试说明寄生振荡、间隙振荡、频率拖曳和频率占据的含义和产生的原因,并简述预防方法。

6.5 频率变换电路

在通信机及各种电子设备中,为了有效地进行信息传输或对信号功率、频率进行变换,广泛采用频率变换电路(Frequency Transformation Circuit)。频率变换电路属于非线性电子电路,它可以实现对信号频谱的线性变换或非线性变换,例如,调幅波的产生和解调电路、混频器和倍频器都属于线性频谱变换,而调角波的产生和解调电路、限幅器等都属于非线性频谱变换。一般来讲,经过频率变换电路后的输出信号中都会产生新的频率分量,大多数频率分量是不需要的。因此,频率变换电路必须具有选频功能,以选择必要的频率成分而滤除不必要的频率成分。所以,如何减少频率变换电路中无用组合频率分量的数目和强度是一个值得注意的问题。

本节首先简要介绍频率变换电路的工程化分析方法,接着重点讨论振幅调制与解调电路、角度调制与解调电路的基本原理和特性。

6.5.1 频率变换电路基础

构成频率变换电路的基本元件是非线性电子器件,主要有二极管、双极型晶体管、场效应晶体管和变容二极管等。这些器件只有在合适的静态工作点且在小信号激励条件下才会表现出一定的线性特性,如 6.2 节中的小信号选频放大器。一般情况下,非线性电子器件的参数会随着激励信号幅度的变化而变化,从而在输出信号中出现不同于输入信号的频率成分,实现频率变换功能。从信号波形上看,非线性器件表现为输出信号波形的失真。因此,电子器件的非线性特性是频率变换电路的基础。

一、非线性器件的基本特性

非线性电子器件的基本特性是工作特性的非线性,即伏安特性不是直线。因此,它不满足叠加原理,且会产生新的频率成分,所以,它具有频率变换作用。

图 6.5.1 是二极管产生非线性电流的示意图。在外加正弦电压 v_d 作用下,由于伏安特性的非线性,二极管电流 i_d 是一个周期性非正弦波形,如将它用傅里叶级数展开可以发现,频谱中除基波分量外还含有各次谐波和直流分量,亦即产生了新的频率成分,具有频率变换功能。频率变换电路正是利用了非线性器件的这种特性。

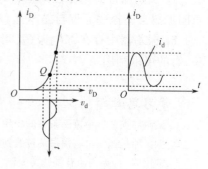

图 6.5.1 非线性电流形成示意图

如给二极管分别加电压 V_{D1} 和 V_{D2},则产生的电流分别为 $i_{D1} \approx I_S \exp(V_{D1}/V_T)$ 和 $i_{D2} \approx I_S \exp(V_{D2}/V_T)$。如给二极管同时加电压 V_{D1} 和 V_{D2},产生的电流应为 $i_D \approx I_S \exp[(V_{D1}+V_{D2})/V_T)] = I_S \exp(V_{D1}/V_T)\exp(V_{D2}/V_T) \neq i_{D1}+i_{D2}$。显然它不满足叠加原理,因此就不能用叠加定理来分析频率变换电路。

二、频率变换电路的工程化分析方法

常用的电子元器件,有的已经有了比较准确的数学表示式,有的则是用某些函数近似表示。工程上分析频率变换电路一般尽量避开复杂的严格解析,对非线性器件数学表示

采用合理的近似,以简化计算,获得有意义的分析结果。工程分析频率变换电路常采用幂级数法、时变偏置电路法和开关函数法 3 种方法,实际应用哪种方法需根据电路的具体情况决定。

1. 幂级数方法

当器件的数学表达式已知且作用于该器件的电压或电流值较小时,用幂级数方法比较准确。例如,二极管的电流方程为

$$i_D = I_S \left[\exp(v_D/V_T) - 1 \right]$$

若 $v_D = V_{DQ} + V_{sm}\cos\omega_s t$ 且 V_{sm} 较小时,流过二极管的电流方程近似为

$$i_D \approx I_s \exp(v_D/V_T) = I_s \exp\left[\frac{1}{V_T}(V_{DQ} + V_{sm}\cos\omega_s t) \right] = I_{DQ} \exp\left(\frac{1}{V_T} V_{sm}\cos\omega_s t \right)$$

其中,I_{DQ} 为 V_D 作用下的工作点电流。用幂级数将上式展开后得

$$i_D = I_{DQ}\left(1 + \frac{V_{sm}}{V_T}\cos\omega_s t + \frac{V_{sm}^2}{2!\,V_T^2}\cos^2\omega_s t + \cdots + \frac{V_{sm}^n}{n!\,V_T^n}\cos^n\omega_s t \right) \tag{6.5.1}$$

利用三角公式,将 $\cos^n\omega_s t$ 展开可知,i_D 中不仅含有直流成分,而且还有 ω_s 的二次及高次谐波分量。当有两个信号电压 $V_{sm1}\cos\omega_{s1} t$ 和 $V_{sm2}\cos\omega_{s2} t$ 同时作用于二极管时,可以推出二极管电流中所含频率成分为 $p\omega_{s1}$、$q\omega_{s2}$ 和 $|\,p\omega_{s1} \pm q\omega_{s2}\,|$,其中,$p$、$q = 1,2,3,\cdots$。

以上分析说明,单一频率的信号电压作用于非线性器件时,电流中不仅含有信号频率成分本身,而且还含有各次谐波频率分量。而多个频率的信号电压同时作用于非线性器件时,除了各频率的高次谐波分量外,还会产生各种组合频率分量,从而表现出频率变换作用。

2. 时变偏置电路法

如果所分析的电路是一个时变电路,即电路中包含有元件参数按照某一方式随时间线性变化的元件(称为时变参量元件),则应采用时变偏置电路分析法。

以双极型晶体管为例,若作用到晶体管输入端的信号电压为 $v_{BE} = V_{BEQ} + v_1(t) + v_2(t)$,其中,$v_1(t) = V_{1m}\cos\omega_1 t$,$v_2(t) = V_{2m}\cos\omega_2 t$,且 $V_{1m} \gg V_{2m}$,则 $v_2(t)$ 为小信号,于是可把 $E(t) = V_{BEQ} + v_1(t)$ 视为晶体管的时变偏置电压,在时变偏置电压作用下,晶体管的跨导将随时间作变化,如图 6.5.2 所示。

由图可知,在时变偏压作用下晶体管的集电极电流为 $I_{CQ} + i_c(t)$,时变跨导为 $g_{mQ} + g_m(t)$。这样,对小信号 $v_2(t)$ 来说,可以把晶体管视为一个时变跨导的线性元件,因此,有 $v_2(t)$ 作用后的集电极电流应为

$$i_C(t) = \left[g_{mQ} + g_m(t) \right]v_2(t) = g_{mQ}v_2(t) + g_m(t)v_2(t)$$

因为 $g_m(t)$ 是在 $v_1(t)$ 作用下产生的时变跨导,它是一个周期函数,可以展开为

$$g_m(t) = g_{mo} + g_{m1}\cos\omega_1 t + g_{m2}\cos2\omega_1 t + \cdots \tag{6.5.2}$$

则

$$g_m(t)v_2(t) = V_{2m}(g_{mo} + g_{m1}\cos\omega_1 t + g_{m2}\cos2\omega_1 t + \cdots)\cos\omega_2 t \tag{6.5.3}$$

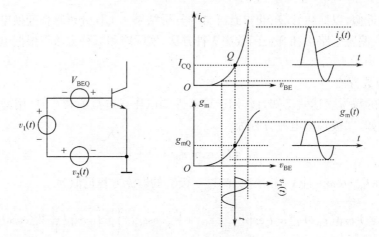

图 6.5.2　时变跨导示意图

可见,晶体管集电极电流中将会产生的频率分量为

$$q\omega_1, \quad q\omega_1 \pm \omega_2 \quad (q = 0, 1, 2, \cdots)$$

产生了新的频率成分,表现出了频率变换作用。

3. 开关函数法

当电路中的非线性元件受到一个大信号控制,进行轮流地导通和截止,相当于一个开关作用,这时,适宜采用开关函数法来分析。以图 6.5.3(a)所示的二极管电路为例,设所加信号 $v_1(t) = V_{1m}\cos\omega_1 t, v_2(t) = V_{2m}\cos\omega_2 t$,并满足 $V_{1m} \gg V_{2m}$,且 $V_{1m} > 0.5\mathrm{V}$。则二极管在大信号 $v_1(t)$ 控制下工作在开关状态,可以用图 6.5.3(b)所示的电路来等效,图中,开关 S 的通断是受 $v_1(t)$ 控制的,开关频率为 ω_1,r_d 是二极管的正向导通电阻。

由图 6.5.3(b)所示电路可知,回路中的电流为

$$i_d = \begin{cases} \dfrac{v_1(t) + v_2(t)}{R_L + r_d}, & v_1(t) > 0 \\ 0, & v_1(t) < 0 \end{cases} \qquad (6.5.4)$$

定义一个开关函数 $s(\omega_1 t)$,如图 6.5.4 所示,且有

$$s(\omega_1 t) = \begin{cases} 1, & v_1(t) > 0 \\ 0, & v_1(t) < 0 \end{cases} \qquad (6.5.5)$$

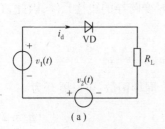

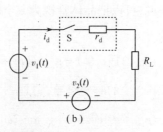

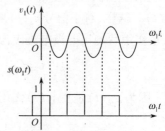

图 6.5.3　二极管电路

(a)原理电路;(b)等效电路。

图 6.5.4　开关函数

将式(6.5.4)用式(6.5.5)表示为

$$i_{d} = \frac{v_1(t) + v_2(t)}{R_L + r_d} s(\omega_1 t) = g_d s(\omega_1 t) [v_1(t) + v_2(t)] \qquad (6.5.6)$$

式中:$g_d = 1/(r_d + R_L)$ 为回路电导;$S(\omega_1 t)$ 为周期函数,其傅里叶展开式为

$$s(\omega_1 t) = \frac{1}{2} + \frac{2}{\pi}\cos\omega_1 t - \frac{2}{3\pi}\cos 3\omega_1 t + \frac{4}{5\pi}\cos 5\omega_1 t + \cdots \qquad (6.5.7)$$

将式(6.5.7)代入 i_d 的表达式得到

$$i_{d} = g_d \left(\frac{1}{2} + \frac{2}{\pi}\cos\omega_1 t - \frac{2}{3\pi}\cos 3\omega_1 t + \frac{4}{5\pi}\cos 5\omega_1 t + \cdots \right) (V_{1m}\cos\omega_1 t + V_{2m}\cos\omega_2 t)$$

将其展开可见,二极管电流中含有的频率成分有直流分量,输入信号频率 ω_1 和 ω_2,ω_2 的偶次谐波分量 $2n\omega_2$,ω_1 的与 ω_2 的奇次谐波的组合频率分量 $(2n+1)\omega_2 \pm \omega_1$。其中,$n = 0$,$1,2,3,\cdots$。

通过上述分析可以清楚看到,非线性器件的工作状态随激励信号电压幅度的大小不同可用不同的函数来近似表示。分析结果说明,非线性器件具有频率变换作用,而电流中所含组合频率分量的多少则与器件的工作状态有关。

6.5.2　振幅调制与解调

为了使信号通过传输信道在发射机和接收机之间进行有效传输、实现信道复用和提高抗干扰性,需要把消息置入消息载体,使消息载体的某些特性随消息变化,这一过程就称为调制(Modulation)。代表消息的信号称为调制信号,通常它是一个低频信号(基带信号),消息可以是话音、图像、数据、电报或其它物理量等。消息载体信号称为载波信号,载波可以是正弦波、脉冲或光波等,它是一个高频信号。经过调制后的信号称为已调波(Modulated Wave)。

调制的种类很多,分类方法也不相同。如果按照调制信号的形式可分为模拟调制和数字调制两种。调制信号为模拟信号的称为模拟调制,调制信号为数字信号的称为数字调制。按照载波的不同又可分为脉冲调制、正弦波调制和对光波强度调制等。由于调制可以对载波的振幅、频率或相位中的任何一个参数进行,故从调制功能上区分为幅度调制(Amplitude Modulation, AM)、频率调制(Frequency Modulation, FM)和相位调制(Phase Modulation, PM)3 种调制方式,如表 6.5.1 所列。其中 PAM、PFM 和 PPM 是用调制信号电压分别控制脉冲的幅度、频率或相位,故它们被称为模拟信号的数字传输。而 ASK、PSK 和 FSK 则是用数字信号分别控制载波的有和无、频率的高和低和相位的值,故它们被称为数字信号的载波传输。

解调是调制的逆过程,它是从已调波中恢复原始消息的过程。与振幅调制、频率调制和相位调制对应的解调方式有振幅解调、频率解调和相位解调,分别简称为检波、鉴频和鉴相。

本书只讨论模拟调制中正弦波调制的有关内容和相应的信号解调问题。

表 6.5.1　按调制功能分类的调制方式

调 制 功 能	调制方式举例	主 要 应 用
振幅调制	AM 常规调幅	广播、电视、通信
	PAM 脉冲幅度调制	中间调制方式、遥测
	ASK 振幅键控	数据传输
频率调制	FM 频率调制	广播、移动通信、卫星通信、微波中继
	PFM 脉冲频率调制	仪表、测量技术
	FSK 移频键控	数据传输
相位调制	PM 相位调制	中间调制方式
	PPM 脉冲相位调制	遥测、光纤传输
	PSK 移频键控	数据传输、数字微波、空间通信

一、振幅调制信号分析

1. 标准调幅信号

标准振幅调制(Amplitude Modulation, AM)是一种相对便宜、质量不高的调制形式。主要用于商业广播,也能用于双向移动无线通信。标准调幅波也称为普通调幅波(AM 波)。

AM 调制器是一个非线性设备,它有两个输入端和一个输出端,一端输入振幅为常数的单频载波信号 $v_c(t)$,另一端输入调制信号 $v_\Omega(t)$(消息信号),输出端则输出调幅信号 $v_a(t)$,如图 6.5.5 所示。调制信号可以是单频信号也可以是由多个频率成分构成的复合波形。在调制器中,调制信号作用在载波信号上就产生了振幅随调制信号瞬时值变化的已调波。一般来讲,已调波是能有效地通过天线发射,并在自由空间中进行传播的射频波(RF 波)。

图 6.5.5　AM 调制器

1)AM 波的数学表达式

设单频调制信号为

$$v_\Omega(t) = V_{\Omega m}\cos\Omega t \tag{6.5.8}$$

载波信号为

$$v_c(t) = V_{cm}\cos\omega_c t \tag{6.5.9}$$

且满足 $\omega_c \gg \Omega$ 的条件。根据调幅的含义,调幅波的振幅应在载波振幅的基础上随调制信号作线性变化,且当调制信号电压为 0 时调幅波就是载波。因此,调幅波的振幅表达式应为

$$v_{am}(t) = V_{cm} + k_a v_\Omega(t) = V_{cm}\left(1 + \frac{k_a V_{\Omega m}}{V_{cm}}\cos\Omega t\right) = V_{cm}(1 + m_a\cos\Omega t) \tag{6.5.10}$$

式中:k_a 为调幅灵敏度,它是一个由调制电路决定的常数;$m_a = k_a V_{\Omega m}/V_{cm}$ 称为调制度或调幅指数,它表示载波振幅受调制信号控制的强弱程度。

因为 $\omega_c \gg \Omega$,故可认为调幅波的一个高频周期内正负半周幅度近似相等,于是可将调幅波表达式近似表示为

$$v_a(t) = V_{am}(t)\cos\omega_c t = V_{cm}(1 + m_a\cos\Omega t)\cos\omega_c t \qquad (6.5.11)$$

图 6.5.6 画出了调制信号、载波和调幅波的波形。可见,已调波是一个高频信号,其振幅的变化与调制信号的变化规律相一致。

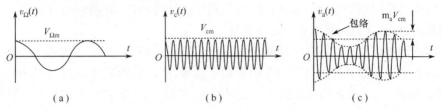

图 6.5.6　调幅波的波形示意图
(a)调制信号;(b)载波;(c)调幅波。

调幅波的波形和调制指数 m_a 紧密相关。当 $m_a < 1$ 时称为欠调制,波形如图 6.5.5 (c) 所示。$m_a = 1$ 时称为临界调制,$m_a > 1$ 时称为过调制。过调制时将产生过调制失真,这是应当避免的。实际的调制信号是一个多频信号,每个调制频率的信号都有一个调制度,为不产生过调制失真,m_a 的平均值约为 0.3。临界调制和过调制波形如图 6.5.7 所示。因在具体调幅电路中当调制信号为最负值对应的一段时间内器件进入截止区,故实际过调制波形如图 6.5.7(c)所示。

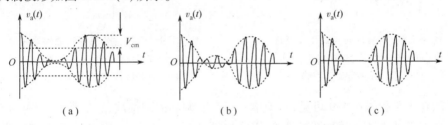

图 6.5.7　临界调制和过调制时的调幅波波形
(a)临界调制;(b)过调制失真波形;(c)实际过调制失真波形。

从以上的分析可以看出调幅波具有如下特点。调幅波的振幅(包络)随调制信号做线性变化,表明调制信号信息已经置入调幅波的包络中;调幅波的包络函数为 $V_{cm}(1 + m_a\cos\Omega t)$,因此,包络的峰值为 $V_{cm}(1 + m_a)$,包络的谷值为 $V_{cm}(1 - m_a)$,包络的振幅为 $m_a V_{cm}$。

上述分析是在单一调制频率信号作用下进行的,实际传送的调制信号往往不会是单一频率,而是一个具有连续频谱的带限信号 $v_\Omega(t)$,即

$$v_\Omega(t) = \sum_{n=1}^{\infty} V_{\Omega n}\cos\Omega_n t \qquad (6.5.12)$$

将其代入式(6.5.11)可得多频信号调制下的调幅波表达式为

$$v_a(t) = V_{cm}\left(1 + \sum_{n=1}^{\infty} m_{an}\cos\Omega_n t\right)\cos\omega_c t \qquad (6.5.13)$$

式中:$m_{an} = k_a V_{\Omega nm}/V_{cm}$ 表示对调制信号中频率分量为 Ω_n 呈现的调制度,称为部分调制度。

2)频谱和带宽

根据式(6.5.10)所表示的调幅波的包络函数表达式和式(6.5.11)表示的调幅波表

达式,再利用傅里叶变换的频移定理容易画出它们的频谱如图 6.5.8 所示。可见,单频调制的调幅波包含载频 ω_c、上边频 $\omega_c + \Omega$ 和下边频 $\omega_c - \Omega$ 三个分量,上下边频相对于载频对称,且边频的振幅是调幅波包络振幅的 1/2。从图 6.5.8 还可看到,单频调制的调幅波的频谱实质上是把调制信号的频谱线性搬移到了载波的两边,故调幅的过程是一个线性频谱搬移的过程,这种调制也称为线性调制。

实际的调制信号是含有多个频率成分的带限信号,如图 6.5.9(a)所示。经调制后带限信号的各个频率都会产生各自的上边频和下边频,叠加后形成了上边带(USB)和下边带(LSB),因为上、下边频的幅度相等且成对出现,所以上、下边带的频谱相对于载频是镜像对称的,如图 6.5.9(b)所示。

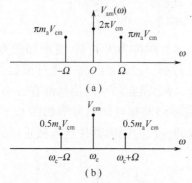

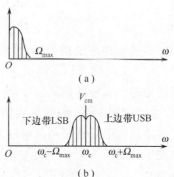

图 6.5.8 单频调制的调幅波频谱
(a)调幅波包络的频谱(密度谱);
(b)调幅波的频谱(幅度谱)。

图 6.5.9 带限信号调制的调幅波频谱
(a)带限信号的频谱(幅度谱);
(b)带限调幅波的频谱(幅度谱)。

从图 6.5.8 和图 6.5.9 可见,对于单一频率 Ω 调制的调幅波,它的带宽是 $BW = \Omega/\pi$,对于带限信号调制的调幅波,若带限信号的最高频率为 $\Omega_{\max}$,则带限调幅波的带宽为 $BW = \Omega_{\max}/\pi$。例如,话音信号的频率范围约为 $0\,Hz \sim 4\,kHz$,经调幅后已调波的带宽为 $8\,kHz$,为了避免电台间相互干扰,国际上规定调幅广播电台允许占有的频谱宽度为 $9\,kHz$。

由上述对调幅波频谱的分析可知,振幅调制过程从频域上看就是一种频谱结构的线性搬移过程。经过调制后,调制信号的频谱结构从低频区被线性搬移到高频载波附近,形成上、下边带,信息被加载到边带中。

例 6.5.1 测得两个调幅信号的频谱分别如图 6.5.10(a)、(b)所示,试分别写出它们的数学表达式。

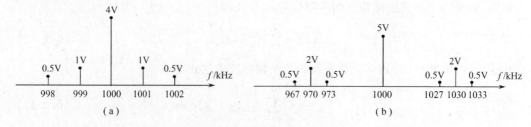

图 6.5.10 例题 6.5.1 用图

解:由图 6.5.10(a)可知,载波频率为 1000kHz,两个调制频率分别为 1kHz 和 2kHz。

根据图中所示电压幅度得到

$$m_{a1}V_{cm}/2 = 1(V)$$

$$m_{a2}V_{cm}/2 = 0.5(V)$$

由此求得两个部分调制度分别为 $m_{a1} = 0.5$ 和 $m_{a2} = 0.25$,据此可写出该调幅波的数学表达式为

$$v_a(t) = 4(1 + 0.5\cos2\pi10^3t + 0.25\cos4\pi10^3t)\cos2\pi10^6t \quad (V)$$

由图 6.5.10(b)可知,这是先将频率为 3kHz 的调制信号对频率为 30kHz 的载波进行调幅后,再对频率为 1000kHz 的载波进行调幅得到的结果。因此可以先写出第一个调幅波的表达式,根据图中幅度值,可求得调制度为 0.5,则部分调幅波表达式为

$$v_{a1}(t) = 2(1 + 0.5\cos6\pi \times 10^3t)\cos6\pi \times 10^4t \quad (V)$$

再将该部分调幅波对频率为 1000kHz 的载波进行调幅,其调制度为 0.8,于是可以写出总的调幅波表达式为

$$v_a(t) = 5[1 + 0.8(1 + 0.5\cos6\pi \times 10^3t)\cos6\pi \times 10^4t]\cos2\pi \times 10^6t \quad (V)$$

3) 功率关系

若将式(6.5.11)表示的调幅信号加到电阻 R 上,则调幅波各频率分量在电阻上消耗的平均功率如下:

载波功率为

$$P_c = V_{cm}^2/2R \tag{6.5.14}$$

上、下边频功率为

$$P_{\omega_c+\Omega} = P_{\omega_c-\Omega} = m_a^2P_c/4 \tag{6.5.15}$$

调幅波总功率为

$$P_a = P_c + P_{\omega_c+\Omega} + P_{\omega_c-\Omega} = (1 + 0.5m_a^2)P_c \tag{6.5.16}$$

由式(6.5.16)可知,即使调制度 $m_a = 1$,边频功率也只占到总功率的 1/3,如果 $m_a = 0.3$,则边频功率只占到总功率的 5%。所以,从功率利用率上讲,振幅调制是不经济的。

由于载波没有信息特征,为了提高功率利用率,可不发送载波,只发送边带信号。如果发送两个边带则称为双边带(DSB)信号,如果只发送一个边带则称为单边带(SSB)信号。单边带通信既节省了功率又节省了频带,并具有一定的保密性和抗干扰性等优点,故得到广泛应用。

单边带通信设备复杂,而普通调幅虽然发射效率和频率资源利用率低,但千家万户使用的接收设备简单价廉,所以至今无线广播仍普遍采用 AM 制。

2. 双边带调幅信号(DSB)

调幅波所传送的信息包含在两个边带内,没有信息特征的载波占用了调幅波功率的绝大部分。如果在发送前将调幅波中载频分量抑制掉,只发送两个边带,则既可以传递信息又可以节省发射功率,这就是抑制载波的双边带调幅(Double SideBand,DSB),简称双边带。

1) DSB 信号的数学表达式

在 AM 波的表达式(6.5.11)中,将载波抑制掉就形成了抑制载波的双边带信号。所

以双边带信号可以用载波和调制信号的直接相乘得到,即

$$v_{DSB}(t) = A_M \cdot v_\Omega(t) \cdot v_c(t) \tag{6.5.17}$$

式中:A_M为乘法电路的相乘系数。

当调制信号为单频信号 $v_\Omega(t) = V_{\Omega m}\cos\Omega t$,载波为 $v_c(t) = V_{cm}\cos\omega_c t$ 时,双边带信号为

$$v_{DSB}(t) = \frac{1}{2}A_M \cdot V_{\Omega m} \cdot V_{cm}[\cos(\omega_c + \Omega)t + \cos(\omega_c - \Omega)t] \tag{6.5.18}$$

当调制信号为带限频信号 $v_\Omega(t) = \sum_n V_{\Omega nm}\cos\Omega_n t$,双边带信号为

$$v_{DSB}(t) = \frac{1}{2}A_M \cdot V_{cm}\left[\sum_n V_{\Omega nm}\cos(\omega_c + \Omega_n)t + \sum_n V_{\Omega nm}\cos(\omega_c - \Omega_n)t\right]$$

$$\tag{6.5.19}$$

2) DSB 信号的波形和频谱

单一频率调制信号调制产生的双边带信号波形如图 6.5.11(a)所示。它与 AM 波相比较的主要区别是包络正比于 $|v_\Omega(t)|$,当调制信号为 0 时,DSB 信号的幅度也为 0。另外,DSB 信号的高频载波相位在调制电压的零交点处要突变 180°,说明 DSB 信号的相位反映了调制信号的极性。因此,严格来说,DSB 信号并非是单纯的调幅,而是既调幅又调相的信号。

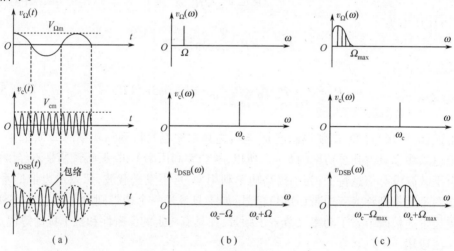

图 6.5.11 DSB 信号的波形和频谱

(a)单频调制的 DSB 信号波形图;(b)单频调制的 DSB 信号频谱图;(c)带限信号调制的 DSB 信号频谱图。

单频调制的 DSB 信号的频谱和带限调制信号调制的 DSB 信号的频谱分别如图 6.5.11(b)、(c)所示,它们相当于是从 AM 波的频谱中去掉载频分量后得到的频谱。从频谱图可见,DSB 信号与 AM 波一样实现了频谱结构的线性搬移,它们的带宽与 AM 波相同。但由于 DSB 信号不含载频成分,它发送的功率为边带所占有,都载有信息,故功率利用率高于 AM 制。

例 6.5.2 有两个已调波电压分别为 $v_1(t) = 2\cos2\pi \times 10^5 t + 0.1\cos2\pi \times 9 \times 10^4 t +$

$0.1\cos2\pi\times11\times10^4t$（V）和 $v_2(t)=0.1\cos2\pi\times9\times10^4t+0.1\cos2\pi\times11\times10^4t$（V）。试分别计算消耗在单位电阻上的边频功率和平均总功率。

解：$v_1(t)$ 可以变换为

$$v_1(t)=2(1+0.1\cos2\pi\times10^4t)\cos2\pi\times10^5t\,(\mathrm{V})$$

可见，这是一个标准调幅波。由式(6.5.14)可知，它消耗在单位电阻上的载频功率为

$$P_\mathrm{c}=V_\mathrm{cm}^2/(2R)=4/2=2\,(\mathrm{W})$$

由式(6.5.15)可知，它消耗在单位电阻上的边频功率为

$$P_{\omega_\mathrm{c}\pm\Omega}=P_{\omega_\mathrm{c}+\Omega}+P_{\omega_\mathrm{c}-\Omega}=m_\mathrm{a}^2P_\mathrm{c}/2=0.1^2=0.01\,(\mathrm{W})$$

平均总功率为

$$P_\mathrm{a}=P_\mathrm{c}+P_{\omega_\mathrm{c}\pm\Omega}=2+0.01=2.01\,(\mathrm{W})$$

$v_2(t)$ 可以变换为

$$v_2(t)=0.2\cos2\pi\times10^4t\cos2\pi\times10^5t\,(\mathrm{V})$$

可见，这是一个双边带调幅波，它只有边频功率(总功率等于边频功率)，其值为

$$P_{\omega_\mathrm{c}\pm\Omega}=P_{\omega_\mathrm{c}+\Omega}+P_{\omega_\mathrm{c}-\Omega}=m_\mathrm{a}^2P_\mathrm{c}/2=0.01\,(\mathrm{W})$$

　　此例说明，在调制信号频率一定和载频、载波振幅一定时，若用普通调幅，单位电阻吸收的边频功率只占总功率的 0.5%，而不含信息特征的载频功率却占总功率的 99.5%。若用 DSB 调幅，单位电阻吸收的边频功率占总功率的 100%，此时没有不含信息特征的载频功率。

　　3. 单边带调幅信号(SSB)

　　DSB 信号的两个边带所载信息完全相同，从信息传输角度看发送一个边带即可，这样既可进一步提高功率利用率又可节省频带，这就是单边带调制(Single SideBand，SSB)。

　　从 DSB 信号的两个边带中取出其中任一个边带，即成为单边带信号。根据表达式(6.5.18)可得单频调制时的 SSB 信号表达式为

$$v_\mathrm{SSB}(t)=\frac{1}{2}A_\mathrm{M}\cdot V_{\Omega\mathrm{m}}\cdot V_\mathrm{cm}\cos(\omega_\mathrm{c}+\Omega)t \qquad (6.5.20)$$

或

$$v_\mathrm{SSB}(t)=\frac{1}{2}A_\mathrm{M}\cdot V_{\Omega\mathrm{m}}\cdot V_\mathrm{cm}\cos(\omega_\mathrm{c}-\Omega)t \quad (6.5.21)$$

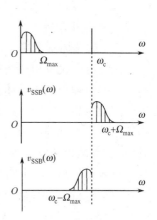

　　图 6.5.12 是带限信号调制的单边带信号频谱图。可以看出，单边带信号的带宽只有双边带信号的 1/2，即 BW $=\Omega_\mathrm{max}/2\pi$。由于单边带信号只发送一个边带，故节省了发射功率，提高了频带利用率。与普通调幅通信相比，单边带通信在总功率相同的情况下可使接收端的信噪比提高，使通信距离增加。

　　单频调制的 SSB 信号波形为单一频率 $(\omega_\mathrm{c}+\Omega)$ 或 $(\omega_\mathrm{c}-\Omega)$ 的余弦波形，其包络不体现调制信号的变化规律。所以，可以推测 SSB 信号的解调比 AM 信号复杂。

　　4. 残留边带调幅信号(VSB)

　　单边带通信虽然具有频带利用率高和功率利用率高等优点，但单边带信号的产生、接收和解调都比较复杂。因此，人们

图 6.5.12　SSB 信号
频谱示意图

在 DSB 信号和 SSB 信号两者间采用了折中的办法,即,并不是像 SSB 信号那样将一个边带全部滤除,而是保留一小部分,这就是残留边带调幅(Vestigial SideBand,VSB)。

图 6.5.13 表示 VSB 信号的幅度谱,图中,$\Omega_{\max}$ 是调制信号最高角频率。从图中可以看出,VSB 信号传输被抑制边带的一部分,同时又将被传送边带抑制掉一部分,故称其为残留边带。为了保证信号不失真,传送边带中被传送的部分,应满足互补对称关系,即

$$|v_{\text{VSB}}[j(\omega_c + \omega_1)]| + |v_{\text{VSB}}[j(\omega_c - \omega_1)]| = 常数 \qquad (6.5.22)$$

也就是要求传送边带中被抑制的部分和抑制边带中保留的部分做到互补对称。为何需要做到互补对称,其原因是解调时与载频 ω_c 呈对称的上、下边带分量是叠加的,故满足式 (6.5.22)的关系时,解调后的信号不会产生失真。

在广播电视系统中,视频信号经标准调幅后带宽达到 12MHz,为了节省频谱资源,普遍采用 VSB 的传输方式。图 6.5.14 是广播电视系统中发送端与接收端滤波器的特性。在发送端,除了发送载频外,还将载频附近 0.75MHz 范围内的上下边带全发送,而超出这个范围只发射上边带、抑制下边带。这样一来,低频分量相对于高频分量而言得到了增强,势必会引起失真。为了消除这种失真,要求接收端的图像通道在载频附近 0.75MHz 范围内满足互补对称条件。

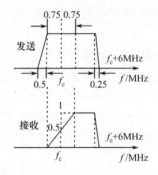

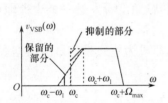

图 6.5.13　VSB 信号频谱示意图　　　　图 6.5.14　电视系统中发送和接收滤波器特性

VSB 传输方式既有 SSB 的特点,又易于实现。由于它加入了载频信号,使接收端的解调变得十分容易。

二、振幅调制电路

调制电路是发射机的核心电路,它的功能是把调制信号和载波信号通过电路变换为高频调幅波输出。由上述分析可见,调幅后产生的已调波产生了上、下边带新频率分量,因此调幅过程是一个非线性变换过程,应当用非线性器件来完成调幅任务。调幅电路按照输出功率高低通常分为高电平调幅和低电平调幅两类。高电平调幅常采用大功率晶体管,它兼有调幅和放大两个功能,可直接产生满足发射机输出功率要求的已调波,其优点是整机效率较高,常用于产生普通调幅信号。低电平调幅常用二极管和乘法器实现,产生小功率调幅信号,再经高频功率放大器放大到所需要的发射功率。低电平调幅多用于 DSB 和 SSB 调幅,由于调幅电路功率较小,功率和效率不是它的主要指标,重点是提高调制的线性,减少不需要的频率分量,提高滤波性能。

本书只介绍低电平调幅电路。

1. 乘法器调幅电路

把乘法器作为振幅调制电路的基础单元,可以产生如上所述的 4 种调幅波。若将调制信号电压与一个直流电压叠加后再与高频载波电压相乘,就能获得 AM 信号;若将调制信号电压直接与高频载波电压相乘,便能获得 DSB 信号;而采用具有相应特性的带通滤波器对 DSB 信号加以滤波,即可获得 SSB 信号或 VSB 信号。

1) AM 信号调幅电路

由 AM 信号的数学表达式(6.5.11)可知,用乘法器产生 AM 信号可采用图 6.5.15 所示的两种方式。

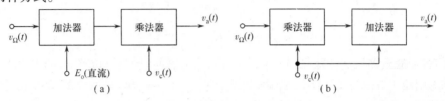

图 6.5.15 乘法器实现 AM 信号的两种方式

(a)先加后乘;(b)先乘后加。

图 6.5.16 是用乘法器产生 AM 信号的一种电路。由图可见,若调制信号电压为 $v_\Omega(t) = V_{\Omega m}\cos\Omega t$,载波信号为 $v_c(t) = V_{cm}\cos\omega_c t$,则经该电路调制后输出电压为

$$v_a(t) = -[E_o + v_\Omega(t)]A_M v_c(t) = -E_o A_M V_{cm}(1 + m_a\cos\Omega t)\cos\omega_c t \quad (6.5.23)$$

其中,$m_a = V_{\Omega m}/E_o$ 为调制度。显然,调制度的大小可通过改变 E_o 加以控制。

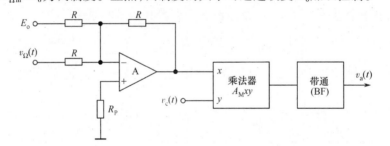

图 6.5.16 AM 信号调幅电路

2) DSB 信号调幅电路

由式(6.5.17)可知,要得到双边带信号可直接将调制信号和载波相乘即可。图 6.5.17 是它的原理框图和用乘法器 XFC1596 实现 DSB 信号的具体电路。载波从 8 脚输入,调制信号从 1 脚输入,已调波从 6 脚经带通滤波器后输出。

载波泄漏(简称"载漏")是衡量 DSB 电路的重要指标,理想的 DSB 信号应当没有载频分量,但实际中难以做到。为了尽量减少载漏,电路中接入了一个电位器 R_W,通过调整 1 脚的直流电位 V_1 来减小载漏。因为乘法器两个输入端 1 脚和 8 脚的电压分别为

$$v_1(t) = V_1 + v_\Omega(t) \text{ 和 } v_8(t) = V_8 + v_c(t)$$

式中:V_1、V_8 分别为 1 脚和 8 脚的直流电位。它们经相乘后在 6 脚的输出电压为

$$v_6(t) = A_M[V_1 V_8 + V_1 v_c(t) + V_8 v_\Omega(t) + v_\Omega(t)v_c(t)]$$

直流分量($V_1 V_8$)能被输出端的电容 C_4 隔断,调制频率成分 $V_8 v_\Omega(t)$ 能被输出带通滤波器

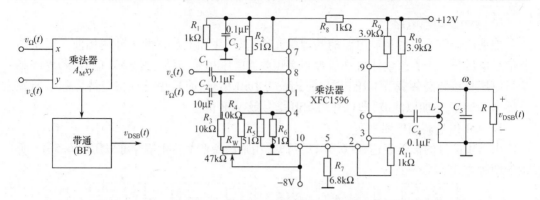

图 6.5.17 DSB 调幅原理框图和实际电路

滤除,但带通滤波器无法滤除载频成分 $V_1 v_c(t)$,这时,通过调整电位器 R_W 的大小来改变 1 脚的静态电位 V_1 的大小,可减小或消除载频分量。$v_c(t) v_\Omega(t)$ 是所需的 DSB 信号,它可被带通滤波器选取。

实际应用中允许的载漏大小视应用场合而定,一般要求载波功率比边带功率低 40dB 以上。另外,为了获得不失真的调制,减少无用组合频率分量,调制信号 $v_\Omega(t)$ 的振幅不要超过乘法器的线性动态范围。实际中要求 $V_{cm} \gg V_{\Omega m}$,当 $V_{cm} \geqslant 260mV$ 时乘法器工作在开关状态,电路输出不受 V_{cm} 大小的影响。

3) SSB 信号调幅电路

产生 SSB 信号通常有滤波法和移相法两种方法。滤波法是用边带滤波器选取一个边带而滤除另一个边带,图 6.5.18 是滤波法产生 SSB 信号的原理框图。

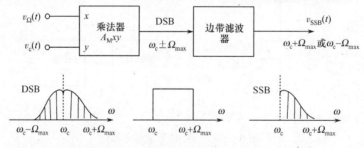

图 6.5.18 滤波法产生 SSB 信号的电路原理框图

由图可见,乘法器输出的 DSB 信号经边带滤波器滤除下边带(或上边带)后,就得到了 SSB 信号。因为 $\omega_c \gg \Omega_{max}$,故上、下边带相对距离很近,这就要求滤波器要有严格的滤波特性才能准确取出其中一个边带,若直接在高频上制作这样的滤波器是难以实现的。为了解决这个问题,实际中常采用逐级调制的方法,即先降低载频,增大边带相对距离,以利于滤波器的制作。然后再经多次 DSB 调幅并滤波,逐步将载频提高到所需值,原理如图 6.5.19 所示。

滤波法的缺点是对边带滤波器的要求较高,电路较为复杂,但由于滤波器特性较为可靠,故滤波法仍是目前使用的一种标准形式。

这里需要指出,当调制信号中含有直流分量时,上、下边带难以分开,滤波法就不再适用。

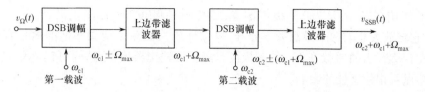

图 6.5.19　逐级调制法产生 SSB 信号的电路原理框图

实现 SSB 信号调幅的另一种方法为移相法。移相法也是从 DSB 信号中得到 SSB 信号的。因为 DSB 信号的上、下边带可以分别表示为

$$\frac{1}{2}V_{cm}V_{\Omega m}\cos(\omega_c+\Omega)t=\frac{1}{2}V_{cm}V_{\Omega m}(\cos\omega_c t\cos\Omega t-\sin\omega_c t\sin\Omega t)\tag{6.5.24}$$

$$\frac{1}{2}V_{cm}V_{\Omega m}\cos(\omega_c-\Omega)t=\frac{1}{2}V_{cm}V_{\Omega m}(\cos\omega_c t\cos\Omega t+\sin\omega_c t\sin\Omega t)\tag{6.5.25}$$

将它们统一表示为

$$\frac{1}{2}V_{cm}V_{\Omega m}(\cos\omega_c t\cos\Omega t\pm\sin\omega_c t\sin\Omega t)=\frac{1}{2}V_{cm}V_{\Omega m}\left[\cos\omega_c t\cos\Omega t\pm\cos\left(\omega_c t-\frac{\pi}{2}\right)\cos\left(\Omega t-\frac{\pi}{2}\right)\right]$$

$$\tag{6.5.26}$$

上式中取"＋"号时为下边带输出,取"－"号时为上边带输出。根据式(6.5.26)可得到移相法产生 SSB 信号的原理框图如图 6.5.20 所示。

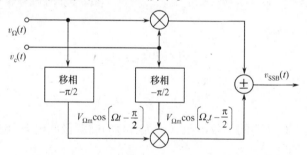

图 6.5.20　移相法产生 SSB 信号的电路框图

移相法产生 SSB 信号的关键是如何对载波和调制信号频带内的所有频率分量实现 $-90°$ 相移。在集成电路中实现 $-90°$ 相移常采用放大器来完成。因为一个具有两个极点频率的放大器的频率响应可以表示为

$$A_v(j\omega)=\frac{A_{vo}}{(1+j\omega/\omega_{p1})(1+j\omega/\omega_{p2})}\tag{6.5.27}$$

式中:A_{vo} 为低频段电压增益;ω_{p1}、ω_{p2} 为两个极点频率。

画出式(6.5.27)的波特图如图 6.5.21 所示。可见,如果选择合适的放大电路参数可以对频率落在 $10\omega_{p1}\sim0.1\omega_{p2}$ 范围内的信号实现 90° 相移。

图 6.5.22 是具有增益控制电路的两极点 CMOS 放大电路原理图。图中 VT_3 和 VT_4 构成主放大器,VT_3 为有源负载管,VT_4 为放大管。VT_5 和 VT_6 构成源极输出器,VT_5 为 VT_6 的有源负载管。VT_7、VT_5 和 VT_3 组成电流源电路,VT_7 为 VT_3 和 VT_5 提供固定偏置。VT_1　和 VT_2 等效为电阻,VT_1 的阻值受增益控制电路输出电压的控制,使整个电路的增益保持常

数,VT$_2$的作用有二,一是为 VT$_4$提供偏置,二是用来调整放大器的主极点。C_m 为极点分裂电容,它将放大器的两个极点频率分开,以保证放大器在一定频率范围内具有 $-90°$ 的相移特性。C_m 没有直接接在 VT$_4$ 的漏极而是经源极输出器连接,这样可以避免 C_m 接入后产生的零点对相移特性的影响。

可以证明,该电路的传输特性为

$$A_v(j\omega) = \frac{-R_2/R_1}{(1 + j\omega/\omega_{p1})(1 + j\omega/\omega_{p2})} \tag{6.5.28}$$

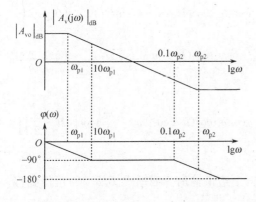

图 6.5.21　放大器实现 90° 相移的原理图　　　图 6.5.22　相移器原理电路

其中,两个极点频率分别为

$$\omega_{p1} = 1/(R_2 C_m)$$
$$\omega_{p2} = \frac{C_m g_{m4}}{C_{bd4}(C_m + C_{gs4})} \tag{6.5.29}$$

式中:R_1、R_2 分别为 VT$_1$、VT$_2$ 的等效电阻;C_{gs4} 为 VT$_4$ 的栅源极间电容;C_{bd4} 为 VT$_4$ 漏极至衬底间的电容;g_{m4} 为 VT$_4$ 的跨导。

由式(6.5.29)可知,增大 R_2 和 g_{m4},减小 C_{gs4} 和 C_{bd4},并合理选择 C_m 就可以达到将两个极点按要求分离的目的。另外,改变 R_1 可以改变增益。在本电路的增益控制电路中,通过比较移相器输出和输入信号的峰值,用它们的差值用来调整 VT$_1$ 的栅极电压,从而改变它所呈现的电阻,进而改变移相器的增益,使得移相器对不同频率的信号呈现相同的增益。

实际中还有一些实现 SSB 的方法,这里不再讨论。从上述介绍可以看到,SSB 调幅要比 AM 调幅和 DSB 调幅复杂得多。但因为 SSB 信号节省频带,又能充分利用发射机功率,故它还是得到了广泛应用,特别是在话音通信中。

4) VSB 信号调幅电路

VSB 信号可以用具有互补对称特性的残留边带滤波器从 AM 信号中提取。残留边带滤波器可以用一个高通滤波器和一个低通滤波器的串联组成,图 6.5.23 示出实现 VSB 信号的原理框图。调制信号 $v_\Omega(t)$ 与载波 $v_c(t)$ 相乘后产生含有载频分量的 DSB 信号,经边带滤波器后就得到了 VSB 信号。E_o 为大小可调的直流电压,用以控制载频分量输出

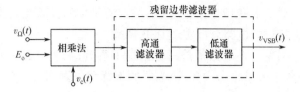

图 6.5.23　VSB 信号的实现原理

大小。

2. 二极管调幅电路

利用二极管的非线性特性也可以实现调幅。二极管调幅电路通常有单管调幅、两管平衡调幅和四管环形调幅 3 种。这里只讨论两管平衡调幅和四管环形调幅电路。

1) 平衡调幅电路

图 6.5.24 是二极管平衡调幅电路及其等效电路,图中,R_L 为负载电阻,通常它是一个带通滤波器的谐振电阻。设载波信号为 $v_c(t) = V_{cm}\cos\omega_c t$,调制信号为 $v_\Omega(t) = V_{\Omega m}\cos\Omega t$,且载波信号为大信号,调制信号为小信号,即 $V_{cm} \gg V_{\Omega m}$,则二极管工作在受载波控制的开关状态。当 $v_c(t) < 0$ 时,两个二极管截止,$i_1 = i_2 = 0$。当 $v_c(t) > 0$ 时,两个二极管导通,根据图 6.5.24(b)所示的等效电路并利用式(6.5.6)可得

$$i_1 = \frac{v_c(t) + v_\Omega(t)}{r_d + 2R_L} s(\omega_c t) \tag{6.5.30}$$

$$i_2 = \frac{v_c(t) - v_\Omega(t)}{r_d + 2R_L} s(\omega_c t) \tag{6.5.31}$$

式中:r_d 为二极管的导通电阻;$s(\omega_c t)$ 为开关函数。

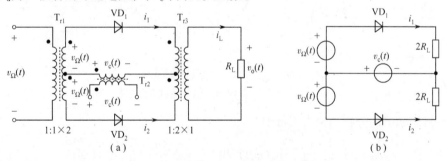

图 6.5.24　二极管平衡调幅电路
(a)平衡调幅电路;(b)等效电路。

输出电压为

$$v_o(t) = (i_1 - i_2)R_L = \frac{2v_\Omega(t)}{r_d + 2R_L} R_L s(\omega_c t) \tag{6.5.32}$$

考虑到 r_d 较小,并把式(6.5.7)代入式(6.5.32)得到

$$v_o(t) = v_\Omega(t)\left(\frac{1}{2} + \frac{2}{\pi}\cos\omega_c t - \frac{2}{3\pi}\cos3\omega_c t + \frac{4}{5\pi}\cos5\omega_c t + \cdots\right) \tag{6.5.33}$$

由式(6.5.32)和式(6.5.33)可知,输出电压中的直流分量、载波及其偶次谐波分量被抵

消了,但有 $\omega_c \pm \Omega$ 分量。若负载用谐振于 ω_c 并有 2Ω 带宽的带通滤波器,则可以选出该分量。可见,二极管平衡调幅电路可以实现 DSB 调幅。

应该注意,上述结论是在电路理想对称情况下得到的,若电路不对称则会有载漏存在,同时,其它无用频率分量也会增多,调幅器的干扰和失真加大。为进一步抵消无用频率分量,可采用环形调幅器。

2) 环形调幅电路

环形调幅电路又称为双平衡调幅电路,它是由两个平衡调幅电路构成的。电路如图 6.5.25(a) 所示,图中 4 个二极管工作在受载波 $v_c(t)$ 控制的开关状态。当 $v_c(t) > 0$ 时,VD_1、VD_2 导通,VD_3、VD_4 截止;当 $v_c(t) < 0$ 时,VD_3、VD_4 导通,VD_1、VD_2 截止,可见,VD_1、VD_2 和 VD_3、VD_4 在时间上相差半个周期,因此有两个开关函数,分别为

$$s_1(\omega_c t) = \frac{1}{2} + \frac{2}{\pi}\cos\omega_c t - \frac{2}{3\pi}\cos3\omega_c t + \frac{4}{5\pi}\cos5\omega_c t + \cdots \tag{6.5.34}$$

$$s_2(\omega_c t) = \frac{1}{2} - \frac{2}{\pi}\cos\omega_c t + \frac{2}{3\pi}\cos3\omega_c t - \frac{4}{5\pi}\cos5\omega_c t + \cdots \tag{6.5.35}$$

图 6.5.25(b) 是它们的等效电路。

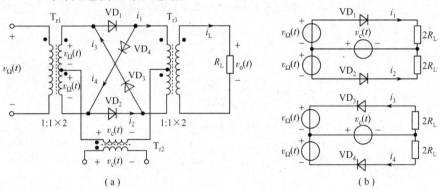

图 6.5.25 二极管环形调幅电路

(a)二极管环形调幅电路;(b)等效电路。

利用平衡调幅器的分析结论直接得到

$$i_1 = \frac{v_c(t) + v_\Omega(t)}{r_d + 2R_L}s_1(\omega_c t) \quad \text{和} \quad i_2 = \frac{v_c(t) - v_\Omega(t)}{r_d + 2R_L}s_1(\omega_c t) \tag{6.5.36}$$

$$i_3 = -\frac{v_c(t) + v_\Omega(t)}{r_d + 2R_L}s_2(\omega_c t) \quad \text{和} \quad i_4 = -\frac{v_c(t) - v_\Omega(t)}{r_d + 2R_L}s_2(\omega_c t) \tag{6.5.37}$$

则输出电压为

$$v_o(t) = \big[(i_1 - i_2) + (i_3 - i_4)\big]R_L$$

将式(6.5.36)和式(6.5.37)代入且当满足 $2R_L \gg r_d$ 的条件时,输出电压可以表示为

$$v_o(t) = v_\Omega(t)\big[s_1(\omega_c t) - s_2(\omega_c t)\big] = v_\Omega(t)\Big[\frac{4}{\pi}\cos\omega_c t - \frac{4}{3\pi}\cos3\omega_c t + \cdots\Big] \tag{6.5.38}$$

其中,$\big[4v_\Omega(t)\cos\omega_c t\big]/\pi$ 频率分量可被输出带通滤波器选取,可见其为 DSB 信号。

比较式(6.5.38)和式(6.5.33)可知,环形调幅器进一步抵消了无用频率分量并使有

用边带信号的幅度比双平衡调幅器提高了一倍。与二极管双平衡调幅器相同,二极管环形调幅器也是产生 DSB 信号的电路。

图 6.5.26 是一个实际的环形调幅器电路,它在彩色电视机中实现色差信号对彩色副载波信号进行 DSB 调幅。彩色副载波信号经 VT_1 放大后再经变压器 T_{r1} 加到环形调幅器的一个输入端,色差信号加到另一端。R_5、R_6 两个电位器用来改善电路的平衡状态。变压器 T_{r2} 的次级与电容 C_4、R_7 构成谐振回路,其中心频率为彩色副载波频率,带宽为色差信号带宽的两倍。已调信号经 VT_2 缓冲后输出。

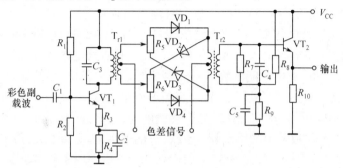

图 6.5.26 二极管环形调幅电路示例

三、振幅解调电路

从已调波中恢复出调制信号的过程称为解调(Demodulation)。从频谱上看,解调也是一种频谱搬移的过程,它是将高频载波端边带信号的频谱重新搬移到低频端,这种搬移刚好与调制过程相反,所以,解调是调制的逆过程。

对调幅波的解调也称为检波(Detection),能完成调幅波解调的电路称为检波电路(检波器)。因为解调过程与调制过程相对应,所以不同的调制方式对应于不同的解调方式,对于调幅波的解调而言,主要有包络检波器和乘积检波器两类。包络检波器适用于解调 AM 信号,乘积检波器主要用来解调 DSB 信号和 SSB 信号。

1. 二极管大信号包络检波器

包络检波器(Envelope Detector)是指它的输出电压能直接反映输入已调波包络变化规律的一种解调方式,其原理如图 6.5.27 所示。

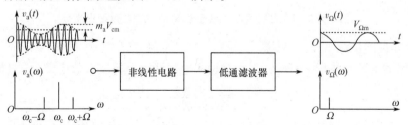

图 6.5.27 包络检波器原理框图

包络检波器由非线性电路和低通滤波器两部分组成。它的输入为含有载频分量 ω_c、边频分量 $\omega_c \pm \Omega$,但没有 Ω 分量的 AM 波,经非线性电路后产生出载频与边频的差频分量 Ω,经低通滤波器滤除不需要的高频分量后输出。根据电路的工作状态不同,包络检波器又分为峰值检波器(Peak Detection)和平均值检波器。

1) 电路和原理

图 6.5.28 是二极管包络检波器的基本电路,它由二极管 VD 和 RC 低通滤波器组成。VD 通常应选用导通电阻 r_d 小的锗管,使 R 远大于 r_d。对于 RC 低通滤波器要求满足 $1/(\Omega C) \gg R$,使电容 C 对调制信号频率呈现开路,电阻 R 作为检波器的负载,其两端输出解调后的电压。同时还要满足 $1/(\omega_c C) \ll R$,使电容 C 对载频及其以上分量呈现短路,从而可起到滤除高频信号的作用。该电路在大信号(0.5V 以上)输入时输出信号接近输入信号的峰值,因此也称为峰值检波器,因其电路简单且性能较好而得到广泛应用。

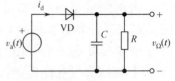

图 6.5.28　包络检波器电路

该电路的工作原理:当输入为 AM 信号时,若 C 上初始电压为 0,则载波的正半周使 VD 导通,电容 C 充电,充电时间常数为 $r_d C$,其值较小充电很快,因此输出电压增长很快;同时,输出电压又反向加到二极管上,使二极管两端电压变成 $v_D = v_a(t) - v_\Omega(t)$,当 $v_D > 0$ 时,二极管导通,电容 C 充电,$v_D < 0$ 时二极管截止,电容 C 放电,$v_\Omega(t)$ 开始下降。因为放电时间常数 $RC \gg r_d C$,故放电较为缓慢,在 $v_\Omega(t)$ 的值下降不多时,$v_a(t)$ 的下一个正半周已经到来,当 $v_a(t) > v_\Omega(t)$ 时,二极管再次导通,C 上电压在原来基础上又得到补充,电压进一步升高。如此充电放电过程直至 VD 导通时 C 的充电量等于 VD 截止时 C 的放电量,$v_\Omega(t)$ 接近于 $v_a(t)$ 的峰值。因此,输出电压 $v_\Omega(t)$ 的波形于输入电压 $v_a(t)$ 的包络相似,故称为包络检波器(峰值检波器),波形如图 6.5.29 所示。

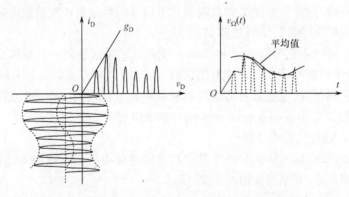

图 6.5.29　包络检波器二极管电压、电流和检波输出波形

2) 主要性能指标

检波器的主要性能指标有检波系数和输入电阻两个。检波系数定义为(图 6.5.27)

$$K_d = \frac{输出交流电压振幅}{输入已调波包络振幅} = \frac{V_{\Omega m}}{m_a V_{cm}} \tag{6.5.39}$$

因为二极管检波器没有增益,故检波系数(又称检波效率)的值恒小于 1 但比较接近于 1。当检波器输入为一个高频等幅波时,K_d 即为输出直流电压与输入高频等幅波的振幅之比。

对于一个检波器而言,通常希望 K_d 要大一些。但 K_d 的大小与二极管的导通角 θ 大小有关,θ 越小 K_d 越大。当 VD 和 R 确定后,θ 角也就随之确定,所以,提高 K_d 的方法是选用导通电阻 r_d 小的二极管并尽量提高电阻 R 的值。

检波器的另一个性能指标是输入电阻 R_{id}。由于检波器是非线性电路,它不同于线性放大器,故它定义为(图 6.5.30)

$$R_{id} = \frac{输入高频电压振幅}{输入高频基波电流振幅} = \frac{V_{im}}{I_{1m}} \qquad (6.5.40)$$

由于检波器通常与前级高频放大器相连,R_{id} 作为前级高放的负载将影响前级高放的增益和通频带,所以,检波器的输入电阻是为研究检波器对前级谐振回路影响的大小而定义的,它是一个对载波信号频率呈现的参数。

对于图 6.5.30 所示的电路,当不计二极管损耗时,检波器输入端的高频功率 $V_{im}^2/(2R_{id})$ 将全部转化为检波器输出端的平均功率 $V_{\Omega m}^2/R$,此时 $V_{\Omega m} = V_{im}$。所以检波器的输入电阻为

$$R_{id} = \frac{1}{2}R \qquad (6.5.41)$$

在集成电路中,常用三极管的发射结代替二极管从而构成三极管包络检波器,如图 6.5.31 所示。图中,R 和 C 为外接滤波元件,R_E 为内部元件。三极管包络检波器与二极管包络检波器相比除了具有放大作用外($K_d > 1$),还增大了输入电阻,从而可以减小检波器对前级的性能影响。

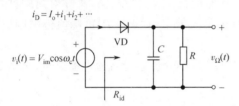

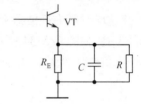

图 6.5.30　输入电阻的定义　　　　　图 6.5.31　三极管包络检波器

3)检波失真问题

二极管包络检波器在电路参数选取不合适时会出现惰性失真和负峰切割两种失真。由前面分析可知,从提高检波效率和滤波效果看,总希望选取较大的 R 值和 C 值。但当 R 和 C 过大时,较大的时间常数 RC 将导致电容两端电压在二极管截止时间内放电速度变慢,当放电速度小于输入 AM 波包络的下降速度时,会造成二极管负偏压大于输入信号的下一个正峰值,使二极管在其后的若干个高频信号周期内截止,从而导致输出波形跟不上输入信号包络的变化,产生失真。这种失真是由电容放电惰性引起的,故称为惰性失真(Failure to Follow Distortion)。波形如图 6.5.32 所示。

要避免产生惰性失真,时间常数 RC 不能选得过大,即要保证电容上电压的变化速率大于输入信号包络的变化速率。据此可导出不产生惰性失真的条件为

$$RC \leqslant \frac{\sqrt{1 - m_{amax}^2}}{m_{amax}\Omega_{max}} \qquad (6.5.42)$$

式中:m_{amax}、Ω_{max} 分别为输入调幅波的最大调制度和调制信号最高角频率。

由式(6.5.42)可见,调幅波的调制度和调制信号频率越高,要求的时间常数就应越小。

在实际使用的检波器中,为了隔断检波器产生的直流分量对后级低频放大器的影响,大多采用图 6.5.33 所示的耦合电路。图中,C_C 为耦合电容,R_i 为下一级电路的输入电阻,为了有效地耦合检波后的输出信号,通常要求满足 $R_i \gg 1/(\Omega_{min} C_C)$。故 C_C 的值较大,常在 $5\mu F \sim 10\mu F$ 左右。Ω_{min} 为调制信号的下限频率。

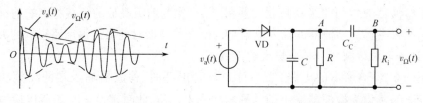

图 6.5.32　惰性失真波形　　　　　图 6.5.33　实际的检波器电路

耦合电容 C_C 和 R_i 的接入有可能导致产生负峰切割失真。这是因为接入电容 C_C 后检波器的直流负载为 R,而交流负载变为 $R_\Omega = R//R_i$,交流负载小于直流负载,两者并不相等。而检波器 A 点的直流电压近似等于 V_{cm},交流电压幅度为 $m_a V_{cm}$,因此流过二极管的平均电流为

$$i_{DAV} = \frac{V_{cm}}{R} + \frac{m_a V_{cm}}{R_\Omega}\cos\Omega t$$

当交流电流的负峰值大于直流电流值时,二极管电流 i_{DAV} 应为负值,实际电路中就是二极管截止,所以在这段时间内检波器无法进行正常充放电过程,输出负峰值被限幅,从而产生了负峰切割失真,如图 6.5.34 所示。

要防止产生负峰切割失真,应使交流电流分量的峰值小于直流电流分量,即满足如下条件

$$V_{cm}/R \geqslant m_a V_{cm}/R_\Omega$$

由此可得防止产生负峰切割失真的条件为

$$m_a \leqslant \frac{R_\Omega}{R} = \frac{R_i}{R + R_i} \tag{6.5.43}$$

式中:R 为检波器的直流负载;R_Ω 为检波器的交流负载。

可见,负峰切割失真是在交直流负载不等,且调制度又较大时产生的。

为了避免产生负峰切割失真,实际的检波器电路常采用分负载电路来增大交直流电阻的比值,如图 6.5.35 所示。这个电路的直流负载和交流负载分别为

$$R = R_1 + R_W$$

$$R_\Omega = R_1 + R_W' + \frac{R_W'' R_i}{R_W'' + R_i}$$

显然,通过调整 R_W 可在一定范围内改变交流负载和直流负载的比值。

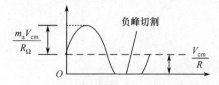

图 6.5.34　负峰切割失真示意图

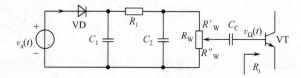

图 6.5.35　二极管检波器的改进电路

例 6.5.3　在图 6.5.36 所示的二极管大信号包络检波器中,已知谐振回路的谐振频率为 10^6Hz,谐振电阻 $R_o = 20\text{k}\Omega$, $i_s(t) = 0.5(1 + 0.5\cos 2\pi \times 10^3 t)\cos 2\pi \times 10^6 t(\text{mA})$, $R_1 = 20\text{k}\Omega$, $R_2 = 30\text{k}\Omega$,检波系数 $K_d = 0.9$。试写出 $v_\Omega(t)$ 的表达式。

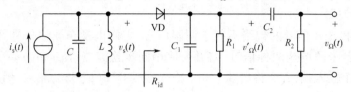

图 6.5.36　例 6.5.3 用图

解:检波器的输入电阻为

$$R_{id} = R_1/2 = 10(\text{k}\Omega)$$

则检波器输入端的电压为

$$v_s(t) = i_s(t) R_o \frac{R_{id}}{R_o + R_{id}} = 3.3(1 + 0.5\cos 2\pi \times 10^3 t)\cos 2\pi \times 10^6 t(\text{V})$$

检波后的电压为

$$v'_\Omega(t) = K_d \times 3.3(1 + 0.5\cos 2\pi \times 10^3 t) = 2.97(1 + 0.5\cos 2\pi \times 10^3 t)(\text{V})$$

经 C_2 后检波器的输出电压为

$$v_\Omega(t) = 1.48\cos 2\pi \times 10^3 t(\text{V})$$

4）检波器的元件参数选择

现以图 6.5.37 为例说明在设计一个二极管包络检波器时应如何选择电路参数。二极管应选择点接触型的锗二极管,正向电阻要小、反向电阻要大、工作频率要高。这样可以提高检波效率。为了减小检波器输入电阻 R_{id} 对中放末级谐振回路的影响,R_{id} 应该大一些,在图 6.5.37 中应把 R 选得大一些。为了较好地滤除载频及其谐波分量并避免产生惰性失真,时间常数 RC 除了应满足式(6.5.42)外,还应满足如下关系

$$\frac{1}{\omega_c} \leqslant RC \leqslant \frac{1}{\Omega_{max}}$$

例如,解调一个带宽为 2×10^4Hz、载频为 4.65×10^5Hz 的 AM 波,若最大调制度 $m_{amax} = 0.8$,则时间常数 RC 的选择范围应为 $0.34\mu s \sim 11.9\mu s$,而非 $0.34\mu s \sim 15.9\mu s$。

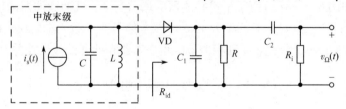

图 6.5.37　实用的二极管检波电路

隔直流电容 C_2 对调制信号的最低频率也应呈现较小的容抗,即要满足

$$R_i C_2 \gg \frac{1}{\Omega_{min}}$$

所以,C_2 的值较大,常在几微法至几十微法之间。为了防止产生负峰切割失真,R 和 R_i 的选择还要满足式(6.5.43)的关系。

　　总的来看,R 的选择应主要考虑输入电阻、失真及其对检波系数的影响,通常其值在几千欧姆至几十欧姆之间。C_1 主要考虑如何更好地滤除高频分量并防止产生惰性失真。在广播接收机中,其值常在 $10^4 \, \mathrm{pF}$ 左右。

　　2. 同步检波器

　　DSB 信号和 SSB 信号的包络不同于调制信号,它们也没有载频分量,因此不能简单地用包络检波器来解调这两种信号,而必须使用同步检波器(Synchronous Detector)。同步检波器有两个输入端,一个输出端。一个输入端接 DSB(或 SSB)信号,另一输入端则接解调所需的参考信号 $v_r(t)$(也叫相干信号,即本地载波或恢复载波),如图 6.5.38 所示。

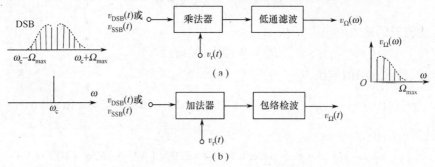

图 6.5.38　同步检波器原理框图
(a)乘法型;(b)叠加型。

　　为了获得无失真的解调输出,参考信号 $v_r(t)$ 必须与调制时的原载波电压同频同相(即同步,故称为同步检波器),但实际上这种要求很难达到,通常只能做到使 $v_r(t)$ 接近于原载波电压,故实际的检波器通常是一个相干检波器(Coherent Detector)。但因相干信号和同步信号差别不大,故相干解调和同步解调有时不加区分。

　　同步检波器分为乘积型和叠加型两类。它们也是将高频载波端边带信号的频谱搬回到低频端。应该注意的是同步检波器并非一定只能解调 DSB 和 SSB 两种信号,它也能解调 AM 信号,但相比包络检波器稍显复杂,其优点是便于集成,故用同步检波器解调 AM 信号的方法随着集成电路的发展已被广泛采用。

　　1) 乘积型

　　电路原理如图 6.5.38(a)所示。设乘法器的增益为 A_M,低通滤波器的增益分别为 k,输入为双边带信号,$v_{DSB}(t) = V_{am}\cos\Omega t\cos\omega_c t$,参考信号为 $v_r(t) = V_{rm}\cos[(\omega_c + \Delta\omega)t + \varphi]$,即它与原载波有一个频差 $\Delta\omega$ 和相差 φ。经乘法器和低通滤波器滤除高频分量后得

$$v_\Omega(t) = \frac{1}{2}A_M k V_{am} V_{rm}\cos\Omega t\cos(\Delta\omega t + \varphi) \qquad (6.5.44)$$

　　若输入为单边带信号 $v_{SSB}(t) = V_{am}\cos(\omega_c + \Omega)t$,乘法检波器的输出信号为

$$v_\Omega(t) = \frac{1}{2}A_M k V_{am} V_{rm}\cos[(\Omega - \Delta\omega)t - \varphi] \qquad (6.5.45)$$

　　由式(6.5.44)和式(6.5.45)可知,要想无失真恢复出原调制信号,必须做到 $\Delta\omega = 0$ 和 $\varphi = 0$,即参考信号要与原载波同频同相,否则将产生解调失真。理想情况下同步检波器的输出信号为

$$v_\Omega(t) = \frac{1}{2}A_\mathrm{M}kV_{\mathrm{am}}V_{\mathrm{rm}}\cos\Omega t \tag{6.5.46}$$

图 6.5.39 是用乘法器 1595L 构成的乘积检波器的实际电路。已调信号和参考信号分别从 4 脚和 9 脚输入,相乘后的信号从 2 脚和 14 脚平衡输出,经运放 A 组成的单位增益电路和低通滤波后取出解调信号。

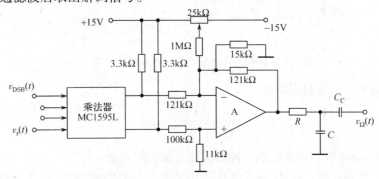

图 6.5.39　乘积检波器的实际电路

2) 叠加型

电路原理如图 6.5.38(b)所示。设输入为单边带信号,$v_{\mathrm{SSB}}(t) = V_{\mathrm{am}}\cos(\omega_\mathrm{c}+\Omega)t$,参考信号为 $v_\mathrm{r}(t) = V_{\mathrm{rm}}\cos\omega_\mathrm{c}t$,则经相加器后得到

$$v_{\mathrm{SSB}}(t) + v_\mathrm{r}(t) = (V_{\mathrm{am}}\cos\Omega t + V_{\mathrm{rm}})\cos\omega_\mathrm{c}t - V_{\mathrm{am}}\sin\omega_\mathrm{c}t\sin\Omega t$$

$$= V_\mathrm{m}(t)\cos[\omega_\mathrm{c}t + \varphi(t)]$$

式中

$$V_\mathrm{m}(t) = \sqrt{(V_{\mathrm{am}}\cos\Omega t + V_{\mathrm{rm}})^2 + (V_{\mathrm{am}}\sin\Omega t)^2} \tag{6.5.47}$$

$$\varphi(t) = \arctan\frac{V_{\mathrm{am}}\sin\Omega t}{V_{\mathrm{am}}\cos\Omega t + V_{\mathrm{rm}}}$$

包络检波器对相位不敏感,下面看包络的变化。将 $v_\mathrm{m}(t)$ 表达式展开为

$$V_\mathrm{m}(t) = \sqrt{V_{\mathrm{am}}^2 + V_{\mathrm{rm}}^2 + 2V_{\mathrm{am}}V_{\mathrm{rm}}\cos\Omega t} = V_{\mathrm{rm}}\sqrt{1 + m^2 + 2m\cos\Omega t} \tag{6.5.48}$$

式中:$m = V_{\mathrm{am}}/V_{\mathrm{rm}}$。

当 $m \ll 1$ 时可以忽略高次项的影响,于是,式(6.5.48)可表示为

$$V_\mathrm{m}(t) \approx V_{\mathrm{rm}}\sqrt{1 + 2m\cos\Omega t} = V_{\mathrm{rm}}(1 + m\cos\Omega t) \tag{6.5.49}$$

则经检波系数为 K_d 的包络检波器检波,再经隔直流电容后可将调制信号恢复为

$$v_\Omega(t) = mK_\mathrm{d}V_{\mathrm{rm}}\cos\Omega t \tag{6.5.50}$$

叠加型同步检波器可以用二极管平衡电路或环形电路实现。图 6.5.40 是二极管平衡叠加型同步检波器的一种电路形式,可见它与平衡调幅电路结构相同。不同之处在于这里的输入信号为 DSB(或 SSB)和同步信号,负载为低通滤波器。

对于这个电路,可直接由式(6.5.33)得到 $v_\Omega(t)$ 中的一个分量为

$$v_\Omega'(t) = \frac{2}{\pi}\cos\omega_\mathrm{c}t \cdot v_{\mathrm{SSB}}(t) = \frac{2}{\pi}V_{\mathrm{am}}\cos\omega_\mathrm{c}t \cdot \cos(\omega_\mathrm{c}+\Omega)t \tag{6.5.51}$$

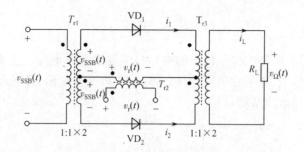

图 6.5.40　二极管平衡同步检波器电路

再经低通滤波器后恢复得到调制信号为

$$v_{\Omega}(t) = \frac{1}{\pi} V_{am} \cos \Omega t \qquad (6.5.52)$$

图 6.5.41 为二极管环形叠加型同步检波器的实际电路。图中采用了一些平衡措施，以提高电路的平衡程度。例如，每个变压器接了两个 $10k\Omega$ 的电阻和一个 $2k\Omega$ 的电位器，电位器的动臂可代替变压器中心抽头，并可调整中心点位置。变压器的四个端点($a \sim d$)接了 $C_1 \sim C_4$ 四个电容来平衡分布电容的影响。另外，在二极管上串接了 $10k\Omega$ 的电阻来改善二极管正向导通的非线性。当然，它们的接入会使传输系数降低。

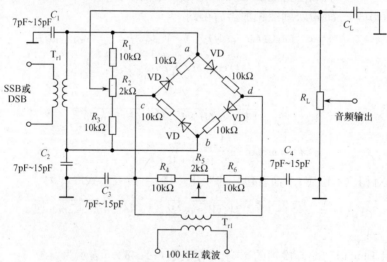

图 6.5.41　二极管环形同步检波器的实际电路

3) 参考信号的产生

从上面的分析可知，实现同步检波的关键是要有一个与调制载波同频同相的参考信号，下面讨论该参考信号的产生方法。

第一种方法是用晶体振荡器产生频率为载频 ω_c 的振荡信号，该信号不受接收信号的影响，但它又不可能与发送端的载波同频同相，不过当它们之间的频差在允许范围内时这种影响可以忽略。例如在传送话音信号时允许的频差在几赫兹以内。

第二种方法是在发送端的 DSB 和 SSB 信号中加入导频信号，即加入小幅值的载波分量，称为导频。在接收端利用锁相环从 DSB 和 SSB 信号中提取导频信号作为参考信号

$v_r(t)$。图 6.5.42 就是用锁相环提取载波的同步检波器框图。锁相环在锁定状态下的输出电压与原载波同频正交,再经 $\pi/2$ 相移得到与原载波同频同相的参考信号 $v_r(t)$。锁相环的原理将在 6.7 中加以讨论。

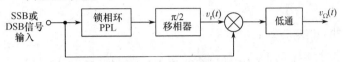

图 6.5.42　锁相同步检波器原理框图

第三种方法是采用非线性变换电路,直接从已调信号中提取载波。这种方法只适用于 DSB 信号,原理框图如图 6.5.43 所示。

设 $v_{DSB}(t) = \cos\Omega t\cos\omega_c t$,则经平方器后得到

$$v_1(t) = \frac{1}{4}(1 + \cos2\Omega t)(1 + \cos2\omega_c t)$$

由带通滤波器取出其中的 $2\omega_c$ 分量后,再经分频器分频即可得到所需的参考信号 $v_r(t)$。

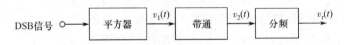

图 6.5.43　非线性变换恢复载波原理框图

6.5.3　角度调制与解调

在上面讨论的振幅调制中,已调波的振幅按照调制信号的规律作变化,振幅的变化携带着调制信号反映的信息,而载波的频率和相位保持不变,它不受调制信号的影响。现在讨论如何用高频载波的频率或相位的变化来携带调制信号信息的问题,这就是频率调制(Frequency Modulation,FM)和相位调制(Phase Modulation,PM),简称调频和调相。因为角频率对时间的积分就是相位角,所以频率调制和相位调制统称为角度调制(Angle Modulation),简称调角。

调角制的主要优点是抗干扰能力强,发射效率高。调频主要用于广播电视、通信及遥测等,调相主要用于数字通信中的相位键控(Phase-Shift Keying,PSK)。本书主要讨论模拟频率调制和相位调制与解调电路的构成和工作原理。

一、角度调制信号分析

1. 调频信号的数学表达式

设单频调制信号为 $v_\Omega(t) = V_{\Omega m}\cos\Omega t$,载波信号为 $v_c(t) = V_{cm}\cos\omega_c t$,且满足 $\omega_c \gg \Omega$ 的条件。根据调频的含义,调频波的瞬时频率 $\omega_f(t)$ 应在载频 ω_c 的基础上随 $v_\Omega(t)$ 做线性变化,即

$$\omega_f(t) = \omega_c + k_f v_\Omega(t) = \omega_c + k_f V_{\Omega m}\cos\Omega t \tag{6.5.53}$$

式中:ω_c 为载频角频率,也是调频波的中心频率;k_f 为调频灵敏度,单位为 $rad/(s \cdot V)$,表示单位调制电压引起的频率变化。

令

$$\Delta\omega_f(t) = k_f V_{\Omega m}\cos\Omega t$$

为瞬时角频偏,单位为 rad/s。

再令

$$\Delta\omega_{\mathrm{fm}} = k_{\mathrm{f}}V_{\Omega\mathrm{m}} \tag{6.5.54}$$

为最大角频偏。

则式(6.5.53)可表示为

$$\omega_{\mathrm{f}}(t) = \omega_{\mathrm{c}} + k_{\mathrm{f}}v_{\Omega}(t) = \omega_{\mathrm{c}} + \Delta\omega_{\mathrm{fm}}\cos\Omega t = \omega_{\mathrm{c}} + \Delta\omega_{\mathrm{f}}(t) \tag{6.5.55}$$

根据式(6.5.55)可得调频波的瞬时相位为

$$\theta_{\mathrm{f}}(t) = \int_0^t \omega_{\mathrm{f}}(t)\,\mathrm{d}t = \omega_{\mathrm{c}}t + k_{\mathrm{f}}\int_0^t v_{\Omega}(t)\,\mathrm{d}t = \omega_{\mathrm{c}}t + m_{\mathrm{f}}\sin\Omega t = \omega_{\mathrm{c}}t + \Delta\theta_{\mathrm{f}}(t) \tag{6.5.56}$$

式中:$\Delta\theta_{\mathrm{f}}(t)$ 为瞬时相偏;m_{f} 为最大相偏,也称为调制指数,它表示为

$$m_{\mathrm{i}} = \frac{k_{\mathrm{f}}V_{\Omega\mathrm{m}}}{\Omega} = \frac{\Delta\omega_{\mathrm{fm}}}{\Omega} \tag{6.5.57}$$

由式(6.5.56)可写出单频调制的调频波表达式为

$$v_{\mathrm{f}}(t) = V_{\mathrm{fm}}\cos\theta_{\mathrm{f}}(t) = V_{\mathrm{fm}}\cos(\omega_{\mathrm{c}}t + m_{\mathrm{f}}\sin\Omega t) \tag{6.5.58}$$

最大角频偏和调制指数是调频波的两个重要参量,根据式(6.5.54)和式(6.5.57)可以画出它们与调制信号角频率的关系曲线如图6.5.44所示。由图可见,当调制频率升高时频偏不变,但调制指数减小。与 AM 波不同,调频波的调制指数 m_{f} 可以大于1也可以小于1,但通常应用于大于1的情况。m_{f} 越大,频带越宽,抗干扰性越好。

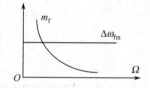

图 6.5.44　m_{f}、$\Delta\omega_{\mathrm{fm}}$ 与 Ω 的关系曲线

2. 调相信号的数学表达式

设单频调制信号为 $v_{\Omega}(t) = V_{\Omega\mathrm{m}}\cos\Omega t$,载波信号为 $v_{\mathrm{c}}(t) = V_{\mathrm{cm}}\cos\omega_{\mathrm{c}}t$,且满足 $\omega_{\mathrm{c}} \gg \Omega$ 的条件。根据调相的含义,调相波的瞬时相位 $\theta_{\mathrm{p}}(t)$ 应随 $v_{\Omega}(t)$ 做线性变化,即

$$\theta_{\mathrm{p}}(t) = \omega_{\mathrm{c}}t + k_{\mathrm{p}}v_{\Omega}(t) = \omega_{\mathrm{c}}t + k_{\mathrm{p}}V_{\Omega\mathrm{m}}\cos\Omega t \tag{6.5.59}$$

式中:k_{p} 为调相灵敏度,单位为 rad/V,表示单位调制电压引起的相位变化。

令

$$\Delta\theta_{\mathrm{p}}(t) = k_{\mathrm{p}}V_{\Omega\mathrm{m}}\cos\Omega t$$

为瞬时相偏,单位为 rad。

再令

$$m_{\mathrm{p}} = k_{\mathrm{p}}V_{\Omega\mathrm{m}} \tag{6.5.60}$$

为最大相偏,也称为调制指数。

则式(6.5.59)可表示为

$$\theta_{\mathrm{p}}(t) = \omega_{\mathrm{c}}t + m_{\mathrm{p}}\cos\Omega t = \omega_{\mathrm{c}}t + \Delta\theta_{\mathrm{p}}(t) \tag{6.5.61}$$

由式(6.5.61)可写出单频调制的调相波表达式为

$$v_{\mathrm{p}}(t) = V_{\mathrm{pm}}\cos\theta_{\mathrm{p}}(t) = V_{\mathrm{pm}}\cos(\omega_{\mathrm{c}}t + m_{\mathrm{p}}\cos\Omega t) \tag{6.5.62}$$

调相波的瞬时频率为

$$\omega_{\mathrm{p}}(t) = \mathrm{d}\theta_{\mathrm{p}}(t)/\mathrm{d}t = \omega_{\mathrm{c}} - m_{\mathrm{p}}\Omega\sin\Omega t = \omega_{\mathrm{c}} - \Delta\omega_{\mathrm{pm}}\sin\Omega t = \omega_{\mathrm{c}} - \Delta\omega_{\mathrm{p}}(t)$$

其中

$$\Delta\omega_{\text{pm}} = m_{\text{p}}\Omega \qquad\qquad (6.5.63)$$

称为调相波的最大角频偏,单位为 rad/s。

调制指数 m_{p} 和最大角频偏 $\Delta\omega_{\text{pm}}$ 是调相波的两个重要参量,根据式(6.5.60)和式(6.5.63)可以画出它们与调制信号角频率的关系曲线如图 6.5.45 所示。由图可见,调相波的频偏随调制信号频率的升高而增大。这一结论限制了调相制在模拟通信中的应用,因为它在 Ω 变化时带宽也跟着变化,这是很不经济的。

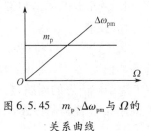

图 6.5.45　m_{p}、$\Delta\omega_{\text{pm}}$ 与 Ω 的
关系曲线

3. 调频波和调相波的波形

根据式(6.5.58)和式(6.5.62)可以画出单频调制的调频波和调相波波形如图 6.5.46 所示。

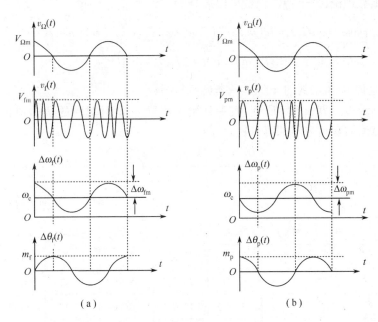

(a) (b)

图 6.5.46　单音调频波和调相波的波形
(a)调频波；(b)调相波。

从波形图可知,调频波的瞬时频率变化与调制信号呈线性关系,瞬时相位变化与调制信号的积分呈线性关系。调相波的瞬时相位变化与调制信号呈线性关系,瞬时频率变化与调制信号的微分呈线性关系。但无论调频还是调相,瞬时频率和瞬时相位都是随时间变化的。

例 6.5.4　已知一个调角波的数学表达式为 $v(t) = 10\sin(10^9 t + 3\cos 10^3 t)$,试判断该调角波是调频波还是调相波?

解:判断一个调角波是调频波还是调相波,必须依照定义与调制信号对比,看瞬时相偏与调制信号的积分呈线性关系还是与调制信号呈线性关系。对于本例,仅从 $v(t)$ 不能确定是调频还是调相。但如果调制信号 $v_\Omega(t) = \cos 10^3 t$,则 $\Delta\theta(t) = 3\cos 10^3 t = 3v_\Omega(t)$,瞬

时相偏与 $v_\Omega(t)$ 呈线性关系,此时 $v(t)$ 为调相波。如果调制信号 $v_\Omega(t) = \sin10^3 t$,则 $\Delta\theta$ $(t) = 3\cos10^3 t = 3 \times 10^3 \int \sin10^3 t dt$,瞬时相偏与 $v_\Omega(t)$ 的积分呈线性关系,此时 $v(t)$ 为调频波。

4. 调角波的频谱和带宽

1)频谱

从式(6.5.58)和式(6.5.62)可知,调频波和调相波的表达式基本相同,只是调制引起的相位变化一个是正弦变化一个是余弦变化。从波形上看,将调相波的横坐标后移 $T/4$(T 为调制信号的周期)后和调频波完全一样,所以,两者的频谱结构应完全相同。因此,如果用 m 代替调制指数 m_f 和 m_p,则可把 FM 和 PM 信号的表达式统一表示为

$$v(t) = V_{om}\cos(\omega_c t + m\sin\Omega t) \tag{6.5.64}$$

用三角函数将上式展开后得到

$$v(t) = V_{om}[\cos(m\sin\Omega t)\cos\omega_c t - \sin(m\sin\Omega t)\sin\omega_c t] \tag{6.5.65}$$

根据贝塞尔函数理论,两个特殊函数可以展开为

$$\begin{cases} \cos(m\sin\Omega t) = J_0(m) + 2J_2(m)\cos2\Omega t + 2J_4(m)\cos4\Omega t + \cdots \\ \sin(m\sin\Omega t) = 2J_1(m)\sin\Omega t + 2J_3(m)\sin3\Omega t + \cdots \end{cases} \tag{6.5.66}$$

式中:$J_n(m)$ 是以 m 为宗数的 n 阶第一类贝塞尔函数。

贝塞尔函数表如表6.5.2所列,表中列出了不同 m 值时对应的 $J_n(m)$ 值,注意所列数值为 $J_n(m)$ 所占载波分量的百分比。

表6.5.2　贝塞尔函数表

$J_n(m)$ /% $\backslash$ m n	0	0.5	1	2	3	4	5	6
0	100	93.55	76.52	22.39	−26.06	−39.71	−17.76	15.06
1		24.23	44.01	57.67	33.91	−6.6	−32.76	−27.67
2		3.0	11.49	35.28	48.61	36.42	4.66	−24.29
3			1.96	12.89	30.91	43.02	36.48	11.48
4			0.25	3.40	13.20	28.11	39.12	35.76
5				0.70	4.3	13.21	26.11	36.21
6				0.12	1.14	4.91	13.11	24.58
7					0.26	1.52	5.34	12.96
8						0.4	1.84	5.65

将式(6.5.66)代入式(6.5.65)得到

$$v(t) = V_{om}J_0(m)\cos\omega_c t + V_{om}J_1(m)[\cos(\omega_c + \Omega)t - \cos(\omega_c - \Omega)t] +$$
$$V_{om}J_2(m)[\cos(\omega_c + 2\Omega)t + \cos(\omega_c - 2\Omega)t] + \tag{6.5.67}$$
$$V_{om}J_3(m)[\cos(\omega_c + 3\Omega)t - \cos(\omega_c - 3\Omega)t] + \cdots$$

由式(6.5.67)可看出调角波的频谱有如下特点：

（1）调角波的中心频率为 ω_c，两边有无数对边频，间隔为 Ω。所以，调角波不再是原调制信号频谱结构的线性搬移，故角度调制属于非线性调制。

（2）各分量振幅由 $J_n(m)$ 决定，m 大，较大幅度的边频数目就多，说明调制指数大，调角信号占有的频带就宽。

（3）奇数次上下边频反相，偶数次上下边频同相。

（4）$J_0(m)$ 随着 m 的增大而减小，说明载频分量的功率在减小，因为调角波的总功率是一定的，所以，载频分量减小的功率将被重新分配到各次边频分量上。

（5）对于某些特定的 m 值，载频和某边频振幅为 0，可用此特点测量频偏和调制指数。

2）带宽

调角波的频谱包含无穷多个频率分量，因此，从理论上讲调角波的带宽应为无穷大。但因为边频离载频越远其振幅越小，所以，考虑调角波的带宽时常忽略那些幅度很小的、不会因此带来明显信号失真的边频分量，这样，可以把 FM 和 PM 信号近似看成有限带宽信号。

工程上规定调角波的带宽内应包含幅度大于未调载波振幅 10% 以上的边频分量（也称为 Carson 准则），按照这个规定定义的带宽大约能集中调角波总功率的 98% ~ 99%，所以，解调后的信号可以满足质量要求。

由表 6.5.1 可知，若设保留下来的边频对数为 n，则当 $m < 1$ 时，$n = 1$。$m \geq 1$ 时，$n = m + 1$。因此，$m < 1$ 时调角波的带宽为

$$BW = 2n\Omega/2\pi = 2f_\Omega \tag{6.5.68}$$

式中：f_Ω 为调制信号频率。

可见，在窄带调制（即 $m < 1$）时，调角波的带宽与调幅波相同，但上、下边频反相。窄带调制主要用于移动通信电台。

当 $m > 1$ 时，$n = m + 1$。因此，$m > 1$ 时调角波的带宽为

$$BW = 2n\Omega/2\pi = 2(m+1)f_\Omega = 2(\Delta f_m + f_\Omega) \tag{6.5.69}$$

式中：Δf_m 为调角波的最大频偏。

$m > 1$ 时称为宽带调制，主要用于电视伴音和调频广播等。

实际的调制信号都是多音信号，对于多音调制的调角波带宽计算，应将式(6.5.68)和式(6.5.69)中的 f_Ω 用多音信号的最高频率 $f_{\Omega\max}$ 代替。

从式(6.5.69)可知，对于调频波来说，最大频偏 Δf_m 与调制信号频率 f_Ω 无关，因此调制信号频率的变化对带宽影响不大，故调频制也叫做恒定带宽调制。但对于调相波来讲，Δf_m 与 f_Ω 成正比，因此当 f_Ω 升高时调相波的带宽增加很快，如果按照调制信号的最高频率来设计电路带宽，那么，当调制频率较低时带宽利用就不充分，这是调相制的一个缺点。

例 6.5.5 设调制信号为 $v_\Omega(t) = \cos(2\pi \times 10^3 t)$，载波信号为 $v_c(t) = 10\cos(2\pi \times 5 \times 10^5 t)$，FM 调制器的调制指数 $m_f = 1$。试画出频谱图，求 FM 信号的带宽，并求未调制载波功率和带宽内 FM 波的总功率（设负载电阻 $R_L = 50\Omega$）。

解：由表 6.5.1，查得当 $m_f = 1$ 时载频和边频的振幅分别为

$$J_0(1)V_{cm} = 0.756 \times 10 = 7.65(\mathrm{V})$$

$$J_1(1)V_{cm} = 0.44 \times 10 = 4.4(\mathrm{V})$$

$$J_2(1)V_{cm} = 0.115 \times 10 = 1.15(\mathrm{V})$$

$$J_3(1)V_{cm} = 0.02 \times 10 = 0.2(\mathrm{V})$$

$$J_4(1)V_{cm} = 0.0025 \times 10 = 0.025(\mathrm{V})$$

画出频谱如图 6.5.47(a) 所示。

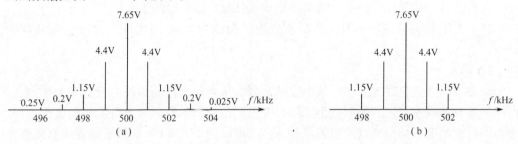

图 6.5.47　例题 6.5.5 用图
(a)频谱图;(b)带内频谱图。

根据 Carson 准则,把频谱图中振幅大于未调载波振幅 10% 以上(即大于 1V)的边频分量留下画出带内频谱如图 6.5.47(b)所示,则信号带宽为 BW $= 2(m_f + 1)f_\Omega = 4\mathrm{kHz}$。

未调制载波功率为

$$P_c = V_{cm}^2/(2R_L) = 10^2/100 = 1(\mathrm{W})$$

调频波总功率为

$$P_{FM} = \frac{(J_0(1)V_{cm})^2}{2R_L} + 2\frac{(J_1(1)V_{cm})^2}{2R_L} + 2\frac{(J_2(1)V_{cm})^2}{2R_L}$$

$$= \frac{7.65^2}{100} + 2\frac{4.4^2}{100} + 2\frac{1.15^2}{100} = 0.998(\mathrm{W})$$

可见,调频波总功率几乎等于未调制载波功率,故调角制的发射效率高。

二、角度调制电路

角度调制电路分为调频电路和调相电路,简称调频器和调相器(Phase Modulator)。调频可分为直接调频(Direct Frequency Modulation)和间接调频(Indirect Frequency Modulation)两种,调相也可分为直接调相和间接调相两种。所谓直接,就是用调制信号直接控制载波的瞬时频率或相位,而间接则是对调制信号进行积分后再进行调相或调频。无论调频还是调相,瞬时频率和瞬时相位都要发生变化,表明它们可以相互转化。根据调频和调相的定义,可以得到实现调频和调相的电路原理框图,如图 6.5.48 所示。

1. 直接调频电路

1) 变容二极管直接调频

变容二极管是利用 PN 结势垒电容制成的一种电子器件。虽然 PN 结还有扩散电容,但因为 PN 结在正向偏置下呈现的小电阻会大大削弱它的电容效应,所以,变容二极管必

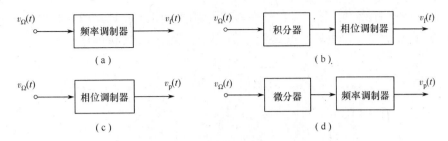

图 6.5.48　调频和调相电路框图

(a)直接调频;(b)间接调频;(c)直接调相;(d)间接调相。

须工作在反向偏置状态。变容二极管的电容 C_J 与外加电压的关系为

$$C_J = \frac{C_J(0)}{(1 - V_D/V_\Phi)^n} \tag{6.5.70}$$

式中:V_Φ 为 PN 结的势垒电压;V_D 为外加电压,实际应用时为负值;$C_J(0)$ 是 PN 结在零偏压($V_D = 0$)时的结电容;n 为电容变化指数,其值取决于 PN 结的结构和杂质浓度分布,通常 $n = 1/3 \sim 1/2$,采用特殊工艺制成的超突变结变容管 $n = 1 \sim 5$。

势垒电容 C_J 与外加电压 V_D 的关系曲线如图 6.5.49 所示,显然它是一个非线性电容。

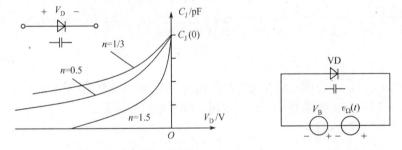

图 6.5.49　变容管的关系曲线　　　　　图 6.5.50　变容管外加电压

在直接调频电路中是将变容管作为 LC 正弦波振荡器回路电容 C 或其中的一部分,用调制信号去控制变容管的电容,从而可使振荡频率随调制信号变化,达到调频的目的。

设在变容管两端所加反向电压为 $V_B + v_\Omega(t) = V_B + V_{\Omega m}\cos\Omega t$(见图 6.5.50),将其代入式(6.5.70)可得

$$C_J = \frac{C_J(0)}{[1 + (V_B + V_{\Omega m}\cos\Omega t)/V_\Phi]^n} = C_J(0)[1 + (V_B + V_{\Omega m}\cos\Omega t)/V_\Phi]^{-n}$$

进一步化简可得

$$C_J = C_{JQ}(1 + m\cos\Omega t)^{-n} \tag{6.5.71}$$

式中:$C_{JQ} = C_J(0)(1 + V_B/V_\Phi)^{-n}$ 表示变容管在静态工作点电压 V_B 作用下呈现的静态电容;$m = V_{\Omega m}/(V_B + V_\Phi)$ 称为电容调制指数,它是一个小于 1 的数。

变容管用于直接调频的原理电路如图 6.5.51(a)所示。图中 C_3 为耦合电容,它对高频呈现短路,变容管通过它与振荡回路并联;调制信号从 C_4 耦合输入,C_4 对调制信号频率呈现短路;L_1 为高频扼流圈,它对调制信号频率呈现短路,但对高频呈现开路;R_1 和 R_2 是

变容管的偏置电阻,将 V_{CC} 分压后提供变容管所需的反偏电压 V_B。图 6.5.51(b)是它的等效电路,可见它是一个电容三点式振荡器(考毕茨振荡器,Colpitts Oscillator)。

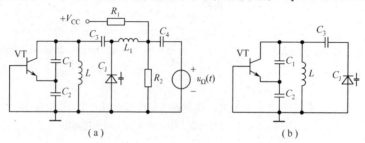

图 6.5.51　变容二极管直接调频原理电路

(a)原理电路;(b)等效电路。

该电路的回路总电容为

$$C_{\Sigma} = C_J + \frac{C_1 C_2}{C_1 + C_2}$$

为了简化分析,设 $C_J \gg C_1 C_2/(C_1 + C_2)$,则回路总电容 $C_{\Sigma} \approx C_J$。于是电路的振荡频率为

$$f = \frac{1}{2\pi \sqrt{LC_{\Sigma}}} \approx \frac{1}{2\pi \sqrt{LC_J}} = \frac{1}{2\pi \sqrt{LC_{JQ}(1 + m\cos\Omega t)^{-n}}} = f_c (1 + m\cos\Omega t)^{n/2}$$

$$(6.5.72)$$

式中:$f_c = 1/(2\pi \sqrt{LC_{JQ}})$ 为调制信号为 0 时的振荡频率,亦即调频波的中心频率(载频)。

由式(6.5.72)可知,振荡频率与调制电压之间不呈线性关系。

将式(6.5.72)展开可得

$$f = f_c \left(1 + \frac{n}{2} m\cos\Omega t\right) + f_c \left[\frac{n(n-2)}{8} m^2 \cos^2\Omega t\right] + f_c \left[\frac{n(n-2)(n-4)}{48} m^3 \cos^3\Omega t\right] + \cdots$$

$$(6.5.73)$$

可见,振荡频率中除了与调制信号成正比的成分(上式第一项)外,还含有大量的谐波成分,此时,频率调制过程中出现了非线性失真。

为了实现线性调频,应尽量选择电容调制指数 $n = 2$ 的变容管,这时电路的振荡频率为

$$f = f_c \left(1 + \frac{n}{2} m\cos\Omega t\right) \qquad (6.5.74)$$

它表明,振荡频率 f 在中心频率 f_c 的基础上随调制信号成正比例变化,因而可获得线性调频。它的最大频偏为

$$\Delta f_m = m f_c \qquad (6.5.75)$$

调制灵敏度为

$$k_f = \Delta f_m / V_{\Omega m} = m f_c / V_{\Omega m} \qquad (6.5.76)$$

图 6.5.52(a)为某通信机中的变容二极管调频的实际电路,图 6.5.52(b)是高频等

效电路。它的基本电路是由晶体管 VT 与振荡回路组成的电容三点式振荡器。振荡回路由 L、C_2、C_3、C_5 和两个变容二极管 VD_1、VD_2 组成。变容管的偏置电压由 V_B 提供，调制信号电压 $v_\Omega(t)$ 经高频扼流圈 L_{p2} 加到变容管上，在未加调制电压前可通过调整 V_B 使振荡频率等于所需的载波频率。

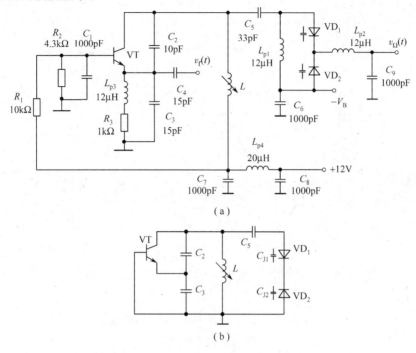

图 6.5.52　变容二极管直接调频实际电路
(a) 实际电路；(b) 高频等效电路。

　　该电路中用了两个变容二极管，并且同极性串联对接，串联后的总电容为 $(C_{J1} + C_{J2})/2 = C_J/2$，它又与 C_5 串联后接入振荡回路，所以，变容二极管对振荡回路是部分接入的。采用部分接入后，虽然变容二极管对回路总电容的控制能力比全接入时减弱了，会使最大频偏和调频灵敏度降低，但带来的好处是加到变容管上的高频电压降低了，从而可减弱高频电压对结电容的影响带来的寄生调制。另外，C_{JQ} 随温度和电源电压变化产生的频偏也将减小，这有利于提高调频波中心频率的稳定度。

　　2）晶体振荡器直接调频

　　晶体振荡器直接调频电路是由受调制信号控制的变容二极管直接改变石英晶体的振荡频率实现的。原理电路如图 6.5.53(a) 所示，其基本电路形式为并联型晶体振荡器（皮尔斯电路，Pierce）。变容管与晶体串联后改变了晶体原有的串联谐振频率，使其由 f_q 提高到 f_q'，如图 6.5.53(b) 中实线所示。当变容管的电容 C_J 随调制信号变化时，f_q' 也跟着变化，从而实现调频。但由于晶体的串联谐振频率 f_q 与并联谐振频率 f_p 本身就靠得很近，串接变容管后 f_q' 与 f_p 靠得更近，而振荡频率只能在 f_q' 与 f_p 之间改变，所以调频的频偏很小。通常情况下相对频偏仅为 0.01% 左右，但中心频率稳定度较高。

　　图 6.5.54(a) 是晶体振荡器直接调频电路的一个实际电路，它在 100MHz 无线话筒中作发射机使用。图中，VT_2 接成并联型晶体振荡器电路，并由变容管实现直接调频。在

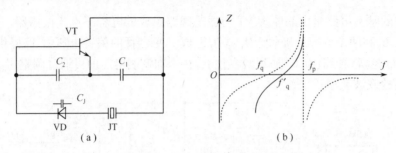

图 6.5.53　晶体振荡器直接调频原理电路

(a)原理电路;(b)晶体阻抗曲线。

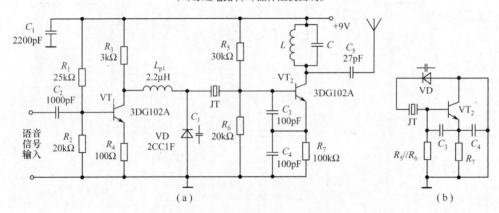

图 6.5.54　晶体振荡器直接调频的实际电路

(a)实际电路;(b)高频等效电路。

VT_2 集电极上连接的 LC 选频回路谐振在振荡频率的 3 次谐波上,完成 3 倍频功能,以提高发射频率。VT_1 管组成音频放大器,语音信号放大后经高频扼流圈 L_{p1} 加到变容管上,同时,VT_1 管集电极的直流电压也通过 L_{p1} 加到变容管上,作为变容管的偏置电压。

因为 LC 回路对振荡频率是失谐的,VT_2 集电极对振荡频率而言可视为交流零电位,故该电路是一个以 VT_2 为核心组成的并联型晶体振荡器电路。高频等效电路如图 6.5.54(b)所示。

3) 压控振荡器直接调频

有一些集成压控振荡器可以产生方波和三角波(如 LM566/LM566C 等),且方波或三角波的重复频率是输入控制电压的线性函数,故用这类器件可以直接产生调频方波或调频三角波。为了得到调频正弦波,必须对调频方波或调频三角波加以处理。以下讨论如何从调频方波中得到调频正弦波的问题。

将图 6.5.55(b)所示的方波载波用双向开关函数表示为

$$v_c(t) = V_m s(\omega_c t)$$

则调频方波可表示为

$$v_f(t) = V_m s(\omega_c t + m_f \sin\Omega t)$$

令

$$\tau = t + (m_f/\omega_c)\sin\Omega t$$

于是 $v_f(t)$ 可以改写为

$$v_{\mathrm{f}}(t) = V_{\mathrm{m}}s(\omega_{\mathrm{c}}\tau) = \frac{4}{\pi}V_{\mathrm{m}}\cos\omega_{\mathrm{c}}\tau - \frac{4}{3\pi}V_{\mathrm{m}}\cos3\omega_{\mathrm{c}}\tau +$$

$$\frac{4}{5\pi}V_{\mathrm{m}}\cos5\omega_{\mathrm{c}}\tau + \cdots$$

即调频方波信号的傅里叶级数展开式为

$$v_{\mathrm{f}}(t) = \frac{4}{\pi}V_{\mathrm{m}}\cos(\omega_{\mathrm{c}}t + m_{\mathrm{f}}\sin\Omega t)$$

$$- \frac{4}{3\pi}V_{\mathrm{m}}\cos(3\omega_{\mathrm{c}}t + 3m_{\mathrm{f}}\sin\Omega t)$$

$$+ \frac{4}{5\pi}V_{\mathrm{m}}\cos(5\omega_{\mathrm{c}}t + 5m_{\mathrm{f}}\sin\Omega t) + \cdots$$

$$(6.5.77)$$

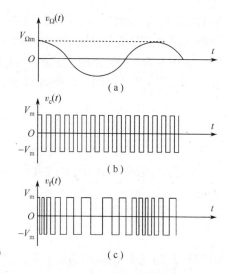

图 6.5.55　调频方波信号
(a)调制信号；(b)方波载波信号；
(c)方波调频信号。

式(6.5.77)表明,单音调制的调频方波可以分解为无数个调频正弦波之和,调频正弦波的载波角频率分别为 ω_{c} 及其奇数倍,相应的调制指数也为 m_{f} 及其奇数倍。因此,可以用中心频率为 $n\omega_{\mathrm{c}}$ 的带通滤波器取出其中的 n 次谐波的调频正弦波。但由式(6.5.77)可知,载波角频率越高的调频波,调制指数越大,占有的带宽也越宽。因此,为了使取出的调频正弦波不失真,除了要求带通滤波器的带宽要大于所取调频波的带宽外,还要保证相邻两个调频波的有效频谱不重叠,即应满足

$$f_{\mathrm{c}} > (\mathrm{BW}_n + \mathrm{BW}_{n+2})/4$$

式中:BW_n 和 BW_{n+2} 分别表示调频方波中的 n 次和 $n+2$ 次谐波分量所占据的带宽。

2. 间接调频电路

间接调频就是利用调相的方法来实现调频,通常它采用高频率稳定度的晶体振荡器作主振级,产生载频,然后在后级再对稳定的载频信号进行调相,这样可以获得中心频率很稳定的调频信号。原理框图如图 6.5.56 所示。

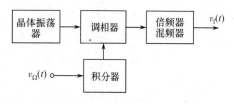

图 6.5.56　间接调频原理框图

间接调频的关键是调相器,而线性调相是获得线性调频的基础。实现线性调相时,要求最大瞬时相偏 m_{p} 不能大于 30°,因此线性调相的相位动态范围很窄,由此转换得到调频波的最大频偏 Δf_{m} 也就很小,这是间接调频的一个缺点。

因为间接调频不能直接获得较大的调频频偏,所以,通常它还需要连接相应的倍频器和混频器对调频信号进行频率变换,以便得到要求的中心频率和频偏。

1）变容二极管调相电路

图 6.5.57 是一个实用的变容二极管调相电路,其基本电路形式为一个由晶体管构成的高频放大器。图中,L、C 和 C_{J} 组成谐振回路,变容二极管 VD 所需的反向偏置电压由 V_{CC} 经电阻 R_1、R_2 分压后产生,调制信号电压 $v_{\Omega}(t)$ 经耦合电容 C_2 和高频扼流圈 L_{C2} 加到变

容管,当 $v_\Omega(t)$ 变化时,回路谐振频率随之发生变化,则频率固定的高频载波电流流过该谐振回路时产生失谐,因而可在回路两端得到高频调相信号电压输出。

在图 6.5.57 所示的电路中,若满足 $C \gg C_J$ 的条件,则由式(6.5.74)可知单谐振回路在调制电压 $v_\Omega(t)$ 作用下回路谐振频率的偏移量为

$$\Delta f(t) = \frac{n}{2} m f_c \cdot \cos\Omega t \qquad (6.5.78)$$

式中: f_c 为并联谐振回路的谐振频率。

因为在回路品质因数 Q 较高和小失谐条件下,回路电压和电流间的相位关系可以表示为

$$\Delta\varphi(t) = -\arctan Q \frac{2\Delta f(t)}{f_c} \qquad (6.5.79)$$

由图 6.5.58 并联谐振回路的相频特性可见,为了实现线性调相,应使 $|\Delta\varphi(t)| < \pi/6$,于是式(6.5.79)可以简化为

$$\Delta\varphi(t) \approx -Q \frac{2\Delta f(t)}{f_c} \qquad (6.5.80)$$

把式(6.5.78)代入式(6.5.80)得到

$$\Delta\varphi(t) \approx -Qnm\cos\Omega t \qquad (6.5.81)$$

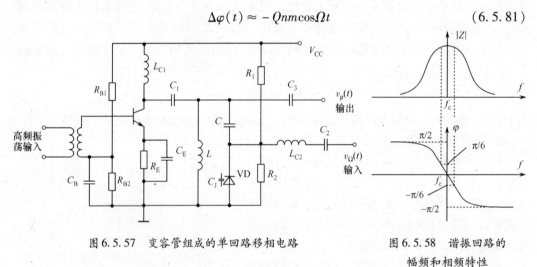

图 6.5.57　变容管组成的单回路移相电路　　　　图 6.5.58　谐振回路的
幅频和相频特性

式(6.5.81)表明,单谐振回路在满足 $|\Delta\varphi(t)| < \pi/6$ 的条件下,回路电压的相移与调制电压呈线性关系。所以,若把调制电压经积分后再加给变容管,回路输出电压的相移就与调制电压的积分呈线性关系,而瞬时频率则与调制电压呈线性关系,这样就实现了间接调频。

需要指出的是,正如上述那样,为了实现线性调频和减少寄生调幅,间接调频的频偏受到调相电路最大线性相移 $m_p < \pi/6$ 的限制,因此也限制了调频波的最大相移(即调制指数 m_f),亦即当调相电路确定后 m_f 就被限定。因为调频波的调制指数与 Ω 成反比,在 $V_{\Omega m}$ 一定时调制信号最低频率分量 Ω_{min} 对应的 m_f 最大,只有保证这个最大的 m_f 不超过调相电路的最大线性相移 m_p,才能实现线性调频。所以,间接调频电路所能提供的最大频

偏应在调制信号的最低频率上求得,即

$$\Delta f_{\mathrm{m}} = m_{\mathrm{p}} \Omega_{\mathrm{min}} / 2\pi \qquad (6.5.82)$$

例如,当调制信号频率范围为 100Hz ~ 15kHz,若采用单回路变容管调相电路时,最大频偏为 $100 \times \pi/6 = 52\,(\mathrm{Hz})$。所以,间接调频电路所能提供的频偏很小。

2) 矢量合成法调相电路

将调相波的表达式(6.5.62)展开可得

$$v_{\mathrm{p}}(t) = V_{\mathrm{pm}}\cos\big[\omega_{\mathrm{c}}t + k_{\mathrm{p}}v_{\Omega}(t)\big] = V_{\mathrm{pm}}\cos\omega_{\mathrm{c}}t\cos\big[k_{\mathrm{p}}v_{\Omega}(t)\big] - V_{\mathrm{pm}}\sin\omega_{\mathrm{c}}t\sin\big[k_{\mathrm{p}}v_{\Omega}(t)\big]$$

如果满足 $m_{\mathrm{p}} = k_{\mathrm{p}}V_{\Omega\mathrm{m}} \leqslant \pi/6$,则上式可近似表示为

$$v_{\mathrm{p}}(t) = V_{\mathrm{pm}}\cos\omega_{\mathrm{c}}t - V_{\mathrm{pm}} \cdot k_{\mathrm{p}}v_{\Omega}(t)\sin\omega_{\mathrm{c}}t \qquad (6.5.83)$$

式(6.5.83)说明,可以把调相波看成载波和 DSB 信号的叠加,或看成两个矢量的合成,如图 6.5.59 所示,所以这种方法称为矢量合成法,也称为阿姆斯特朗法(Armstrong)。该方法的优点是载频不受调制影响,载频稳定度较高,缺点是电路频偏小。

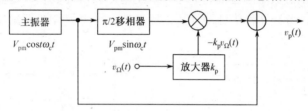

图 6.5.59　矢量合成法调相原理框图

图 6.5.60 所示为用阿姆斯特朗法实现的调频广播发射机原理框图。调制信号 $v_{\Omega}(t)$ 经积分器加到矢量合成法调相器,该调相器的 $m_{\mathrm{p}} \leqslant 0.5$。若 $v_{\Omega}(t)$ 的最低频率 $f_{\Omega\mathrm{min}} = 50\mathrm{Hz}$,则产生的频偏只有 $\Delta f_{\mathrm{m}} = m_{\mathrm{p}} f_{\Omega\mathrm{min}} = 25\mathrm{Hz}$,但调频广播要求的频偏为 76.8kHz,因此需要加倍频器。倍频不仅使频偏增加,而且也使载频提高。为了防止载频过高,可采用混频器降低载频,混频器只改变载频频率,不改变频偏。

信号经两次倍频一次混频后使总输出载频为 91.2MHz,频偏为 76.8kHz,最后经功放进行功率放大后从天线辐射出去。

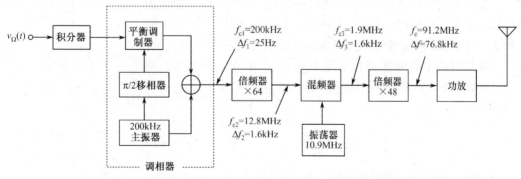

图 6.5.60　阿姆斯特朗型调频发射机原理框图

三、角度解调电路

在调角信号中,调制信号信息已包含在已调波瞬时频率的变化或瞬时相位的变化中,

解调的任务就是要把已调波瞬时频率的变化或瞬时相位的变化无失真地转换成电压的变化,实现频率—电压或相位—电压转换。能完成此功能的电路称为频率解调器或相位解调器,简称鉴频器或鉴相器。

1. 鉴频器

解调调频波除了直接采用锁相环路外,通常采用如图 6.5.61 所示的 4 种方法。图 6.5.61(a)中先用一定的电路把频率的变化转换成幅度的变化,即把调频波变成调频—调幅波后,再用包络检波器对幅度解调得到解调电压,这种鉴频器称为斜率鉴频器或振幅鉴频器。图 6.5.61(b)中是先把频率的变化转换成相位的变化,即把调频波变成调频—调相波后,再用相位检波器对相位解调得到解调电压,这种鉴频器称为相位鉴频器。图 6.5.61(c)中是把输入的 FM 信号移相 $\pi/2$ 生成与 FM 信号电压正交的参考电压,再将它与输入的 FM 信号相乘,相乘器的输出经低通滤波器滤波后即可恢复出调制信号,这种鉴频器称为乘积鉴频器。图 6.5.61(d)中则是把输入 FM 信号用一定的非线性网络变换为调频脉冲序列,再用低通滤波器得到平均分量或用计数器计数直接得到反映瞬时频率变化的解调电压,这种鉴频器称为脉冲计数式鉴频器。本书只介绍振幅鉴频器和乘积鉴频器两种。

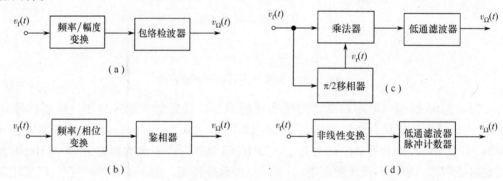

图 6.5.61 实现频率解调的 4 种方法

(a)振幅鉴频器;(b)相位鉴频器;(c)乘积鉴频器;(d)脉冲计数式鉴频器。

鉴频器的鉴频性能可用鉴频特性来衡量,鉴频特性是指输出电压 $v_{\Omega}(t)$ 与输入调频波频率之间的关系特性,曲线如图 6.5.62 所示。鉴频器的中心频率应等于输入 FM 信号的载频频率。

鉴频器的主要性能指标有鉴频跨导 g_d 和鉴频带宽 BW 两个。鉴频跨导(或称鉴频灵敏度)是指在中心频率 f_c 点处的斜率,即

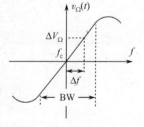

图 6.5.62 鉴频器的鉴频特性

$$g_d = \frac{\Delta V_{\Omega}}{\Delta f} \qquad (6.5.84)$$

它表示单位频移产生的输出电压大小,单位为 V/Hz。通常希望 g_d 要尽可能大。

鉴频带宽是指鉴频特性曲线近似直线对应的一段频率范围,用 BW 表示,如图 6.5.62 所示。为了防止产生解调失真,输入调频波的频率变化范围应在 BW 之内,应使 BW 大于 FM 信号最大频偏的两倍以上,即

$$BW \geqslant 2\Delta f_m \tag{6.5.85}$$

否则将产生鉴频失真。

1）振幅鉴频器

振幅鉴频器中较为常见的一种电路形式是失谐回路鉴频器。图 6.5.63(a)是最简单的失谐回路鉴频器,图中,L_1、C_1 和 R_1 组成单谐振回路,回路的固有谐振频率 f_o 不等于输入 FM 波的中心频率 f_c,故回路对输入 FM 波是失谐的,失谐回路可以实现从调频波到调频—调幅波的转换。VD、R_2 和 C_2 组成二极管包络检波器,完成幅度检波。

图 6.5.63(b)是解调单频调频信号的工作原理示意图。因为调频波中心频率 f_c 处于回路幅频特性近似直线段中点,若输入 FM 信号瞬时频率按正弦规律变化,则回路两端的电压幅度近似按正弦规律变化,于是得到调频—调幅波 $v_{fa}(t)$。该电压经包络检波后得到解调所需的电压。

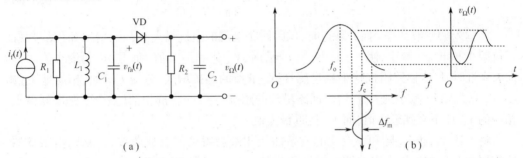

(a)　　　　　　　　　　　　　　　　(b)

图 6.5.63　单失谐回路鉴频器

(a)单失谐回路鉴频器;(b)工作原理。

单失谐回路鉴频器的幅频特性线性范围较窄,故线性度和鉴频跨导都不理想,鉴频带宽也较窄,所以在实际中常采用双失谐回路鉴频器。

双失谐回路鉴频器如图 6.5.64(a)所示,它是两个单失谐回路鉴频器的组合。两个谐振回路的固有谐振频率 f_{o1}、f_{o2} 分别位于输入 FM 信号中心频率 f_c 的两侧,且与 f_c 之间的失谐量应相等,即 $\Delta f = f_{o1} - f_c = f_c - f_{o2}$,两个包络检波器的检波系数 K_d 也要相等。

图 6.5.64(b)所示为双失谐回路鉴频器的工作原理波形示意图,输出总电压为两个单失谐回路解调电压相减后的值,可见其鉴频灵敏度要比单失谐回路鉴频器提高一倍。

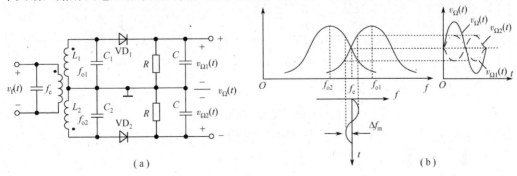

(a)　　　　　　　　　　　　　　　　(b)

图 6.5.64　双失谐回路鉴频器

(a)双失谐回路鉴频器;(b)工作原理示意。

在集成电路中,常采用差分峰值振幅鉴频器。图 6.5.65(a)是在电视接收机的伴音信号处理芯片 D7176AP、TA7243P 中采用的差分峰值振幅鉴频器的一种电路形式。图中,L_1 和 C_1、C_2 是为实现频幅转换的线性网络,它将输入的调频波电压 $v_f(t)$ 转换为两个幅度按瞬时频率变化的调频波电压 $v_1(t)$ 和 $v_2(t)$,$v_1(t)$ 和 $v_2(t)$ 分别通过射极跟随器 VT_1 和 VT_2 加到三极管发射极包络检波器 VT_3 和 VT_4 上,检波器输出的解调电压由差分放大器 VT_5 和 VT_6 放大后作为鉴频器的输出电压 v_o,显然,v_o 与 $v_1(t)$ 和 $v_2(t)$ 的振幅之差($V_{1m} - V_{2m}$)成正比。

图 6.5.65(b)示出了 L_1、C_1、C_2 网络的频率特性,即 V_{1m} 和 V_{2m} 随频率变化的特性曲线。图中,f_1 为 L_1C_1 回路的并联谐振频率,f_2 为 L_1C_1 回路和 C_2 组成的并联、串联回路的谐振频率,它们分别为

$$f_1 = \frac{1}{2\pi \sqrt{L_1 C_1}} \quad 和 \quad f_2 = \frac{1}{2\pi \sqrt{L_1(C_1 + C_2)}} \tag{6.5.86}$$

当输入调频波频率 f 向 f_1 靠近时,L_1C_1 回路呈现的阻抗增大,故 V_{1m} 增加,而 C_2 呈现的容抗减小和电流 i 减小,使 V_{2m} 减小,当 $f = f_1$ 时,V_{1m} 达到最大值,而 V_{2m} 达到最小值。当 f 向 f_2 靠近时,L_1C_1 回路阻抗减小且呈感性,C_2 呈现的容抗增大,电流 i 增加,相应地 V_{1m} 减小,V_{2m} 增大,当 f 减小到 f_2 时,L_1C_1 回路呈现的感抗与 C_2 的容抗相消,整个电路串联谐振,相应的 V_{1m} 便下降到最小值,而 V_{2m} 接近最大值。

将上述 V_{1m} 和 V_{2m} 随频率变化的两条曲线相减后得到的合成曲线,再乘以由跟随器、检波器和差分放大器决定的增益常数就是所求的鉴频特性曲线,如图 6.5.65(b)所示。显然,调节 L_1C_1 和 C_2 可以改变鉴频特性曲线的形状,包括峰—峰间隔,中心频率,上、下曲线的对称性等。

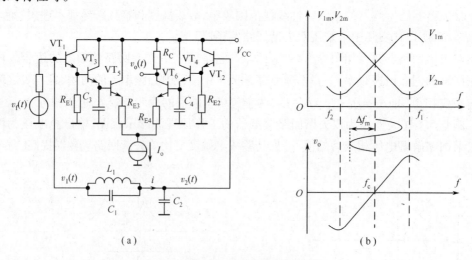

图 6.5.65 差分峰值振幅鉴频器
(a)电路;(b)鉴频特性。

2)乘积鉴频器

利用乘法器构成的鉴频器称为乘积鉴频器,其原理框图如图 6.5.61(c)所示,它是由移相器、乘法器和低通滤波器组成的。乘法器的输入参考信号 $v_r(t)$ 与输入调频波 $v_f(t)$

在载频频率上有固定的90°相位差(因此,也称为正交鉴频器)。

为简单起见,设输入信号是一个单频调制的调频信号

$$v_f(t) = V_{fm}\cos(\omega_c t + m_f \sin\Omega t)$$

经移相电路对载频产生90°固定相移、对边频产生时间延迟 τ 后,得到参考信号为

$$v_r(t) = V_{rm}\cos\left[\omega_c t + \frac{\pi}{2} + m_f \sin\Omega(t-\tau)\right] = V_{rm}\sin\left[\omega_c t + m_f \sin\Omega(t-\tau)\right]$$

设相乘器相乘因子为 A_M,则相乘器输出电压为

$$A_M v_f(t) v_r(t) = A_M V_{fm} V_{rm}\cos\left[\omega_c t + m_f \sin\Omega t\right] \cdot \sin\left[\omega_c t + m_f \sin\Omega(t-\tau)\right]$$

$$= \frac{1}{2} A_M V_{fm} V_{rm}\sin\left\{ m_f\left[\sin\Omega(t-\tau) - \sin\Omega t\right]\right\}$$

$$+ \frac{1}{2} A_M V_{fm} V_{rm}\sin\left[2\omega_c t + m_f \sin\Omega(t-\tau) + m_f \sin\Omega t\right]$$

上式第二项为高频分量,可以被低通滤波器滤除,则输出电压为

$$v_\Omega(t) = \frac{1}{2} A_M V_{fm} V_{rm}\sin\left\{ m_f\left[\sin\Omega(t-\tau) - \sin\Omega t\right]\right\}$$

$$= \frac{1}{2} A_M V_{fm} V_{rm}\sin\left[2m_f \sin\frac{-\Omega\tau}{2}\cos\left(\Omega t - \frac{1}{2}\Omega\tau\right)\right]$$

通常,$\Omega\tau \ll 1$,则 $\sin(\Omega\tau/2) \approx \Omega\tau/2$,于是上式可表示为

$$v_\Omega(t) = -\frac{1}{2} A_M V_{fm} V_{rm}\sin\left[m_f\Omega\tau\cos\Omega\left(t - \frac{1}{2}\tau\right)\right] \quad (m_f\Omega\tau \ll 1)$$

$$\approx -\frac{1}{2} A_M V_{fm} V_{rm} m_f\Omega\tau\cos\Omega\left(t - \frac{1}{2}\tau\right) \tag{6.5.87}$$

$$= V_{\Omega m}\cos\Omega\left(t - \frac{1}{2}\tau\right)$$

可见,经乘积鉴频器解调后的输出电压与原调制电压相同,只是有一个经相移电路产生的附加相移 $\Omega\tau/2$。

乘积鉴频器的核心部件是乘法器,它便于集成化,故乘积鉴频器在集成电路调频接收机中被广泛采用。

2. 鉴相器

鉴相器即相位解调器,又称为相位检波器,它的任务是把已调波瞬时相位的变化无失真地转换为相应的电压变化,完成相位解调。鉴相器通常有相乘型和叠加型两种类型,原理框图如图 6.5.66 所示。其中,相乘型鉴相器在结构上与同步检波器相同。

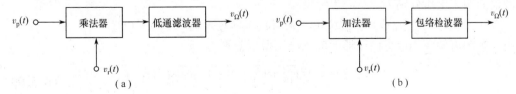

图 6.5.66　两种类型鉴相器

(a)相乘型;(b)叠加型。

1）相乘型

若在图 6.5.66(a)所示的模型中输入调相信号 $v_p(t) = V_{pm}\cos[\omega_c t + \varphi(t)]$，其中，$\varphi(t) = k_p v_\Omega(t)$。参考信号 $v_r(t)$ 为同频正交载波，$v_r(t) = V_{rm}\sin\omega_c t$。经乘法器相乘后的输出电压为

$$A_M v_p(t) v_r(t) = A_M V_{pm} V_{rm} \cos[\omega_c t + \varphi(t)]\cos(\omega_c t + \pi/2)$$

$$= \frac{1}{2} A_M V_{pm} V_{rm}\cos\left[\varphi(t) - \frac{\pi}{2}\right] + \frac{1}{2} A_M V_{pm} V_{rm}\cos\left[2\omega_c t + \varphi(t) + \frac{\pi}{2}\right]$$

经低通滤波器滤除高频分量后为

$$v_\Omega(t) = \frac{1}{2} A_M V_{pm} V_{rm}\cos\left[\varphi(t) - \frac{\pi}{2}\right] = \frac{1}{2} A_M V_{pm} V_{rm}\sin\varphi(t) \tag{6.5.88}$$

由式(6.5.88)可知，乘法型鉴相器具有正弦鉴相特性，它并非与相位 $\varphi(t)$ 呈线性关系。但如果 $\varphi(t)$ 较小，满足 $\varphi(t) \leqslant 30°$ 时，则式(6.5.88)可近似表示为

$$v_\Omega(t) = \frac{1}{2} A_M V_{pm} V_{rm}\sin\varphi(t) \approx \frac{1}{2} A_M V_{pm} V_{rm}\varphi(t) = k_d \cdot k_p \cdot v_\Omega(t) \tag{6.5.89}$$

即输出电压与输入瞬时相位呈线性关系，实现线性鉴相。式中，$k_d = k V_{pm} V_{rm}/2$ 称为鉴相灵敏度。

2）叠加型

图 6.5.67 是叠加型鉴相器的一种电路。图中二极管 VD_1 和 VD_2 与 R、C 分别构成两个包络检波器，它们在结构上完全对称，所以这种电路也称为平衡式叠加型鉴相器。

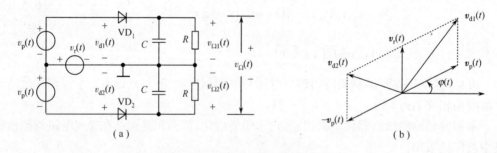

图 6.5.67　平衡式叠加型鉴相器
(a)电路；(b)矢量图。

设输入调相信号为 $v_p(t) = V_{pm}\cos[\omega_c t + \varphi(t)]$，其中，$\varphi(t) = k_p v_\Omega(t)$。参考信号 $v_r(t)$ 为同频正交载波，$v_r(t) = V_{rm}\cos(\omega_c t + \pi/2)$。则由图 6.5.67 可知，加到两个包络检波器的输入电压分别为

$$v_{d1}(t) = v_p(t) + v_r(t) \quad \text{和} \quad v_{d2}(t) = -v_p(t) + v_r(t)$$

由矢量图可知两个包络检波器的输入电压振幅分别为

$$V_{d1m}(t) = \sqrt{V_{pm}^2 + V_{rm}^2 + 2 V_{pm} V_{rm}\sin\varphi(t)}$$
$$\tag{6.5.90}$$
$$V_{d2m}(t) = \sqrt{V_{pm}^2 + V_{rm}^2 - 2 V_{pm} V_{rm}\sin\varphi(t)}$$

可见，包络检波器的输入电压振幅是随调相波的瞬时相位 $\varphi(t)$ 变化的，所以，$v_{d1}(t)$ 和

$v_{d2}(t)$ 是调相—调幅波。如果包络检波器的检波系数为 K_d，则它们的输出电压分别为 $v_{\Omega 1}(t) = K_d V_{d1m}(t)$ 和 $v_{\Omega 2}(t) = K_d V_{d2m}(t)$，鉴相器输出总电压为

$$v_{\Omega}(t) = v_{\Omega 1}(t) - v_{\Omega 2}(t) = K_d \left[V_{d1m}(t) - V_{d2m}(t) \right] \qquad (6.5.91)$$

叠加型鉴相器的鉴相性能与两个输入信号的幅度大小有关。当 $V_{rm} \gg V_{pm}$ 时，式 (6.5.90) 可表示为

$$V_{d1m}(t) \approx V_{rm} \left[1 + \frac{V_{pm}}{V_{rm}} \sin\varphi(t) \right]$$

$$V_{d2m}(t) \approx V_{rm} \left[1 - \frac{V_{pm}}{V_{rm}} \sin\varphi(t) \right] \qquad (6.5.92)$$

将该式代入式 (6.5.91) 得到输出电压为

$$v_{\Omega}(t) = 2K_d V_{pm} \sin\varphi(t) \qquad (6.5.93)$$

当 $V_{pm} \gg V_{rm}$ 时，同理可得到输出电压为

$$v_{\Omega}(t) = 2K_d V_{rm} \sin\varphi(t) \qquad (6.5.94)$$

由式 (6.5.93) 和式 (6.5.94) 可见，叠加型鉴相器的输出电压大小取决于振幅小的信号，而且也具有正弦鉴相特性，线性范围约为 $|\varphi(t)| \leqslant 30°$。线性鉴相输出电压为

$$v_{\Omega}(t) = 2K_d V_{rm} \varphi(t) = 2K_d V_{rm} k_p v_{\Omega}(t) = k_d k_p v_{\Omega}(t) \qquad (6.5.95)$$

式中：k_d 为鉴相灵敏度。

当 $V_{pm} = V_{rm}$ 时，式 (6.5.90) 可表示为

$$V_{d1m}(t) = \sqrt{2} V_{pm} \sqrt{1 + \sin\varphi(t)}$$

$$V_{d2m}(t) = \sqrt{2} V_{pm} \sqrt{1 - \sin\varphi(t)} \qquad (6.5.96)$$

将其代入式 (6.5.91) 并化简后得到输出电压为

$$v_{\Omega}(t) = 2\sqrt{2} K_d V_{pm} \sin\frac{\varphi(t)}{2} \qquad (6.5.97)$$

可见，当满足 $|\varphi(t)/2| \leqslant 30°$，即 $|\varphi(t)| \leqslant 60°$ 时具有线性鉴相特性，此时输出电压为

$$v_{\Omega}(t) = \sqrt{2} K_d V_{pm} \varphi(t) = \sqrt{2} K_d V_{pm} \cdot k_p v_{\Omega}(t) = k_d \cdot k_p v_{\Omega}(t) \qquad (6.5.98)$$

将 $V_{pm} = V_{rm}$ 与 $V_{pm} \ll V_{rm}$、$V_{pm} \gg V_{rm}$ 两种情况相比较可知，$V_{pm} = V_{rm}$ 时鉴相器的线性范围将扩展一倍，因此，在平衡式叠加型鉴相器的实际应用中常将参考电压振幅 V_{rm} 调整到与输入调相波振幅 V_{pm} 接近相等。

利用鉴相器可以组成相位鉴频器，只要在鉴相器前连接一个频率—相位转换网络，如互感耦合回路即可。有关频率—相位的转换原理此处不再讨论，读者可参考其它相关书籍。

四、调频制的特殊电路

1. 改善信噪比与预加重/去加重电路

理论证明，调频解调器输出的噪声电压是随着调制频率的升高而增大的，调制频率范

围越宽,输出噪声就越大。即调频制的噪声电压谱与频率间呈线性关系,如图 6.5.68 所示。

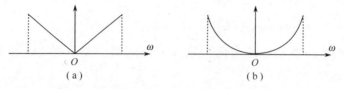

图 6.5.68　调频解调器的输出噪声频谱

(a)噪声电压谱;(b)噪声功率谱。

对于调制信号而言,通常是频率低端集中的能量大,频率高端能量小(如话音信号),这恰好与调频噪声谱相反。所以,如果直接用调制信号去调制,可能会使频率高端信噪比下降到不能容忍的程度。为了改善信噪比,需要在发送端采取预加重措施,而在接收端采取去加重措施。

预加重(Pre-emphasis)也称为频率响应预矫,它是在调制前人为地改变调制信号,使信号的高频端能量得到提升,以提高高频端信噪比。因为经过预加重的调制信号产生了失真,所以在接收端要采取相反的过程,重新恢复原调制信号中各频率分量信号之间的比例关系。这个过程称为去加重(De-emphasis)。

预加重和去加重电路及其频率特性分别如图 6.5.69(a)、(b)所示。它们的传输特性分别为

$$A(j\omega) = K\frac{1 + j\omega/\omega_1}{1 + j\omega/\omega_2} \approx K(1 + j\omega/\omega_1) \qquad (6.5.99)$$

$$A(j\omega) = \frac{1}{1 + j\omega/\omega_1} \qquad (6.5.100)$$

式中:$\omega_1 = 1/R_1 C$ 为需要加重的下限角频率,典型值是 $1/50\mu s$;$\omega_2 = 1/R_2 C$ 为需要传输信号的最高角频率;$K = R_2/(R_1 + R_2)$ 为比例常数。

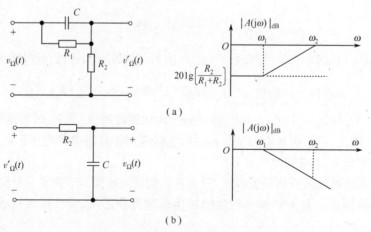

图 6.5.69　预加重和去加重电路及其特性

(a)预加重电路和频率特性;(b)去加重电路和频率特性。

由式(6.5.99)、式(6.5.100)和图6.5.69可知,经预加重电路和去加重电路后,在 $\omega < \omega_2$ 频率范围内,总传输函数的幅值近似等于常数 K,这正是不使信号产生失真所需的条件。

2. 门限效应与净噪电路

当鉴频器输入端的信噪比较高时,鉴频器能够输出可用信号。但当输入信噪比低于某个数值时,鉴频输出信噪比将恶化,严重时有用信号完全被噪声淹没,从而无法完成调频信号的接收。因此,鉴频器存在一个输入信噪比门限值,当输入信噪比低于这个门限值所发生的现象称为调频信号解调的门限效应。

净噪电路的作用是在当鉴频器输入端无信号或弱信号,使输入端信噪比低于门限值,导致输出信噪比下降时抑制输出端噪声。

常用的净噪方式是用净噪电路去控制连接于鉴频器后的低频放大器,利用鉴频器输出大噪声时的特点控制低频放大器,在需要净噪时使其停止工作,从而达到净噪目的。图6.5.70是净噪电路与鉴频器和低频放大器的两种连接方式。

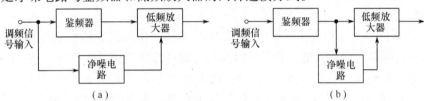

图 6.5.70　净噪电路与鉴频器的连接

3. 寄生调幅与限幅电路

理想调频信号的振幅应当是恒定不变的(等幅波)。但在实际中,由于受到发射机性能不完善、或者接收机性能不完善以及噪声和干扰的影响,加到鉴频器输入端的调频信号振幅总是产生变化的,这种振幅的变化称为寄生调幅(Parasitic Amplitude Modulation)。存在寄生调幅的调频波经解调后的输出信号是失真的信号。

为了减小寄生调幅对信号失真的影响,除了针对寄生调幅产生的原因采取相应措施减小寄生调幅,或采用具有抑制寄生调幅的比例鉴频器来解调外,常用的方法是在鉴频器前加限幅电路削弱寄生调幅,即将存在寄生调幅的调频波经限幅电路削波后再送给鉴频器解调,从而构成限幅鉴频器,如图6.5.71所示。图6.5.72是几种常用限幅电路。

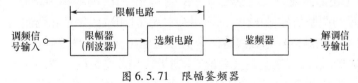

图 6.5.71　限幅鉴频器

其中,图6.5.72(a)所示电路是二极管限幅器,它是利用二极管导通时其正向导通电压 V_D 基本不变的原理构成的。该电路的限幅电平为 $\pm V_D$。图6.5.72(b)所示电路是三极管限幅器,电路形式似小信号单调谐放大器,但它工作在非线性状态,利用三极管的饱和和截止进行限幅。此电路的静态工作点电流通常较小,目的是使输入信号较小时就能进行限幅。图6.5.72(c)所示电路是差分对管限幅电路,对差分放大器传输特性的分析已知,当输入信号足够大时差分对管交替导通,输出电流具有良好的限幅作用。

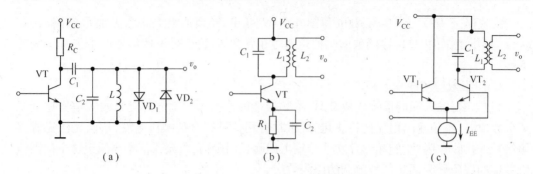

图 6.5.72　三种常用限幅电路

(a)二极管限幅电路;(b)三极管限幅电路;(c)差分放大器限幅电路。

上述 3 种限幅电路均接有选频网络,目的是从被削波的调频信号中选频得到幅度恒定的调频信号。

小结

1. 用调制信号去控制载波的幅度,使载波的幅度变化随调制信号成正比地变化,这一过程称为振幅调制。从频谱上看是把调制信号谱线性搬移到载频两边。经过振幅调制后的载波称为调幅波。根据频谱结构不同,调幅波可分为 AM、DSB、SSB 和 VSB,它们的数学表达式、波形图、频谱图、功率分配及信号带宽等各有区别,相应的解调方式也有所不同。

2. 普通调幅波(AM)可利用模拟乘法器和加法器实现,抑制载波的双边带信号(DSB)可以采用模拟乘法器或二极管平衡电路、二极管环形电路实现。用滤波法或移相法可以从 DSB 信号得到单边带信号(SSB),使用残留边带滤波器可以从 AM 波得到 VSB信号。

3. 解调是调制的逆过程,对振幅调制信号的解调称为检波,其任务是从调幅波中恢复出调制信号,从频谱上看就是把边带搬移到零频。包络检波器用于解调包络与信息一致的已调信号,如 AM 波。对于包络检波器要选择合适的电路参数,避免失真。对于抑制载波的调幅波例如 DSB 和 SSB,要用同步检波器解调,同步检波的关键是要有一个与原载波同频同相的参考信号。集成电路中多用模拟乘法器构成同步检波器。

4. 调频和调相都体现为载波总相角随调制信号变化,故统称为调角。在调频波中,瞬时频率变化量和调制信号成正比,在调相波中,瞬时相位变化量和调制信号成正比。

5. 调角波不是调制信号和载波这两个信号简单相乘的结果,频域上也不是线性频谱搬移,而是频谱的非线性变换。最大频偏、调制指数和带宽是调角波的 3 个重要参数。要注意区分频偏和带宽两个不同概念,区分频偏和相偏与其它参数的不同关系。

6. 直接调频可以获得较大的线性频偏,但载频稳定度差。间接调频线性频偏小,但载频稳定度较高。采用晶振、多级单元电路级联、倍频和混频等措施可以解决这些矛盾。

7. 对调频波的解调称为鉴频,对调相波的解调称为鉴相,完成相应功能的电路分别称为鉴频器和鉴相器。鉴频和鉴相可以互相应用,即可以用鉴频的方法实现鉴相,也可以用鉴相的方法实现鉴频。斜率鉴频器和乘积鉴频器是两种主要鉴频方式,其中乘积鉴频器容易集成,且易于调谐、线性度好,得到广泛应用。

复习思考题

1. 什么是调制信号？什么是载波信号？什么叫调制？为何要采用调制？

2. 调幅波有哪些基本性质？试从表达式、频谱、功率分配和信号带宽这几方面对 4 种调幅波加以比较。

3. 乘法器调幅电路和二极管调幅电路的基本原理是什么？逐级调制方法主要解决什么问题？残留边带滤波器的滤波特性需要满足什么条件？

4. 包络检波器和同步检波器分别可以解调何种信号？如何检验包络检波器中存在的惰性失真和切割失真？如何产生同步检波器所需的参考信号？

5. 调角波有何特点？与调幅波相比有何优缺点？调频波和调相波有何异同？

6. 什么是调角波的最大频偏、最大相偏和调制指数？调相波与调频波相比,这些参数有何不同？

7. 直接调频和间接调频这两种调制方法各有何优缺点？

8. 解调调频波有哪几种方法？失谐回路鉴频器中的失谐回路起何种作用？如何分析它的鉴频特性？

9. 试总结模拟乘法器在频谱变换电路中的应用形式。

10. 在相乘型和叠加型两种鉴相器中,为了实现线性鉴相特性,对输入调相波的瞬时相位变化范围有何要求？

11. 试说明预加重、去加重,净噪电路和限幅电路在调频制中存在的必要性。

6.6 混频电路

在接收机中,采用调谐放大器来选择和放大接收到的信号时,增益、带宽和选择性这 3 个指标是互相矛盾的,往往不能兼顾,这就会使接收机带来在整个波段内性能不均匀、工作不稳定等问题。为了克服这个问题,在接收机中广泛采用混频器(Mixer)。

混频器也叫做变频器(Converter),它的主要作用是将已调信号的载频 f_c 变换为固定的中频 f_I,并保持信号的频谱结构不变。即它是将信号频谱自载频 f_c 线性搬移到中频 f_I 上。所以,混频器也是线性频谱搬移电路,它与调制器、解调器一样同属于频率变换电路。

图 6.6.1 是混频电路的组成框图。在接收机中,输入信号 v_s 为载波频率等于 f_c 的已调波,另一个输入信号为高频等幅正弦振荡波,称为本振信号,频率为 f_o,这两个信号一起

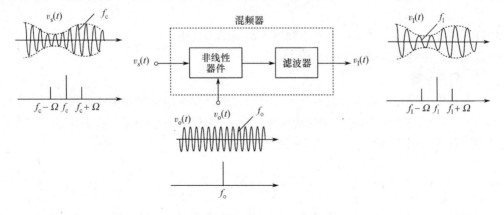

图 6.6.1 混频器的频率变换作用

加到非线性器件上,在输出信号中就会出现f_c和f_o的和频、差频及其组合频率分量,用滤波器选取其中一个频率分量f_1,称为中频,$f_1 = f_o \pm f_c$(或其谐波的和频、差频)。可见,混频器对频率起到加/减法的作用。

根据f_1与f_c和f_o的关系,输出中频频率取和频时为$f_1 = f_o + f_c$,输出中频频率取差频时为$f_1 = f_o - f_c$或$f_1 = f_c - f_o$,当$f_o > f_c$时称为超外差(Superheterodyne)。工程上将$f_1 < f_c$时称为向下变频(Down-Conversion),它通常在接收机中使用,此时混频器输出低中频;当$f_1 > f_c$时称为向上变频(Up-Conversion),它通常在发射机中使用,此时混频器输出高中频。虽然输出高中频时比输入信号的载频还要高,但习惯上仍称其为中频。依据接收信号频率范围不同,常见的中频频率有调幅收音机的465kHz、调频收音机的10.7MHz、电视接收机的38MHz和微波信号接收机的70MHz或140MHz等。

混频器是超外差接收机中的关键部件,例如在广播接收机中,将接收到的调幅波变换为465kHz中频,把接收到的调频波变换为10.7MHz中频。由于中频是固定的,且载频降低了,因此,设计和制作增益高、选择性好且工作稳定的中频放大器就比较容易。同时,因高放和中放电路的工作频率不同,不易产生自激,故可使整机工作稳定,性能得到较大改善。此外,混频器也是发射机和许多其它电子设备、测量仪器的重要组成部分。

6.6.1 混频器的主要性能指标

混频器的主要性能指标有变频(混频)增益(电压或功率)、选择性、噪声系数、变频干扰和隔离度等。

一、变频增益

变频增益用来衡量混频器将输入高频信号转化为输出中频信号的能力。变频电压增益是指输出中频电压振幅与输入高频电压振幅之比,即

$$A_{vc} = \frac{V_{Im}}{V_{sm}} \tag{6.6.1}$$

以分贝表示的变频功率增益为

$$A_p = 10\lg \frac{P_I}{P_S} \quad (\text{dB}) \tag{6.6.2}$$

式中:P_I、P_S分别为输出中频信号功率和输入高频信号功率。

在接收机中通常希望变频增益要大。

二、噪声系数

混频器中的噪声主要来自混频器中的非线性器件和本地振荡器引入的噪声。由于混频器处于接收机的前端,因此它的噪声电平高低对整机有较大影响。混频器的噪声系数定义为高频输入端信噪比与中频输出端信噪比之比,即

$$F = 10\lg \frac{(S/N)_S}{(S/N)_I} \quad (\text{dB}) \tag{6.6.3}$$

在混频器的实际应用中通常采用正确选择非线性器件、合理设置工作点和选取合适的混频电路形式等措施来降低噪声。

三、混频干扰

在混频器输入端除了有用信号外,往往还存在着多个干扰信号,它们经混频后产生许多组合频率分量,其中,除了有用信号产生的中频分量外,还可能会有某些组合频率处于中频附近,对这些频率成分,中频滤波器无法将其滤除,它们将叠加在有用中频分量上一起输出,形成干扰。通常,将这些中频附近的组合频率分量形成的干扰统称为混频干扰。

四、隔离度

理想情况下,混频器各端口是互相隔离的,任一端口上的功率不会泄漏到其它端口,但实际上总有极少量功率在各端口之间泄漏。隔离度就是衡量这种泄漏功率大小的一个指标,它定义为本端口功率与泄漏到另一端口的功率之比,常以分贝表示。

在接收机中,通常加在本振端口的功率较大,若它泄漏到输入信号端口,就可能通过输入回路加到天线,产生本振功率的反向辐射,干扰其它接收机。所以,在混频器中本振端口功率向输入端口泄漏的功率危害最大。

五、1dB 压缩电平

混频器的非线性失真程度用压缩电平表示。混频器对于输入已调小信号而言是线性的,在输入信号电平远小于本振信号电平时,混频器工作在线性状态,此时输出中频信号幅度随输入信号幅度的增加而线性增加。但当输入已调信号幅度增加到一定值时,输出中频信号幅度随输入信号幅度的增加速度变缓,不再呈线性关系,混频器进入饱和状态,从而产生非线性失真,如图 6.6.2 所示。

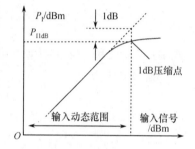

图 6.6.2　1dB 压缩电平示意图

为了表示混频器的非线性失真程度,用输出中频功率电平偏离(即低于)线性变化功率值 1dB 处的值表示,记为 P_{I1dB}。P_{I1dB} 所对应的输入信号功率是混频器动态范围的上限电平,而动态范围的下限电平则是由噪声系数确定的最小输入信号功率。

6.6.2　混频器电路

实际使用的混频器电路有二极管混频器、晶体管混频器和由模拟乘法器构成的乘积混频器。各种混频器各有优缺点,可视工作频率及使用要求采用不同的混频器。

一、二极管混频器

二极管混频器(Diode mixer)的结构类似于二极管调幅器和二极管同步检波器电路,都是利用二极管的非线性作用完成频率变换的作用,只是输入、输出信号不同。

二极管混频器有单管混频器、平衡混频器(Balanced Mixer)和环形混频器(Ring Mixer)3 种常见形式。其中环形混频器性能较好且有相应组件供应市场,故成为一种最常用的电路形式。以下对该电路形式加以分析。

图 6.6.3 是环形混频器的原理电路。图中,4 个二极管组成环路,各二极管的极性沿环路一致,故称为环形混频器(或称为双平衡混频器)。

设输入信号 $v_s(t) = V_{sm}\cos\omega_s t$,本振信号 $v_o(t) = V_{om}\cos\omega_o t$,且 $V_{om} \gg V_{sm}$,则二极管工作在受 $v_o(t)$ 控制的开关状态。在 $v_o(t)$ 的正半周,二极管 VD$_1$、VD$_2$ 导通,VD$_3$、VD$_4$ 截止,负载电流分量为 $(i_1 - i_2)$。在 $v_o(t)$ 的负半周,二极管 VD$_3$、VD$_4$ 导通,VD$_1$、VD$_2$ 截止,负载

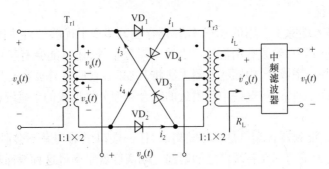

图 6.6.3　二极管环形混频器

电流分量为 $(i_3 - i_4)$。所以,总负载电流为

$$i_L = (i_1 - i_2) + (i_3 - i_4)$$

利用双平衡调幅器的分析结论直接得到

$$i_1 = \frac{v_o(t) + v_s(t)}{r_d + 2R_L} s_1(\omega_o t) \quad \text{和} \quad i_2 = \frac{v_o(t) - v_s(t)}{r_d + 2R_L} s_1(\omega_o t)$$

$$i_3 = -\frac{v_o(t) + v_s(t)}{r_d + 2R_L} s_2(\omega_o t) \quad \text{和} \quad i_4 = -\frac{v_o(t) - v_s(t)}{r_d + 2R_L} s_2(\omega_o t)$$

式中:$s_1(\omega_o t)$ 和 $s_2(\omega_o t)$ 为两个在时间上相差半个周期的开关函数。

输出电压为

$$v_o'(t) = \left[(i_1 - i_2) + (i_3 - i_4) \right] R_L$$

将式(6.5.34)和式(6.5.35)代入且当满足 $2R_L \gg r_d$ 的条件时,输出电压可以表示为

$$v_o'(t) = v_s(t) \left[s_1(\omega_o t) - s_2(\omega_o t) \right] = v_s(t) \left[\frac{4}{\pi} \cos \omega_o t - \frac{4}{3\pi} \cos 3\omega_o t + \cdots \right] \quad (6.6.4)$$

经中频滤波器后输出中频电压为

$$v_I(t) = \frac{2}{\pi} V_{sm} \cos(\omega_o - \omega_s) t = \frac{2}{\pi} V_{sm} \cos \omega_I t \quad (6.6.5)$$

二极管混频器的优点是电路简单、噪声低、组合频率分量少、工作频带宽。当采用肖特基表面势垒二极管作混频管时它的工作频率可以达到微波波段。目前,已有极宽工作频段的二极管环形混频器组件供应市场。这种组件除了用于混频器外,还广泛用于振幅调制与解调及相位检波等。二极管混频器的主要缺点是混频增益小于1。

二、晶体管混频器

1. 双极型晶体管混频器

图 6.6.4 是双极型晶体管的原理电路。图中,L_1、C_1 组成输入谐振回路,谐振频率等于输入信号的中心频率 f_s。L_2、C_2 组成输出谐振回路,它谐振于中频频率 $f_I = f_o - f_s$ 上。

设输入信号 $v_s(t) = V_{sm} \cos \omega_s t$,本振信号 $v_o(t) = V_{om} \cos \omega_o t$,且 $V_{om} \gg V_{sm}$,则对小信号 $v_s(t)$ 来说,晶体管工作在线性区,但工作点由 $E(t) = V_{BB} + v_o(t)$ 决定。称 $E(t)$ 为时变偏置电压,简称时变偏压。

根据图 6.5.2 和式(6.5.3)可得集电极电流为

$$i_c(t) = g_m(t) v_s(t) = V_{sm} (g_{mo} + g_{m1} \cos \omega_o t + g_{m2} \cos 2\omega_o t + \cdots) \cos \omega_s t$$

中频电流分量为

$$i_1(t) = \frac{1}{2}V_{sm} \cdot g_{m1}\cos(\omega_o - \omega_s)t = \frac{1}{2}V_{sm} \cdot g_{m1}\cos\omega_1 t = I_{Im}\cos\omega_1 t \qquad (6.6.6)$$

式中：$I_{Im} = V_{sm}g_{m1}/2$ 为中频电流振幅。

令

$$g_c = \frac{1}{2}g_{m1} \qquad (6.6.7)$$

为变频跨导，则中频电流振幅 $I_{Im} = g_c V_{sm}$。于是晶体管混频器可以用图 6.6.5 所示的中频等效电路等效。

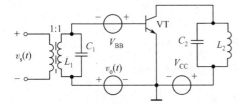

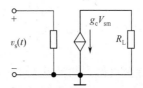

图 6.6.4　双极型晶体管混频器原理图　　　　图 6.6.5　晶体管混频器的中频等效电路

变频跨导是混频器的一个重要参数，它由时变偏压 $E(t)$ 和晶体管特性决定，而与输入信号大小无关。g_c 越大，输出的中频电流振幅也越大，表示混频器将 v_s 转换为中频电流的能力越强。

设混频器输出中频回路的谐振电阻为 R_L，则在忽略混频管输出电阻时的混频电压增益为

$$A_{vc} = \frac{V_{Im}}{V_{sm}} = -g_c R_L \qquad (6.6.8)$$

图 6.6.6 是某调幅通信机的混频电路。载频为 $1.7\text{MHz} \sim 6\text{MHz}$ 的调幅信号加到混频管基极，频率为 $2.165\text{MHz} \sim 6.465\text{MHz}$ 的本振信号加到混频管发射极，混频后输出中频为 465kHz。电阻 $R_1 \sim R_5$ 为管子偏置电阻，其中，R_2 为热敏电阻，它起温度补偿作用。R_6 用于改善管子非线性特性和扩大动态范围。R_7、C_9、C_{10} 为电源滤波电路。输入回路采用

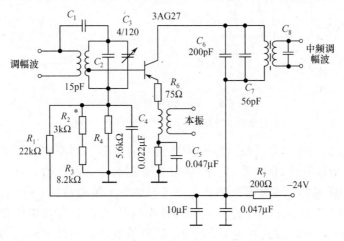

图 6.6.6　晶体管混频器的实际电路

互感和电容 C_1 的复合耦合方式,以提高整个波段内信号的平坦性。

　　2. 场效应管混频器

　　图 6.6.7 是用 JFET 组成的混频器原理电路。其中,输出端的 LC 谐振回路谐振在中频频率上。设输入信号为 $v_s(t) = V_{sm}\cos\omega_s t$,从栅极加入。本振信号为 $v_o(t) = V_{om}\cos\omega_o t$,从源极加入。则加在场效应管栅、源之间的总电压为

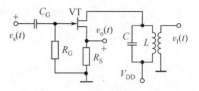

图 6.6.7　场效应管混频器原理图

$$v_{GS}(t) = V_{GSQ} + v_s(t) - v_o(t)$$

将其代入 JFET 饱和区的电流方程得到

$$i_D(t) = k[V_{GSQ} + v_s(t) - v_o(t) - V_P]^2$$

即

$$i_D(t) = k[V_{GSQ} + V_{sm}\cos\omega_s t - V_{om}\cos\omega_o t - V_P]^2$$

将其展开可得到漏极电流中的中频分量为

$$i_I(t) = -kV_{sm}V_{om}\cos(\omega_o - \omega_s)t = I_{Im}\cos\omega_I t$$

经 LC 回路选频后得到中频电压为

$$v_I(t) = i_I(t)R_L = R_L \cdot I_{Im}\cos\omega_I t \qquad (6.6.9)$$

　　图 6.6.8(a)是一种双栅 MOSFET 组成的混频器电路。双栅 MOS 管有两个栅极,一个加输入信号 $v_s(t)$,另一个加本振电压 $v_o(t)$。$R_1 \sim R_6$ 为偏置电阻,C_1、C_2 为旁路电容,输出中频滤波器采用双调谐耦合回路。

　　图 6.6.8(b)是双栅 MOS 管的等效电路,可见它相当于两个级联的场效应管。通常,偏置电压使 VT_A 工作在饱和区,而 VT_B 工作在非饱和区,v_{DSB} 受到 VT_A 管 $v_o(t)$ 的控制,从而实现混频功能。

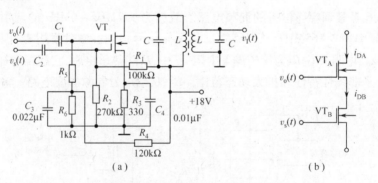

图 6.6.8　双栅 MOS 管混频器电路
(a)双栅 MOS 管混频器;(b)双栅 MOS 管等效电路。

　　在上述讨论的两种晶体管混频器中,BJT 晶体管混频器的主要优点是它具有较大的变频增益,通常可以达到 20dB 左右。当接收机采用晶体管混频器后可以减小后级中放的噪声影响。BJT 晶体管混频器的缺点是由于晶体管的转移特性为指数函数,故混频器的互调干扰较大。FET 混频器的优点是转移特性为平方律的,输出电流中的组合频率分量比 BJT 混频器少得多,故其互调失真较小,且 FET 混频器容许的输入信号动态范围也较大,故其在短波和超短波接收机中得到广泛应用。FET 混频器的缺点是变频增益不如

BJT 混频器高,大约只有 10dB 左右。

三、乘积混频器和集成混频器

因为两个信号相乘可以得到和频、差频分量,所以实现混频最直接的方法就是利用模拟乘法器。模拟乘法器构成的混频器输出电流频谱较为纯净,可减少对接收系统的干扰。另外它还具有体积小、易调整、稳定性好、混频增益和可靠性高等优点。

图 6.6.9 所示为用模拟乘法器 MC1596 构成的混频器电路。若该电路中输入信号的频率为 200MHz,本振信号频率为 209MHz,则电路输出的中频信号频率为 9MHz。

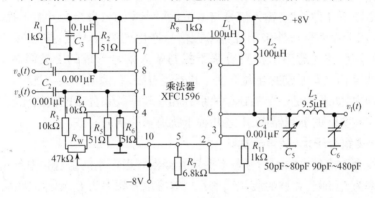

图 6.6.9　乘积混频器电路

图 6.6.10 所示为用 T0785 组成的高线性度集成混频器(上变频器)。芯片内部包含一个信号放大器、一个本振放大器、混频器和混频输出缓冲器。该电路可在 AMPS/GSM/CDMA 发射机、高性能无线数字通信系统中应用。T0785 混频器混频后的输出信号频率范围是 800MHz ~ 1000MHz(高中频),本振频率范围是 600MHz ~ 700MHz,输入信号频率范围是 30MHz ~ 400MHz,能提供 14dB 的变频增益。输入信号和本振信号既可以采用差分输入,也可以采用单端驱动形式。信号放大器、中频放大器和本振端口均在内部进行了匹配,无需外部匹配网络,减少了外部元件,使用十分方便。

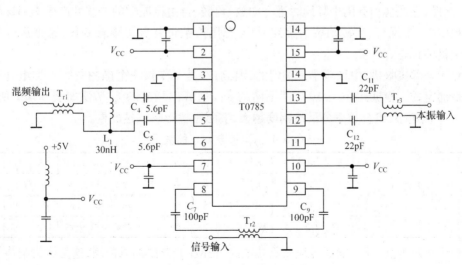

图 6.6.10　集成混频器电路例

6.6.3 混频干扰

混频器用于超外差接收机中,使接收机的性能得到改善,但同时又会给接收机带来某种干扰,这主要是因为混频器的输出除了由输入信号与本振信号混频得到的中频分量(即 $f_\text{o} - f_\text{s}$ 或 $f_\text{o} + f_\text{s}$,称为主通道)外,还有其它频率成分经混频器的非线性作用后产生另外一些中频分量输出(称为寄生通道)的缘故。

通常,将除了主通道(有用信号)以外的所有信号都称为干扰,统称为变频干扰。一般变频干扰由以下几种类型:输入信号与本振信号产生的自身组合频率干扰,称为第一类组合干扰(也叫干扰哨声);外来干扰与本振信号产生的组合干扰,称为第二类组合干扰(也叫副波道干扰、寄生通道干扰);外来干扰与输入信号形成的交叉调制干扰(交调干扰);外来干扰互相之间形成的互调干扰。此外还有阻塞、倒易混频干扰等。

在混频器中,如果满足一定的频率关系且相应频率关系分量的幅值比较大,就容易形成混频干扰。在实际的混频器中,上述几种干扰有可能同时存在。

一、第一类组合干扰(哨声干扰)

第一类组合干扰是由输入信号与本振信号经混频后产生的组合频率分量形成的。设输入信号频率为 f_s(即已调波的载频频率 f_c),本振信号频率为 f_o,则经混频后产生的组合频率分量为 $|\pm p f_\text{o} \pm q f_\text{s}|$,其中,$p,q = 1,2,3,\cdots$。当某些组合频率分量处在中频滤波器中心频率 f_I 附近时将被滤波器选取,从而形成干扰。若 $f_\text{I} = f_\text{o} - f_\text{s}$,则产生第一类组合干扰的频率关系是

$$f_\text{s} = \frac{p \pm 1}{q - p} f_\text{I} \tag{6.6.10}$$

式(6.6.10)表明,当中频频率 f_I 一定时,在接收到的信号频率满足该式时就会产生相应 p、q 值的组合干扰。例如,调幅收音机的中频频率为 465kHz,当接收到的信号频率为 $f_\text{s} = 931$kHz 时,本振频率 $f_\text{o} = 1396$kHz,此时,$p = 1$,$q = 2$ 对应的组合频率是 466kHz,接近中频,这样,它就会和有用中频同时进入中放、检波,再由检波器的非线性产生 1 kHz 的低频干扰(哨声干扰)。当转动调谐旋钮时(f_o 变化),哨声音调也跟着变化,这是区分其它类型干扰的标志。

对于一部接收机,中频频率是确定的,因此,在其工作频率范围内的第一类组合干扰点也是确定的。根据式(6.6.10),用不同的 p、q 值算出相应的 f_s/f_I 值如表 6.6.1 所列。显然,p、q 值越小,组合频率分量的幅度越大,实际干扰影响就越严重。

表 6.6.1 f_s/f_I 与 p、q 的关系

编号	1	2	3	4	5	6	7	8	9	10	11	12	13	14	15	16	17	18
p	0	1	1	2	1	2	3	1	2	4	4	1	2	3	4	1	2	3
q	1	2	3	4	4	4	4	5	5	5	5	6	6	6	6	7	7	7
f_s/f_I	1	2	1	3	2/3	3/2	4	1/2	1	2	5	2/5	3/4	4/3	5/2	1/3	3/5	1

对于哨声干扰,并不能通过提高前端电路选择性的方法加以抑制,这是因为哨声干扰与外来干扰无关。通常减少这种干扰的方法是正确选择中频数值,正确选择混频器的工作点和工作状态,以减少组合频率分量。另外,还要采用合理的电路形式,如环形电路和

乘法器等,尽可能在电路上抵消一些组合频率分量。

例如,调幅广播的频率范围为 535kHz～1605kHz,中频频率 465 kHz,则 $f_s/f_I = 1.15 \sim 3.45$,从表6.6.1可知,干扰点为2、4、6、14和15,其中,干扰点2最严重。若将中频频率改为200kHz,则 $f_s/f_I = 2.6 \sim 8.0$,干扰点变为4、7、11。可见,中频频率的变化不仅使干扰点的数目减少,而且最严重的干扰点位置也由2减轻为4。

二、第二类组合干扰

这是由外来干扰频率 f_n 与本振信号频率 f_o 经混频器的非线性作用后而形成的假中频。干扰频率 f_n 与本振信号频率 f_o 经混频后产生的组合频率分量为 $|\pm pf_o \pm qf_n|$,其中,p、$q = 1,2,3,\cdots$。如果某些组合频率分量处在中频滤波器中心频率 f_I 附近就会形成干扰。因此,产生第二类组合干扰的频率关系是 $pf_o - qf_n = f_I$,即

$$f_n = \frac{p \pm 1}{q}f_I + \frac{p}{q}f_s = \frac{p}{q}f_o \pm \frac{1}{q}f_I \qquad (6.6.11)$$

因此,凡是满足式(6.6.11)的串台频率 f_n 都可能造成干扰。根据不同的 p、q 组合,第二类组合干扰又分为中频干扰、镜像干扰以及其它副波道干扰。

1. 中频干扰

在式(6.6.11)中,当 $p = 0, q = 1$ 时,$f_n = f_I$,此时,如果混频器前级电路的选择性不好,则该干扰频率将进入混频器输入端,并顺利地通过后级电路,最终在输出端形成强干扰,这种干扰称为中频干扰。可见,中频干扰相当于表6.6.1中的一个1阶的强干扰。

对于一部接收机而言,中频频率是确定的,因此中频干扰也是确定的。例如,在收音机中,干扰声不会随着调谐不同的电台而变化,这时区别其它类型干扰的标志。

抑制中频干扰,主要方法是提高前端电路的选择性,以降低进入混频器输入端的中频干扰电平。图6.6.11是一种用于抑制中频干扰的陷波电路,它由 L_1、C_1 构成的串联谐振电路对中频干扰频率谐振,使 $f_n = 1/(2\pi\sqrt{L_1 C_1})$,可滤除天线收到的外来中频干扰信号。另外,合理选择中频频率,使其在工作波段之外,并采用高中频方式,也能有效抑制中频干扰。

2. 镜像干扰

在式(6.6.11)中,当 $p = 1, q = 1$ 时,输入信号频率 f_s 和干扰台频率 f_n 分别位于本振频率 f_o 两侧,并呈镜像关系,f_n 称为镜像频率,故这种干扰称为镜像干扰,如图6.6.12所示。

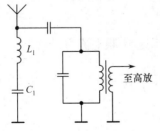

图 6.6.11　中频陷波电路

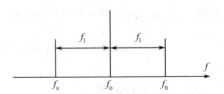

图 6.6.12　镜像干扰的频率关系示意图

例如,在收音机中,当接收到的信号频率为580kHz时,若有一个频率为1510kHz的信号也作用在混频器地输入端,则它将以镜像干扰的形式进入中放。因此可以同时听到两个信号声音,并且还可能出现哨叫声。

在一部接收机中，镜像干扰频率 f_n 是不固定的，它将随着信号频率 f_s 的变化而变化，这是与中频干扰的最大区别。

混频器对 f_s 和 f_n 的混频作用完全相同，它门都是取差频，所以，试图通过混频器自身对镜像干扰加以抑制是不行的。通常抑制镜像干扰的主要方法是提高混频器前端电路的选择性、提高中频频率、降低加到混频器输入端的镜像干扰电平。另外，采用高中频方式混频对抑制镜像干扰非常有利。

3. 组合副波道干扰

除了 $p=0$、$q=1$ 时形成的中频干扰和 $p=q=1$ 时形成的镜像干扰外，对于其它 p、q 组合频率形成的干扰统称为组合副波道干扰。例如，当 $p=q=2$ 时，$f_{n1}=f_o+f_I/2$，$f_{n2}=f_o-f_I/2$，当 $p=q=3$ 时，$f_{n3}=f_o+f_I/3$，$f_{n4}=f_o-f_I/3$。这类干扰的特点是它们对称地分布在 f_o 两侧，最严重的是 $p=q=2$ 情况时的 f_{n2}。如图 6.6.13 所示。

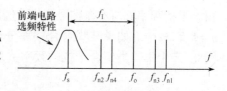

图 6.6.13 组合副波道干扰示意图

抑制组合副波道干扰的主要方法是提高前端电路的选择性。另外，选择合适的混频电路形式、合理设置混频管的工作状态对抑制组合副波道干扰也有一定作用。

三、交调干扰

交调干扰是由干扰频率 f_n 和信号频率 f_s 同时进入混频器，经混频器的非线性作用后产生的干扰，故交调干扰与本振信号无关。

设干扰电压 $v_n(t)=V_{nm}\cos\omega_n t$，有用信号 $v_s(t)=V_{sm}\cos\omega_s t$，混频管的电流方程为

$$i_c(t)=a_0+a_1[v_s(t)+v_n(t)]+a_2[v_s(t)+v_n(t)]^2+a_3[v_s(t)+v_n(t)]^3+\cdots$$

$$(6.6.12)$$

注意，这里 a_0、a_1、a_2 和 a_3 等系数都含有本振的各次谐波。式(6.6.12)中，$a_1v_s(t)$ 项产生的有用中频信号为

$$i_{Is}(t)=g_c V_{sm}\cos\omega_I t \qquad (6.6.13)$$

式(6.6.12)中的 $3a_3v_n^2v_s$ 项中产生的干扰信号为

$$i_{In}(t)=\frac{3}{4}a_{31}V_{nm}^2 V_{sm}\cos\omega_I t \qquad (6.6.14)$$

式(6.6.12)中的 $a_3=a_{30}+a_{31}\cos\omega_o t+a_{32}\cos2\omega_o t+\cdots$。则总中频电流为

$$i_I(t)=i_{Is}(t)+i_{In}(t)=\left(g_c+\frac{3}{4}a_{31}V_{nm}^2\right)V_{sm}\cos\omega_I t \qquad (6.6.15)$$

式中：$\frac{3}{4}a_{31}V_{nm}^2$ 项为被干扰调制项。

交调干扰的特点是当听到有用信号时，可同时听到信号台和干扰台的声音，而信号频率和干扰频率间无固定关系。当没有有用信号时，干扰也随之消失了，犹如干扰台的调制信号调制到信号的载频上一样。

交调干扰有可能与第一类、第二类组合干扰同时存在：

要克服交调干扰,一是提高前端电路的选择性,以降低干扰电平,二是选择合适的混频器件、设置合适的工作状态,尽可能减少组合频率分量。

四、互调干扰

当有两个或两个以上的干扰信号同时进入混频器时,则由混频管的非线性产生的近似为中频的组合频率分量就会落入中放的带宽之内形成干扰,这种干扰称为互调干扰(也称为互调失真)。

设干扰电压分别为 $v_{n1}(t)$ 和 $v_{n2}(t)$,则变频管的输出电流为

$$i_c(t) = a_0 + a_1[v_s(t) + v_{n1}(t) + v_{n2}(t)] + a_2[v_s(t) + v_{n1}(t) + v_{n2}(t)]^2 + \cdots$$

$$(6.6.16)$$

当 $|\pm m f_{n1} \pm n f_{n2}|$ 等于或接近于 f_1(或 f_s)时,将产生互调干扰(m、n 为任意自然数)。例如,当 $|f_{n1} \pm f_{n2}| = f_1$ 时,将在式(6.6.16)中的 $2a_{20} v_{n1}(t) v_{n2}(t)$ 项产生 f_1 干扰。当 $|f_{n1} \pm f_{n2}| = f_s$ 时,将在 $2a_{21} v_{n1}(t) v_{n2}(t) \cos\omega_0 t$ 项中产生 f_1 干扰。这时 $m + n = 2$,称为二阶互调干扰。

当两个干扰频率 f_{n1}、f_{n2} 很靠近有用信号频率时,$m=1$,$n=2$ 或 $m=2$,$n=1$ 的组合频率也必然靠近信号频率 f_s,再与 f_s 混频产生三阶互调干扰,它是由三次方中的 $3a_3 v_{n1}^2(t) v_{n2}(t)$ 或 $3a_3 v_{n1}(t) v_{n2}^2(t)$ 中产生的。当 $V_{n1} = V_{n2} = V_n$ 时,干扰的幅度与 V_n^3 成正比。又由于 f_{n1}、f_{n2} 都靠近 f_s,混频器前面滤波器无法将它们滤除,所以三阶互调干扰最为严重。

互调干扰有可能与交调干扰、第一类、第二类组合干扰同时存在。

互调干扰的大小主要决定于干扰信号的振幅和混频器的非线性。因此,要减少互调干扰,一方面要提高前端电路的选择性,以降低干扰电平,另一方面还要减少混频器高次方项的出现,如选择合适的电路和工作状态、选用乘法器或具有平方律特性的器件等。

五、阻塞和倒易混频

当强干扰信号与有用信号同时进入混频器时,强干扰会使混频器输出的有用信号幅度减小,严重时甚至小到无法接收,这种现象称为阻塞(干扰)。在仅有有用信号作用时,过强的有用信号也会出现振幅压缩情况,严重时出现阻塞。阻塞也是由混频器的非线性引起的,尤其是那些产生交调和互调的高阶产物,因此,减小互调干扰的那些措施也能用来减少阻塞干扰。

倒易混频是指当有强干扰信号进入混频器时,混频器的输出端噪声增大,信噪比下降的一种现象。产生倒易混频的原因是本振信号中的噪声与干扰信号进行混频,形成干扰噪声,这些噪声落入中频带宽内时就会降低输出信噪比。

既然倒易混频是由干扰信号和本振信号中的噪声经混频产生的,那么,抑制倒易混频的措施就是设法提高前端电路的选择性、减小进入混频器的干扰电平和提高本振信号的频谱纯度。

小结

1. 混频器是接收机的核心电路之一,它的主要功能是在保持调制信号类型和带宽不变的情况下将接收到的信号变成易于放大和选择的固定中频信号,从而可大大提高接收机的选择性、灵敏度和稳定性等性能指标。

2. 混频器的工作原理是利用非线性器件将已调波信号的频谱无失真地线性搬移到中频频率上,因此,混频器也是一种频率变换电路。

3. 晶体管和场效应管混频器电路比较简单,并有混频增益,但噪声较大。乘积混频器易于集成化和小型化,组合频率分量较少,有混频增益,但噪声也较大。二极管混频器电路简单,噪声小,适用于微波波段混频,但混频增益小于1。具体应用可选择适当的电路。

4. 混频干扰是混频电路的一个重要问题,在使用时要注意选择合适的电路并采取必要的措施,尽量减少混频干扰。

复习思考题

1. 混频器的主要功能是什么? 在接收机中为什么要采用混频器? 什么是高中频和低中频? 什么叫超外差?

2. 在超外差接收机中,经混频器混频后输出中频信号的频谱与输入已调信号的频谱相比有何变化?

3. 试比较二极管环形混频器、晶体管混频器和乘积混频器这3种混频器的主要优缺点。

4. 混频干扰是如何形成的? 试总结比较哨声干扰、镜像干扰、中频干扰、交调干扰和互调干扰的现象和特点以及减小这些干扰宜采取的措施。

5. 用中频频率为 0.5MHz 的超外差接收机接收某发射机发出的信号(除发射机发出的信号外再无其它信号),发现在 6.5MHz、7.25MHz 和 7.5MHz 这 3 个频率上都能收到对方信号,其中以 7.5MHz 信号最强,分析该接收机是如何收到这些信号的?

6.7   反馈控制电路

在通信系统或其它电子系统中,为了达到要求的性能指标或者为了满足某些特定的需要,广泛采用自动控制方式,于是就产生了各种反馈控制电路(Feedback Control Circuit)。

依据控制参量的不同,反馈控制电路通常可以分为3类,即自动增益控制电路(Automatic Gain Control,AGC)、自动频率控制电路(Automatic Frequency Control ,AFC)和自动相位控制电路(Automatic Phase Control ,APC)。其中,自动相位控制电路又称为锁相环路(Phase Locked Loop,PLL)。

本节将对上述3类反馈控制电路加以讨论。

6.7.1   反馈控制电路的基本原理

各种反馈控制电路,从原理上看都可以将其视为一个自动调节系统。图 6.7.1 是反

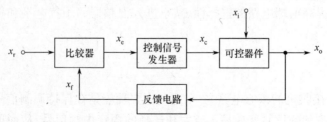

图 6.7.1   反馈控制电路组成

馈控制电路的组成框图,它由比较器、控制信号发生器、可控器件和反馈网络组成一个闭合环路。其中,x_r是参考信号,x_f是反馈信号,x_e是误差信号,x_c是控制信号,x_i是输入信号,x_o是输出信号。

误差信号是由参考信号和反馈信号经比较器比较得到的,它经过控制信号发生器后产生控制信号,对可控器件的某种特性进行控制。反馈电路从输出信号中提取需要作为比较的分量作为反馈信号送到比较器输入端。可见,可控器件根据误差信号对输出量不断进行调节,最后可使x_o与x_r间接近到所需的关系,控制电路进入稳定状态。

上述电路中,各信号的量纲并非一定完全相同,但参考信号x_r和反馈信号x_f的量纲是一定相同的。例如,若x_r和x_f均为电压和电流,则反馈控制电路构成一个电平控制电路;若x_r和x_f均为频率,则反馈控制电路是一个频率控制电路。

反馈控制电路通常有两种工作情况。第一种情况是x_r不变但x_i变化,则x_o将发生变化,从而会产生一个新的x_f和新的x_e,x_e使可控器件的特性发生变化,并使x_o向着原来相反的方向变化,这样经过不断循环,最终可使x_o趋于稳定。所以,这种情况可以使x_o最终稳定在预定的数值上。第二种情况是x_r变化,在这种情况下无论x_i有无变化,x_e和x_o都要发生变化,x_e控制可控器件特性,使x_o向着使x_e减小的方向变化,最终使x_o和x_r的变化趋于一致或实现某种规律。所以,第二种情况可以使x_o跟踪x_r变化。

6.7.2　自动增益控制电路

自动增益控制(AGC)电路是通信接收机中的一种重要辅助电路,它也是其它电子设备的主要辅助电路之一。由于它能将设备的输出电平保持在某一数值上,因此,它也称为自动电平控制(Automatic Level Control,ALC)电路。

一、基本原理

在接收机中,因受到发射机功率大小、收发距离的远近和电波传播衰落等影响,天线上感生的有用信号变化范围往往很大,微弱时可能只有几微伏甚至更小,而最强时可以达到几毫伏、几十毫伏甚至更大,强信号和弱信号可能相差几千倍至几万倍,这将会导致接收机在小信号时无法正常工作和强信号时出现阻塞。为了克服这一现象,接收机中通常要采用 AGC 电路,当接收到弱信号时,自动增大接收机的增益,接收到强信号时,自动减小接收机的增益,这样可使接收机的输出保持在适当的电平范围内,从而可以保证接收机正常工作。

图 6.7.2 是 AGC 电路的一般组成原理图。图中,比较器是一个电压比较器,反馈网络则由电平检测电路和直流放大器串联构成。电平检测电路的输出电压经适当放大后与

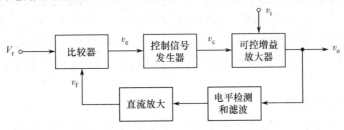

图 6.7.2　AGC 电路的组成

直流参考电平 V_r 比较到得到误差信号 v_e，经控制信号发生器后用 v_c 去控制可控增益放大器的增益大小。若输入信号 v_i 的幅度减小使 v_o 减小时，v_c 使可控增益放大器的增益 A_v 增加，反之则减小。通过环路的不断循环反馈，可使输出信号保持在一个较小范围内变化。若输入信号 v_i 的振幅为 V_{im}，可控增益放大器的增益是 v_c 的函数 $A_v(v_c)$，则输出电压振幅为

$$V_{om} = A_v(v_c) \cdot V_{im} \qquad (6.7.1)$$

图 6.7.3 是带有 AGC 电路的调幅接收机框图。图中，包络检波器前各级放大器(包括混频器)的增益是可控制的。控制电压由 AGC 检波和直流放大器放大后产生。当采用二极管检波器作为 AGC 检波器时，检波电路中串接一直流电压，称为门限电压(即参考电压) V_r，作为二极管的直流负偏压，当加到 AGC 检波器输入端的中频电压振幅大于 V_r 时，AGC 检波器才工作，输出相应的平均电压，否则 AGC 检波器的输出为 0。在要求上，AGC 检波器不同于包络检波器，接在其输出端的低通滤波器要求滤除反映包络变化的调制频率分量，仅取出反映输入载波电压振幅 V_{Im} 大小的直流分量，经直流放大器放大后作为增益控制电压。

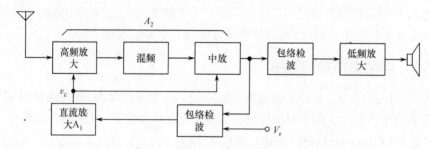

图 6.7.3 带有 AGC 电路的调幅接收机框图

设天线上感应的调幅信号载波振幅 V_{sm} 从最小值 $V_{sm,min}$ 变到最大值 $V_{sm,max}$，则在增益控制电压作用下检波前各级放大器总增益从最大值 A_{2max} 变到最小值 A_{2min}，这样，加到 AGC 检波器上的中频载波电压振幅的变化将大大减小。即从最小值 $V_{Im,min}$ 变到最大值 $V_{Im,max}$，它们之间的关系为

$$V_{Im,min} = A_{2max} V_{sm,min}, \qquad V_{Im,max} = A_{2min} V_{sm,max}$$

即

$$\frac{A_{2max}}{A_{2min}} = \frac{V_{sm,max}/V_{sm,min}}{V_{Im,max}/V_{Im,min}} \qquad (6.7.2)$$

式(6.7.2)说明，当 V_{sm} 的变化倍数一定时，若要求 V_{Im} 的变化倍数减小，则 A_2 的控制倍数就要增大。A_2 是由误差电压 v_c 控制的，v_c 又是由 V_{Im} 经 AGC 检波器和直流放大器产生的。因此，只有当 V_{Im} 的变化量($V_{Im,max} - V_{Im,min}$)产生的控制电压变化值($v_{c,max} - v_{c,min}$)能够使 A_2 具有式(6.7.2)求得的变化范围时，这个环路才能使 V_{Im} 的变化控制在所要求的范围内。

二、可控增益放大器

可控增益放大器在控制信号 v_c 的作用下改变增益，起到稳定输出电平的作用，因此，它是 AGC 电路的核心电路。可控增益放大器一般不单独属于 AGC 电路，它通常与其它

电路共用。例如在接收机中,接收机的高放和中放就是一个可控增益放大器,它既是接收机的信号通道,也是 AGC 电路可控增益电路(如图6.7.3 中所示)。

控制放大器的增益常采用两种方法:一是控制放大器的参数,如晶体管的跨导、负反馈的大小等。二是插入可控衰减器,通过改变衰减器的衰减量来改变增益。常用的是第一种方法。

1. 晶体管的正向传输导纳

晶体管或场效应管的正向传输导纳大小决定放大器的增益大小。在一定的近似条件下(见本书附录 A),晶体管的正向传输导纳 $y_{fe} \approx g_m$,而 $g_m \approx I_E/V_T$,可见,改变晶体管的发射极平均电流 I_E 即可控制晶体管的传输导纳,从而达到控制放大器增益的目的。

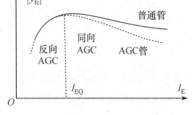

图6.7.4 是晶体管的传输导纳 y_{fe} 随 I_E 的变化示意图,图中可见,AGC 管的导纳变化比普通管大。通常当输入信号增强时要求放大器的增益减小,即 I_E 应减小,$|y_{fe}|$ 减小,所以,当 $I_E < I_{EQ}$ 时,I_E 的变化方向正好与输入信号的变化方向相反,故称为反向 AGC。同理,$I_E < I_{EQ}$ 时的区域称为同向 AGC。

图6.7.4　晶体管的 $|y_{fe}|$ 随 I_E 的变化示意图

反向 AGC 的主要优点是工作电流小,利于晶体管安全工作,但它的工作范围较小。同向 AGC 的优缺点则刚好与反向 AGC 相反。专门用于增益控制的 AGC 管大都为同向 AGC 管。

2. 可控增益放大器电路

图6.7.5 是两种晶体管增益控制放大器电路。其中,图6.7.5(a)所示电路是选频放大器,它通常在接收机中作高放和中放用。控制信号 v_c 从发射极经电阻 R 加入,v_c 增加时,由于基极直流电位是恒定的,故晶体管的偏置电压 V_{BE} 下降,从而使 I_E 下降,$|y_{fe}|$ 减小,最终使放大器的增益减小。可见,控制电压 v_c 应随输入信号 v_i 幅度的增强而增加,因此它属于反向 AGC。

控制电压 v_c 也可以从基极加入(如图6.7.5(a)中虚线所示),不难分析它也可以起到控制放大器增益的作用,但它属于同向 AGC。

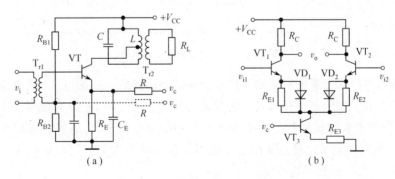

(a)　　　　　　　　　　　　　(b)

图6.7.5　晶体管增益控制放大器

图6.7.5(b)所示电路是差动放大器组成的负反馈增益控制电路,它常在集成电路中使用。图中,二极管 VD_1、VD_2 和电阻 R_{E1}、R_{E2} 构成射极负反馈电路,且电路对称,$R_{E1} =$

$R_{E2} = R_E$，两个二极管的特性也相同。由图可知，二极管导通与否分别取决于两个电阻上的压降。

控制信号 v_c 从 VT_3 基极加入。v_c 较小时 I_{C3} 也较小，R_{E1}、R_{E2} 上的电压也小，两个二极管截止，此时放大器的增益最小，即

$$A_{vmin} = \frac{v_o}{v_{i1} - v_{i2}} \approx -R_C/R_E \tag{6.7.3}$$

当 v_c 增大时 I_{C3} 也增大，R_{E1}、R_{E2} 上的电压开始增大，当达到二极管的导通电压时，两个二极管导通，二极管呈现的导通电阻为 $r_d = 26(mV)/I_D(mA)$，从而使 VT_1、VT_2 发射极的总电阻减小为 $R_E//r_d$，负反馈减弱，增益增加。当 v_c 进一步增大时，二极管导通越充分，流过二极管的电流 I_D 越大，r_d 越小，负反馈越弱，增益越高。增益可表示为

$$A_v = \frac{v_o}{v_{i1} - v_{i2}} \approx -R_C/(R_E//r_d) = \frac{R_C}{R_E}\left(1 + \frac{I_D R_E}{26mV}\right) \tag{6.7.4}$$

可见，I_D 越大增益也越大，I_D 为 0 时增益最小。所以，这种增益控制放大器中的控制信号 v_c 应随着输入信号幅度 v_i 的减小而增加。

6.7.3　自动频率控制电路

自动频率控制(AFC)电路的控制对象是频率，它是通信接收机、通信发射机和电子测量系统的一种重要辅助电路。例如，在超外差接收机中常用 AFC 电路自动控制本振频率，使其与外来信号的差频接近中频范围；在调频发射机中用 AFC 电路可以减小频率变化，提高频率稳定度；在调频接收机中可以用 AFC 电路构成调频解调器等。

一、基本原理

AFC 电路的基本组成如图 6.7.6 所示。误差信号电压 v_e 正比于输入参考频率 ω_r 和输出频率 ω_o 之差，v_e 经低通滤波器后由 v_c 控制压控振荡器的输出频率。可见，在 AFC 电路的内部信号是电压，外部则是频率。

图 6.7.6　AFC 电路的组成框图

频率鉴频器的作用是把两个输入信号的频率差转换成相应的电压(或电流)，它通常有鉴频器和混频—鉴频器两种形式。前者无需外加参考信号，它以鉴频器的中心频率为基准频率，当加于鉴频器的信号频率等于鉴频器的中心频率时，鉴频器输出 $v_e = 0$，否则 $v_e \neq 0$。以鉴频器作频率比较器使用通常适用于输出频率为某一固定值的场合。鉴频器已在 6.5 节中讨论，此处不再重复。

混频—鉴频器一般在参考频率 ω_r 不变的情况下使用。当混频器输出的频差 $\omega_r - \omega_o$ 等于鉴频器的中心频率 ω_c 时，输出误差信号 $v_e = 0$，否则 $v_e \neq 0$。混频—鉴频器的组成原理和鉴频特性如图 6.7.7 所示。

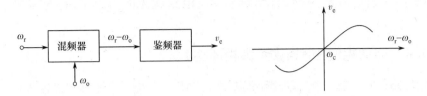

图 6.7.7　混频—鉴频器的原理框图和特性

二、基本应用

1. 稳定中频频率

超外差接收机的性能好坏基本由中频放大器的性能好坏决定,而中放的性能很大程度上取决于中频频率的稳定性。通常,外来信号的频率稳定度较高,而接收机的本振频率稳定度较低。为使中频频率稳定,常在接收机中加入自动频率微调电路。

图 6.7.8 是一种在超外差调幅接收机中用于微调本振频率的原理电路框图。正常情况下,混频器输出中频频率为 $f_I = f_o - f_c$。若某原因使本振频率 f_o 产生一个变化量 Δf_o 时,中频频率将变为 $f_I + \Delta f_o$,中放的输出信号加到鉴频器上,因为变化后的中频频率偏离了鉴频器的中心频率 f_I,鉴频器输出误差电压 v_e,该电压经低通滤波器后去控制压控振荡器的频率,使本振频率减小,从而使中频频率降低,达到稳定中频频率的目的。

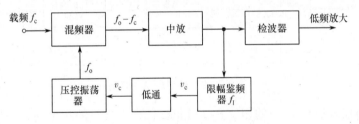

图 6.7.8　自动频率微调电路原理框图

2. 稳定调频发射机中心频率

用 AFC 电路可以使调频发射机既有较大的频偏,又有稳定的中心频率,图 6.7.9 是它的组成框图。f_r 为参考频率,f_c 为输出调频信号的中心频率,混频器输出中频频率为 $f_r - f_c$。因为参考频率 f_r 是由高稳定度的晶体振荡器所产生,所以混频器输出的中频频率误差主要是由 f_c 的不稳定所引起。而通过 AFC 电路后可以自动调节调频器的中心频率,减小频率误差,使 f_c 保持稳定。

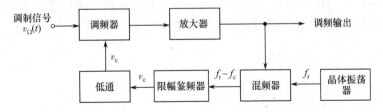

图 6.7.9　调频发射机自动频率控制电路原理框图

如上分析可见,自动频率控制电路是依靠频率差产生的误差电压 v_e 进行控制的,因此,输出频率与输入频率之间一定要存在频率差。但在某些应用场合要求输出频率和输入频率相等,即频差为 0,显然,自动频率控制电路就无能为力了,这时需要采用锁相环路。

6.7.4　自动相位控制电路(锁相环路)

锁相环路(PLL)是一个自动相位误差控制(APC)系统。它能够跟踪输入信号的相位变化并自动调整输出信号的相位,最终消除输出信号与输入信号的频率差。它被广泛应用于通信、仪器仪表、遥测遥控等各种电子系统中。

锁相环路分为模拟锁相环和数字锁相环两种。模拟锁相环中的误差信号为连续变化的,因此,相位的调整也是连续变化的。数字锁相环则与此相反,它都是离散的。本书只讨论模拟锁相环。

一、组成和工作原理

1. 环路的基本部件

图 6.7.10 是锁相环的组成方框图。它是由鉴相器 PD(Phase Detector)、环路滤波器 LF(Loop Filter)和压控振荡器 VCO(Voltage Control Oscillator)3 个部件构成的一个闭环系统。

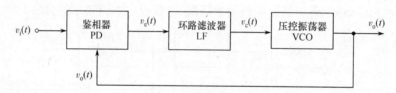

图 6.7.10　锁相环组成框图

鉴相器对输入信号 $v_i(t)$ 的相位 $\theta_i(t)$ 和输出信号 $v_o(t)$ 的相位 $\theta_o(t)$ 进行比较,输出一个正比于相位差 $\theta_e(t) = \theta_i(t) - \theta_o(t)$ 的误差电压 $v_e(t)$,环路滤波器对 $v_e(t)$ 滤除高频分量后去控制压控振荡器的振荡频率,使输出信号频率向输入信号频率靠近,两者差拍频率降低,直到差拍频率为 0,$\theta_e(t)$ 保持为一个较小的常数,此时环路进入锁定状态。所以,锁相就是 VCO 被一个信号控制,使输出信号的相位和输入信号的相位保持一种特定关系,达到相位同步或锁定的目的,如图 6.7.11 所示。

为了进一步理解环路的工作过程,以下对环路的基本部件作一简要分析。

1)鉴相器

鉴相器是一个相位比较器,用于比较输入信号和输出信号的相位,产生误差电压。它通常用模拟乘法器和低通滤波器组成,如图 6.7.12 所示。

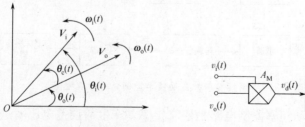

图 6.7.11　描述锁相过程矢量图　　　　图 6.7.12　鉴相器组成框图

设输入信号为

$$v_i(t) = V_{im}\sin[\omega_i t + \varphi_i(t)] \qquad (6.7.5)$$

式中:ω_i 为输入信号角频率;$\varphi_i(t)$ 为以载波相位 $\omega_i t$ 为参考的瞬时相位。

输出信号为

$$v_o(t) = V_{om}\sin[\omega_o t + \theta_o(t)] \qquad (6.7.6)$$

式中:ω_o 为 VCO 输出信号的中心角频率;$\theta_o(t)$ 为以载波相位 $\omega_o t$ 为参考的瞬时相位。

将输入信号以 $\omega_o t$ 作为参考相位可表示为

$$v_i(t) = V_{im}\sin[\omega_i t + \varphi_i(t)] = V_{im}\sin[\omega_o t + \theta_i(t)] \qquad (6.7.7)$$

式中:$\theta_i(t) = (\omega_i - \omega_o)t + \varphi_i(t) = \Delta\omega t + \varphi_i(t)$ 为输入信号相对于 $\omega_o t$ 为参考的瞬时相位。

输入和输出两个信号经乘法器相乘后为

$$v_d(t) = \frac{1}{2}A_M V_{im} V_{om}\sin[2\omega_c t + \theta_i(t) + \theta_o(t)] + \frac{1}{2}A_M V_{im} V_{om}\sin[\theta_i(t) - \theta_o(t)]$$

式中:A_M 为乘法器的相乘系数。

该电压再经低通滤波器滤波后为

$$v_e(t) = \frac{1}{2}A_M V_{im} V_{om}\sin[\theta_i(t) - \theta_o(t)] \qquad (6.7.8)$$

令 $k_d = A_M V_{im} V_{om}/2$ 为鉴相灵敏度,它表示鉴相器的输出电压振幅,令 $\theta_e(t) = \theta_i(t) - \theta_o(t)$ 为瞬时相位差,于是可将鉴相器的输出电压表示为

$$v_e(t) = k_d\sin\theta_e(t) \qquad (6.7.9)$$

可见,乘法器作为鉴相器时具有正弦鉴相特性。由式(6.7.6)可得到鉴相器的鉴相特性和相位模型分别如图 6.7.13(a)、(b)所示。

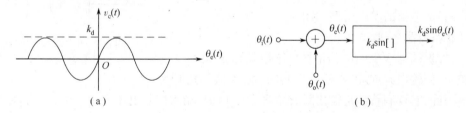

(a)　　　　　　　　　(b)

图 6.7.13　正弦鉴相器的鉴相特性和相位模型

当 $|\theta_e(t)| \leq 30°$ 时,$\sin\theta_e(t) \approx \theta_e(t)$,此时,鉴相特性近似为线性,即

$$v_e(t) \approx k_d\theta_e(t) \qquad (6.7.10)$$

这称为鉴相特性的线性化。

2)环路滤波器

环路滤波器的作用是滤除鉴相器输出信号中的高频成分并抑制噪声,因此它是一个低通滤波器。图 6.7.14 为常用的几种环路滤波器电路。

环路滤波器是线性网络,其特性可用传输函数来描述。对于 RC 积分滤波器,其传输函数为

$$F(s) = \frac{1}{1 + sRC} = \frac{1}{1 + s\tau} \qquad (6.7.11)$$

式中: $\tau = RC$。

对于无源比例积分滤波器,传输函数为

$$F(s) = \frac{1 + s\tau_2}{1 + s(\tau_1 + \tau_2)} \qquad (6.7.12)$$

式中, $\tau_1 = R_1 C$, $\tau_2 = R_2 C$,通常 $\tau_1 > \tau_2$。

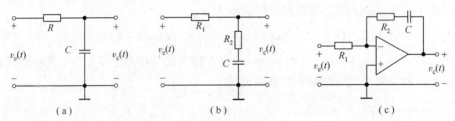

图 6.7.14　几种常用的环路滤波器

(a)RC 积分滤波器;(b)无源比例积分滤波器;(c)有源比例积分滤波器。

对于有源比例积分滤波器,传输函数为

$$F(s) = -\frac{1 + s\tau_2}{s\tau_1} \qquad (6.7.13)$$

式中: $\tau_1 = R_1 C$, $\tau_2 = R_2 C$。

式(6.7.10)具有理想积分特性,故也称为理想积分滤波器。

环路滤波器也可用时域方程表示,只要将 $F(s)$ 中的 s 用微分算子 $p = \mathrm{d}/\mathrm{d}t$ 代替,即可得到滤波器输出电压与输入电压之间的微分方程为

$$v_c(t) = F(p) \cdot v_e(t) \qquad (6.7.14)$$

环路滤波器的功能模型如图 6.7.15 所示。

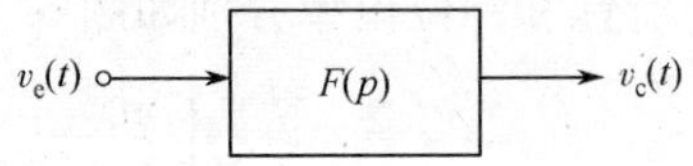

图 6.7.15　环路滤波器功能模型

3) 压控振荡器

压控振荡器 VCO 在环路中的作用是振荡频率受 $v_c(t)$ 控制,使输出瞬时角频率 $\omega_o(t)$ 跟随输入信号角频率变化,因此,其控制特性是输出瞬时角频率 $\omega_o(t)$ 与输入控制电压 $v_c(t)$ 的关系特性,如图 6.7.16(a)所示。在一定范围内, $\omega_o(t)$ 与 $v_c(t)$ 成线性关系,且可表示为

$$\omega_o(t) = \omega_o + k_o \cdot v_c(t) = \omega_o + \Delta\omega_o(t) \qquad (6.7.15)$$

式中: k_o 为压控频率特性中线性部分的斜率,称为压控灵敏度,单位为 rad/s · V; ω_o 为在 $v_c(t) = 0$ 时 VCO 的振荡频率,称为压控振荡器的固有振荡频率。

因为输出信号对鉴相器起作用的是信号的瞬时相位,而不是频率,因此,对式(6.7.15)两边同时积分,可得

$$\int_0^t \omega_o(t)\,\mathrm{d}t = \omega_o t + k_o \int_0^t v_c(t)\,\mathrm{d}t \qquad (6.7.16)$$

与式(6.7.6)比较可知,瞬时相位为

$$\theta_o(t) = k_o \int_0^t v_c(t)\,\mathrm{d}t \qquad (6.7.17)$$

用微分算子 p 可将式(6.7.17)表示为

$$\theta_o(t) = k_o v_c(t)/p \tag{6.7.18}$$

由此得到 VCO 的功能模型如图6.7.16(b)所示。

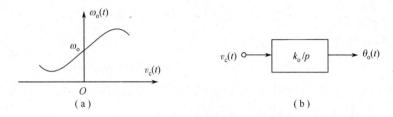

图 6.7. 16　VCO 的控制特性和功能模型

(a)压控频率特性；(b)VCO 的功能模型。

2. 锁相环路的相位模型

将上面分析得到3个环路部件的功能模型按 PLL 的组成顺序连接起来，即可得到锁相环路的相位模型，如图6.7.17 所示。

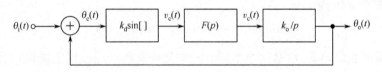

图 6.7.17　环路的相位模型

由该相位模型可求得环路的瞬时相位为

$$\theta_e(t) = \theta_i(t) - \theta_o(t) = \theta_i(t) - \frac{1}{p}k_o v_c(t) = \theta_i(t) - \frac{1}{p}k_o k_d F(p)\sin\theta_e(t)$$

$$\tag{6.7.19}$$

这是以相位形式表示的微分方程。

对式(6.7.19)两边求导，可得到以角频率表示的微分方程为

$$p\theta_e(t) + k_o k_d F(p)\sin\theta_e(t) = p\theta_i(t) \tag{6.7.20}$$

式(6.7.20)是一个非线性微分方程，对它求解比较困难。目前，仅当环路滤波器的传输函数 $F(s) = 1$（即一阶环）时，才能得到精确的解析解，其他情况只能采取近似方法。但当鉴相器的鉴相特性满足式(6.7.10)时，可得到比较容易求解的线性化环路微分方程为

$$p\theta_e(t) + k_o k_d F(p)\theta_e(t) = p\theta_i(t) \tag{6.7.21}$$

3. 环路的同步跟踪特性

1）环路锁定的概念

当环路输入的是一个频率和相位都不变的信号时，即

$$v_i(t) = V_{im}\sin[\omega_i t + \varphi_i] \tag{6.7.22}$$

式中：ω_i、φ_i 是不随时间变化的角频率和初始相位。

于是有

$$\theta_i(t) = (\omega_i - \omega_o)t + \varphi_i = \Delta\omega t + \varphi_i \qquad (6.7.23)$$

$$p\theta_i(t) = (\omega_i - \omega_o)t + \varphi_i = \Delta\omega \qquad$$

由式(6.7.20)得到该条件下的环路微分方程为

$$p\theta_e(t) + k_o k_d F(p)\sin\theta_e(t) = \Delta\omega \qquad (6.7.24)$$

对应的频率关系为

$$[\omega_i - \omega_o(t)] + [\omega_o(t) - \omega_o] = \Delta\omega = \omega_i - \omega_o \qquad (6.7.25)$$

式中：等号左边第一项称为瞬时角频差；第二项称为控制角频差；$\Delta\omega$ 为固有角频差；ω_o (t)为 VCO 在控制电压作用下的信号角频率。

式(6.7.25)说明，瞬时角频差与控制角频差的和等于固有角频差。

在环路刚开始工作时，加到 VCO 上的控制电压为 0，则 $\Delta\omega_o(t) = 0$，VCO 输出角频率等于 ω_o，控制角频差为 0，此时，瞬时角频差与固有角频差相等。随着时间增加，控制电压将产生，使 $\Delta\omega_o(t) \neq 0$，则控制角频差也不等于 0。设经环路作用后控制角频差逐渐增大，由式(6.7.25)可知，瞬时角频差将逐渐减小，当控制角频差增大到与固有角频差相等时，瞬时角频差为 0，即

$$\lim_{t\to\infty}[p\theta_e(t)] = p\theta_e(\infty) = p\theta_{e\infty} = 0 \qquad (6.7.26)$$

此时，瞬时相位差 $\theta_e(t)$ 是一个不随时间变化的常数。如该状态能保持，则环路便进入锁定状态，而式(6.7.26)即是环路锁定应满足的必要条件。

根据式(6.7.26)可知，环路锁定后稳态相差为常数，稳态频差等于 0，即

$$\theta_{e\infty} = 常数，\quad p\theta_{e\infty} = 0 \qquad (6.7.27)$$

因为稳态相差 $\theta_{e\infty}$ 为常数，则鉴相器输出电压为直流电压 $k_d\sin\theta_{e\infty}$，于是，可以求得环路锁定状态下的稳态相差为

$$\theta_{e\infty} = \arcsin\frac{\Delta\omega}{k_o k_d F(0)} \qquad (6.7.28)$$

式中：$F(0)$ 为环路滤波器在直流状态下的传输函数。

2）同步跟踪特性分析

处于锁定状态的环路，若因某种原因（如输入信号的频率或相位突发变化）使环路失锁，而通过环路的作用重新使环路进入锁定的过程，或者当环路输入的是一个频率和相位不断变化的信号时，通过环路的作用，可以使 VCO 输出的角频率和相位不断地跟随输入信号变化的过程，称为锁相环路的跟踪状态。因此，粗略地讲，锁定状态是对频率和相位不变的输入信号而言的，跟踪状态是对频率和相位变化的输入信号而言的，如果环路不处于这两种状态，则处于失锁状态。

在同步跟踪过程中，瞬时相差 $\theta_e(t)$ 的变化范围很小，因此，鉴相器可近似认为是线性的，环路是一个线性系统，如图 6.7.18 所示，而环路方程可用式(6.7.21)表示。为分析环路的同步跟踪特性，需要研究环路的传输函数，为此，将式(6.7.21)中的微分算子 p 用拉普拉斯算子 s 代替，得到环路方程的频域形式为

$$s\theta_e(s) + k_o k_d F(s)\theta_e(s) = s\theta_i(s) \qquad (6.7.29)$$

由式(6.7.29)可得到环路的闭环传输函数和误差传输函数分别为

$$H(s) = \frac{\theta_o(s)}{\theta_i(s)} = \frac{K \cdot F(s)}{s + K \cdot F(s)} \tag{6.7.30}$$

$$H_e(s) = \frac{\theta_e(s)}{\theta_i(s)} = \frac{s}{s + K \cdot F(s)} \tag{6.7.31}$$

式中：$K = k_d k_o$ 称为环路增益。

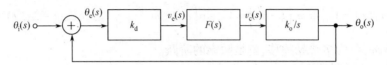

图 6.7.18　锁相环路的线性化相位模型

通常，将传输函数表达式中 s 的最高次幂的数值称为环路的阶数。对于 $F(s) = 1$，即无环路滤波器的锁相环称为一阶环，则使用一阶低通滤波器的环路就是二阶环，以此类推。

环路的同步跟踪特性与环路低通滤波器性能有关。以下仅以一阶环为例分析输入信号为相位阶跃、频率阶跃和频率斜升 3 种情况下的同步跟踪特性。

相位阶跃即 $\theta_i(t) = \Delta\theta_i$，则它的拉普拉斯变换为 $\Delta\theta_i / s$。因为

$$\theta_e(s) = H_e(s)\theta_i(s) = \frac{\Delta\theta_i}{s + K}$$

所以

$$\theta_{e\infty} = \lim_{s \to 0} s\theta_e(s) = 0 \tag{6.7.32}$$

式(6.7.32)说明一阶环路可以跟踪输入信号的相位阶跃，且当 $\theta_i(t)$ 阶跃一个 $\Delta\theta_i$ 时，$\theta_o(t)$ 也阶跃一个 $\Delta\theta_i$，从而使 $\theta_e(t) = 0$。

产生 $\theta_i(t)$ 阶跃的原因很多。例如，在卫星通信中，若同步卫星离地面的距离为 S，卫星上发射的信号为 $v_1(t) = V_{1m}\sin\omega_s t$，则地面接收到的信号应为

$$v_2(t) = V_{2m}\sin\omega_s\left(t - \frac{S}{c}\right) = V_{2m}\sin\left(\omega_s t - \omega_s\frac{S}{c}\right)$$

式中：c 为光速。

若用锁相环接收时，经变频和中放后进入锁相环的信号为

$$v_i(t) = V_{im}\sin\left(\omega_i t - \omega_s\frac{S}{c}\right) = V_{im}\sin(\omega_i t + \theta_i) \tag{6.7.33}$$

式中：ω_i 为中频角频率；$\theta_i = S\omega_s/c$。

当同步卫星的位置发生抖动时，相当于距离 S 发生变化，等效于 θ_i 阶跃一个数值。

频率阶跃是指输入信号角频率 ω_i 增加一个 $\Delta\omega_i$，于是产生一个相位 $\theta_i(t) = \Delta\omega_i t$，它的拉普拉斯变换为 $\theta_i(s) = \Delta\omega_i/s^2$，则

$$\theta_e(s) = H_e(s)\theta_i(s) = \frac{s}{s + K}\frac{\Delta\omega_i}{s^2}$$

$$\theta_{e\infty} = \lim_{s\to 0} s\theta_e(s) = \frac{\Delta\omega_i}{K} \qquad (6.7.34)$$

式(6.7.34)说明一阶环路可以跟踪输入信号的频率阶跃,结果是有稳态相差(常数)而无频差。

产生频率阶跃的原因很多。例如,在卫星通信中,同步卫星以速度 v 匀速上升,则卫星离地面的距离为 vt,若卫星发送信号为 $v_1(t) = V_{1m}\sin\omega_s t$,则地面接收到的信号应为

$$v_2(t) = V_{2m}\sin\omega_s\left(t - \frac{vt}{c}\right) = V_{2m}\sin\left(\omega_s t - \omega_s\frac{vt}{c}\right) = V_{2m}\sin(\omega_s t - \Delta\omega_s t) \qquad (6.7.35)$$

式中: $\Delta\omega_s = v\omega_s/c$ 为多普勒频移,就是频率的阶跃。

频率斜升就是输入信号角频率 ω_i 随时间线性上升,即 $\omega_i(t) = \omega_i + Rt = \omega_i + \Delta\omega_i$。其中, $\Delta\omega_i = Rt$ 就是频率的斜升值, R 是斜升的斜率。频率斜升产生的相位为

$$\theta_i(t) = \int R \cdot t\mathrm{d}t = \frac{1}{2}Rt^2$$

因为 $\theta_i(s) = R/s^3$,则

$$\theta_e(s) = H_e(s)\theta_i(s) = \frac{s}{s+K}\frac{R}{s^3}$$

$$\theta_{e\infty} = \lim_{s\to 0} s\theta_e(s) = \infty \qquad (6.7.36)$$

$$\omega_{e\infty} = \lim_{t\to\infty}\mathrm{d}\theta_e(t)/\mathrm{d}t = \lim_{s\to 0} s^2\theta_e(s) = R/K \qquad (6.7.37)$$

式(6.7.36)、式(6.7.37)说明一阶环路不能跟踪频率斜升信号,环路处于失锁状态。

多种原因可产生频率阶跃。例如,卫星通信中的卫星加速度上升,加速度为 a,则卫星离地面的距离为 at^2,若卫星发送信号为 $v_1(t) = V_{1m}\sin\omega_s t$,则地面接收到的信号应为

$$v_2(t) = V_{2m}\sin\omega_s\left(t - \frac{at^2}{c}\right) = V_{2m}\sin\left(\omega_s t - \omega_s\frac{at^2}{c}\right) \qquad (6.7.38)$$

于是, $v_2(t)$ 的频率为

$$\omega_2(t) = \omega_s - 2\omega_s\frac{at}{c} = \omega_s - Rt \qquad (6.7.39)$$

式中: $Rt = 2\omega_s at/c$ 为频率斜升; $R = 2\omega_s a/c$ 为斜升的斜率值。

一阶锁相环路是最简单的锁相环,它通常不能满足实际应用要求(如跟踪频率斜升信号),因此,实际使用的都是二阶及其以上环路。对于这些环路,只要将式(6.7.30)和式(6.7.31)中的 $F(s)$ 用相应环路滤波器的传输函数取代,采用同样的分析方法,可以得到相应分析结果。例如,当环路滤波器的传输函数可用式(6.7.13)表示时,组成一个理想二阶环路,用它来跟踪如上所述的 3 种信号时,对于频率阶跃和相位阶跃,跟踪结果是既无相差也无频差,而跟踪频率斜升信号时,有稳态相差但无频差。

二、集成锁相环

集成锁相环路的广泛应用使其发展十分迅速,目前已形成各种不同用途性能优越的系列产品。集成锁相环可分为由模拟电路构成的模拟锁相环和由部分数字电路(数字鉴相器)或全部由数字电路(数字鉴相器和数字滤波器、数控振荡器)构成的数字锁相环两

大类。按其用途又可分为通用型和专用型两种。通用型是一种适应于各种用途的锁相环,其内部电路主要由鉴相器和 VCO 两部分组成,有时还附加放大器和其它辅助电路,也有用单独的集成鉴相器和集成 VCO 连接成符合要求的锁相环路。专用型是一种专为某种功能设计的锁相环,如用于调频接收机中的调频多路立体声解调环、用于电视机中的正交色差信号同步检波环、用于通信和测量仪器中的频率合成环和工业上应用较广的马达速度控制环等。

集成锁相环一般是将鉴相器、VCO 及其附属电路集成在一块芯片上,环路滤波器通常需要外接。集成锁相环品种很多,本书仅对典型集成模拟锁相环电路作简要介绍。在国内生产的产品中,比较典型的有 SL565、L562 和 NE564,它们中的鉴相器都是采用双差分对乘法器的乘积型鉴相器,而 VCO 有多种实现电路。SL565 的工作频率可达 500kHz,L562 的工作频率可达 30MHz,而 NE564 的工作频率则可达 50MHz。

NE564 是一种更适合于用作调频信号和移频键控(FSK)信号解调的通用器件,图 6.7.19 是它的内部电路结构图。在它的组成方框中,信号输入端增加了振幅限幅器,用来消除输入信号的寄生调幅。输出端增加了直流恢复和施密特触发器,用来对 FSK 信号进行整形。VCO 采用射极耦合多谐振荡器,为便于使用,它的输出通过电平变换电路产生 TTL 和 ECL 兼容的电平。

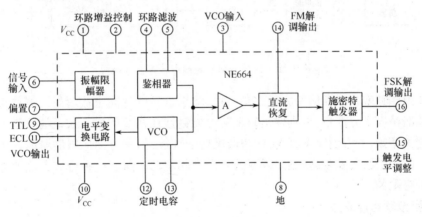

图 6.7.19　NE664 集成锁相环内部结构图

三、锁相环路的应用

通过前面对锁相环路的分析可知,锁相环在锁定状态下,只有剩余相差而无剩余频差。在跟踪状态下,输出频率可以跟随输入频率变化,跟踪的范围取决于 VCO 的可控频率范围,跟踪速度取决于环路滤波器的通频带。如果环路滤波器的通频带很窄,则锁相环具有良好的窄带滤波特性。例如,在几百兆赫兹中心频率上,可实现几十赫兹甚至几赫兹的窄带滤波,以消除噪声和杂散干扰。这种窄带滤波特性是任何 LC、RC、石英晶体或陶瓷等滤波器所难以达到的。

锁相环的应用即基于上述锁相环在锁定状态和跟踪状态时的基本特性。

1. 在频率合成方面的应用

频率合成(Frequency Synthesis)是利用一个或多个高稳定度的标准频率源通过对频率进行代数运算,来产生一系列离散频率的一种技术。锁相环路加上一些辅助电路后容易对一个频率进行加、减、乘、除运算而产生所需的频率信号。例如,结合计算机技术还可实现频率扫描和自动选频。

频率合成器(Frequency Synthesizer)是近代通信系统和其它电子系统的重要组成部件。在工程应用中,对频率合成器的技术要求较多,主要有以下几种:

(1)工作频率范围。是指合成器最高工作频率和最低工作频率之间的一段频率范围。

(2)频率间隔。也称为分辨率,是指两个离散频率间的最小间隔。

(3)转换时间。是从一个离散频率转换到另一个离散频率所需要的时间。

除此以外还有频率准确度、频率稳定度和频谱纯度(接近正弦波的程度)等。

用锁相环组成频率合成器,主要采用如下 3 种方法。

1)脉冲控制锁相法

图 6.7.20 是脉冲控制锁相法频率合成的原理框图。晶体振荡器产生基准频率信号,脉冲形成电路形成窄脉冲序列,该脉冲序列含有丰富的谐波,这些谐波成分同时作为基准信号加到鉴相器的输入端,鉴相器的另一端则输入 VCO 的频率为 f_o 的信号。由图 6.7.20 可见,调整 f_o 使之接近于 nf_r 时,环路锁定输出频率为 nf_r 的信号。

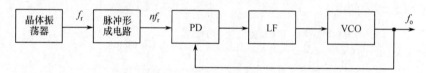

图 6.7.20 脉冲控制锁相频率合成器方框图

脉冲锁相频率合成器的最大优点是简单,输出信号的性能也比较好。但要求压控振荡器的调谐精度十分严格,否则输出频率就可能错锁在相邻的另一次谐波频率上。为了减少或避免错锁,一方面应提高 VCO 调谐机构的性能,另一方面应限制谐波发生器的谐波次数。因为谐波次数越高,输出频率的分辩力就越低。所以这种合成方法所能提供的频率数是有限的。

2)模拟锁相合成法

模拟锁相频率合成器的基本原理框图如图 6.7.21 所示。它在锁相环路中接入了一个由混频器和用以提取差频频率的带通滤波器共同组成的频率减法器。频率减法器使 VCO 振荡频率 f_o 与外加控制频率 f_c 之差保持在参考频率 f_r 附近,即有 $f_o = f_c + f_r$。基准频率发生器后接入的分频器用以降低加到锁相环路的基准频率和减小频率间隔,这个分频器一般称为参考分频器。对于这个电路,输出频率为

$$f_o = f_r + f_c \tag{6.7.40}$$

在频率合成器中提供的信道数取决于控制信号产生器可能提供的频率数,一般情况下,其频率数不可能很多,频率间隔又比较大。因此,为了增加输出频率数和减少频率间隔,通常用两种扩展信道、减少频率间隔的措施。其一是采用多环路级联工作方式,将多个如图 6.7.21 所示的环路级联连接,增加控制频率的数目。其二则是不改变锁相环路数目,而仅改变环路中控制频率的数目。

模拟锁相频率合成器也称为锁相混频器,控制频率 f_c 相当于本振频率,基准频率 f_r 相

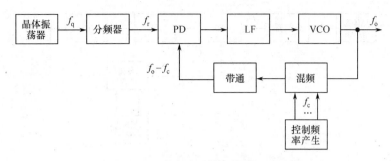

图 6.7.21　模拟锁相频率合成器方框图

当于输入信号频率(已调信号的载频)。锁相混频器与一般混频器相比,混频器输出端所接的带通滤波器实现起来比较容易。这是因为在混频器中,当本振频率 f_c 远远高于输入信号频率 f_r 时,其和频 f_c+f_r 和差频 f_c-f_r 的差为 $2f_r$,如图 6.7.22(a)所示,它与本振频率的比值很小,因此要想从中选出和频或差频而滤除另一个,对混频器输出端所接带通滤波器的切割特性要求显得十分苛刻,这样的滤波器实现起来比较困难。

在通信系统中,对于接收机,通常是把输入频率 f_r 变为较低的中频频率 f_1 输出(超外差、低中频),即有 $f_1=f_c-f_r$。对于发射机,常把较低的输入频率 f_r 变为较高的中频频率 f_1 输出(高中频),于是有 $f_1=f_c+f_r$。则在锁相混频器中,对接收机而言应从混频器取差频 $f_c-f_1=f_r$,而对于发射机而言应从混频器取差频 $f_1-f_c=f_r$。

根据以上分析,对于接收机,和频与差频的间隔是 $2f_1$,对于发射机,和频与差频的间隔是 $2f_c$,如图 6.7.22(b)所示。因为 $f_c\gg f_r$,故 f_c 与 f_1 都比 f_r 大得多,所以 $2f_1$(或 $2f_c$)与 f_1(或 f_c)的比值都较大,于是,对带通滤波器带外切割特性的陡峭程度的要求就大为降低,滤波器实现起来就较为容易。

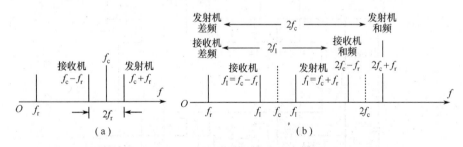

图 6.7.22　锁相混频器频率关系示意图
(a)一般混频器频率关系;(b)锁相混频器频率关系。

3）数字锁相合成法

数字式锁相频率合成器是目前应用最广泛的一种频率合成器。它与模拟锁相频率合成器的区别仅在于锁相环路中采用分频器来降低输入鉴相器的频率,增加输出频率数。由于分频器可以用数字电路来实现,而且还具有可储存、可变换等功能。因此它比一般模拟频率合成器更加方便灵活,且便于集成化。数字锁相频率合成器的原理框图如图 6.7.23 所示。

由图可见,压控振荡器的输出信号在与参考信号进行相位比较之前,先进行了 N 次分频。这样,当环路锁定时,$f_r=f_o/N$,因此输出频率与参考频率的关系为

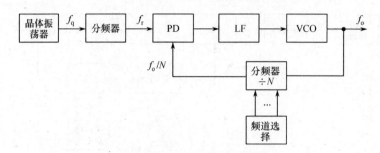

图 6.7.23　数字锁相频率合成器方框图

$$f_o = Nf_r \qquad\qquad (6.7.41)$$

即输出一系列间隔为基准频率 f_r 的离散频率信号。因此,只需正确选择分频器的分频数和参考频率,即能获得符合指标要求的离散频率系列。

式(6.7.41)说明,在锁相环路中接入分频器,可以起到倍频的作用,反之,在环路中接入倍频器,可以起到分频的作用,分频数和倍频数相等。因此,图 6.7.23 所示的数字锁相频率合成器也称为锁相倍频器。

图 6.7.24 是用锁相环 NE652 和分频器 T216 构成的锁相倍频器。图中,C_T 为定时电容,用于决定 NE652 的固有振荡频率,C_F 与芯片内部电阻构成环路滤波器。输入频率经耦合电容 C_2 送至 12 引脚单端输入,第 1、9 和 11 引脚经电容高频接地。VCO 信号由第 4 引脚经阻容耦合至分频器输入端,经 T216 进行 N 次分频后经电容 C_1 耦合到 15 引脚,并与输入信号进行相位比较。倍频后的信号从第 3 引脚输出。

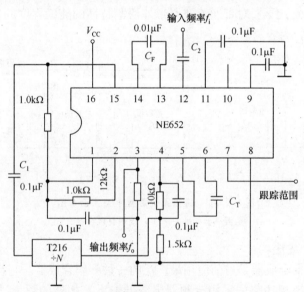

图 6.7.24　NE652 组成的锁相倍频器电路

例 6.7.1　双环频率合成器如图 6.7.25 所示。设两个参考频率分别为 $f_{r1} = 1\mathrm{kHz}$,$f_{r2} = 100\mathrm{kHz}$,两个可变分频器的分频比范围分别为 $N_1 = 10000 \sim 11000$,$N_2 = 720 \sim 1100$,固定分频比 $N_3 = 10$。求输出频率 f_o 的频率范围和频率间隔(分辨率)。

解:两个环路都是锁相倍频电路,环路 1 输出频率为 $f_{o1} = N_1 f_{r1}$,再经一次固定分频和

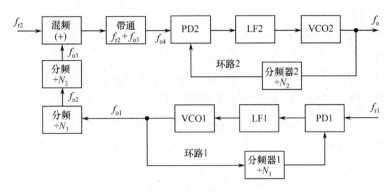

图 6.7.25　例 6.7.1 用图

一次可变分频后得到 $f_{o3} = N_1 f_{r1} / (N_3 N_2)$，于是得到带通滤波器输出频率为 $f_{o4} = f_{r2} + N_1 f_{r1} / (N_3 N_2)$。经环路 2 进行 N_2 次倍频后得到输出频率为

$$f_o = N_2 f_{o4} = N_2 f_{r2} + \frac{N_1}{N_3} f_{r1}$$

因为 $N_2 f_{r2}$ 的频率调节范围为 $72\,\text{MHz} \sim 100\,\text{MHz}$，频率间隔 $0.1\,\text{MHz}$。$N_1 f_{r1} / N_3$ 的频率调节范围为 $1\,\text{MHz} \sim 1.1\,\text{MHz}$，频率间隔 $100\,\text{Hz}$。所以，f_o 的总频率调节范围是 $73\ \text{MHz} \sim 101.1\,\text{MHz}$，频率间隔 $100\,\text{Hz}$，总频点数为 281000 个，环路 2 的参考频率为 $f_{o4} = 101\,\text{kHz} \sim 101.53\,\text{kHz}$。

2. 在信号调制和解调方面的应用

锁相环路是通信系统电路中的一个重要部件，用它可以完成调频信号的产生和解调，也可以在同步检波器中完成载波恢复，还可以组成窄带跟踪滤波器等。

1）锁相调频器

对调频波的基本要求是中心频率足够稳定、频偏要宽。而通常的调频振荡器中心频率都不够稳定，虽然采用石英晶体振荡器可以提高频率稳定度，但是难以获得足够的频偏。而用锁相环实现调频可以克服上述矛盾。

图 6.7.26 是锁相调频电路框图。图中鉴相器、环路滤波器和压控振荡器是环路的基本部件，相加器是专为调频而加入的。锁相环构成一个载波跟踪环，环路锁定后，VCO 的中心频率 ω_o 与晶振频率 ω_i 相等，而环路滤波器的带宽设计得很窄，其输出电压不随调制频率而变，因此，当 VCO 的中心频率发生漂移时（相对于调制频率而言这种漂移为慢变化），鉴相器输出电压中反映这种漂移的分量可以通过环路滤波器，从而可控制 VCO 中心频率的漂移减小，使 VCO 中心频率稳定。

因为调制信号直接控制振荡器 VCO 的频率，所以可以获得较大的频偏。

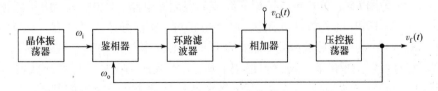

图 6.7.26　锁相调频器实现方框图

2)锁相鉴频器

用锁相环实现鉴频的原理如图 6.7.27(a)所示。图中,环路滤波器允许调制频率通过,故锁相环是一个调制跟踪环。

设输入信号的频率为 $\omega_f(t) = \omega_c + k_f v_\Omega(t)$,$\omega_c$ 是载频,$v_\Omega(t)$ 是调制信号,k_f 是调频灵敏度。环路锁定时,VCO 的输出频率与输入频率相等,$\omega_o(t) = \omega_f(t)$。因为

$$\omega_o(t) = \omega_o + \Delta\omega_o(t) = \omega_o + k_o v_c(t) \qquad (6.7.42)$$

式中:k_o 为 VCO 的压控灵敏度。

于是有

$$\omega_c + k_f v_\Omega(t) = \omega_o + k_o v_c(t) \qquad (6.7.43)$$

由此得到解调后的输出电压为

$$v_o(t) = A \cdot v_c(t) = \frac{A}{k_o}\big[(\omega_c - \omega_o) + k_f v_\Omega(t)\big] \qquad (6.7.44)$$

式中:A 为缓冲放大器的电压增益。

当输入信号的载波角频率 ω_c 与 VCO 的固有角频率 ω_o 相等时(或在电路中经过隔直流电容后),式(6.7.44)变为

$$v_o(t) = A \cdot v_c(t) = \frac{A}{k_o} k_f v_\Omega(t) \qquad (6.7.45)$$

可见,输出电压与调制电压只是幅度不同,而变化规律完全一致,因而可以实现对调频波的解调。锁相鉴频器输出波形示意如图 6.7.27(b)所示。

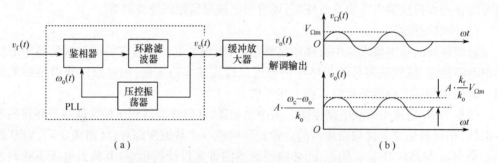

图 6.7.27 锁相鉴频器原理框图和输出波形示意

(a)锁相鉴频器原理框图;(b)锁相鉴频器输出波形示意。

为了使锁相鉴频器很好工作,VCO 的振荡频率范围应覆盖输入调频信号的频率变化范围,而环路滤波器的上限截止频率应大于或等于调制信号的最高频率。

图 6.7.28 为用 L562 单片集成锁相环组成的鉴频器电路。图中,C_2 为信号耦合电容,要求其容抗远小于 PD 的差模输入阻抗,以减小它对 FM 信号产生的相移。C_T 为定时电容,其大小根据 FM 信号的载波确定,确保 VCO 的中心频率与 FM 信号的载频相等。C_C 为耦合电容,它对载频呈现的容抗应尽可能小。R_F、C_F 组成比例积分式环路滤波器,其带宽应根据环路对调制信号跟踪的要求决定,确保调制信号频率成分能够顺利通过。C_D 是去加重电容。解调后的信号从第 9 引脚输出。

用锁相环解调调频信号的优点是它可以实现对窄带调频信号的解调。例如,对于一

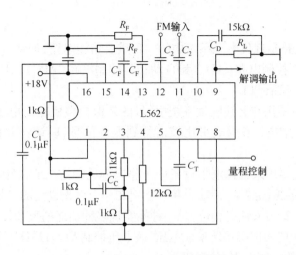

图 6.7.28　L562 组成的鉴频器

个载频为 10MHz,调制信号最高频率为 1kHz,调制指数为 1 的调频波,它的带宽为 4kHz。若用普通的 LC 并联回路提取这个调频波,回路的品质因数 Q 要求达到 2.5×10^3,这是难以实现的。但用锁相环解调,只需将环路滤波器的截止频率设为 1kHz,就可以提取并解调这个信号,其抑制带外信号的效果等效于一个 $Q = 2.5 \times 10^3$ 的 LC 带通滤波器。

3)锁相接收机

图 6.7.29 是锁相接收机框图。从天线接收到的载频为 f_1 的调频信号与由 VCO 的输出信号经 N 次倍频后得到的频率为 f_2 的本振信号混频,混频后频率为 f_3 的中频信号经中放进入鉴相器与晶振输出的频率为 f_4 的信号(稳定的中频信号)比相。鉴相器的输出信号经窄带滤波器滤波后作为接收机的输出信号。环路中,环路滤波器频带很窄,调制频率分量不能通过,但对于由调频波载频产生漂移引起的鉴相器输出电压分量,则可以通过环路滤波器,用该分量去控制 VCO 的频率,可使混频后的中频载波漂移减小,使 $f_3 = f_4$。

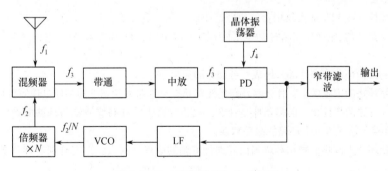

图 6.7.29　锁相接收机原理框图

此环路多用于卫星信号接收。因卫星是运动目标,多普勒效应使 f_1 变化。例如,在 108MHz 时,多普勒频移可达 $\pm 3kHz$。而卫星发射的信号是低功率(毫瓦至瓦数量级)、窄频带(单音调频时带宽为 6Hz ~ 100Hz),这用一般接收机是无法接收的(载频变化已超出了中频带宽),而用锁相接收机可正常工作。

小结

1. 反馈控制电路是现代电子系统中的一种重要功能电路,通常分为自动增益控制电路(AGC)、自动频率控制电路(AFC)和自动相位控制电路(APC)3 类。其中自动相位控制电路又称为锁相环路(PLL)。

2. AGC 电路主要用在无线收发系统中,目的是保持整机输出电平稳定,因此被控制量为信号电平。在组成上采用电平比较器得到误差信号,以该误差信号控制放大器的增益。

3. AFC 电路主要用来维持电子设备中工作频率的稳定。它采用鉴频器提取误差信号,然后控制 VCO 的振荡频率,使输出频率稳定在一个事先设定的参量上。

4. APC 电路主要用来锁定相位,是一种能实现多种功能的反馈控制电路。它的输入是一个鉴相器,用于把相位误差转换成电压,该电压控制 VCO,最终可使 VCO 的频率和相位稳定在一个固定的数值上(相位锁定)。

5. 3 种控制电路都有低通滤波器,其阶数和带宽将影响电路的响应。当达到稳定状态时,3 种电路分别存在电平、频率和相位方面的剩余误差(稳态误差)。为了减小稳态误差,提高控制精度,可以在电路中加入直流放大器,增大环路直流总增益。稳态误差可以减小,但不可能为零。

6. 实用的反馈控制电路大都已集成化,仅需外接少量的元件即可实现所需功能。

7. 3 种反馈控制电路与反馈放大器的主要差别在于反馈放大器控制的是放大器本身的电压或电流,而上述 3 种反馈控制电路中具有变换器,其控制对象不完全是电路中的电压、电流。

复习思考题

1. 反馈控制电路的一般有哪几部分组成? 在接收机中为什么要采用自动增益控制? 自动增益控制的原理是什么?

2. 控制晶体管或 FET 放大器增益的原理是什么?

3. 试从电路结构、原理和控制对象等方面比较 AGC 电路、AFC 电路和 APC 电路这 3 种电路的主要异同点。

4. 基本的锁相环路有哪几部分组成? 各部分的作用是什么?

5. 什么是环路的锁定状态? 什么是环路的跟踪状态? 这两种状态下锁相环呈现何种特性?

6. 什么叫环路的线性化? 前提条件是什么? 锁相环路中的环路滤波器与环路的跟踪特性有何关系? 如何用环路传输函数分析环路的跟踪特性?

7. 用锁相环产生调频信号和对调频信号进行解调的原理是什么? 它们分别对环路滤波器性能有何要求?

8. 用锁相环可以组成窄带滤波器和窄带跟踪滤波器,它们有何条件和区别?

习　题

6.1　在题图 6.1 所示调谐放大器中,工作频率 $f_o = 10.7\text{MHz}$,$L_{13} = 4\mu\text{H}$,$Q_o = 100$,

$N_{13} = 20$ 匝，$N_{23} = 5$ 匝，$N_{45} = 5$ 匝，晶体管 3DG39 在 $f_o = 10.7\text{MHz}$ 时测得 $g_{ie} = 2860\mu\text{S}$，$C_{ie} = 18\text{pF}$，$g_{oe} = 200\mu\text{S}$，$C_{oe} = 7\text{pF}$，$|y_{fe}| = 45\text{mS}$，$y_{re} = 0$，试求放大器的电压增益 A_{vo} 和通频带 BW。

6.2　题图 6.2 是某中放单级电路图。已知工作频率 $f_o = 30\text{MHz}$，回路电感 $L = 1.5\mu\text{H}$，$Q_o = 100$，$N_1/N_2 = 4$，C_{B1}、C_{B2} 和 C_{E1}、C_{E2} 为耦合电容和旁路电容。晶体管在工作条件下的 y 参数为

$$y_{ie} = 2.8 + j3.5(\text{mS})，y_{re} \approx 0，y_{fe} = 36 - j27(\text{mS})，y_{oe} = 0.2 + j2(\text{mS})$$

试解答下列问题：

(1) 画出放大器 y 参数等效电路；

(2) 求回路谐振电导 g_Σ；

(3) 求回路总电容 C_Σ；

(4) 求放大器电压增益 A_{vo} 和通频带 BW；

(5) 当电路工作温度或电源电压变化时，A_{vo} 和 BW 是否变化？

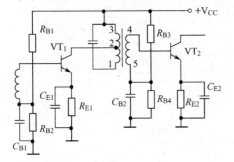

| 题图 6.1　习题 6.1 用图 | 题图 6.2　习题 6.2 用图 |

6.3　某场效应管调谐放大器电路如题图 6.3 所示，为提高放大器稳定性，消除晶体管极间电容 C_{DG} 引起的内部反馈，电路中加了 C_N、L_N 元件，试解答下列问题。

(1) 分析 L_N、C_N 是如何消除 C_{DG} 引起的内部反馈的？

(2) 分析 L、C，R_2，C_5，C_3，C_4 的作用；

(3) 画出放大器的交流等效电路；

(4) 导出放大器谐振时的电压增益 A_{vo} 表达式。

6.4　题图 6.4 示出了晶体管丙类调谐功放晶体管的输出特性（v_{BE} 最大值对应的一条输出特性曲线）和负载线 ABQ 直线（也称输出动特性），图中，C 点对应的 v_{CE} 等于电源 V_{CC}，试解答下列问题：

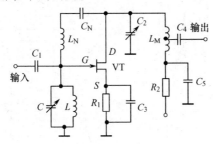

题图 6.3　习题 6.3 用图

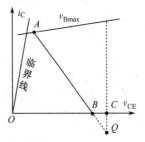

题图 6.4　习题 6.4 用图

(1) 当 $v_i = 0, V_{CE} = V_{CC}$ 时,动特性为何不从 C 点开始,而是从 Q 点开始?

(2) 导通角 θ 为何值时,动特性才从 C 点开始?

(3) i_C 电流脉冲是从 B 点才开始发生,在 BQ 段区间并没有 i_C,为何此时有电压降 v_{BC} 存在?

6.5 谐振功率放大器工作在欠压区,要求输出功率 $P_o = 5\text{W}$,已知 $V_{CC} = 24\text{V}, V_{BB} = V_D, R_e = 53\Omega$,设集电极电流为余弦脉冲,即

$$i_C = \begin{cases} I_{cm}\cos\omega t &, \quad v_b > 0 \\ 0 &, \quad v_b < 0 \end{cases}$$

试求电源供给功率 P_D 和集电极效率 η_c。

6.6 实测谐振功率放大器,发现输出功率 P_o 仅为设计值的 20%,而 I_{co} 却略大于设计值。试问放大器工作于什么状态? 如何调整放大器,才能使 P_o 和 I_{co} 接近设计值?

6.7 求题图 6.5 所示各阻抗变换器的阻抗变换比 R_i/R_L 及相应特性阻抗 Z_C 表达式。

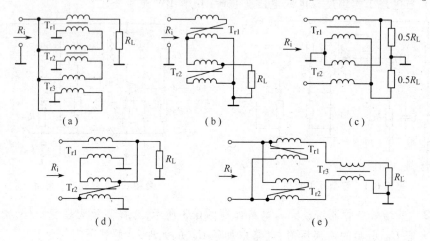

题图 6.5 习题 6.7 用图

6.8 证明题图 6.6 中 R_B 开路(即 B 端信源开路)时 R_C 和 R_D 上的功率都为 $P_A/2$,其中 $P_A = IV$。

6.9 题图 6.7 所示为互感耦合反馈振荡器,画出其高频等效电路,并注明电感线圈的同各端。

6.10 判断题图 6.8 所示交流通路中,哪些不能产生振荡。若能产生振荡,则说明属于哪种振荡电路。

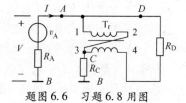

题图 6.6 习题 6.8 用图

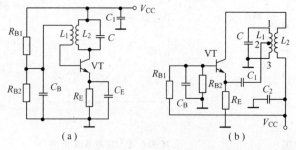

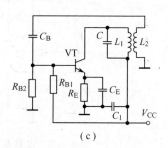

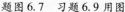

题图 6.7 习题 6.9 用图

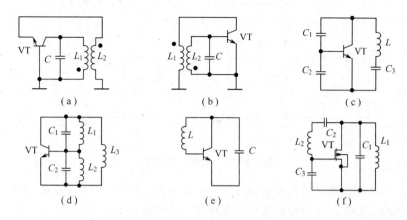

题图 6.8　习题 6.10 用图

6.11　题图 6.9 为一个三谐振回路振荡器的交流等效电路,若电路参数之间的关系如下:

(1) $L_1C_1 > L_2C_2 > L_3C_3$;　(2) $L_1C_1 = L_2C_2 = L_3C_3$;　(3) $L_2C_2 > L_3C_3 > L_1C_1$

试分析以上 3 种情况下电路能否振荡? 若能振荡,则属于哪种类型的振荡电路? 其振荡频率 f_o 与各回路的固有谐振频率 f_1、f_2、f_3 之间是什么关系?

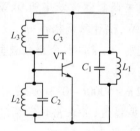

题图 6.9　习题 6.11 用图

6.12　题图 6.10(a)、(b)分别为 10kHz 和 25kHz 晶体振荡器,试画出交流等效电路,说明晶体的作用,并计算反馈系数。

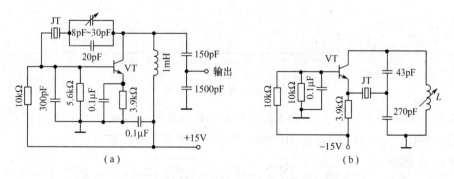

题图 6.10　习题 6.12 用图

6.13　将石英晶体正确地接入题图 6.11 所示电路中,组成并联型或串联型晶体振荡器电路。

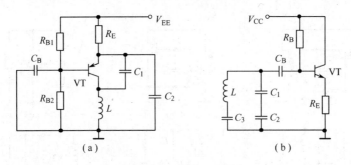

题图 6.11 习题 6.13 用图

6.14 若非线性器件的伏安特性为 $i = a_1 v + a_2 v^2$,其中,$v = V_{cm}\cos\omega_c t + V_{\Omega m}\cos\Omega t + (V_{\Omega m}/2)\cos\Omega t$,且满足 $\omega_c \gg \Omega$ 的条件。求电流 i 中的组合频率成分。

6.15 两个信号的表达式分别为 $v_1 = V_{1m}\cos\omega_1 t (\mathrm{V})$ 和 $v_2 = V_{2m}\cos\omega_2 t (\mathrm{V})$。试写出两者相乘后的数学表达式,并定性画出波形和频谱示意图。

6.16 已知某调幅波的表达式为

$$v_a(t) = (25 + 17.5\cos 2\pi \times 500t)\sin 2\pi \times 10^6 t (\mathrm{V})$$

试求该调幅波的载波振幅 V_{cm}、载波角频率 ω_c、调制信号角频率 Ω、调制度 m_a 和带宽 BW 的值。

6.17 某调幅发射机发射的未调制载波功率为 9kW。当载波被角频率为 Ω_1 的正弦信号调制后,发射功率为 10.125kW,试计算调幅度 m_{a1}。如果再加一个角频率为 Ω_2 的正弦信号对其进行 40% 调幅后再发射,试求这两个正弦波同时调幅时的发射总功率。

6.18 已知某调幅波的表达式为

$$v_a(t) = 25(1 + 0.7\cos 2\pi \times 5000t - 0.3\cos 2\pi \times 10^4 t)\sin 2\pi \times 10^6 t (\mathrm{V})$$

试求其包含的频率分量及相应的振幅值,并求出该调幅波的峰值与谷值。

6.19 已知某调幅波的频谱如题图 6.12 所示。试写出该调幅波的数学表达式,并画出实现该调幅波的原理框图。

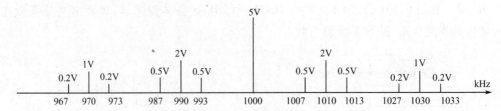

题图 6.12 习题 6.19 用图

6.20 画出题图 6.13 所示多级调制产生 SSB 信号的框图中 A、B、C 三点的频谱图。已知 $f_{o1} = 5\mathrm{MHz}$,$f_{o2} = 50\mathrm{MHz}$,$f_{o3} = 100\mathrm{MHz}$,并说明为何要采用逐级调制方法。

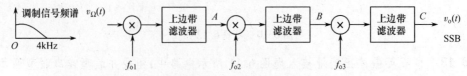

题图 6.13 习题 6.20 用图

6.21 用题图 6.14(a)所示的电路产生 AM 波,已知调制信号 $v_\Omega(t) = V_{\Omega m}\cos\Omega t$,载波 $v_c(t) = V_{cm}\cos\omega_c t$,用示波器测量得到输出端的波形产生了过调制失真如题图 6.14(b)所示。则应如何调整电路参数克服这种失真(注:直流电压 E_o、载波和调制信号幅度均不能改变)?

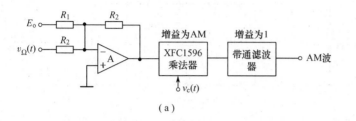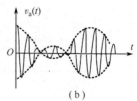

题图 6.14 习题 6.21 用图
(a)调幅器电路;(b)过调制失真波形。

6.22 差分对管调幅电路如题图 6.15 所示。已知载波 $v_c(t) = V_{cm}\cos\omega_c t$,调制信号 $v_\Omega(t) = V_{\Omega m}\cos\Omega t$。

(1) 若 $\omega_c = 10^7$ rad/s,LC 回路对 ω_c 谐振,谐振电阻 $R_L = 1$ kΩ,$E_e = E_c = 10$ V,$R_E = 5$ kΩ,$v_c(t) = 156\cos\omega_c t$(mV),$v_\Omega(t) = 5.63\cos 10^4 t$(V)。试求输出电压 $v_o(t)$。

(2) 电路能否得到双边带信号?

6.23 在题图 6.16 所示的包络检波器电路中,已知 LC 谐振回路固有谐振频率为 10^6 Hz,谐振回路的谐振电阻 $R_o = 20$ kΩ,检波系数 $k_d = 0.9$,试回答下列问题。

(1) 若 $i_s(t) = 0.5\cos 2\pi \times 10^6 t$(mA),写出检波器输入电压 $v_s(t)$ 及输出电压 $v_o(t)$ 的表达式。

(2) 若 $i_s(t) = 0.5(1 + 0.5\cos 2\pi \times 10^3 t)\cos 2\pi \times 10^6 t$(mA),写出 $v_o(t)$ 的表达式。

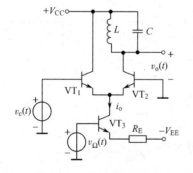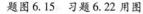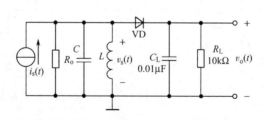

题图 6.15 习题 6.22 用图　　　题图 6.16 习题 6.23 用图

6.24 检波电路图题图 6.17 所示。已知 $v_a(t) = 0.8(1 + 0.5\cos 10\pi \times 10^3 t)\cos 2\pi \times 465 \times 10^3 t$(V),二极管的导通电阻 $r_d = 125\Omega$。求输入电阻 R_{id} 和检波系数 K_d,并检验有无惰性失真和负峰切割失真。

6.25 为了不产生负峰切割失真,通常采用题图 6.18 所示的分负载检波器电路。试问当 $m_a = 0.3$ 时,此电路是否会产生负峰切割失真。若该电路产生了负峰切割失真又应如何解决?

6.26 已知调制信号 $v_\Omega(t) = 2\cos 2\pi \times 2000 t$(V),若调频灵敏度 $k_f = 5$ kHz/V,求最大

频偏 Δf_{m} 和调制指数 m_{f}。若调相灵敏度 $k_{\mathrm{p}} = 2.5\mathrm{rad/V}$，求最大相偏 $\Delta\varphi_{\mathrm{m}}$ 和调制指数 m_{p}。

6.27 已知载波频率 $f_{\mathrm{c}} = 100\mathrm{MHz}$，载波电压振幅 $V_{\mathrm{cm}} = 5\mathrm{V}$，调制信号电压 $v_{\Omega}(t) = \cos 2\pi \times 10^3 t + 2\cos 2\pi \times 500 t (\mathrm{V})$，若最大频偏 $\Delta f_{\mathrm{m}} = 20\mathrm{kHz}$，试写出调频波的数学表达式。

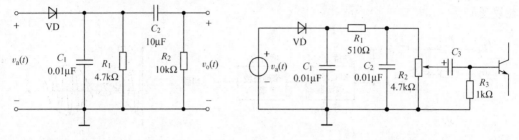

题图 6.17　习题 6.24 用图　　　　　　　　题图 6.18　习题 6.25 用图

6.28 已知载波频率 $f_{\mathrm{c}} = 25\mathrm{MHz}$，载波振幅 $V_{\mathrm{cm}} = 4\mathrm{V}$，调制信号 $v_{\Omega}(t) = V_{\Omega\mathrm{m}}\sin 2\pi \times 400t (\mathrm{V})$，最大频偏 $\Delta f_{\mathrm{m}} = 10\mathrm{MHz}$。

(1) 试分别写出调频波 $v_{\mathrm{f}}(t)$ 和调相波 $v_{\mathrm{p}}(t)$ 的表达式。

(2) 若调制频率改为 2kHz，其它参数不变，再写调频波 $v_{\mathrm{f}}(t)$ 和调相波 $v_{\mathrm{p}}(t)$ 的表达式。

6.29 若调角波的数学表达式为 $v(t) = 10\sin(2\pi \times 10^8 t + 3\sin 2\pi \times 10^4 t)(\mathrm{V})$。

(1) 这是调频波还是调相波?

(2) 求载频、调制频率、调制指数、频偏、带宽以及调角波在 100Ω 电阻上的功率。

6.30 一个调频设备如题图 6.19 所示。已知本振频率 $f_{\mathrm{L}} = 40\mathrm{MHz}$，调制信号频率 $f_{\Omega} = 100\mathrm{Hz} \sim 15\mathrm{kHz}$，混频器输出频率为 $f_{\mathrm{L}} - f_{\mathrm{c}2}$，倍频系数 $N_1 = 5$、$N_2 = 10$。若要求输出调频波的载频 $f_{\mathrm{c}} = 100\mathrm{MHz}$，最大频偏 $\Delta f_{\mathrm{m}} = 75\mathrm{kHz}$。试求 $f_{\mathrm{c}1}$ 和 $\Delta f_{\mathrm{m}1}$ 以及两个放大器的带宽 BW_1、BW_2。

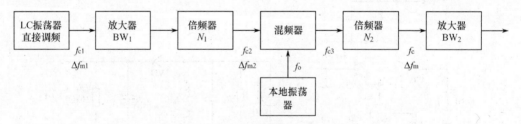

题图 6.19　习题 6.30 用图

6.31 变容二极管直接调频电路如题图 6.20 所示。试分析电路并回答如下问题:

(1) 画出简化的高频等效电路(交流通路)。

(2) 分别说明元件 $L_2, R_5 \setminus R_6$ 和 C_5, R_1, R_2 在电路中的作用。

(3) 该电路的振荡频率主要由哪些元件决定?

6.32 某鉴频器的鉴频特性如题图 6.21 所示。已知鉴频器的输出电压为 $v_{\mathrm{o}}(t) = \cos 4\pi 10^3 t$。

(1) 求出鉴频器的鉴频跨导 g_{d};

(2) 写出输入信号 $v_{\mathrm{f}}(t)$ 和原调制信号 $v_{\Omega}(t)$ 的表达式。

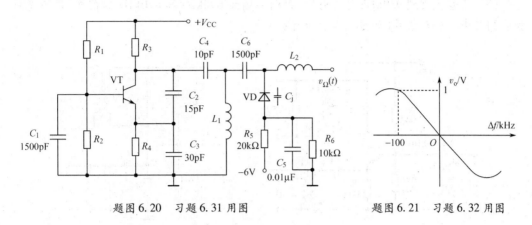

题图 6.20　习题 6.31 用图　　　　　　　题图 6.21　习题 6.32 用图

6.33　微分鉴频器电路如题图 6.22 所示。若输入调频波为 $v_f(t) = V_{fm}\cos(\omega_c t + \int V_{\Omega m}\cos\Omega t dt)$，试写出 $v_{o1}(t)$ 和 $v_o(t)$ 的表达式。

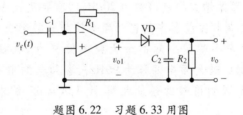

题图 6.22　习题 6.33 用图

6.34　晶体管混频器原理电路如题图 6.23 所示。设本振电压为 $v_L(t) = \cos 2\pi \times 10^6 t(V)$，信号电压为 $v_s(t) = 0.05\cos\omega_s t(V)$，输出中频频率为 465kHz，管子静态电流 $I_{CQ} = 1mA$。电路参数为 $L_1 = 185\mu H$，$N_{1-2} = 40$ 匝，$N_{1-3} = 50$ 匝，$N_{4-5} = 10$ 匝，有载品质因数 $Q_L = 30$。已知晶体管的转移特性为 $i_c = 1 + 8(v_{BE} - 0.5) + 4(v_{BE} - 0.5)^2 (mA)$。

（1）画出混频器的交流等效电路；

（2）求输入信号频率；

（3）求混频器的变频跨导 g_c；

（4）画出混频器的 y 参数等效电路；

（5）求混频器的电压增益 A_{vc}。

6.35　由结型场效应管组成的混频器电路如题图 6.24 所示。若 $v_s(t) = V_{sm}\cos\omega_s t$（V），$v_L(t) = V_{Lm}\cos\omega_L t$（V），输出频率取差频 ω_{L-s}。晶体管的转移特性为

$$i_D = I_{DSS}\left(1 - \frac{v_{GS}}{V_P}\right)^2$$

试求 i_D 中中频电流分量和变频跨导表达式，并分析场效应管混频器的特点。

6.36　一超外差收音机的工作频段为 0.55MHz ～ 25MHz，中频频率为 455kHz，本振频率大于信号频率。试问波段内哪些频率上可能出现 6 阶以下的组合干扰？

6.37　试分析解释下列现象：

（1）在某地，收音机收到 1090kHz 信号时，可以收到 1323kHz 的信号。

（2）收音机收到 1080kHz 信号时，可以收到 540kHz 的信号。

（3）收音机收到930kHz信号时,可以同时收到690kHz和810kHz的信号,但不能单独收到其中一个台信号(如另一电台停播)。

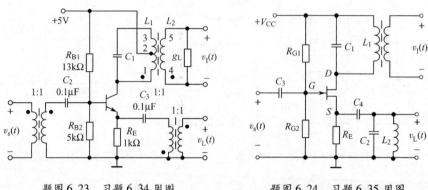

题图6.23　习题6.34用图　　　　　　　题图6.24　习题6.35用图

6.38　某接收机输入信号振幅的动态范围为62dB,要求输出信号振幅限定的变化范围为30%。若单级放大器的增益控制倍数为20dB,问需要几级AGC电路能满足要求?

6.39　题图6.25是调频振荡器中的自动频率控制电路组成框图。已知调频振荡器的载频$f_c = 60$MHz,因频率不稳定引起的最大频率偏移为200kHz,晶体振荡器频率为5.9MHz,因频率不稳引起的最大频率偏移为90Hz,,鉴频器的中心频率为1MHz,低通滤波器增益为1,带宽小于调制信号的最低频率,$A_o A_d A = 1$。试求调频信号的载频偏离60MHz的最大偏离值Δf_c。

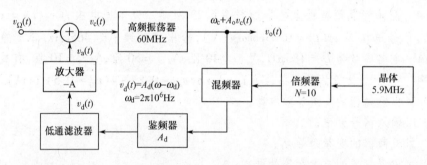

题图6.25　习题6.39用图

6.40　在题图6.26所示的锁相环路中,已知$k_d = 25$mV/rad,$k_o = 10^3$rad/s · V,$RC = 10^{-3}$s/rad。求当输入频率产生突变$\Delta\omega_i = 100$rad/s,要求环路的稳态相位误差为0.1rad时,放大器增益A_1的值。

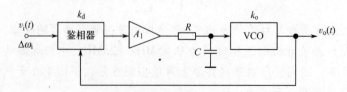

题图6.26　习题6.40用图

6.41　用锁相环解调调频信号的电路如题图 6.27 所示。已知压控振荡器 VCO 的压控灵敏度为 $k_o = 2\pi \times 25 \times 10^3 \, \text{rad/s} \cdot \text{V}$，输入信号 $v_f(t) = V_{fm} \sin(\omega_c t + 10 \sin 2\pi 10^3 t) \, (\text{V})$，环路滤波器允许调制频率通过（环路为调制跟踪环）。求输出 1kHz 的音频电压振幅 $V_{\Omega m}$。

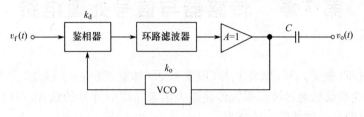

题图 6.27　习题 6.41 用图

第7章 传感器与信号处理电路

人类通过眼(视觉)、耳(听觉)、鼻(嗅觉)、舌(味觉)和皮肤(触觉)等器官来感知外界信息,并将这些信息通过神经系统传递给大脑来完成对外界的认知。这些人类感知外界信息的器官便是一种特殊的传感器。

传感器(Transducer/Sensor)是人类探知自然界信息的触角,是人们获取信息的主要工具。传感器技术是现代信息技术(传感与控制技术、通信技术和计算机技术)的三大支柱之一。在一个现代信息处理系统中,如果将计算机比喻成人的大脑,通信电路比喻成人的神经系统,那么传感器则可比喻成人的感觉器官。显然,作为感觉器官的传感器如果无法及时、准确地获取信息,整个信息系统的各种功能也就无从发挥而失去了意义。因此,传感器也称为电五官。

传感器的应用十分广泛,遍及信息技术各个领域。传感器是航空航天和航海、机器人、自动检测和控制、电力、交通和医疗乃至日常生活中不可缺少的重要部件。传感器在现代信息处理系统中起到无可替代的基石作用。

本章主要介绍传感器的基本概念和原理、传感器信号的处理技术和传感器的应用。

7.1 传感器概述

传感器通常是由敏感元件(Sensing Element)和转换元件(Transducer/Transduction Element)组成的"能感受被测量并按照一定的规律转换成可用输出信号的一种器件或装置"。这里的可用输出信号一般是指易于处理和传输的电信号。因此,狭义地讲,传感器又可以理解为"能把外界非电信息转换为电信号输出的一种器件或装置"。

7.1.1 传感器的构成

传感器通常由敏感元件、转换元件和调理电路等3部分组成,如图7.1.1所示。

图 7.1.1　传感器的构成框图

敏感元件能够直接感知被测量,并将它以确定的关系转换为另一种物理量,而这种物理量是便于转换为电量的。转换元件将敏感元件的输出物理量转换为电量。通常将这种需要二次转换才能把非电量转换成电量输出的传感器称为间接转换型传感器(如部分压力传感器)。有的传感器仅用敏感元件即可一次将非电量转换为电量输出,这样的传感器称为直接转换型传感器(如部分光电传感器)。

7.1.2 传感器的分类

实际工作中使用的传感器种类非常繁杂,涉及的学科领域非常广泛,其分类方法也是多种多样。目前常见的传感器分类方法见表 7.1.1。

表 7.1.1 传感器的主要分类方法

分类法	类型	说明
按基本效应分类	物理型	利用物理效应实现转换,如光电效应、霍耳效应等
	化学型	利用化学效应实现转换,如气敏传感器等
	生物型	利用生物物质的选择性实现转换,如葡萄糖传感器等
按构成原理分类	结构性	以转换元件的结构参数变化实现转换,如空气可变电容器
	物性型	以转换元件的物理特性变化实现转换,如光电池
按能量关系分类	能量转换型	传感器的输出量直接由被测量能量转换而来,如光电池直接将光能转换为电势(电能),不需外加电源
	能量控制型	传感器输出量由外部能源供给,但受被测量控制,如热敏电阻必须外加电源将电阻的变化变为电流的变化
按测量对象分类	位移、温度、压力等	以被测量命名,如光电传感器、温度传感器
按输出类型分类	电阻、电压、电流、电荷	以传感器敏感元件的输出类型命名

7.1.3 传感器的主要特性

为了更好地使用传感器,必须充分了解传感器的特性。传感器的主要特性是根据传感器的输入和输出对应关系来进行描述的。传感器的主要特性可为后续设计传感器信号调理电路提供依据。

从时间域看,传感器的测量对象一般有两种形式:一种是不随时间变化或变化非常缓慢的信号,称为静态信号;另一种是随时间变化的,称为动态信号。例如,同是温度传感器,用来测量大气温度时,由于大气温度相对变化缓慢,短时间观察时可以认为是静态信号;而用于测量冰箱冷冻室温度以确定是否达到设定温度时,又可以把它看成随温度变化的动态信号。当传感器输入量为静态信号时,要用传感器的静态特性来描述输入输出关系;反之,当传感器输入量为动态信号时,就要用传感器的动态特性来描述输入输出关系。

一、静态特性

传感器的静态特性是指输入信号 x 不随时间变化情况下,传感器输出 y 与输入 x 之间的关系曲线 $y = f(x)$。一般来说它是非线性的,可以用下式表示

$$y = a_0 + a_1 x + a_2 x^2 + \cdots + a_n x^n = a_0 + \sum_{i=1}^{n} a_i x^i \qquad (7.1.1)$$

式中:a_0 为零位输出,即输入量 x 为零时的输出量;a_1 为线性系数,也称线性灵敏度,常用 S 表示;$a_2 \sim a_n$ 为非线性项系数。

当系数 a_1 不为 0,而 a_0 和其余系数全为 0 时,则传感器具有理想的线性特性,这样的

传感器性能最好,且易于计算和处理。当 a_o 为 0 且仅有偶数次项系数或奇数次项系数为 0 时,传感器仅在原点附近具有线性特性。当式(7.1.1)中的所有项均不为 0 时,传感器具有非线性特性,这是传感器的一种普遍情况,这样的传感器性能较差。

一般来说,传感器具有非线性特性,这就给传感信号的计算和处理带来一定麻烦,有时还需要对非线性特性进行补偿或校正。

传感器的静态特性常用如下几个主要参数描述。

1. 量程

量程是指传感器的可测量范围。同一类传感器的量程差别非常大。例如,体温计的量程是 35℃ ~ 42℃,GRT 低温温度计量程是 1.5K ~ 44K(-271.5℃ ~ -229℃),WGG$_2$ - 201 型高温计的量程为 700℃ ~ 2000℃。

2. 灵敏度

传感器的灵敏度是指输出增量与输入增量之比,常用 S_n 表示。对于具有线性特性的传感器,其灵敏度为

$$S_n = a_1 = (y - a_o)/x \tag{7.1.2}$$

对于非线性传感器特性,用微分灵敏度表示为

$$S_n(x) = \frac{\mathrm{d}y}{\mathrm{d}x} = \frac{\mathrm{d}f(x)}{\mathrm{d}x} \tag{7.1.3}$$

它是输入输出特性曲线不同点上的斜率,由于 $f(x)$ 是非线性函数,因而对于不同输入值 x 的微分灵敏度就不同。灵敏度有正有负。显然,灵敏度越高越好。

3. 精度(测量误差)

精度是指实际测量输出与理想输出之间的误差,它是传感器的重要性能指标,有的用绝对误差表示,有的用相对误差表示。通常用多次测量的算术平均值 $\bar{y}$ 作为实际测量值。例如,GWR - 4 电阻温度传感器的精度用 1℃ ~ 2℃(绝对误差)表示,而 CWZ5 - 2 - 1 型传感器的精度则是用相对百分比 ±1% 来表示(即绝对误差为满量程的 ±1%),换算成绝对误差为 ±1.9℃。

4. 重复性

重复性是指传感器在输入量按同一方向作全量程多次测试时,所得特性曲线的一致性程度。假定对同一大小的输入进行 n 次测量,所得输出为 $y_i(i = 1, 2, \cdots, n)$,测量数据的离散程度可用标准偏差(均方差)的估计值 $\hat{\sigma}$ 表示,即

$$\hat{\sigma} = \sqrt{\frac{1}{n-1} \sum_{i=1}^{n} (y_i - \bar{y})^2} \tag{7.1.4}$$

当测量次数 $n \to \infty$ 时,标准偏差的估计值 $\hat{\sigma}$ 就等于标准偏差 σ。

式(7.1.4)中,$\bar{y}$ 是 n 次测量的算术平均值,即

$$\bar{y} = \frac{1}{n} \sum_{i=1}^{n} y_i \tag{7.1.5}$$

$\hat{\sigma}$ 越大表示测量值偏离平均值的程度越高,测量重复性也就越差。

重复性也可用两条上行特性曲线的最大误差相对于满量程值的相对误差表示（图 7.1.2），即

$$\Delta R = \frac{\Delta m}{y_{FS}} \times 100\% \qquad (7.1.6)$$

不重复性误差为随机误差，产生的原因一般是传感器的机械部分磨损、间隙、松动、摩擦、积尘、老化等。

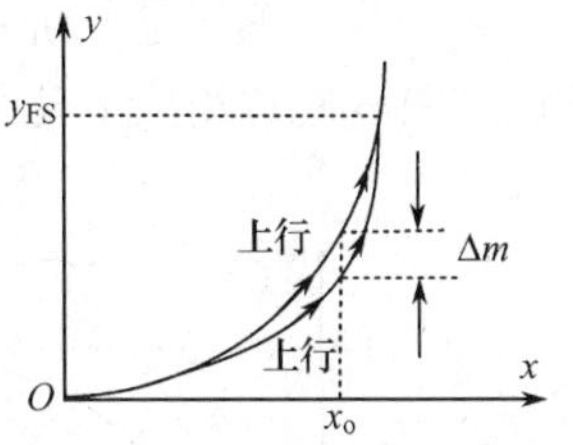

5. 输出阻抗

传感器可等效为信号源，信号源等效内阻即为传感器的输出阻抗。输出阻抗直接影响信号调理电路中输入级的设计。

6. 线性度

线性度也称非线性误差，一般定义为

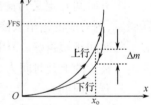

图 7.1.2　传感器的重复性

$$E = \pm \frac{\Delta_{max}}{y_{FS}} \times 100\% \qquad (7.1.7)$$

式中：Δ_{max} 为实际特性曲线与近似拟合直线之间的最大偏差；y_{FS} 为输出满量程值。

显然，非线性误差越小越好。理想传感器的非线性误差为 0。

7. 迟滞现象

迟滞现象是指传感器输入量正向（上行）和反向（下行）测量出的特性不重合，如图 7.1.3 所示。对应于同一个输入 x，上行测量结果为 y_i，下行测量结果为 y_d，两者之差叫滞环误差。如在 x_0 处的最大的滞环误差为 Δm，则定义最大滞环率 E_{max} 表征迟滞环的不重合程度，即

$$E_{max} = \frac{\Delta m}{y_{FS}} \times 100\% \qquad (7.1.8)$$

式中：y_{FS} 为满量程值。

带有机械结构的传感器常常因为机械磨损、松动等原因产生迟滞现象。有些物性传感器也有迟滞现象，如压电陶瓷的极化曲线等。

图 7.1.3　迟滞现象

二、动态特性

传感器的动态特性是指传感器对输入激励的响应特性。也可以说是当传感器的输入信号为一快变化信号时的暂态响应过程。理想的动态响应是传感器的输出可瞬时跟踪输入变化。通常情况下，由于传感器中存在的各类电抗元件都将使得输出滞后于输入，这就是动态误差的来源。研究传感器的动态响应在需要传感器做出实时响应的场合具有特别重要的意义。例如，光通信中用光敏二极管检测光信道中传输的已调制光信号（暗 - 0，亮 - 1），如果光信号传输速率为 100Mb/s，则所选用光敏二极管的动态响应必须能跟上这个变化速度。

传感器的动态响应可以用时间域和频率域两种方法描述。

1. 时域特性

传感器时域特性一般是指传感器对输入阶跃信号的响应。对于一阶响应的传感器

（光敏电阻、热敏电阻、热释电型红外传感器等），其动态特性如图 7.1.4 所示，可以用时间常数 τ 表示。其含义是加入阶跃激励信号后经过时间 τ，传感器输出将达到稳态输出值的约 63% ，经过 3τ，将达到稳态输出值的 95% 。例如，TM17K 热敏电阻的时间常数是 9s。

　　有一些传感器是二阶系统，其输出阶跃响应一般如图 7.1.5 所示。描述二阶系统阶跃响应曲线通常用以下几个指标。

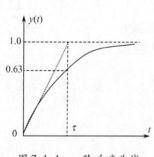

图 7.1.4　一阶响应曲线

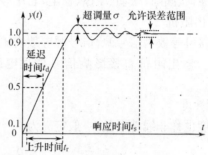

图 7.1.5　二阶响应曲线

　　1）响应时间（也叫稳定时间）t_s

　　响应时间 t_s 定义为从阶跃信号加入开始，到输出第一次进入稳态误差允许范围所需的时间。稳态允许误差范围一般可设定在稳态输出的 ±5% 或 ±2% 。响应时间越短越好。例如，TPS70B 型光电二极管的响应时间只有 2ns。

　　2）上升时间 t_r

　　上升时间 t_r 定义为输出从稳态值的 10% 上升到 90% 所需的时间。如果外加负向阶跃激励，则对应的输出从稳态值的 10% 变化到 90% 所需的时间叫下降时间 t_f。上升时间和下降时间越短越好。3DU2 光敏三极管的上升时间与下降时间之和小于 5μs。PN300 光电二极管的上升时间为 1ns。

　　3）延迟时间 t_d

　　延迟时间 t_d 定义为从阶跃信号加入开始，到输出达到稳态输出的 50% 所需的时间。延迟时间越短越好。

　　4）超调量 σ

　　超调量 σ 定义为输出响应超出稳态值的最大偏差，用百分比表示。过调量越小越好。

　　2. 频域特性

　　传感器的频率域特性是用传感器的频率响应特性来描述传感器的动特性。同时间域特性不同在于一个是时间域分析，而另一个是频率域分析。通常给出带宽这个频率域参数来描述传感器的频率特性。传感器带宽越宽，响应速度就越快，即上升时间和响应时间越短，二者是统一的。例如，C30950 型光电器件的 3dB 带宽为 35MHz，可换算出它的上升时间约为 $t_r = 0.35/(BW_{3dB}) \approx 0.01\mu s$。

　　小结

　　1. 传感器是利用某种转换原理，将物理、化学、生物等外界信号转换成可直接测量的电信号的器件。

2. 传感器通常由敏感元件、转换元件和调理电路 3 部分组成。敏感元件直接感知被测量,并将之以确定的关系转换为另一种物理量;转换元件将敏感元件的输出物理量转换为电量;调理电路将转换元件输出的电量进行处理,使之易于显示和传输。

3. 传感器的主要特性分静态特性和动态特性两种。静态特性参数描述的是传感器对于缓慢变化输入信号的稳态响应;而动态特性参数描述的是传感器对于快速变化输入信号的暂态响应,体现了传感器输出跟踪输入变化的能力。

复习思考题

1. 传感器都有哪些组成部分?各自完成什么功能?

2. 传感器的主要特性参数分为哪两类?各自描述了传感器什么方面的特性?

3. 对于一个检测室温的红外线温度传感器,我们对它的哪些特性参数将会提出较高的要求?若是一个检测飞轮转速的光敏传感器又将对它的哪些特性参数提出较高的要求?

4. 下列元器件、电路或设备哪些是传感器?哪些是敏感元件?

(1)热敏电阻、光敏电阻、光敏世界观、气敏三极管、压力应变片、磁敏开关;

(2)晶体话筒、电容话筒、温度计、光控开关、声控开关、摄像镜头;

(3)电子秤、电子体温计、B 超、摄像机、雷达、声纳。

5. 试列举 10 种日常生活中常见的可以被传感器探测的物理量、化学量或生物量。

7.2 典型传感器原理和应用

传感器面对的待转换对象五花八门,凡是人们想要了解的客观世界的一切都是传感器的测量对象,如声、光、电磁、放射性、位置和距离,速度、角度、流量、液位、温度和湿度等。这就使得实际使用的传感器种类、原理和结构形式千差万别、各不相同。

本节仅介绍几种典型传感器的原理和应用。

7.2.1 温度传感器

温度是一个和人们的生活环境密切相关的物理量,也是人们在科学试验和生产活动中需要控制的重要物理量,因此,温度传感器是各种传感器中应用最广泛的一种传感器。

温度传感器从使用上可分为接触型和非接触型两类,前者需要将传感器置于被测温度环境中(或接触被测物体),后者则是利用被测物体发出的红外线,可在一定的距离范围内测量。

实际中常见的温度传感器种类繁多,有热电偶、热电阻和热敏电阻、聚合热开关、热敏铁氧体、半导体类温度传感器和红外传感器等。这些温度传感器各有优缺点,例如,热电偶适用温度范围宽,但灵敏度小、线性度差且需要参考温度。热敏电阻体积小、灵敏度高、响应快,但非线性严重。半导体类温度传感器则具有灵敏度高、响应快和易集成等特点,尤其在数字化、遥测等方面相比其它温度传感器具有明显优势,得到了非常广泛的应用。

一、温敏二极管

二极管是由 PN 结构成的,理想 PN 结的正向电流 I_F 和正向压降 V_F 存在如下近似

关系:

$$I_F \approx I_S \exp\left(\frac{qV_F}{kT}\right) \tag{7.2.1}$$

式中:q 为电子电荷量;k 为波尔兹曼常数;T 为绝对温度;I_S 为反向饱和电流,它是一个和 PN 结材料的禁带宽度以及温度等有关的数,它可表示为

$$I_S = BT\eta \exp\left(-\frac{qV_{go}}{kT}\right) \tag{7.2.2}$$

式中:B、η 为与半导体结构和工艺有关的常数;V_{go} 为温度是 0K 时半导体材料的禁带宽度。

将式(7.2.2)代入式(7.2.1),并两边取对数可得

$$V_F = \frac{kT}{q}\ln I_F + V_{go} - \frac{kT}{q}\ln B - \frac{kT}{q}\eta\ln T$$

对上式微分得到 V_F 的温度系数为

$$\frac{dV_F}{dT} = \frac{k}{q}\ln I_F - \frac{k}{q}\ln B - \frac{k}{q}\eta\ln T - \frac{k}{q}\eta = -\left(\frac{V_{go} - V_F}{T} + \eta\frac{k}{q}\right) \tag{7.2.3}$$

若取 $\eta = 3.5$,$T = 300K$,$V_F = 0.65V$,则正向压降 V_F 对温度 T 的变化率为 $-2mV/K$。表明在 300K 基础上,温度每升高 1K,PN 结的正向压降就降低 2mV。利用这一特性,就可以用它进行温度测量。

二、集成温度传感器

图 7.2.1 是集成温度传感器感温部分的原理图。其中,图 7.2.1(a)所示电路为电压输出型,图 7.2.1(b)所示电路为电流输出型。

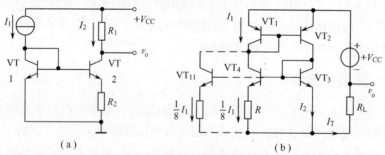

图 7.2.1 集成温度传感器感温部分原理图
(a)电压输出型;(b)电流输出型。

电压输出型电路(图 7.2.1(a))其实是一个微电流镜电路,该电路的输出电压与被测温度成正比关系。由图 7.2.1 可见,输出信号电压为 $V_o = -I_2 R_1$,因为

$$I_2 = \frac{V_{BE1} - V_{BE2}}{R_2} = \frac{kT}{qR_2}\ln\frac{I_1 \cdot I_{ES2}}{I_{ES1} \cdot I_2}$$

式中,I_{ES1}、I_{ES2} 为 VT_1、VT_2 的发射结反向饱和电流,它们可用式(7.2.2)表示。

当 I_1 恒定时可以通过调整 R_2 的阻值使 $I_1 = I_2$。于是,输出电压可表示为

$$v_o = -I_2 R_1 = -\frac{kT}{qR_2}R_1 \ln\frac{I_{ES2}}{I_{ES1}} = \frac{kT}{qR_2}R_1 \ln\frac{B_1\eta_1}{B_2\eta_2}$$

输出电压对温度的变化率(温度系数)为

$$\alpha_T = \frac{\mathrm{d}v_o}{\mathrm{d}T} = \frac{kR_1}{qR_2}\ln\frac{B_1\eta_1}{B_2\eta_2} \tag{7.2.4}$$

如果取 $R_1 = 30\mathrm{k}\Omega$, $R_2 = 940\Omega$, $B_1\eta_1/B_2\eta_2 = 37$,则输出电压的温度系数为 $10\mathrm{mV/K}$。即被测温度升高 $1\mathrm{K}$,输出电压增加 $10\mathrm{mV}$。

电流输出型电路(图 7.2.1(b))也由电流镜电路组成,该电路的输出电流与被测温度成正比关系。由图可见,输出信号电流为 $I_T = I_1 + I_2 = 2I_1$,因为

$$I_1 = 8 \times \frac{1}{8}I_1 = 8\frac{(V_{BE3} - V_{BE4})}{R} = \frac{8\Delta V_{BE}}{R}$$

若晶体管的参数相同, ΔV_{BE} 可表示为

$$\Delta V_{BE} = V_T \ln\frac{I_2}{I_{ES2}} \cdot \frac{8I_{ES1}}{I_1} = V_T \ln 8$$

于是,得到输出电流为

$$I_T = 2I_1 = \frac{16\Delta V_{BE}}{R} = \frac{16V_T}{R}\ln 8 \tag{7.2.5}$$

输出电流的温度系数为

$$\alpha_T = \frac{\mathrm{d}I_T}{\mathrm{d}T} = \frac{16k}{qR}\ln 8 \tag{7.2.6}$$

若电阻 R 取值为 2864Ω,则输出电流的温度系数为 $1\mu\mathrm{A/K}$,即温度每升高 $1\mathrm{K}$,输出电流增加 $1\mu\mathrm{A}$。

AD590 就是基于上述原理制作的一种电流型集成温度传感器,它的输出电流温度系数为 $1\mu\mathrm{A/K}$,测温范围为 $-55\text{℃} \sim 150\text{℃}$,精度为 $\pm 1\text{℃}$,直流供电电压范围 $4\mathrm{V} \sim 30\mathrm{V}$,信号传输距离可达 $100\mathrm{m}$ 以上。

AD590 组成的基本测温电路如图 7.2.2 所示。AD590 将被测温度转换为相应电流,该电流流经负载 R_L 后变成相应的电压输出,若 $R_L = 1\mathrm{k}\Omega$,则输出电压灵敏度为 $1\mathrm{mV/℃}$。

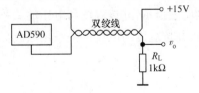

图 7.2.2　AD590 的基本测温电路

图 7.2.3 是 AD590 的另外两种应用电路,其中,图 7.2.3(a)所示电路为最低温度检测电路,可检测 T_1、T_2、T_3 三个温度中的最小值, $I_T = \alpha_T \min(T_1, T_2, T_3)$。图 7.2.3(b)所示电路为平均温度检测电路,可检测 T_1、T_2、T_3 三个温度的平均值, $I_T = \alpha_T(T_1 + T_2 + T_3)$,将 I_T 接到适当的电路即可实现平均值测量。

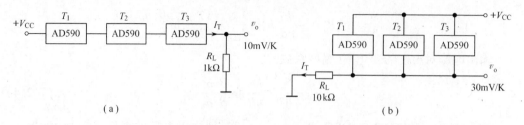

图 7.2.3 AD590 组成的最低温度和平均温度检测电路
(a)最低温度检测；(b)平均温度检测。

例 7.2.1 试设计一个能测量 $T_1 \sim T_5$ 这 5 个温度平均值的电路。已知 AD590 的电流温度系数为 $1\mu A/K$，且当被测温度为零时输出电流也为 0。要求在 $0℃ \sim 100℃$ 温度测量范围内输出电压为 $0V \sim -10V$。给定条件:有一个理想运放,电阻若干,直流供电电压为 $\pm 15V$。

解:可以用 5 个 AD590 并联,把 5 个传感器分别处在 5 个不同的温度环境中,然后对总电流进行 1/5 分流,将分流后的电流转换成电压并放大到所需的量程范围即可。

设计的电路如图 7.2.4 所示。其中,电位器 R_W 的阻值应调整在 $4k\Omega$ 左右,以确保分流比为 1/5。

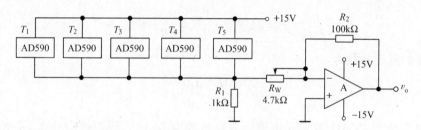

图 7.2.4 例 7.2.1 电路

由图可见,输出电压为

$$v_o = \alpha_T \sum_{i=1}^{5} T_i \cdot \frac{R_1}{R_1 + R_W} (-R_2) = -\frac{1}{5} \cdot 100 \sum_{i=1}^{5} T_i (mV/℃)$$

当被测平均温度为 0 时输出电压也为 0,当平均温度达到 $100℃$ 时输出电压为 $-10V$。若将上述输出电压用电压表指示,并按温度与电压的关系刻度,即构成模拟式温度测量仪。若对 v_o 进行 AD 转换,并按温度与电压的关系用数码显示,即构成数字式温度测量仪。

7.2.2 光电传感器

光电传感器是采用光电元件作为检测元件的传感器。它首先把被测量的变化转换成光量的变化,然后借助光电元件进一步将光量转换成电量。它具有结构简单、精度高、响应快、抗干扰能力强、非接触性等优点。除可直接测量光信号外,还可间接测量位移、速度、加速度、压力等物理量。所以在检测技术以及自动化控制领域得到了广泛应用。

一、光电效应

光是由一定能量的粒子(也称光子)组成的,光照射在物体上可以看成一连串具有能量的光子对物体的轰击,物体吸收光子能量而产生相应的电效应,即光电效应。这一效应是实现光电转换的物理基础。光电效应依据表现形式的不同,可分为外光电效应和内光电效应两类。

常用的光电传感器多基于内光电效应原理来工作。

1. 外光电效应

1887 年德国科学家赫兹发现了外光电效应。在光线照射下,物体内的电子接收光子的能量,获得足够能量的电子脱离原子核的束缚,逸出物体表面向外发射的现象称为外光电效应或者光电发射效应。

基于外光电效应原理工作的光电传感器有光电管和光电倍增管。它们利用光电阳极吸引光敏材料逸出的电子,在内部形成空间电子流,从而在外电路产生电流。

2. 内光电效应

在光线照射下,物体内的电子虽不能逸出物体表面,但使物体的电导率发生变化或产生光生电动势的效应称为内光电效应。内光电效应又可分为光电导效应和光生伏特效应。

1)光电导效应

在光线照射下,电子吸收光子能量后而引起物质电导率发生变化的现象称为光电导效应。这种效应绝大多数的高电阻率半导体材料都存在。当半导体材料接受光照时,其共价键中的价电子吸收光子能量,成为光生自由电子,使得半导体中自由电子—空穴对增加,引起材料的导电率提高,电阻值下降。光照停止时,失去光子能量的光生自由电子又重新与空穴复合,自由电子—空穴对减少,引起材料的导电率下降,电阻值提高。

基于光电导效应工作的光电传感器主要有光敏电阻。它具有很高的灵敏度,光谱响应范围可以从紫外线区域到红外线区域,而且体积小,性能稳定,应用十分广泛。

2)光生伏特效应

在光线照射下,半导体材料吸收光能后,引起 PN 结两端产生电动势的现象称为光生伏特效应。在无光照时,PN 结由于扩散运动而形成内建电场,该电场方向是由 N 区指向 P 区,如图 7.2.5 所示。

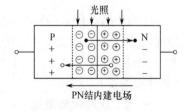

图 7.2.5　光生伏特效应

当光照射到 PN 结上时,如果电子吸收足够的光子能量而激发成为自由电子,将在 PN 结内产生大量的电子空穴对。这些电子空穴对在 PN 结内建电场的作用下电子移向 N 区,空穴移向 P 区,使得电子在 N 区积累,空穴在 P 区积累,从而使 PN 结两端形成电位差,便产生了光生电动势。若用导线将 PN 结两端连接起来,电路中就有电流,此电流称为光生电流。显然,光照越强,所激发的光生电子和空穴越多,所形成的光生电动势或光生电流也就越大。

基于光生伏特效应原理工作的光电传感器主要有光电池、光敏二极管和光敏三极管等。下面,以常见的光敏二极管为例介绍这类光电传感器的原理与应用。

二、光敏二极管

光敏二极管是一种基于光生伏特效应原理工作的光电传感器,又称为光电二极管。它的结构与普通半导体二极管类似,不同之处在于光敏二极管壳体开有透明窗,以便接受光线照射,同时 PN 结面积大、厚度薄,有利于提高光电转换效率。

当有光线通过透明窗照射在 PN 结上时,将会在 PN 结内产生光生电子空穴对,它们在 PN 结电场和外加反向偏压的共同作用下漂移越过 PN 结,产生光生电动势,从而在外电路形成光电流。

光敏二极管对光照的响应特性如图 7.2.6 所示。从图中可以看出,光敏二极管的短路电流与施加的光照强度呈线性关系,而开路电压在光照强度较低时近似线性,随着照度增加,开路电压趋于饱和,呈严重非线性。

由光敏二极管的光照响应特性可知,其输出电流与光照强度呈线性关系,所以做测量元件使用时,应以电流源形式使用。

光敏二极管实际应用时有两种电路形式,如图 7.2.7 所示。一是反向偏压形式,即给光敏二极管加反向偏压。由于反向偏压减小了光敏二极管的结电容,工作速度高,适用于高速光检测设备中。但由于反向偏压使用时存在反向电流,会产生霰弹噪声,不适合精密测量。二是零偏压形式,无光照时无电流输出,实现了零输入时零输出。同时由于零偏压使用时无反向电流,噪声小,灵敏度高,适合精密测量使用。但高频响应较差。

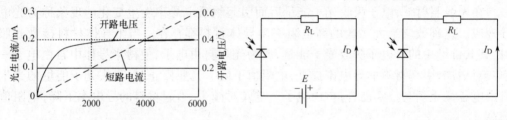

图 7.2.6　光敏二极管照度响应　　　　　图 7.2.7　光敏二极管两种工作模式

7.2.3　CCD 图像传感器

图像传感器是采用光电转换原理,用来摄取平面光学图像并使其转换为电子图像信号的一种器件。图像传感器用于摄像的目的较多,因此又称为摄像管。摄像管经历了光电、超光电、光导等阶段。CCD 图像传感器则是 20 世纪 70 年代新发展起来的一种摄像管(固体摄像管)。

一、CCD 结构和原理

CCD(Charge Coupled Device)即电荷耦合器件,它是在 MOS 器件的基础上发展起来的。CCD 作为光敏器件主要用作摄像器件,它在通信、雷达、航海,医学和气象等领域有广泛应用。此外,CCD 器件也用作信息处理和信息存储器件。

图 7.2.8 是 CCD 耦合器件的结构图,该结构形成了一个金属—氧化物—半导体电容器,即 MOS 电容器。当在金属电极上施加一正电压时,在半导体内部形成一个方向从上到下的电场,该电场将 P 型硅中的少数载流子(电子)吸引到靠近金属电极的一侧,而空穴则被电场驱赶,从而形成一个电子井(电荷包)。当有光线照射到半导体时,光激发(光生电子)使电子数目增多,电子井中积聚的电子数也增加。因此,电子井中的电子数多少

可以表征外部光照的强弱。

如果在一个硅片上做上成千上万个相互孤立的 MOS 电容,则在电极上加电后,每个电极下面形成一个电子井,井中收集的光生电子数与光照强弱成正比。因这些电子井互不相通,每个 MOS 电容收集到的光生电子也不会混淆,于是,照在硅片上的光学图像就被转换成一幅光生电子图像,每个 MOS 电容构成一个像元。

如何把存储在 MOS 电容阵列中的光生电子图像变成图像信号依次读出呢? 能完成这一功能的器件就是电荷耦合器,结构原理如图 7.2.9 所示。

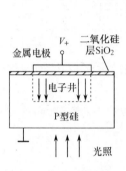

图 7.2.8　MOS 电容

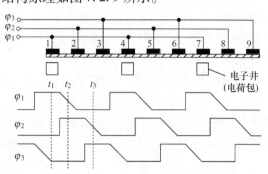

图 7.2.9　电荷耦合原理

硅片上的 MOS 电容阵列的电极以三相方式连接,电极 1、4、7… 与 φ_1 相连,电极 2、5、8… 与 φ_2 相连,电极 3、6、9… 与 φ_3 相连。则在 t_1 时刻,φ_1 为高电平,φ_2 和 φ_3 为零电平,φ_1 电极下形成电荷包。在 t_2 时刻,φ_1 电平开始下降但不为 0,φ_2 为高电平,φ_3 为零电平,φ_2 电极下形成电荷包,同时 φ_1 电极下的电子井开始变浅,因电极靠得很近,φ_1 电极下的电子井分别与 φ_2 电极下的电子井相通,于是,φ_1 电极下的电子向 φ_2 电极下的电子井转移(图 7.2.10)。在 t_3 时刻,φ_1 为零电平,φ_2 电平开始下降但不为 0,φ_3 为高电平,φ_1 电极下的电子井完全消失,电荷完全转移到了 φ_2 电极下的电子井中,同时 φ_3 电极下形成电子井,φ_2 电极下的电子向 φ_3 电极下的电子井转移,φ_3 电极下的电荷包中的电荷经输出电路后在负载上 R_L 产生一个脉冲电压,这样就完成了一次转移。每一个脉冲代表一次转移(一个像素),脉冲电压的幅度代表电荷包中电荷的数量(图 7.2.11)。

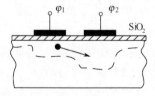

图 7.2.10　电荷转移示意图

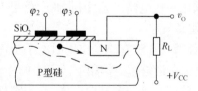

图 7.2.11　CCD 器件输出结构

二、CCD 图像传感器的应用

CCD 图像传感器分为线阵和面阵两种,如 GZ104 型 1024 位线阵 CCD,GZ105 型 2048 位线阵 CCD, GS 型 1024 位和 2048 位线阵 CCD,GZ202 型 320×256 位面阵 CCD 等。

图 7.2.12 是具有一万个像元的面阵 CCD 图像传感器的结构原理图,在三相时钟 Φ 的一个信号周期内,所有像元下移一位,在三相时钟 φ 的一个信号周期内,所有像元右移一列。因此要将 10000 个像元全部读出,时钟 Φ 需要 100 个信号周期,而时钟 φ 则需要

10000 个信号周期,时钟 φ 的频率是时钟 Φ 的 100 倍。

CCD 图像传感器除了用于摄像外,其它领域也有广泛应用。图 7.2.13 是 CCD 在无损(非接触)检测工件尺寸方面的一个应用原理图。被测工件用光学镜头聚焦成像到线阵 CCD 图像传感器上,若标准长度 H 成像到 CCD 上为 M 个像元,则每个像元对应的尺寸为 H/M,检测工件时若读取到的像元数为 N,则被测工件尺寸为 $L = NH/M$,例如,当 $H = 5cm$,$M = 2000$,读取像元数为 500,则被测工件尺寸 $L = 1.25cm$。由于像元计数误差最多为

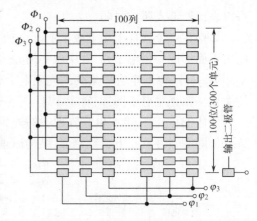

图 7.2.12　面阵 CCD 结构原理

± 1 个,故测量的绝对误差为 $\pm 25\mu m$。如果采用像元数更高的 CCD 传感器,可以进一步提高测量精度,故此种方法可以实现对工件的无接触精密测量。

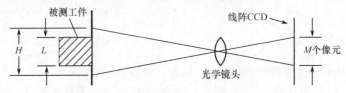

图 7.2.13　CCD 检测工件尺寸示意图

7.2.4　霍耳传感器(磁传感器)

霍耳传感器是利用霍耳效应实现磁电转换的一种传感器。1879 年美国物理学家霍耳首先在金属材料中发现了霍耳效应,但由于金属材料的霍耳效应太弱而没有得到应用。随着半导体技术的发展,开始用半导体材料制成霍耳元件,由于它的霍耳效应显著而得到应用和发展。

由于霍耳传感器具有体积小、成本低、灵敏度高、性能可靠、频带宽、动态范围大等特点,并可采用集成电路工艺,因此被广泛用于电磁、压力、加速度等参数的测量。

一、霍耳效应

半导体薄片在没有磁场作用时电子是均匀分布的,但若在半导体正面垂直方向加磁场 B,则电子在洛伦兹力作用下向下方偏移,使半导体出现上侧电子不足而下侧电子过剩现象,于是就产生了一个横向电场,称为霍耳电场。霍耳电场产生一定大小的静电力与洛伦兹力相平衡,使半导体内的电子仍能平行地沿正面向前运动,在半导体横面上产生一个电压,该电压称为霍耳电压 V_H(霍耳电势),如图 7.2.14 所示。霍耳电压可表示为

$$V_H = IB \frac{R_H}{d} \cdot f\left(\frac{L}{W}\right) \tag{7.2.7}$$

式中:R_H 为霍耳系数;d 为元件厚度;B 为磁场强度;I 为通过霍耳元件的电流;$f(L/W)$ 称为元件形状函数。

可见,在元件几何尺寸和通过元件的电流一定时,霍耳电压正比于磁场强度。

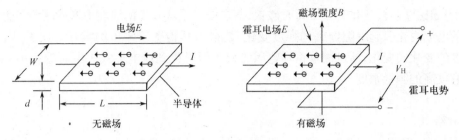

图 7.2.14　霍耳效应

制造霍耳元件的主要半导体材料是锗、硅、砷化镓和锑化铟等,其中锗材料制成的霍耳元件灵敏度低、但线性度好,而用锑化铟制成的霍耳元件虽然温度特性较差,但灵敏度高,因而使用场合较多。

二、集成霍耳传感器

霍耳传感器由霍耳元件片和电极引线封装而成。在两个相互垂直方向的侧面上分别引出一对电极,其中一对为控制电流电极,另一对为霍耳电压输出电极。电路符号如图7.2.15 所示。

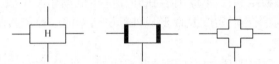

图 7.2.15　霍耳传感器的电路符号

集成霍耳传感器分为开关型和线性型两种。开关型传感器的输出电压仅有高、低两个电平,表明传感器检测到的磁场强度高于或低于某个阈值,这类传感器一般由霍耳元件、放大器、整形电路和开路输出晶体管组成,如图 7.2.16(a)所示。线性传感器的输出电压与外加磁场强度成线性关系,这类传感器一般由霍耳元件、放大器和一些辅助电路组成,如图 7.2.16(b)所示。

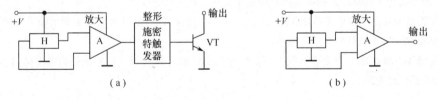

(a)　　　　　　　　　　　　　　(b)

图 7.2.16　集成霍耳传感器

开关型集成霍耳传感器主要应用在点火系统、保安系统、电流测定与控制和机械设备限位等方面。线性型集成霍耳传感器主要应用在位置、质量、速度、磁场和电流等方面的测量或控制等方面。

图 7.2.17 所示为使用霍耳传感器测量电流的方案。被测通电导线贯穿导磁铁芯中央,当被测导线中有电流流过时,会在导线周围产生磁

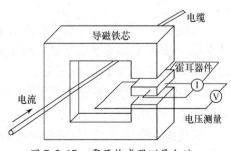

图 7.2.17　霍耳传感器测量电流

场,使得导磁铁芯被磁化为一个暂时磁铁,并在放置霍耳元件的缝隙中形成磁场。通电导线中的电流变化引起缝隙处磁场强度变化,使得霍耳传感器输出的霍耳电压 V_H 随着磁场强度的变化而变化,通过测量霍耳电压的大小即可得到通电导线中电流的大小。该方案具有较高的测量精度。

小结

1. PN 结的正向压降随温度而变化而减小,当对 PN 结恒流供电时,其正向压降的变化可以表示温度的变化,故 PN 结是一个简单的温度传感器。它具有灵敏度高、线性好、响应快和易集成等特点。

2. AD590 是一个电流输出型集成温度传感器,用它可以组成最低温度、平均温度等检测电路,特别适合远程遥测和多点温度测量系统。

3. 光电传感器是利用光电效应完成光量到电量的转换。基于外光电效应原理工作的光电传感器有光电管和光电倍增管,基于内光电效应原理工作的光电传感器主要有光敏电阻、光电池、光敏二极管和光敏三极管等。

4. CCD 图像传感器是利用 MOS 电容在外加电压电场作用下收集光生电子,形成光生电子图像,再经电荷耦合器读出,从而形成外部电信号的一种传感器件。它主要用作摄像管,也用于其它领域。

5. 霍耳传感器是利用霍耳效应实现磁电转换的一种传感器。半导体材料的霍耳效应明显强于金属。霍耳传感器常用于非接触式检测电磁、位移、转速等参数。

复习思考题

1. 如何用温敏二极管组成一个简单的测温电路?

2. 为什么电流输出型温度传感器非常适合远距离遥测?

3. 在实际使用中,我们应当使用光敏二极管传感器的输出电压还是输出电流来指示光量的变化?当使用光敏二极管进行环境光强度检测时应工作在何种偏压模式?

4. 开关型和线性型霍耳传感器有何区别?试用三运放结构的测量放大器来放大霍耳传感器的输出信号,从而构成一个线性型霍耳传感器。

5. 试用 AD590 画出一个能够测量 T_1、T_2、T_3 中的最低温度和 T_4、T_5、T_6 中的最低温度这两个最低温度的平均值的原理电路。

7.3 传感器接口电路

传感器种类繁多,输出信号形式也多种多样。例如,有的传感器输出信号形式是电压或电流,有的传感器输出信号形式则是阻抗(电阻、电容或电感),还有的传感器信号形式是频率等。传感器不仅信号形式多样,而且有的传感器输出信号十分微弱(小于 $0.1\mu V$)、输出阻抗高、传输衰减大、动态范围宽和非线性等。所有这些均给传感器信号的处理带来一定困难。

在传感器应用中,针对不同的传感器要采用不同的接口电路。例如,高输出阻抗的传感器应有高输入阻抗的电路与之匹配,阻抗型输出的传感器应有相应的电桥电路和放大器与之接口等。有的传感器还需要采用特殊的专用技术,如微弱信号检测、非线性补偿和校正等。

传感器的接口电路正是因各类不同传感器的需要而产生的,它在系统中主要起信号放大、电平变换、信号转换、阻抗匹配和便于传输等作用。

7.3.1　电桥和电桥放大器

电桥和电桥放大器电路是传感器接口电路中常用的一种电路形式,它用来将传感器的电阻、电容或电感的变化转换成电压或电流的变化。依据电桥供电电源不同,电桥可分为直流和交流两种,直流电桥用于电阻式传感器,如热电阻等,交流电桥用于测量电容式或电感式传感器中的电容或电感的变化。

一、电桥电路

1. 直流电桥

基本直流电桥如图 7.3.1 所示,4 个电阻构成 4 个桥臂。它由直流电源供电,电桥的一个对角线为输出端,该端一般接有高输入阻抗放大器,故可将该端视为开路,即电路的输出电压不受负载电阻影响。由图可见,$I_1 = E/(R_1 + R_2)$, $I_2 = E/(R_3 + R_4)$,则输出电压为

$$V_o = \frac{E(R_1 R_4 - R_2 R_3)}{(R_1 + R_2)(R_3 + R_4)} \qquad (7.3.1)$$

电桥平衡条件为

$$R_1 R_4 = R_2 R_3$$

即

$$n = \frac{R_1}{R_2} = \frac{R_3}{R_4} \qquad (7.3.2)$$

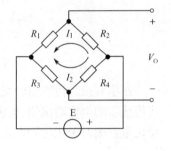

图 7.3.1　直流电桥

电桥平衡时输出电压为 0。

设 4 个桥臂电阻的绝对变化量分别为 ΔR_1、ΔR_2、ΔR_3 和 ΔR_4,相对变化量分别为

$$x_1 = \frac{\Delta R_1}{R_1}, x_2 = \frac{\Delta R_2}{R_2}, x_3 = \frac{\Delta R_3}{R_3}, x_4 = \frac{\Delta R_4}{R_4}$$

则变化后的桥臂电阻可以表示为

$$R_1 + \Delta R_1 = R_1(1 + x_1), R_2 + \Delta R_2 = R_2(1 + x_2)$$

$$R_3 + \Delta R_3 = R_3(1 + x_3), R_4 + \Delta R_4 = R_4(1 + x_4)$$

电桥的输出电压变为

$$V_o = E \frac{R_1 R_4 (1 + x_1)(1 + x_4) - R_2 R_3 (1 + x_2)(1 + x_3)}{[R_1(1 + x_1) + R_2(1 + x_2)][R_3(1 + x_3) + R_4(1 + x_4)]} \qquad (7.3.3)$$

实际应用的电桥通常是等臂电桥,4 个电阻相等,即电桥平衡条件为 $n = 1$,且桥臂电阻的相对变化量 $|x_1| \sim |x_4|$ 均很小($\ll 1$)。于是可将式(7.3.3)化简得到输出电压的近似表达式为

$$V_o \approx \frac{nE}{(1+n)^2}(x_1 + x_4 - x_2 - x_3) = \frac{E}{4}(x_1 + x_4 - x_2 - x_3) \qquad (7.3.4)$$

则对于四等臂单变电桥、四等臂差动电桥和四等臂全变电桥的输出电压分别为

$$V_o = \frac{E}{4}x, \quad V_o = \frac{E}{2}x \quad \text{和} \quad V_o = Ex$$

把电阻型传感器代替变化的桥臂,即可将传感器的电阻变化转换成相应的电压变化。

2. 交流电桥

对于电容式传感器或电感式传感器应配接交流电桥测量电路。交流电桥分为电容电桥和电感电桥两种,电容式传感器配接电容电桥,电感式传感器配接电感电桥。

图 7.3.2 是电容式传感器的两种交流电桥,其中,图 7.3.2(a)所示电路为单臂接入传感器的交流电桥,图 7.3.2(b)所示电路为差动式交流电桥。

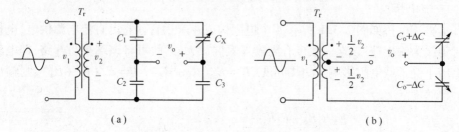

图 7.3.2　电容式传感器交流电桥

(a)单臂接入传感器的交流电桥;(b)差动式交流电桥。

在单臂接入传感器的交流电桥中,电容 C_1、C_2、C_3 和 C_x 为 4 个桥臂,其中,C_x 为电容式传感器的电容输出值,可表示为 $C_x = C_o(1+x)$,$x = \Delta C/C_o$ 为传感器电容输出值的相对变化量。则对于四等臂电容电桥,输出信号电压为

$$v_o = \frac{x \cdot v_2}{2(2+x)} \qquad (7.3.5)$$

在差动式交流电桥中,由变压器次级线圈和差动式电容传感器组成桥臂,容易得到其空载输出电压为

$$v_o = \frac{1}{2} \cdot \frac{\Delta C}{C_o} \cdot v_2 = \frac{1}{2}xv_2 \qquad (7.3.6)$$

用于配接电感式传感器的交流电桥如图 7.3.3 所示,变压器次级线圈和电感式传感器的线圈(阻抗)构成 4 个桥臂。初始状态时,电桥处于平衡状态,$v_o = 0$。在测量时,传感器一个线圈电感量增加,另一个电感量减小。电桥输出电压为

图 7.3.3　电感交流电桥

$$v_o = \frac{1}{2} \cdot \frac{\Delta L}{L_o} \cdot v_2 = \frac{1}{2}xv_2 \qquad (7.3.7)$$

式中:$x = \Delta L/L_o$ 为传感器输出电感量的相对变化量。

二、电桥放大器

经电桥电路转换得到的电压或电流信号往往达不到直接利用的程度,通常还需要经

过放大、滤波或再进行信号转换等其它处理,而放大是不可少的一个处理环节。所以,电桥电路很少单独使用,它通常要与放大器一起应用,从而构成电桥放大器。

1. 半桥式放大器

半桥式放大器也称为分压式放大器,电路如图7.3.4 所示。R_x 为变化桥臂,代表传感器。由图可见,电路的输出电压可以表示为

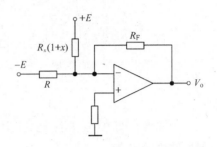

$$V_o = E \frac{R_F}{R}\left(\frac{x}{1+x}\right) \tag{7.3.8}$$

当 $x \ll 1$ 时,式(7.3.8)可近似为

$$V_o = \frac{R_F}{R} \cdot E \cdot x \tag{7.3.9}$$

图 7.3.4 半桥放大器

半桥式放大器的优点是电路简单。缺点是抗干扰性差,且要求两个对称电源供电,实际应用不便。

2. 全桥式放大器

1)浮地式

全桥式浮地电源放大器的两种电路形式如图 7.3.5 所示。其中图 7.3.5(a)所示电路把电桥接到反相端,图 7.3.5(b)所示电路把电桥接到同相端。

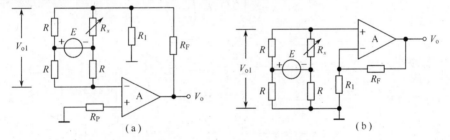

图 7.3.5 浮地式全桥放大器

上述两种全桥放大器的输出电压均为 $V_o = V_{o1}(1 + R_F/R_1)$,$V_{o1}$ 为电桥输出电压。对于图示的四等臂单变电桥放大器而言,输出电压为

$$V_o = \frac{E \cdot x}{2(2+x)}\left(1 + \frac{R_F}{R_1}\right) \approx \frac{E \cdot x}{4}\left(1 + \frac{R_F}{R_1}\right) \tag{7.3.10}$$

上述两种放大器的优点是输入阻抗高,电桥几乎为空载。缺点是要求电源 E 必须浮地,即 它不能与运放使用同一个电源,故会增加电源的种类。所以,在不使用浮地电源的情况下,上述两种电路无法正常工作,这时,可以采用测量放大式电桥放大器或线性式电桥放大器。

2)测量放大式

电路如图 7.3.6 所示,图中,电源 E 可与运放共用一个电源。这个电路的特点是电桥几乎是空载,电桥的等效内阻对输出电压没有影响。故该电路的输出电压为

$$V_o = \frac{-E \cdot x}{2(2+x)} \cdot \frac{R_3}{R_2}\left(1 + \frac{2R_1}{R_G}\right) \tag{7.3.11}$$

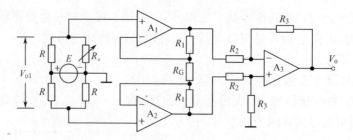

图 7.3.6　测量放大器式电桥放大器

为取得良好的放大性能,上述三运放结构的测量放大器应采用集成产品,如 AD624 等。

3)线性放大式

全桥式和测量放大式可以对电桥输出的电压信号进行有效放大,但它们不能克服电桥本身输出的非线性。用图 7.3.7 所示的线性放大器可以使输出电压 V_o 在较大范围内与 x 成线性关系,从而大大提高放大电路的性能。

利用戴维南定理,分别求出 A、B 两点的开路电压和等效内阻,则可将以运放 A_3 为核心的第三级放大器等效为如图 7.3.8 所示的电路。由该电路可得输出电压为

$$V_o = -\left(1 + \frac{2R_F}{R}\right)\frac{xV_{o1}}{x+2} \tag{7.3.12}$$

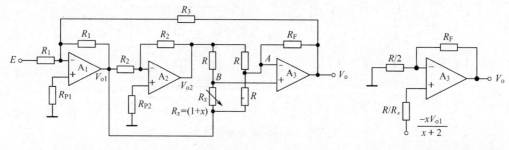

图 7.3.7　线性电桥放大器　　　　　　图 7.3.8　第三级等效电路

将 $V_{o1} = -(E + R_1V_o/R_3)$ 代入式(7.3.12),并选择元件满足 $(1 + 2R_F/R_1)R_1/R_3 = 1$ 时,式(7.3.12)可表示为

$$V_o\left(1 - \frac{x}{x+2}\right) = \left(1 + \frac{2R_F}{R}\right)\frac{xE}{x+2}$$

即

$$V_o = \left(1 + \frac{2R_F}{R}\right)\frac{E}{2} \cdot x \tag{7.3.13}$$

可见,输出电压与桥臂电阻相对变化量 x 成严格线性关系。这个放大器电路虽然复杂,但能对电阻传感器的变化产生线性响应。其原因是电桥的供电电源 V_{o1} 和 V_{o2} 不是固定的,而是随输出电压 V_o 的变化而变化的,这就使得输出电压中的非线性成份反馈到电桥供电电源上,使反馈的大小达到最佳。

7.3.2　传感信号放大器

传感器的输出信号一般都需要加以放大,以便为检测系统提供能够满足检测需要的模拟信号电平。目前检测系统中的放大器除特殊情况外,大都由运算放大器构成,如上述的电桥放大器。传感信号放大器通常应根据传感器信号类型确定,4.1 节中讲述的集成测量放大器、隔离放大器和自稳零放大器等都是传感电压信号放大中常用的电路部件。除此以外,还有电流信号放大器和电荷信号放大器等。

一、电流放大器

在测量系统中,有的传感器输出信号是电流。对下一级的放大电路而言,传感器可近似看作一个电流信号源。对电流信号源进行放大,必须使用电流或互阻放大器或者使用电流/电压转换放大电路。

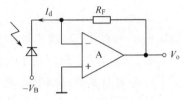

光敏二极管就是一个典型的电流输出型传感器。它对光照的响应特性是光电流与光照照度成线性关系,而开路电压与光照照度成非线性关系。所以使用光敏二极管测量光照照度时,可以使用如图 7.3.9 所示的电流/电压转换放大电路,以便放大光敏二极管的短路输出电流。

图 7.3.9　电流/电压转换放大电路

因理想运放的输入端虚短路,光敏二极管的短路输出电流全部流过反馈电阻 R_F,则图中的放大器输出电压等于 $V_o = I_d R_F$,可见,输出电压 V_o 和光敏二极管的短路输出电流呈良好的线性关系,此时 R_F 的选择仅由输出电压范围和输入电流大小决定。由于理想运放的输出电阻为 0,此转换放大电路的输出可近似等效为一个理想的电压信号源。

为了获得更好的性能,也可使用集成的电流/电压转换放大器,如 RCV420、MAX3760 等。RCV420 可将 4mA～20mA 的输入电流转换成 0V～5V 电压输出,在不需要外调整的情况下,可获得 86dB 的共模抑制比以及承受 40V 的共模电压输入。RCV420 的输入失调电压小于 1mV,总误差小于 1%,失调电压温漂小于 $50\mu V/℃$,失调电流温漂小于 $0.25nA/℃$。

二、电荷信号放大器

压电传感器是利用具有压电效应的晶体、陶瓷等绝缘体制成的。它基本上可以等效为一个电容,如图 7.3.10(a)所示。当有压力施加在压电传感器上时,就会在传感器的两个极板上产生电量相等、符号相反的电荷 Q,Q 的大小与外力成正比。由于晶体是绝缘体,漏电阻 R_e 非常大。它有两种等效电路,图 7.3.10(b)是电荷源等效电路,电荷量为 Q,等效电容 C_e 与电荷源并联,其开路输出电压为 Q/C_e;图 7.3.10(c)是电压源等效电

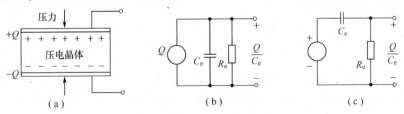

图 7.3.10　压电传感器及其等效电路

(a)压电传感器示意图;(b)电荷源等效电路;(c)电压源等效电路。

路,源电压为 Q/C_e,等效电容 C_e 与电压源串联。两等效电路中 R_e 是传感器的漏电阻。

要对压电传感器随施加的压力变化而引起的电荷变化信号进行放大,一般要采用电荷放大器。电荷放大器通常是带电容负反馈的高增益运算放大器,或者高输入阻抗放大器。根据所施加压力的变化频率不同,又分为交流电荷放大器和直流电荷放大器,分别应用于电荷信号变化频率较快和电荷信号变化缓慢的情况。

1. 交流电荷放大器

如果被测量信号是交变的,可以用图 7.3.11 所示交流电荷放大器。图中,C_e 和 R_e 是传感器的等效输出电容和漏电阻。利用密勒定理把 R_F 和 C_F 等效到放大器输入端,可导出该放大器的源电压增益为

$$A_{QV} = \frac{V_o}{Q} \approx \frac{-j\omega R_F}{1 + j\omega R_F C_F} \tag{7.3.14}$$

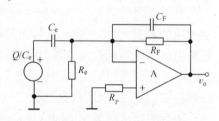

从式(7.3.14)可以看出,电路具有高通特性,高频增益为 $1/C_F$,下限截止频率为 $1/R_F C_F$,在频率等于 0 时,增益为 0。原因是压电传感器受到静压力时产生的电荷 Q 将通过漏电阻 R_e 和反馈电阻 R_F 逐渐释放掉,最后电荷消失,放大器输出趋于 0。这表明交流电荷放大器不能放大直流电荷信号,只能对交变电荷信号进行放大。

图 7.3.11 交流电荷放大器

为了放大低频电荷信号,可以令图 7.3.11 中的 R_F 尽可能大,但不能开路,因为开路将使运放反相输入端没有直流偏置电流通路而无法正常工作。高阻值固定电阻器最大可以做到 $10^{12}\,\Omega$ 量级,同时还要考虑偏置电流流过时产生的压降。接在同相输入端的匹配电阻 R_P 应满足 $R_P = R_e // R_F // R_i$ 的条件。

偏流在直流通路上产生的压降是共模信号,只要共模电压不超过放大器允许范围,就可以正常放大。但如果电阻 R_P 的条件不能得到满足,同相端和反相端偏流在直流通路上产生的压降不等,从而在放大器输入端产生虚假差模信号,因此,通常 R_F 不能取得太大。为了进行直流电荷信号的测量,可以采用下面介绍的高输入阻抗准直流电荷放大器。

2. 准直流电荷放大器

用高输入阻抗电压放大器,可以放大准直流电荷传感器信号。图 7.3.12 是一种自举型高输入阻抗放大器,该电路能提高输入阻抗的原理在于引入了由 A_1 反相器构成的正反馈网络,以反馈电流 I_F 补充 I_1,,从而减小了输入电流 I_i,提高了输入阻抗。容易求得这个电路的输入阻抗为

$$R_i = \frac{V_i}{I_i} = \frac{RR_1}{R - R_1} \tag{7.3.15}$$

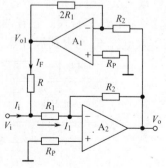

可见,只要保证 R 大于 R_1 并接近相等,就可以取得很高的输入阻抗。把图 7.3.10(c)所示的电荷源用这个放大器来放大,就构成了准直流电荷放大器,它的增益表达式为

图 7.3.12 高输入阻抗放大器

$$A_{QV} = \frac{V_o}{Q} \approx \frac{-j\omega R_e \cdot A_v}{1 + j\omega R_e C_\Sigma} \tag{7.3.16}$$

式中:A_v 为高输入阻抗放大器的电压增益;C_Σ 为输入回路总电容。

可见,它的下限频率为 $1/R_e C_\Sigma$,因为漏电阻 R_e 非常大,故下限频率非常低,称为准直流。

7.3.3　传感器与微型机的接口

在现代检测技术中,将传感器与微型机结合,以完成各种参数检测、分析、记忆和智能化控制,将对信息处理和自动化技术进步起到非常重要的作用。因此,传感器与微型机的接口是必不可少的一项重要内容。

一、传感信号的预处理

通常,各类传感器的输出信号是不能直接进入计算机处理的,它需要经过一定的预处理,这些处理一般包括放大、滤波、VF 转换、信号整形等。而具体处理方法应根据传感信号的类型决定。

1. 模拟输出型传感器

模拟输出型传感器的输出信号类型有电压、电流和阻抗 3 种。它们可采用前述的各类放大器,把信号放大器到适当的电平,再经 AD 转换后输入到微型机。

有时,当传感器和微处理器之间距离较远时,为了提高抗干扰能力和减少输入信号线数量,常将预处理后的信号用 VF 转换器将电压转换成频率后输入微型机,如图 7.3.13 所示。

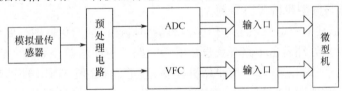

图 7.3.13　模拟输出型传感器与微型机的接口

2. 接点开关型传感器

这类传感器的的输出信号是由开关节点的通和断形成的,此类信号在开关接通和断开的瞬间普遍存在抖动现象,如图 7.3.14(a)所示。因此,这类信号在进入计算机之前要采取消除抖动措施,以便保证计算机的正确处理和识别。

消除抖动可以采用硬件或软件的方法(图 7.3.14(b)),消除抖动的时间可设为几毫秒至几十毫秒。其中,硬件除抖电路常采用 RS 触发器或单稳态电路组成,而软件除抖则是软件延时,即延时几毫秒至几十毫秒读取外部线路状态。

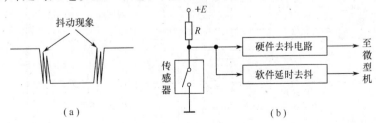

图 7.3.14　抖动现象及其消除

3. 无接点开关型传感器

有一类无接点开关型传感器,其输出信号的上升或下降沿不存在抖动现象,但也不是数字信号,仍具有模拟输出的特征(频率型信号)。对这类信号的预处理通常要设置比较器,对信号整形,然后用单稳态电路将其变换为前后沿和脉宽符合要求的脉冲信号供计算机处理。如图7.3.15 所示。

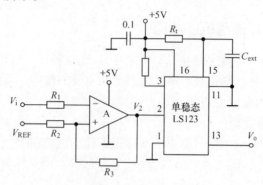

图 7.3.15　脉冲整形电路

图中,运放 A 构成具有下行特性的迟滞比较器,单稳态器件 LS123 的输出脉冲 V_o 的脉宽为 $0.45R_t C_{ext}$,R_t 和 C_{ext} 是外部所接定时元件。

另外,有时阻抗型传感器(电感、电容)采用 LC 振荡器将传感器输出的阻抗变化转换成频率变化,对于这样的信号也可以采用脉冲整形电路对其进行预处理。

二、传感器与微型机的接口举例

图 7.3.16 是某型号巡检系统中传感器与微型机接口的简化框图。图中,模拟量传感器输出的信号经预处理后由多路开关选出其中一路经程序增益控制放大后由模数转换器变为数字信号后经数据总线 DB 入计算机处理,通道、增益和 ADC 转换均由计算机通过输入数据 DB 和控制总线控制。无接点传感器或频率型信号经预处理后可由计数器计

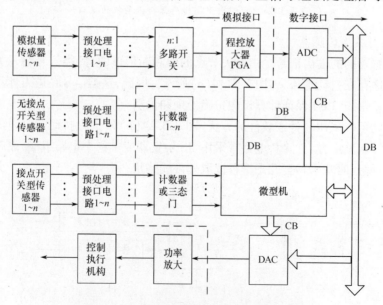

图 7.3.16　传感器与微型机接口的简化框图

数,计数值可直接通过数据线进入计算机处理。而节点开关型传感器的输出信号在经过预处理后,可通过计数器或三态门进入计算机,如果采用三态门,则计算机可通过三态门读取外部信号状态。

计算机对各路传感器采集的信息进行综合分析和处理后,将数据送到数模转换器DAC,经功率放大后推动执行机构动作,从而达到某种控制目的。

小结

1. 传感器种类繁多、信号各异,不同的信号类型要采用不同的接口电路。采用接口电路的目的都是利于信号传输和处理。

2. 能量控制型传感器(如电阻传感器、电容传感器和电感传感器),都需要外加电源,利用电桥作为转换电路,把敏感元件的参数变化(如热敏电阻值随温度的变化)转换成电压(或电流),以便测量。变化的桥臂越多灵敏度越高。

3. 电桥电路通常不会单独使用,常与放大器配合构成电桥放大器。通常有半桥式、全桥式、测量放大器式和线性放大式等。它们各有优缺点。

4. 测量放大器、隔离放大器和自稳零放大器等都是传感信号放大器的常用电路形式,可根据需要选用。其中测量放大器和自稳零放大器常用于小信号放大,隔离放大器常用于干扰大的场合。

5. 各类传感器信号在进入计算机之前要进行预处理,这些处理包括放大、滤波、信号整形和 VFC 变换等。

复习思考题

1. 电阻传感器可否直接外加电源将电阻的变化转换为电压或电流的变化? 使用电桥转换电路有什么优点?

2. 电阻型传感器的电桥转换电路可否使用交流供电电源?

3. 电桥转换电路输出电压同敏感元件的参数变化成线性关系是建立在什么条件之上? 如果该条件不成立,将会对后续处理带来什么影响?

4. 讨论电桥的输出电压时为何可以不计负载电阻对它的影响?

5. 试推导线性电桥放大器(图 7.3.7)中输出电压的表达式(式 7.3.13)。

6. 试推导高输入阻抗放大器(图 7.3.12)中输入阻抗的表达式(式 7.3.15)。

7. 试推导准直流电荷放大器中增益表示式(式 7.3.16)。

8. 对传感器信号进行预处理有何实际意义?

7.4　传感信号调理专用电路技术

信号调理电路的作用是对传感器输出的微弱信号进行滤波、放大、线性化、传输和转换,以便于显示或供进一步处理。随着传感技术的发展和测量要求的提高,信号的变换和处理技术不断进步,内容也越来越丰富。信号调理电路已成为测控系统中必不可少的一个环节。

信号调理电路的主要作用是将传感器输出信号的变化范围调整到某一预定的电压或电流范围内;或者给能量控制型传感器提供激励电源,构成测量电路,实现补偿、调零;或者根据传感器输出信号的不同特点,进行调制、解调、滤波及线性化处理等。

本节主要介绍传感器信号的远距离传输技术、微弱信号检测和非线性校正等传感器应用中有关信号调理的一些特殊问题。

7.4.1 传感信号的远距离传输

传感器信号一般都比较微弱,当其与测量仪器间距离较近时,经前述的信号放大电路放大后即可直接传输。但在遥测应用时,传感器与测量仪器间距离往往较远,传输线损耗和接地环路都会降低基带模拟信号传输的精度,有时还会引入干扰和噪声。因此,远距离传输传感信号应采取特殊的措施。目前,远距离传输传感信号常用电流环传感发送技术、VFC 电压频率变换传输技术和调制/解调技术。其中电流环传感发送技术由专用芯片完成,实现容易,故这里主要介绍基带模拟信号远距离传输中常用的专用电路。

一、双线发送器 (Two Wire Transmitter)

远距离传送基带模拟信号最常用的传输方法是采用四线系统,即两条线用来为远地提供电源,另两条线用于返回信号。在接收端,使用一个高输入阻抗的差分放大器以消除接地环路共模电压的影响。但如果能在同一对线上同时传送电源和信号,就可以大大减少系统成本。这里介绍的双线发送器,用电流信号代替电压信号进行传输,能够向很远的距离(超过 1000m)精确地传输基带模拟信号,同时电源和信号共用一对线。

LH0045 是专用集成电路,它可把传感器输出的电压变为电流,并通过电源供电的双线把信号电流传送至接收器。其组成框图中包括一个可调的内部参考电压源(用于给测量电桥供电),一个高灵敏输入放大器和一个输出电流源。输出电流按工业标准标定,即 4mA ~ 20mA 或 10mA ~ 50mA。

LH0045 的内部简化原理电路图如图 7.4.1 所示。图中恒流源 I_1 使稳压二极管 VDZ 的输出电压不受外加电源电压变化的影响,从而保证了参考电压 V_{REF} 的稳定。放大器 A 用来放大测量信号,它与三极管 VT_1 相结合产生正比于测量信号的输出电流信号。

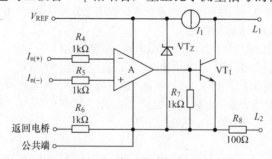

图 7.4.1 LH0045 内部简化电路

图 7.4.2 是一个利用双线发送器进行远端温度测量的电路原理图。在测量端,电源 V_{CC} 与负载电阻 R_L 串联后通过双绞线远距离加到双线发送器的 L_1 和 L_2 端,其中,V_{CC} 作为晶体管 VT_1 的供电电源,R_L 作为 VT_1 的负载电阻。L_1 端的电压经过恒流源 I_1 加到稳压二极管 VD_Z 上产生参考电压 V_{REF}。V_{REF} 为放大器 A 和测量电桥提供电源。

假定测量电桥中的 R_{B4} 是热敏电阻,用来测量 0℃ ~ 100℃ 的温度,0℃ 以下电阻值为 100Ω,且随温度升高阻值减小。电桥信号经放大器 A 和晶体管 VT_1 放大后输出负载电流

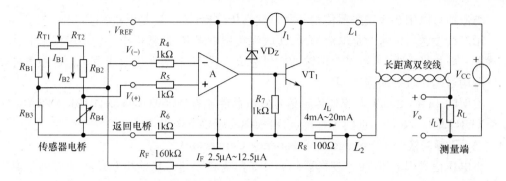

图 7.4.2　用双线发送器远距离传送传感器信号

I_L，它在 R_8 上产生反馈电压，经反馈电阻 R_F 并联反馈到放大器输入端，构成电流并联负反馈。电桥中使用电位器 R_T 调节静态电流和满刻度电流分别达到 4mA 和 20mA。观察图 7.4.2，由于负反馈，运放两个输入端虚短路和虚开路，因此 $V_{(+)} = V_{(-)}$。考虑到 $R_{T1} \gg (R_{B1} + R_{B3})$ 和 $R_{T2} \gg (R_{B2} + R_{B4})$，从而列出如下方程：

$$I_{B2} = \frac{V_{REF} - V_{R6}}{R_{T2} + R_{B2} + R_{B4}} \approx \frac{V_{REF} - V_{R6}}{R_{T2}} \tag{7.4.1}$$

$$V_{(+)} = V_{(-)} = I_{B2}R_{B4} + V_{R6} \tag{7.4.2}$$

$$I_{B1} = \frac{V_{REF} - V_{(+)}}{R_{T1} + R_{B1}} \approx \frac{V_{REF} - I_{B2}R_{B4} - V_{R6}}{R_{T1}} \tag{7.4.3}$$

同时有

$$I_{B1} = \frac{V_{(+)} - V_{R6}}{R_{B3}} + I_F = I_{B2}\frac{R_{B4}}{R_{B3}} + \frac{I_{B2}R_{B4} + V_{R6}}{R_F} + I_L\frac{R_8}{R_F} \tag{7.4.4}$$

由式(7.4.3)和式(7.4.4)并参考上面两个不等式可解出

$$I_L \approx \frac{V_{REF}}{R_{T2}}\left[\frac{R_{T2}}{R_{T1}} - \frac{R_{B4}}{R_{B3}}\right]\frac{R_F}{R_8} \tag{7.4.5}$$

设 0℃时 $R_{B4} = R_{B4}(0)$，输出负载电流 $I_L = 4$mA。100℃时 $R_{B4} = R_{B4}(100)$，$I_L = 20$mA。把这些条件代入式(7.4.5)，可得到下列方程：

$$4\text{mA} = \frac{V_{REF}}{R_{T2}}\left[\frac{R_{T2}}{R_{T1}} - \frac{R_{B4}(0)}{R_{B3}}\right]\frac{R_F}{R_8} \tag{7.4.6}$$

$$20\text{mA} = \frac{V_{REF}}{R_{T2}}\left[\frac{R_{T2}}{R_{T1}} - \frac{R_{B4}(100)}{R_{B3}}\right]\frac{R_F}{R_8} \tag{7.4.7}$$

式(7.4.6)和式(7.4.7)中除 R_{T1} 和 R_{T2} 以外，其余都是已知量，因此从中可以解出 R_{T1} 和 R_{T2}，从而得到电位器 $R_T = R_{T1} + R_{T2}$ 的数值。适当调节电位器改变 R_{T1} 和 R_{T2} 的比值，就可以使电路静态(0℃)负载电流为 $I_L = 4$mA，满刻度(100℃)负载电流为 $I_L = 20$mA。这个负载电流流过负载电阻 R_L，在 R_L 上产生信号电压，通过测量 R_L 上的信号电压就可以测量被测点的温度。

类似地可以用双线发送器传输和测量其它传感器(不一定是电桥)的输出信号。

用双线发送器传送的是电流信号,接收端负载电阻 R_L 通常很小。传输过程中的外界干扰源一般是高内阻,不容易对传输的信号造成干扰。因此,使用双线发送器远距离传输传感器信号是比较好的选择。

类似的 4mA ~ 20mA 电流环传感信号发送器件还有 AD693/694、XTR101、XTR104/5/6/8、XTR112/4/5/6 等。它们各有特点,可根据实际要求选用。

二、压频变换器 (Voltage to Frequency Convertor)

将电压信号用电压/频率变换器(VFC)变换为频率信号传输也是传感信号远距离中的一种常用方法。这是因为 V/F 变换本身是一个积分过程,所以 V/F 变换器的抗干扰能力、精度和线性度都比较好,其输出的频率信号相比模拟电压信号具有很强的抗干扰性,非常适合远距离传输。同时,它与计算机的接口简单,频率信号可通过任何一条 I/O 线输入或作为中断源计数输入。由于这些优点,V/F 变换器已广泛应用于测量仪器、仪表以及远距离遥测设备中。

VFC 的原理已在 4.3 节中讲述,这里不再讨论。

目前,VFC 器件有模块式(混合工艺)和单片集成(双极工艺)式两种。通常,单片集成式是可逆的,即兼有 V/F 和 F/V 功能,而模块式是不可逆的。模块式 V/F 变换器常采用精密电荷分配器和积分平均电路,单片集成式 V/F 变换器则常采用电荷平衡振荡器式。

对于理想的 V/F 变换器,V/F 特性曲线应为通过原点的直线,但实际使用中常会出现非线性误差。需要增加非线性校正电路环节。

单片集成式 VFC 器件只要外接极少元件就可构成一个精密的 V/F 变换器电路,故常被采用。主要的器件型号有国产 5GVFC32、BG382,国外产品有 AD537、AD650/652/654、AD7740/1/2、VFC32、VFC100/110 和将 V/F 转换和 F/V 转换集于一身的 VFC320 等。

7.4.2 微弱信号放大

"微弱信号"通常包含两个方面的含义:一是指深埋在背景噪声中的有用信号,信号的幅度相对于噪声显得很微弱,即有用信号的幅度比噪声小几个数量级,在这种情况下有用信号完全淹没在噪声中。这种信号在物理学、天文、工程技术、生物和医学领域大量存在,如空间探测器发回的信号。二是信号的幅度绝对值极小,如微伏级、纳伏级甚至皮伏级的电信号。

微弱信号检测电路的目的就是抑制噪声、提高系统信噪比、提取被背景噪声覆盖的微弱有用信号。对于存在噪声的非周期信号,通常是用滤波器来减小系统噪声带宽,这样可使有用信号顺利通过,而噪声则受到抑制,从而使信噪比得到改善。对于深埋在噪声中的周期重复信号,通常采用锁定放大法和抽样积分法来改善信噪比。这里讨论利用锁定放大器和抽样积分器从噪声中提取有用信号的方法。

一、锁定放大器 (Locked Amplifier)

锁定放大器就是利用互相关原理,使输入待测的周期信号和频率相同的参考信号在相关器中实现互相关,从而将深埋在噪声中的周期信号携带的信息检测出来。它检测的是同一时刻两路信号的相关情况,其原理框图如图 7.4.3 所示。

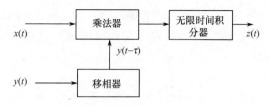

图 7.4.3　锁定放大器原理框图

图中输入信号 $x(t)$ 是混有加性噪声 $n(t)$ 的调幅信号

$$x(t) = A(t)\sin(\omega_c t + \varphi) + n(t)$$

其中，调幅信号幅度 $A(t)$ 就是待传送的有用信号。参考信号 $y(t)$ 是与被测信号载波同频率的正弦波，它经过移相器后变为 $y(t-\tau) = B\sin[\omega_c(t-\tau)]$，则有锁定放大器的输出为

$$z(t) = \lim_{T \to \infty} \int_0^T x(t) y(t-\tau) \, dt = \frac{A(t)B}{2}\cos(\varphi + \omega_c \tau) + R_{yn}(\tau) \qquad (7.4.8)$$

式 (7.4.8) 中，$R_{yn}(t)$ 是噪声与参考信号 $y(t)$ 的相关函数，由于噪声与参考信号不相关，因此 $R_{yn}(t) = 0$，即积分器的输出为

$$z(t) = R_{xy}(\tau) = \frac{A(t)B}{2}\cos(\varphi + \omega_c \tau) \qquad (7.4.9)$$

显然，放大器的输出 $z(t)$ 正比于有用信号 $A(t)$。以上分析中已假定积分时间无限长，在实际测量中是不可能的。在实际使用中往往采用低通滤波器（对应于时间有限的积分器）来取代图 7.4.3 中的无限时间积分器。实际的放大器和提高信噪比的原理如图 7.4.4 所示。

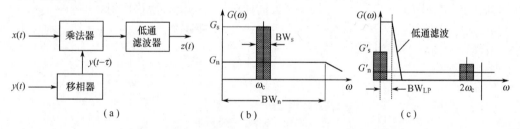

图 7.4.4　锁定放大器和提高信噪比原理

(a)放大器框图；(b)输入信号功率谱密度；(c)输出信号功率谱密度。

图 7.4.4(b) 是输入信号的功率谱密度，其中有用信号的谱密度为 G_s，频谱宽度为 BW_s，因此信号功率为

$$P_s = G_s BW_s \qquad (7.4.10)$$

噪声谱密度为 G_n，频谱宽度为 BW_n，因此噪声功率为

$$P_n = G_n BW_n \qquad (7.4.11)$$

输入信噪比

$$\left(\frac{S}{N}\right)_i = \frac{P_s}{P_n} = \frac{G_s BW_s}{G_n BW_n} \qquad (7.4.12)$$

参考信号与输入信号相乘,根据傅里叶变换的频移性质,等于把信号频谱搬移到 0 和 $2\omega_c$ 附近,噪声被搬移到载波频率 ω_c 两边。在低频段,信号和噪声的功率谱密度都降低了 $1/2$,即

$$G'_s = \frac{G_s}{2} , G'_n = \frac{G_n}{2} \tag{7.4.13}$$

用一个低通滤波器对乘法器的输出进行滤波,低通滤波器的带宽 $\mathrm{BW}_{\mathrm{LP}}$ 应当满足

$$\mathrm{BW}_s < \mathrm{BW}_{\mathrm{LP}} \leqslant \mathrm{BW}_n$$

从而使有用信号全部通过滤波器,而通过低通滤波器噪声仅限 $\mathrm{BW}_{\mathrm{LP}}$ 内的那一小部分,因此输出信噪比为

$$\left(\frac{S}{N}\right)_o = \frac{G'_s \mathrm{BW}_s}{G'_n \mathrm{BW}_{\mathrm{LP}}} \tag{7.4.14}$$

考虑到式(7.4.13)可得

$$\frac{(S/N)_o}{(S/N)_i} = \frac{G'_s G_n \mathrm{BW}_n}{G'_n G_s \mathrm{BW}_{\mathrm{LP}}} = \frac{\mathrm{BW}_n}{\mathrm{BW}_{\mathrm{LP}}} \tag{7.4.15}$$

可见,输出信噪比相对于输入信噪比提高了($\mathrm{BW}_n/\mathrm{BW}_{\mathrm{LP}}$)倍。由于 $\mathrm{BW}_{\mathrm{LP}} \ll \mathrm{BW}_n$,所以用锁定放大器可以大大提高信噪比。

二、抽样积分器(Sampling Differentiator)

抽样积分器的工作原理与锁定放大器有相似之处,也是利用了信号的周期特性。根据被测量信号性质不同,有两种抽样积分器,一种适用于调幅波信号,另一种适用于非调制的周期信号。

1. 信号抽样对信号频谱的变换作用

根据对抽样信号频谱的分析可知,如果抽样脉冲是周期为 T_S 的 $\delta(t)$ 函数,则抽样前后的信号频谱如图 7.4.5 所示。图示表明,抽样对信号频谱有搬移作用。

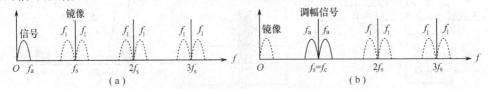

图 7.4.5　抽样信号的频谱

(a)信号位于直流附近;(b)信号为调制波。

设抽样频率为 f_s,信号最高频率为 f_a,则抽样后将会在每个抽样频率整数倍附近出现原始信号频谱的镜像,即原始信号的镜像频谱将出现在下列各处:

$$|\pm k f_s \pm f_a| \quad (k = 1,2,3,\cdots) \tag{7.4.16}$$

如果原始信号频谱位于接近直流处(图 7.4.5(a)),那么抽样后的频谱将搬移到每个抽样频率整数倍附近。若原始信号是载波为 f_c 的调制波,而且取抽样频率等于载波频率,则原始基带信号频谱将被搬回原来位置(图 7.4.5(b))。

2. 已调波的微弱信号抽样积分器

当原始调制信号的带宽远远低于载波频率时,已调波的相对带宽很窄。由于带通滤波器的带宽不易做得很窄,使系统的噪声带宽远大于有用信号的带宽。如果利用抽样的

方法把有用信号搬移到低频端,再用低通滤波器滤除噪声,则因低通滤波器滤掉了大部分噪声功率,但对信号功率无衰减,因此信噪比得到提高,如图 7.4.6 所示。图 7.4.7 是实际使用的两种抽样积分器电路原理图。这两种电路结构都可以把大部分噪声功率滤掉,达到提高信噪比的目的。图 7.4.7(a)所示电路先对信号和噪声同时加以放大,然后经过开关 S 控制进行抽样,接着用 RC 低通滤波器滤除噪声。图 7.4.7(b)所示电路则是改用有损积分器滤除噪声。所谓有损积分器是指积分电容两端并联了一个电阻 R_1,损耗掉积分电容上的部分能量。如果不加损耗电阻,积分器的通频带太窄,在滤除噪声的同时也将把信号滤掉。

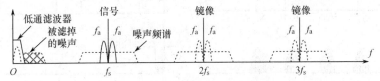

图 7.4.6 利用抽样进行频谱搬移

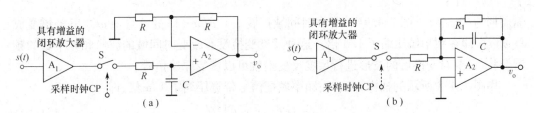

图 7.4.7 抽样积分器的两种工作模式电路原理图
(a)RC 低通滤波方式;(b)有耗积分器低通滤波方式。

3. 周期弱信号的抽样提取方法

假设有一个淹没在噪声中的周期为 T 的微弱信号 $s(t)$,它的波形和频谱如图 7.4.8(a)和图 7.4.8(b)所示。假定信号和噪声的带宽近似相等,均为 $1/(2\pi\tau)$。由于信号是周期性的,它的频谱是离散频谱,基波频率为 $f_a = 1/T$,各条谱线是基波的整数倍(图中画了 5 次谐波)。

现用频率为 f_s 的抽样信号对信号 $s(t)$ 抽样,并设 f_s 与 f_a 近似相等,即

$$\Delta f = f_s - f_a \ll f_a \tag{7.4.17}$$

抽样信号的频谱如图 7.4.8(c)中实线所示,虚线表示周期信号频谱。观察可以发现,抽样信号的第 n 次谐波与信号 $s(t)$ 的第 n 次谐波频率相差为

$$nf_s - nf_a = n(f_s - f_a) = n\Delta f \tag{7.4.18}$$

根据式(7.4.16),抽样后的信号频谱被搬移到抽样信号各次谐波附近,而信号各次谐波的间隔缩小到 Δf(原来间隔是 f_a),相当于把信号频谱压缩了 $(f_a/\Delta f)$ 倍。

根据傅里叶变换的尺度变换特性,如果信号在时间域上被压缩 a 倍,等效于在频率域上扩展 a 倍;反过来,信号在时间域上被扩展 a 倍,等效于在频率域上压缩 a 倍。扩展和压缩的倍数是相同的。

图 7.4.9 是尺度变换特性的举例说明。图 7.4.9(a)是周期为 T 的脉冲信号 $s(t)$,其频谱 $S(\omega)$ 主要部分如图 7.4.9(b)所示,可以近似认为它的带宽为 $\mathrm{BW_s}$,离散谱线之间间

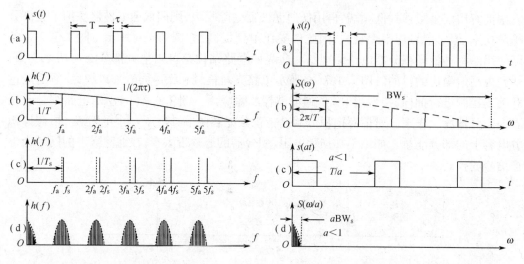

图 7.4.8　频谱压缩抽样方法　　　　　图 7.4.9　傅里叶变换的尺度变换特性

隔周期为 $(2\pi/T)$。图 7.4.9(c) 是在时间域扩展了 $1/a(a<1)$ 的信号 $s(at)$，其频谱变成 $S(\omega/a)$，即在频率域压缩了 $1/a$ 倍。这种尺度变换没有改变时间域的波形和频率域的频谱形状，只要对变换后的波形进行尺度反变换就可以恢复原始信号。

用图 7.4.8 所示的抽样方法，在频率域把信号带宽压缩了 $1/a$ 倍，即

$$a = |(f_s - f_a)/f_a| \tag{7.4.19}$$

再利用低通滤波器提取原始信号，滤波器的通频带只需原始信号带宽的 $1/a$ 就可以。低通滤波器之外的噪声完全被滤掉，因此提高了信噪比。而检测出的时间域信号波形仅仅是时间尺度扩展了 $1/a$ 倍，波形没有发生变化。使用的放大电路仍然如图 7.4.7，但要注意的是抽样信号频率与被检测的周期信号频率不同。

抽样积分器有两种工作方式：扫描式和定点式。扫描式用于恢复和记录被测信号波形，定点式则用于测量脉冲信号幅值。

图 7.4.10(a) 是扫描式抽样积分器的工作波形图。图中抽样脉冲与输入脉冲不同频，于是，每个采样点位置是移动的，这些位置连起来就得到了扩展的波形。图中，$s(at)$

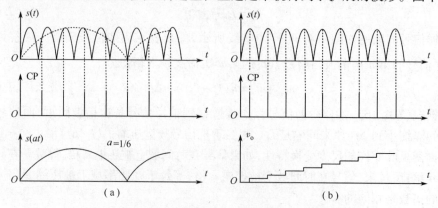

图 7.4.10　抽样积分器两种工作方式
(a)扫描式抽样积分器波形；(b)定点式抽样积分器波形。

就是将 $s(t)$ 的一个周期扩展了约 6 倍$(a = 1/6)$后的波形。这实际上就是采样示波器的工作原理。

定点式抽样频率等于输入脉冲频率，根据式(7.4.19)，$a = 0$，在频率域频谱被压缩无穷大倍，所有频率成分集中到零频率，即完全变成直流成分。这种情况下只能检测信号的有无，不能恢复信号波形。

定点式抽样积分器电路与图 7.4.7 相同。图 7.4.10(b)为定点式抽样积分器的工作波形图，图中画出了积分器的过渡过程，当该过程结束后，输出信号 v_o 趋于平衡值，此时，每个采样周期内电容 C 的充电量等于通过电阻 R_1 释放的电量。

7.4.3　传感器非线性校正

传感器的输入/输出响应一般都是非线性的，常见的有上凸形、下凸形、S 形等，如图 7.4.11 所示。由于传感器输出的电信号不能线性地对应被测量值，从而造成测量指示不准。因此，一般需要对传感器的输出信号进行非线性校正，使之与被测量成为线性关系。

传感器信号的非线性校正既可以用硬件电路实现，也可以用软件方法实现。硬件实现方法具有实时性强的优点，但电路设计比较复杂，系统成本高。软件实现方法的优点是比较灵活，成本低，精度高、兼容性好；缺点是存在占用系统资源、实时响应较差。

对于不使用计算机的测量仪器或对实时性有高要求的测量系统，则必须使用硬件电路的方法来实现传感器信号的非线性校正。

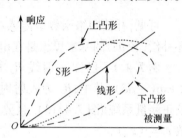

图 7.4.11　传感器的非线性响应

一、传感器非线性校正的基本原理

1. 开环校正的线性化原理

图 7.4.12 是开环补偿方法的原理框图和线性化函数的构造方法说明。设传感器的非线性函数曲线如图 7.4.12(b)中所示，则当输入量 $x = x_i (i = 1, 2, 3, \cdots)$ 时传感器输出为 $y_{1i} (i = 1, 2, 3, \cdots)$，经过放大器后输出为 y_{2i}。如果要求补偿后系统的输出 y_o 与 x 之间

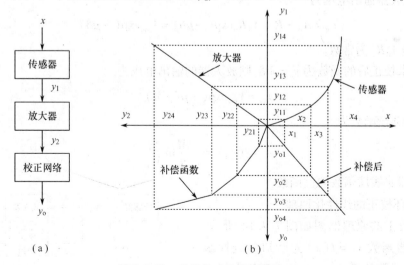

（a）　　　　　　　　　　　　（b）

图 7.4.12　开环校正的线性化原理

满足如图 7.4.12(b)所示的线性关系,则在输入为 $x = x_i$ 时对应的 y_{oi} 如图 7.4.12(b)所示。y_{oi} 与 y_{2i} 的函数关系即是所需的补偿函数。可见,补偿函数是传感器非线性函数的反函数。

设传感器的非线性函数为

$$y_1 = f_1(x) \tag{7.4.20}$$

放大器具有线性特性,函数为

$$y_2 = k \cdot y_2 + b \tag{7.4.21}$$

要求补偿后的(目标)函数为线性函数,即

$$y_o = K \cdot x + B \tag{7.4.22}$$

则由上列各式容易得到要求补偿网络的非线性函数为

$$y_o = K \cdot f_1^{-1}\left(\frac{y_2 - b}{k}\right) + B \tag{7.4.23}$$

可见,补偿网络函数是传感器非线性函数的反函数,它也具有非线性特性。可见,开环补偿(校正)的基本思想是在电路中串接一个适当的校正环节,使总特性呈线性关系。

例 7.4.1　已知 γ 射线 R_o 穿过钢板后的剩余强度 R 与钢板厚度 δ 的关系为 $R = R_o\exp(-\mu\delta)$,其中,R_o 为入射射线强度,μ 为与材料有关的吸收系数。若组成一个开环校正测量系统(图 7.4.13),且要求校正后系统函数为 $v_o = M\delta$。M 为常数,试确定补偿函数 $v_o = f(v_m)$。

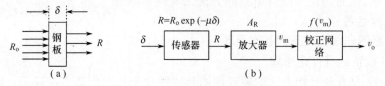

图 7.4.13　例 7.4.1 用图

解:放大器输出电压为

$$v_m = A_R \cdot R = A_R R_o\exp(-\mu\delta) = V_{mo}\exp(-\mu\delta)$$

式中:$V_{mo} = A_R R_o$ 为常数。

因要求校正后的函数为 $v_o = M\delta$,则放大器的输出电压为

$$v_m = V_{mo}\exp(-\mu v_o/M)$$

于是,得到补偿函数为

$$v_o = f(v_m) = -\frac{M}{\mu}\ln\frac{v_m}{V_{mo}}$$

它是传感器非线性函数的反函数。

2. 闭环校正的线性化原理

闭环校正的原理框图如图 7.4.14 所示。图中传感器函数 $y_1 = f(x)$ 为已知非线性函数,加法器函数关系 $\Delta y = y_1 - y_f$ 和放大器函

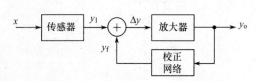

图 7.4.14　闭环校正原理框图

数关系 $y_o = k\Delta y$ 均为已知线性函数。若要求经校正网络校正后系统满足如下线性关系：

$$y_o = Kx + B \qquad (7.4.24)$$

则要求校正网络的函数为

$$y_f = f(y_o) \doteq f_1\left(\frac{y_o - B}{K}\right) - \frac{y_o}{k} \qquad (7.4.25)$$

可见,闭环校正系统中校正网络的函数关系与传感器函数相同,是传感器函数的原函数。

例 7.4.2　用热敏电阻组成一个闭环校正温度测量系统,如图 7.4.15 所示。已知热敏电阻阻值与环境温度 T 的关系为 $R_T = R_{T_o}\exp[(T_o - T)b/(T \cdot T_o)]$。其中,$T_o$ 为室温,R_{T_o} 为 $T = T_o$ 下的电阻值,b 为与热敏电阻材料有关的常数。若要求校正后的线性函数为 $v_o = MT$,试确定校正网络的函数 $v_f = f(v_o)$。

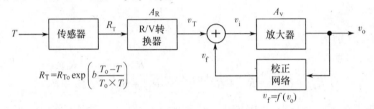

图 7.4.15　例 7.4.2 用图

解:R/V 转换器的输出电压为

$$v_T = A_R R_T = A_R R_{T_o}\exp\left(b\,\frac{T_o - T}{T \times T_o}\right) = V_{T_o}\exp\left(b\,\frac{T_o - T}{T \times T_o}\right)$$

式中:V_{T_o} 为由 R_{T_o} 转换得到的电压值。

因为 $v_o = A_v v_i = A_v(v_T - v_f)$,则在要求目标函数为 $v_o = MT$ 的条件下,校正网络的校正函数为

$$v_f = f(v_o) = v_T - \frac{v_o}{A_v} = V_{T_o}\exp\left(b\,\frac{T_o - T}{T \times T_o}\right) - \frac{v_o}{A_v} = V_{T_o}\exp\left(b\,\frac{MT_o - v_o}{v_o T_o}\right) - \frac{v_o}{A_v}$$

可见,校正网络函数是传感器非线性函数的原函数。

二、校正函数的工程化实现方法

由上述分析可见,无论开环校正或是闭环校正,最终都要实现一个非线性校正函数。这个函数既可以用硬件电路实现,也可以用软件方法实现,它们分别对应硬件和软件两种工程化实现方法。

1. 硬件电路校正

用硬件电路实现非线性校正函数,如果开方、指数、对数和三角函数等专用器件能够满足要求,则可以直接选用。但更多的情况下可能要采用非线性函数放大器或模拟运算单元(ACU)来实现,以下介绍这两种方法。

1)非线性函数放大器

用二极管产生非线性函数是硬件校正中最常用的方法之一。电路如图 7.4.16(a)所示。该电路用三段折线逼近一条非线性曲线。图中,V_R 为一负参考电压,输入端要求 $v_i < 0$。

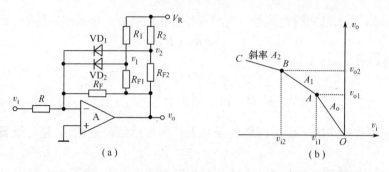

图 7.4.16 二极管非线性校正函数放大器

这个电路的工作原理如下:当输入电压在 $v_{i1} < v_i < 0$ 范围内时,输出电压 v_o 较小,两个二极管 VD_1 和 VD_2 都截止(开路),放大器增益为

$$A_o = -R_F/R \tag{7.4.26}$$

电压 v_1、v_2 分别为

$$v_1 = \frac{R_1}{R_{F1} + R_1} v_o + \frac{R_{F1}}{R_{F1} + R_1} V_R, \quad v_2 = \frac{R_2}{R_{F2} + R_2} v_o + \frac{R_{F2}}{R_{F2} + R_2} V_R \tag{7.4.27}$$

当输入电压在 $v_{i2} < v_i < v_{i1}$ 范围内时,v_o 较大,v_1 和 v_2 也相应增大。当 $v_o = v_{o1}$ 时,v_1 使二极管 VD_1 导通,VD_2 仍旧截止,此时反馈电阻 R_{F1} 接入反馈回路,放大器增益减小为

$$A_1 = -\frac{R_F // R_{F1}}{R} \tag{7.4.28}$$

当输入电压在 $v_i < v_{i2}$ 范围内时,输出电压 v_o 继续正向增大。当 $v_o = v_{o2}$ 时,不仅 v_1 使二极管 VD_1 导通,而且 v_2 也使二极管 VD_2 导通,此时反馈电阻 R_{F1} 和 R_{F2} 同时接入反馈回路,放大器增益进一步减小为

$$A_2 = -\frac{R_F // R_{F1} // R_{F2}}{R} \tag{7.4.29}$$

综合上述结果,该电路的输出电压可以分段表示为

$$v_o = \begin{cases} -\dfrac{R_F}{R} v_i & (v_{i1} < v_i < 0) \\ v_{o1} - \dfrac{R_F // R_{F1}}{R} v_i & (v_{i2} < v_i < v_{i1}) \\ v_{o2} - \dfrac{R_F // R_{F1} // R_{F2}}{R} v_i & (v_i < v_{i2}) \end{cases} \tag{7.4.30}$$

传输特性如图 7.4.16(b)所示。

通过上述分析可见,二极管数目越多,转折点就越多,补偿越精确,但电路也越复杂。改变参考电压 V_R、电阻 R、R_{F1}、R_{F2}、R_1 和 R_2 的大小和比例关系,可以改变曲线拐点的位置和分段斜率。另外,这种放大器的增益是随着输入电压的增加(负向)而减小的,故称为负向增益递减放大器。如果交换两个二极管的极性,则可以得到正向增益递减放大器。如果把二极管改接到输入回路,则可以得到增益递增放大器,如图 7.4.17 所示。具体原

理读者自行分析,这里不再赘述。

2) 多功能模拟计算单元(ACU)

用二极管产生任意函数曲线需要许多二极管和复杂的设计计算。在集成电路高度发展的今天,有一种多功能模拟计算单元电路(ACU)可以用于产生传感器需要的补偿曲线。4302 就属于这种专用芯片。

图 7.4.18 是多功能模拟计算单元电路的外部引线图。它有 3 个输入端,1 个输出端和四个参数调整输入端。能产生如下函数运算关系

$$V_o = V_y \left(\frac{V_z}{V_x} \right)^m \tag{7.4.31}$$

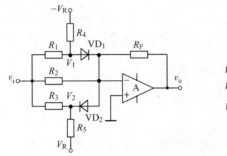

图 7.4.17   增益递增放大器   图 7.4.18   多功能模拟计算单元

参数 m 可在 $0.2 \sim 5$ 之间调整,以便实现非整数幂和开方运算。V_y 通常用于改变增益。固定 V_x 或 V_z 可以分别拟合类似 V_z^m 和 V_x^{-m} 的校正函数。

ACU 模拟计算单元与运算放大器结合起来,可以产生复杂多样的传感器校正曲线。图 7.4.19 给出了一种简单的下凸形校正曲线的产生电路和所产生曲线的形状。若改变电路的结构和参数,还可以得到形状更多的校正曲线。现对该电路作一简单分析。

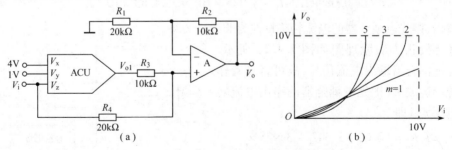

图 7.4.19   用 ACU 与运算放大器结合产生非线性校正曲线

(a)电路结构图; (b)校正曲线图。

把图 7.4.19(a)中电路参数代入式(7.4.31),得到 ACU 的输出为

$$V_{o1} = V_y \left(\frac{V_z}{V_x} \right)^m = \left(\frac{V_i}{4} \right)^m \tag{7.4.32}$$

利用叠加原理可得运放同相端电压 V_+,再经同相放大后的输出电压为

$$V_o = \left(1 + \frac{R_2}{R_1} \right) \frac{R_3 V_i + R_4 V_{o1}}{R_3 + R_4} = 0.5 V_i + \left(\frac{V_i}{4} \right)^m \tag{7.4.33}$$

参数 m 取值不同,得到的校正曲线形状也不同,如图 7.4.19(b)中所示。

例7.4.3 对一个光电耦合器的响应特性进行四点测量,测量结果如图 7.4.20 所示。试建立它的电流转移特性表达式。并设计对其非线性进行闭环校正的电路框图,其输出电压 V_o 与光电耦合器输入电流 I_D 成线性关系:$V_o = SI_D$,$s = 250\Omega$。光电耦合器的最大输入电流 $I_{Dmax} = 25mA$。求补偿网络的传输特性多项式并用 ACU 实现。

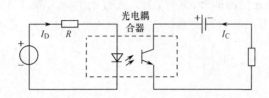

I_D/mA	I_C/mA
0	0.05
10	30
20	55
30	78

图 7.4.20 光电耦合器测量电路及测量结果

解:设该光电耦合器的电流转移特性可表示为

$$I_C = a_0 + a_1 I_D^1 + a_2 I_D^2 + a_3 I_D^3$$

式中:$a_0 \sim a_3$ 是待定系数。

根据图 7.4.20 中所列测量结果,可以列出下列方程组:

$$0.05 = a_0, 30 = a_0 + a_1 \times 10^1 + a_2 \times 10^2 + a_3 \times 10^3$$

$$55 = a_0 + a_1 \times 20^1 + a_2 \times 20^2 + a_3 \times 20^3,$$

$$78 = a_0 + a_1 \times 30^1 + a_2 \times 30^2 + a_3 \times 30^3$$

从中解出,$a_0 = 0.05$,$a_1 = 3.34$,$a_2 = -3.652 \times 10^{-2}$,$a_3 = 4.83 \times 10^{-4}$。因此,该光电耦合器的电流转移特性可表示为

$$I_C = 0.05 + 3.34 I_D - 3.925 \times 10^{-2} I_D^2 + 4.83 \times 10^{-4} I_D^3 \qquad (7.4.34)$$

可以看出,该光电耦合器的电流转移特性为非线性关系。

闭环校正方法原理图如图 7.4.21 所示。由于光电耦合器输出电流信号,故可将其看作电流源。运放 A_1 把光电耦合器的输出电流转换成电压 v_{o1},即

$$v_{o1} = I_C R_F = (0.05 + 3.34 I_D - 3.925 \times$$
$$10^{-2} I_D^2 + 4.83 \times 10^{-4} I_D^3) R_F \quad (7.4.35)$$

令

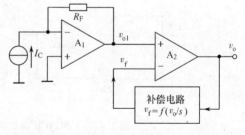

图 7.4.21 光电耦合器闭环校正电路图

$$f(I_D) = R_F(0.05 + 3.34 I_D - 3.925 \times 10^{-2} I_D^2 + 4.83 \times 10^{-4} I_D^3) \qquad (7.4.36)$$

则运放 A_1 的输出电压为

$$v_{o1} = f(I_D) \qquad (7.4.37)$$

若构造一个补偿网络完成如下运算:

$$v_f = f(v_o/s) \qquad (7.4.38)$$

式中：s 是设计要求的灵敏度。

则由于运放 A_1 两输入端虚短路使 $v_f = v_{o1}$，式（7.4.37）和式（7.4.38）相比可知满足设计要求，即

$$v_o = sI_D \qquad (7.4.39)$$

设计的关键是构造满足式（7.4.38）的补偿网络。根据式（7.4.36）和式（7.4.38），得到

$$v_f = f(v_o/s) = R_F \left[0.05 + 3.34(v_o/s) - 3.925 \times 10^{-2}(v_o/s)^2 + 4.83 \times 10^{-4}(v_o/s)^3 \right]$$

$$= 0.05R_F + \frac{3.34R_F}{s}v_o + \frac{3.925R_F}{s^2}v_o^2 + \frac{4.83R_F}{s^3}v_o^3 \qquad (7.4.40)$$

由于光电耦合器的最大输入电流为 25mA，代入式（7.4.34），对应的集电极电流约为 70mA。为保证运放 A_1 输出不饱和，令

$$v_{o1max} = R_F I_{Cmax} = 7(\text{V})$$

可以求出

$$R_F = \frac{7\text{V}}{70\text{mA}} = 100(\Omega) \qquad (7.4.41)$$

把式（7.4.41）代入式（7.4.40），题中要求 $s = 250\Omega$，则补偿网络应当具有下式所示非线性函数

$$v_f = 0.05R_F + \frac{3.34R_F}{s}v_o + \frac{3.925R_F}{s^2}v_o^2 + \frac{4.83R_F}{s^3}v_o^3$$

$$= 5 + 1.336v_o + 6.28 \times 10^{-3}v_o^2 + 3.0912 \times 10^{-5}v_o^3 \qquad (7.4.42)$$

利用 ACU 产生式（7.4.42）的非线性校正网络函数的电路如图 7.4.22 所示。

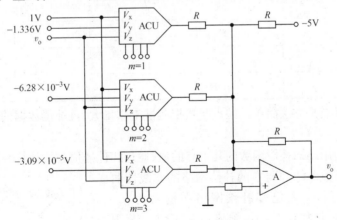

图 7.4.22　用 ACU 产生非线性校正函数的电路

图中，运算放大器 A 构成反相加法器，将各个 ACU 的输出以及常数项进行累加，从而生成式（7.4.42）所示的非线性校正函数。

2. 软件校正方法

用软件对传感器进行非线性校正相比硬件校正具有灵活方便的优点。常用的软件校

正方法有公式法、查表法和插值法等。

1)公式法

公式法就是直接对非线性补偿函数进行数值计算,从而得到与被测物理量成线性关系的输出值。例如,在图 7.4.23 所示的开环补偿系统中,补偿函数为

$$y_\mathrm{o} = f_2(y_2) = K \cdot f_1^{-1}\left(\frac{y_2 - b}{k}\right) + B \qquad (7.4.43)$$

只需将采样值 y_2 代入式(7.4.43),通过计算即可得到与被测量 x 满足线性关系 $y_\mathrm{o} = Kx + B$ 的 y_o。

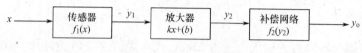

图 7.4.23　开环补偿系统

公式法的优点是灵活方便、补偿参数修改容易,且可以同时对多种不同传感器进行补偿。

2)查表法

查表法校正就是通过反复对传感器系统进行测试,得出一组补偿数据,再根据采集数据查表决定补偿值。例如,若采样值 y_2 与被测温度 T 的关系如表 7.4.1 所列,它们之间是非线性关系。但如果增加一个补偿值如表中所示,则补偿后总值 y_o 与温度 T 之间满足 $y_\mathrm{o} = 5 \times T + 1.5$ 的线性关系。

表 7.4.1　采样值 y_2 与被测温度的关系

被测温度 T/℃	采样值 y_2	补偿值	总值 y_o
0	1.5	0	1.5
10	39.8	11.7	51.5
20	88.1	13.5	101.5
30	130	21.5	151.5
40	194	7.5	201.5

查表法的优点是方法简单。缺点是数据测试工作量大,且补偿数据的通用性差。

3)插值法

插值法是利用已知补偿函数的几个点的值,通过线性插值公式计算补偿值。例如,传感器的非线性函数曲线和要求的补偿网络的非线性曲线如图 7.4.24 所示,若已知补偿网络在输入为 x_1、x_2、…时对应的输出为 y_1、y_2、…,则在 $x_i < x < x_{i+1}$ 范围内时可用线性插值公式计算补偿值,即

$$y = f(x) = \frac{y_{i+1} - y_i}{x_{i+1} - x_i} \cdot x + y_i \qquad (7.4.44)$$

插值法其实就是用分段折线特性(线性)代替补偿网络的非线性特性。

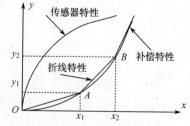

图 7.4.24　线性插值示意图

小结

1. 传感器输出信号类型多,有些信号比较特殊,例如微弱的遥测信号等,因此需要采用一些专门的电路处理技术。

2. 远距离传输传感器信号可以采用电流环技术、压频变换和调制解调技术。其中,双线发送器是专门为远距离传送传感器信号而设计的集成电路,实现简便易用,它的优点是只需要一对导线就可以同时传送供电电源和传感器信号,因为它传送的是电流信号,不容易受到高内阻干扰源的电磁干扰。传输距离可达数百米。

3. 检测微弱信号要采用特殊方法。对于微弱的已调信号,可以利用有用调制信号对载波信号的相关性,采用锁定放大器把信号频谱搬移到基带,再利用低通滤波器选择提高信噪比。对于周期性的微弱信号,用周期抽样积分的方法可以把有用信号频谱压缩一定尺度,而噪声功率谱却未得到压缩,因此可用低通滤波器滤除大部分噪声,提高信噪比。

4. 一般传感器的响应是非线性的。在使用计算机的传感器系统中,非线性校正的最方便方法是采用软件校正。但对于不使用计算机、或在对实时性要求高的场合,需要使用硬件电路来进行非线性校正。硬件电路校正分为开环和闭环两类,它们的校正曲线不同,但产生校正曲线的方法是相同的。

5. 硬件产生非线性校正曲线的方法有两大类:用二极管电路和用多功能模拟计算单元(ACU)电路。理论上讲,利用 ACU 可以产生任意多项式表达的非线性函数。

复习思考题

1. 使用双线发送器传输传感器输出信号有哪些优点? 除了 LH0045 外还有哪些专用芯片可用于传感信号发送?

2. 使用压频变换器将传感器输出的电压信号转换为频率信号传输主要基于何种考虑? 它存在哪些不足?

3. 试叙述锁定放大器和抽样积分器检测微弱信号的原理,并说明它们是如何提高信噪比的?

4. 为什么要对传感器的非线性进行校正? 常用的硬件校正方法和软件校正方法有哪些? 它们各有什么优缺点?

5. 试定性分析图 7.4.17 中增益递增非线性函数放大器的传输特性。

7.5 现代传感技术

随着控制理论、计算机技术和通信技术的快速发展,在传感与检测技术领域中出现了很多新概念、新理论和新技术。这些新的检测技术已成为推动现代信息技术高速发展的关键因素,在当今信息社会的各个领域有着极其广泛的应用。本节主要介绍智能传感器和传感器网络的一些基础知识。

7.5.1 智能传感器 (Intelligent Sensor)

一、功能和特点

智能传感器是一种带有微处理器的,兼有信息检测、处理、记忆和逻辑思维与判断功能的传感器。在传感技术中引入微处理器技术是构成智能传感器的关键。它充分利用了微处理器强大的计算和存储功能,对传感器数据进行处理,并对其内部行为进行调节,从而大大提高采集、测量和控制的精度与效率。

智能传感器是具有分析、学习和判断能力的传感器,大致应具备以下功能:

(1)具有逻辑判断和统计处理功能。可对检测数据进行分析、统计和修正。还可对线性、非线性、温度、噪声、响应时间以及缓慢漂移等误差进行补偿,提高测量精度。

(2)具有自诊断和自校准功能。能在上电时进行开机自检并在工作中进行运行自检,可实时自动诊断、测试以提高系统工作的可靠性。

(3)具有自适应和自调整功能。可根据待测物理量的数值大小及变化情况自动选择检测量程和测试方式,提高检测适用性。

(4)具有组态功能。可实现多传感器、多参数的复合测量,扩大检测与使用范围。

(5)具有记忆和存储功能。可进行检测数据的随时存取,加快信息的处理速度。

(6)具有数据通信功能。智能传感器具有数据通信接口,能与其它微处理器系统进行信息交互,提高信息处理的质量。

与传统的传感器相比,智能传感器具有测量精度高、高可靠性和高稳定性、高信噪比和高分辨率、自适应能力强、功能强大和性价比高等显著优势。

二、基本组成

智能传感器是由经典传感器、微处理器系统和信号输入/输出接口等组成,其典型框图如图 7.5.1 所示。

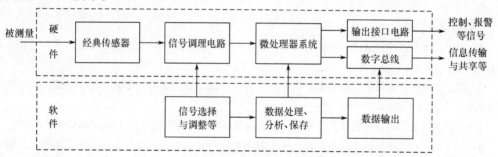

图 7.5.1　智能传感器系统框图

传感器将被测的物理量转换成相应的电信号,信号调理电路对传感器的电信号进行调理(如放大、滤波、量程转换)并转换为数字信号后送入微处理器(如 8031、ARM),微处理器对数字信号进行处理(如数字滤波、傅里叶变换)后的测量结果经输出接口电路输出或通过数字总线(如 RS485、USB)与其它微处理器系统进行信息交互。

智能传感器的核心部件是微处理器,它不但可以对传感器的测量数据进行计算、存储和处理,还可以通过反馈回路对传感器进行调节控制。智能传感器的功能实现很大程度上依赖于各种软件的支持。智能传感器的软件通常由监控程序、测量控制程序、数据处理程序等部分组成。正是在最少硬件条件基础上采用功能强大、灵活多变的软件设计才赋予了智能传感器相比经典传感器无法比拟的诸多优势。

初级的智能传感器可以由许多相互独立的模块,如微处理器模块、信号调理模块、数字总线模块和输出接口模块等构成,并装在同一壳体内。高级智能传感器则是利用半导体技术,将上述模块集成制作在同一个芯片上,组成大规模集成电路智能传感器。

　　在目前的技术条件下,还很难实现大规模集成电路的智能传感器。目前使用较多的是传感器、微处理器和信号处理电路集成在不同的芯片上所构成的混合式智能传感器,如最早实现商业化的智能传感器,即美国霍尼韦尔公司的 ST-3000 系列智能压力传感器,见图 7.5.2。下面就以它为例简单介绍智能传感器的具体构成。

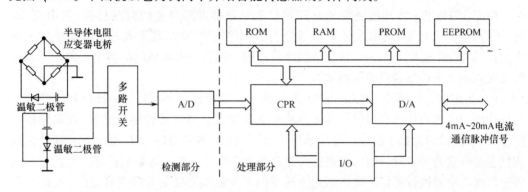

图 7.5.2　ST-3000 系列智能压力传感器原理框图

　　在检测电路中,使用电阻应变式压力传感器(半导体应变片)来将被测量压力的变化转换电阻值的变化。在同一硅片上制作的 4 个半导体应变电阻接成电桥形式,电桥的输出代表了被测压力的大小。同时在硅片上制作辅助传感器(温敏二极管)。一个温敏二极管串入电桥供电回路,利用 PN 结正向电压与温度的关系,从而调整电桥供电电压以补偿半导体应变电阻灵敏度的温度漂移。另一只温敏二极管做为测量温度用的感温元件,测量瞬时环境温度并送入微处理器,用来修正半导体应变电阻的零点温度漂移。集成在同一个芯片上的压力和温度传感器分别检测出的压力和温度两个信号,经多路开关分时地接到 A/D 转换器中进行模数转换,变成数字量送到处理电路。

　　处理部分由微处理器、ROM、PROM、RAM、EEPROM、D/A 转换器、I/O 接口电路组成。微处理器负责处理 A/D 转换器送来的数字信号,存储在 ROM 中的主程序控制传感器工作的全过程。由于材料和制造工艺等原因,各个传感器的特性不可能完全相同。传感器制造出来后,由计算机在生产线上进行校验,将每个传感器的温度度特性和压力特性参数存在 PROM 中,以便进行温度补偿和压力校准,这样就保证了每个传感器的精度。

　　经过处理、校准后的信号经过 D/A 转换器转换为恒流输出(4mA～20mA),非常适合于远程遥测使用。ST-3000 还具备自诊断和通信功能,可通过将现场通信设备发出的通信脉冲信号叠加在传感器输出的电流信号上,利用 I/O 接口将来自现场通信设备的通信脉冲信号从电流信号中分离出来,送往 CPU,来完成传感器测量范围、阻尼时间、线性或开方输出等工作参数的设定,设定的参数存储在 EEPROM 中,不会因为断电而丢失数据。同时可将设定的传感器参数、自诊断结果、测量结果等送到现场通信设备中显示。ST-3000 采用 BRAIN 通信协议和现场通信设备进行通信,通信期间不会影响电流信号的输出。

7.5.2　传感器网络（Sensor Network）

　　传感器网络是由一组传感器以一定方式构成的有线或无线网络,其目的是协作地感知、采集和处理网络覆盖的地理区域中感知对象的信息,对其进行处理并发布给观察者。

它综合了传感器技术、嵌入式计算技术、分布式信息处理技术和通信（有线／无线）技术。传感器网络的应用前景十分广阔，在军事、环境监测、抢险救灾、危险区域远程控制以及智能家居等领域都具有潜在的使用价值，已经引起了许多国家学术界和工业界的高度重视。

一、构成要素

传感器网络由以下 3 个基本要素构成：

（1）感知对象。传感器网络的感知对象就是观察者感兴趣的监测目标，如坦克、战机、风力、有害气体等。感知对象一般通过表示物理现象、化学现象或其他想象的数字量来表征，如温度、湿度等。一个传感器网络可以感知网络分布区域内的多个对象。一个对象也可以被多个传感器网络所感知。

（2）传感器。传感器由电源、感知部件、嵌入式处理器、存储器、通信部件和软件这几部分构成。电源为传感器提供正常工作所必需的能源。感知部件用于感知、获取外界的信息，并将其转换为数字信号。处理部件负责协调节点各部分的工作，如对感知部件获取的信息进行必要的处理、保存，控制感知部件和电源的工作模式等。通信部件负责与其他传感器或观察者进行通信。软件则为传感器的工作提供必要的软件支持，如嵌入式操作系统、嵌入式数据库系统等。

（3）观察者。传感器网络的用户，是感知信息的接受和应用者。观察者可以是人，也可以是计算机或其他设备。一个传感器网络可以有多个观察者，一个观察者也可以是多个传感器网络的用户。观察者可以主动地查询或收集传感器网络的感知信息，也可以被动地接收传感器网络发布的信息。观察者将对感知信息进行观察、分析、挖掘、制定决策，或对感知对象采取相应的行动。

二、发展过程

第一代传感器网络是有传统传感器组成的测控系统，采用点到点传输的接口规范，如二线制 4mA ～ 20mA 电流和 1V ～ 5V 电压标准。这种系统曾经在测控领域广为应用，但由于其布线复杂、成本昂贵及抗干扰性差，已逐渐淡出市场。

第二代传感器网络是基于智能传感器的测控网络。智能传感器与控制设备之间仍然采用传统的模拟电流或电压信号通信。微处理器的发展和与传感器的结合使传感器具有了计算能力，随着节点本地智能化的不断提升，现场采集信息量的不断增加，人们逐渐认识到传统的通信方式已成为智能传感器网络发展的瓶颈。随着数字通信标准 RS－232、RS－485 等的推出与广泛应用以及微控制器的流行，许多新的传感器网络系统也应运而生。

第三代传感器网络，是基于现场总线（Field Bus）的智能传感器网络。现场总线是连接智能化现场设备和主控系统之间全数字、开放式、双向通信网络。现场总线技术利用数字通信代替了传统的 4mA ～ 20mA 模拟信号，大大减少了传感器与主控系统的连线及通信带宽，有效地降低了系统的成本与复杂度，特有的分层体系结构实现了分布式智能。最为成功和典型则是 CAN 总线（汽车电子）和 Ethernet（传感器＋采集＋8019 网络接口）。

第四代传感器网络正在研究开发中，由大量具有多功能、多信息信号获取能力的传感器，采用自组织无线接入网络与传感器网络控制器连接，构成无线传感器网络。无线传感器网络是新兴的下一代传感器网络，它由无线传感器节点为基本单元构成，可以协作地实时监测和采集感知对象信息，并对信息进行处理和有效传输。系统的性能、可靠性和灵活性明显提升而成本显著缩减。

三、无线传感器网络

1. 组成结构

图 7.5.3 所示的网络由传感器节点、接收发送器(Sink)、Internet 或通信卫星、任务管理节点等部分构成。

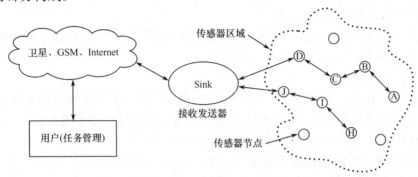

图 7.5.3　无线传感器网络组成结构图

传感器节点散布在指定的感知区域内,每个节点都可以采集数据,并通过"多跳"路由方式把数据传送到 Sink, Sink 也可以用同样的方式将信息发送给各节点。Sink 直接与 Internet 或通信卫星相连。通过 Internet 或通信卫星实现任务管理节点(即观察者)与传感器之间的通信。

从上述网络结构模型中可以看到,无线传感器网络主要包含传感器节点和网络两个部分。

1)传感器节点

计算机技术和传感器技术的结合产生了智能传感器,作为传感器网络的一个节点,区别于传统的传感器(4mA ~ 20mA/1V ~ 5V 标准),其内部集成或安装了微处理器,使其能够在现场对采集到的原始传感信息进行必要的处理,如信号放大、调理、A/D 转换等,最后转换成某种标准的数字格式并通过现有的标准无线通信协议发送给用户,如美国飞思卡尔公司推出的"压力/温度传感器 + MCU + RF"集成电路芯片。

传感器节点作为无线传感器网络的重要组成部分,具有以下特点:

(1)微型化。应用中的传感器节点要高度集成化,保证对目标系统的特性不会造成影响。

(2)低功耗。无线传感器网络中的节点有严格的电源要求,因为网络往往部署在无人值守的地方,节点使用电池供电,不能频繁更换电池,因此,如何节省电能是应用的首要问题。

(3)计算能力和存储容量有限。传感器节点都有嵌入式微处理器和存储器,嵌入式微处理器的处理和存储器的存储容量有限,因此传感器的计算能力比较有限。

(4)通信能力有限。传感器网络的通信带宽窄,覆盖范围小,还经常受到自然环境的影响,导致传感器节点通信失败。因此,网络的自恢复性、抗毁性也是应解决的重点问题。

(5)传感器数量多,分布范围广。网络中节点密集,数量巨大,此外,传感器网络可以分布在很广的地域。因此,维护十分困难,传感器网络的软、硬件必须具有高强壮性和容错性。

2）网络

计算机网络技术与智能传感器的结合产生了传感器网络这一全新的概念。传感器网络是一个层次网络，底层是由众多传感器网络节点构成的点对点的自组织无线网（Ad Hoc），或点对多点的微网；上层利用现有的网络，可以是传统的 Ethernet 或 Internet，也可以是 GSM、CDMA 或有线电话网等。

在无线传感器网络的两个组成部分中，由于网络部分不是本书涉及的内容，所以下面主要讨论传感器节点部分的一些技术内容。

2. 传感器节点

传感器节点作为一种微型化的嵌入式系统，构成了无线传感器网络的基础层支撑平台。节点内部集成了传感器、微处理器、无线通信接口和电源等 4 个模块，可实现模拟信号调理、A/D 转换、数字信号处理和无线网络通信等功能。

无线传感器节点的组成框图见图 7.5.4。处理器模块用来进行节点设备控制、任务调度、数据处理等；无线通信模块用来进行节点之间的数据发送、频率选择等；传感器模块用来进行外部感知对象信息的接收和转换；电源模块为传感器节点提供必要的能量。

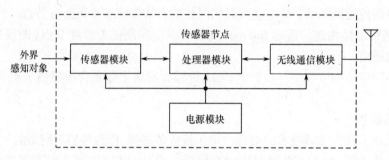

图 7.5.4   无线传感器节点组成框图

1）处理器模块

处理器模块是传感器节点的核心，负责整个节点的设备控制、任务分配与调度、数据整合与传输等多个关键任务。

无线传感器网络节点使用的处理器基本可以分为两类：一类采用以 ARM 处理器（32位、RISC 结构）为代表的高端处理器。该类处理器处理能力强大，适合图像等高数据量业务的应用，且多数支持 DVS（动态电压调节）或 DFS（动态频率调节）等节能策略，但节点的能量消耗相比采用低端微处理器仍然大很多。另一类采用以 ATMEL 公司的 AVR 系列单片机为代表的低端微控制器。该类处理器的处理能力较弱，但是能量消耗功率也很小。在选择处理器时应首先考虑系统对处理能力的需要，再考虑功耗问题。

2）无线通信模块

无线通信模块用于传感器节点间的数据通信，用于确定无线通信中载波频段选择、信号调制方式、数据传输速率，编码方式等，并通过天线进行节点间、节点与 Sink 间的数据收发。

常用的传输方式有射频、红外、激光和超声波等；无线通信协议有 802.11b、

802. 15. 4、Bluetooth、UWB、RFID、IrDA 等。

　　3）传感器模块

　　传感器模块是传感器节点中负责接收和处理外界感知对象的模块，一般包括传感器转换元件和信号调理电路两部分，转换元件感知外界的温度、光照和磁场等信息，将其转换为电信号后送入信号调理电路，后者通过放大、滤波等电路的整形处理，最后经过 A/D 转换成数字信号送处理器模块进行数据处理。

　　对于不同的外界感知对象，传感器模块将采用不同的信号处理方式。因此，对于温度、光照、磁场等不同的感知信息，需要设计相应的检测与传感器电路，同时，需要预留相应的扩展接口，以便于扩展更多的感知对象检测。

　　4）电源模块

　　无线传感器模块由于部署分散、无人值守等特点，普遍使用电池做为电源。由于电池一般不易更换，所以电池的选择非常重要。同时为节点各模块提供不同类型电源的 DC/DC 电路的效率对整个节点的低功耗设计有着至关重要的影响。

　　按照能否充电，电池可分为可充电电池和不可充电电池；根据电极材料，电池可以分为镍铬电池、镍锌电池、锂电池和锂聚合物电池等。一般不可充电电池比可充电电池能量密度高，如果没有能量补给来源，通常应选择不可充电电池。在可充电电池中，锂电池和锂聚合物电池的能量密度最高，但是成本也比较高。无线传感器网络节点一般工作在户外，也可以利用自然能源来补给电池的能量，如太阳能电池。

　　由于具体的应用背景不同，目前国内外出现了多种无线传感器网络节点的硬件平台。典型的节点包括 Mica 系列、Sensoria WINS、Toles、μAMPS 系列、XYZnode、Zabranet 等。实际上各平台最主要的区别在于采用了不同的处理器、无线通信协议和与应用相关的不同类型的传感器。

小结

　　1. 智能传感器是一种带有微处理器的，兼有信息检测、处理、记忆和逻辑思维与判断功能的传感器。在传感技术中引入微处理器技术是构成智能传感器的关键。

　　2. 智能传感器往往是在最小硬件条件基础上采用强大的软件优势来实现传感器的智能化功能，如标度变换、非线性补偿、温度补偿和数字滤波等处理功能的软件实现。从而使其相比传统传感器具有测量精度高、可靠性高、性价比突出等显著优势。

　　3. 传感器网络是由一组传感器以一定方式构成的有线或无线网络，其目的是协作地感知、采集和处理网络覆盖的地理区域中感知对象的信息，对其进行处理并发布给观察者。

　　4. 传感器节点由传感器、微处理器、无线通信接口和电源等 4 个模块组成，实现了模拟信号调理、A/D 转换、数字信号处理和无线网络通信功能。低功耗设计是传感器节点设计中尤为重要的一个关键环节。

复习思考题

　　1. 如何理解智能传感器中的"智能"两字，它的关键在哪里？智能传感器最显著的优势是什么？

　　2. 什么是传感器网络？它有几部分组成，传感器网络有哪些关键技术？

3. 无线传感器网络中的无线通信具有什么特点?

4. 你所了解的硬件和软件两个方面的低功耗设计手段有哪些?

习　题

7.1 题图 7.1 是用集成温度传感器 AD590 组成的一个测温电路原理图。已知传感器所处环境温度分别为 T_1、T_2 和 T_3,且 $T_1 < T_2 < T_3$(但都大于 0),AD590 输出电流 I_T 的温度系数均为 $\alpha_T = \mathrm{d}I_T/\mathrm{d}T = 1\mu\mathrm{A}/℃$,且 $T = 0℃$ 时 $I_T = 0$。试写出输出电压 v_o 与传感器所处的环境温度 T_1、T_2 和 T_3 的关系式。

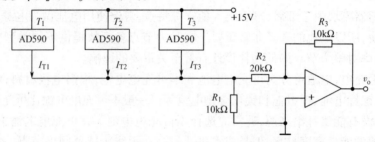

题图 7.1　习题 7.1 用图

7.2 假定一个传感器的输出信号中含有 1V 的共模干扰,使用的放大器的共模抑制比 CMRR = 70dB。这个传感器的分辨力是多少? 如果要求分辨力是 1mV,需要使用多高共模抑制比的放大器? 要求分辨力是 $1\mu\mathrm{V}$ 时,要使用什么放大器?

7.3 四等臂单变电桥放大器如题图 7.2 所示。已知电源 $E = 10\mathrm{V}$,$R = 1\mathrm{k}\Omega$,$R_1 = R(1+x)$,$x = \Delta R/R = \pm 0.1$,$R_5 = R_6 = 10\mathrm{k}\Omega$。

(1)试求电桥输出电压 v_1 的最大值和最小值各为多少伏。

(2)写出放大器输出电压 v_o 与桥臂电阻相对变化量 x 的关系表达式 $v_o = f(x)$。

7.4 如题图 7.3 所示为电流放大式电桥电路。已知 $R_f > > R$,x 不满足远小于 1 的条件。试写出电路的输出电压 v_o 的表示式。

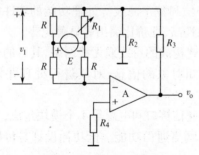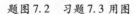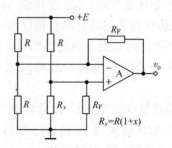

题图 7.2　习题 7.3 用图　　　　题图 7.3　习题 7.4 用图

7.5 如题图 7.4 所示 3 种光敏二极管传感器做光照强度检测时的信号放大电路,光敏二极管都工作在反偏压状态。试问这 3 种放大电路是否都能正常工作? 如不能请说明原因。

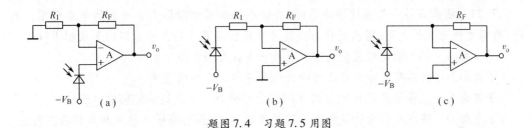

题图 7.4 习题 7.5 用图

7.6 增益线性可调的差动放大电路如题图 7.5 所示。若电路满足 $R_1 = R_2 = R_3 = R_4$ 的条件,试写出电路的表示式 $A_v = v_o/(v_{i1} - v_{i2})$。

7.7 用传感器组成题图 7.6 所示的测量电路。已知传感器的输出电压信号 V_x 与被测量 x 的关系为 $V_x = V_{xo}\exp(-\mu x)$,其中,V_{xo} 和 μ 为常数。若要求该测量电路满足线性关系,即 $V_o = Kx$。试确定非线性补偿网络的函数关系式 $V_o = f(V_m)$。

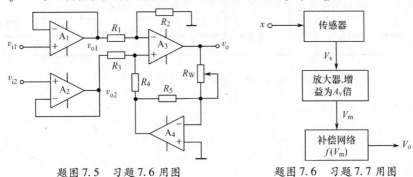

题图 7.5 习题 7.6 用图   题图 7.6 习题 7.7 用图

7.8 设计一个二极管非线性补偿电路,要求它的输出与输入电压之间满足如下关系:

$$v_o = \begin{cases} 10v_i & (0 \leqslant v_i \leqslant 0.3\text{V}) \\ 3 + 8(v_i - 0.3) & (0.3 \leqslant v_i \leqslant 0.6\text{V}) \\ 5.4 + 6(v_i - 0.6) & (v_i \leqslant 0.6\text{V}) \end{cases}$$

7.9 非线性函数放大器如题图 7.7 所示。已知二极管正向导通电压 V_D 为 0.7V,且导通时正向电阻可以忽略。其余各参数已标在图中。

(1)画出 v_i—v_o 特性图,并标明各转折点的电压值;

(2)分别计算当输入电压为 3V 和 6V 时对应的输出电压为多少伏?

7.10 题图 7.8 所示为利用 ACU 构成的补偿电路(ACU 调整端参数为 m),试求补偿电路的输出电压 v_o 与输入电压 v_i 之间的关系表达式。

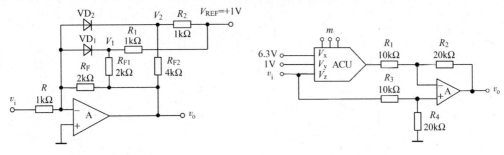

题图 7.7 习题 7.9 用图   题图 7.8 习题 7.10 用图

7.11 要求设计一个温度遥测系统,若该系统采用如题图7.9所示的电路框图。其中,敏感元件为热敏电阻,阻值变化与温度为非线性关系。对各子电路的要求如下:

子电路 A 将热敏电阻阻值的变化转换为电压信号的变化。

子电路 B 将温度与输出电压的非线性关系转换为线性关系。

子电路 C 能将子电路 B 输出的电压信号转换为适合远距离传输的电流信号。

子电路 D 将电流信号恢复为电压信号并放大,且具有高输入电阻和高共模抑制比。

若有如下(1)~(6)个器件或单元电路可供选用:

(1)压频变换器 LM331;   (2)三运放结构仪表放大器(测量放大器);

(3)单变四等臂电桥;   (4)开环斩波自稳零放大器;

(5)双线发送器 LH0045;   (6)非线性校正电路。

试分别为子电路 A ~ D 选择满足上述要求的器件(或单元电路),并说明选用器件(或单元电路)的原因,以及该器件(或单元电路)的基本工作原理。

题图7.9 习题7.11 用图

第8章 数字和模拟混合电路

自然界中存在的物理量几乎都是模拟量,如温度、湿度、压力和速度等,它们都是一种在幅度和时间上均连续变化的量。若将它们用传感器转换成相应的电信号就是模拟信号。

早期的测量或控制系统大都是模拟系统,如图8.0.1所示。模拟测量和控制电路复杂,控制参数修改不灵活,精度差,控制模型单一,且数据记录和处理十分不便。

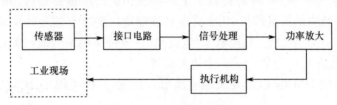

图 8.0.1 模拟控制系统

随着计算机技术和大规模集成电路技术的发展,数字测量和控制技术被广泛应用。图8.0.2是一个数字控制系统的原理框图。由于这种控制系统采用了数字化处理技术,因而控制方式灵活,参数更改容易,适应性强,控制精度高,且数据记录和回放十分方便。

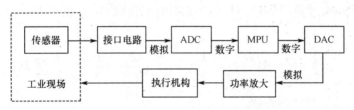

图 8.0.2 数字控制系统原理框图

比较模拟和数字两个控制系统可知,差别在于信号处理部分。模拟系统中的信号处理部分由模拟电路完成,数字系统中的信号处理则由微处理器(MPU)完成,而能把模拟信号变换成数字信号,经处理器数字化处理后再把数字信号变换成模拟信号的部件分别是模数转换器 ADC(Analog to Digital Converter)和数模转换器 DAC(Didital to Analog Converter)。因此,ADC 和 DAC 使模拟信号和数字信号建立了内在的联系,它们是连接模拟世界与数字世界的桥梁,如图8.0.3所示。

数字处理模式已经成为当今电子系统的主流,甚至在传统上模拟信号占绝对统治地位的通信和雷达系统中,也已大量采用数字信号

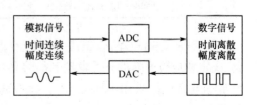

图 8.0.3 ADC 和 DAC 的功能

处理代替传统的模拟信号处理方法,而软件无线电是最典型的代表。

随着电子技术的飞速发展,数字系统在电子产品中的比例越来越高,ADC、DAC 作为数字电路与模拟电路之间的桥梁,其意义也越来越重要。现代电子系统中,纯粹的模拟电路系统和数字电路系统几乎不存在,更多的是采用 ADC 和 DAC 的数字电路和模拟电路的混合系统。

本章主要讨论几种常用 ADC 和 DAC 的基本原理以及由它们组成的数字/模拟混合电路,说明它们在不同领域中的应用。因许多 ADC 是建立在 DAC 原理基础上的,故本章首先讨论 DAC。

8.1　数模转换器

数模转换器(DAC)是一种能将数字量转换成相应模拟量的器件,如图 8.1.1 所示。它是数字控制系统中的关键部件,用于将微处理器输出的数字信号转换成电压或电流等模拟信号。DAC 在数控增益、数控电压/电流源、直接数字频率合成(DDS)等领域均有广泛应用。DAC 也是 ADC 器件中的一个重要部件。

实际应用中的 DAC 常以单片集成电路形式出现,其种类很多,大致分类如表 8.1.1 所列。

8.1.1　DAC 的工作原理

数字系统中的数字量大多采用二进制数码,其每一位代码都有一定权值,因此要把数字信号转换成模拟信号,必需将每一位代码按其权值大小转换成相应的模拟信号相加,其和就是与该数字量成正比的模拟信号。设 n 位二进制数为 $D_{n-1}D_{n-2}\cdots D_1D_0$,其中,$D_{n-1}$ 位为最高有效位(MSB),D_0 位为最低有效位(LSB)。则经 DAC 转换后的模拟量应为

$$V_o = k \cdot D = k\left(\frac{D_{n-1}}{2^1} + \frac{D_{n-2}}{2^2} + \cdots + \frac{D_1}{2^{n-1}} + \frac{D_0}{2^n}\right) = \frac{k}{2^n}\sum_{i=1}^{n-1} D_i 2^i \qquad (8.1.1)$$

式中:k 为 DAC 的转换比例系数。

表 8.1.1　DAC 的分类

大类	串行、并行
结构	加权、梯形、分段、乘法
精度	通用、低精度、高精度
速度	低速(大于 100μs)、中速(1μs ~ 100μs)、高速(50ns ~ 1μs)、超高速(小于 50ns)

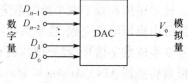

图 8.1.1　DAC 的作用

由式(8.1.1)可见,要组成一个 DAC 电路,应当有确定系数 k(量程)的电路、权重电路、决定相应位通断的开关电路和能将各位权重相加的相加电路这 4 个基本电路。因 4 个基本电路可以采用不同的形式,故 DAC 电路也有不同的形式,但常用的主要有以下几种。

一、Kelvin 分压器

Kelvin 分压器组成的 DAC 电路也称为电阻串联型 DAC。图 8.1.2 是由 Kelvin 分压器组成的 3 位 DAC 电路,它由 2^n 个等值电阻器组成,3 位数字输入通过 3:8 线译码器控制模拟开关,把输出接到分压器的相应抽头上,从而获得不同的电压输出。容易得到该电路的输出电压为

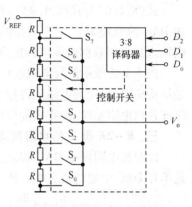

$$V_o = \frac{V_{REF}}{2^n} \sum_{i=0}^{n-1} D_i 2^i \qquad (8.1.2)$$

这种 DAC 的优点是结构非常简单直观。缺点是输出阻抗与输入的数字量有关,且 Kelvin 分压器中采用了大量高精度的电阻,随着 DAC 位数的增加,电阻的数量和匹配方面的问题令人望而却步。直到最近十几年以来,随着制造工艺的日益提高,Kelvin 分压器才被大量地应用在各种 DAC 的设计中。目前,许多电阻串联型 DAC 都可以做到比较高的分辨率。例如,ADI

图 8.1.2　3 位 Kelvin 分压器 DAC

公司的 4 通道 12 位电阻串联型 DAC ~ AD5326,TI 公司的 4 通道 16 位电阻串联型 DAC ~ DAC8534 等。

二、加权电阻型 DAC

二进制加权电阻型 DAC 电路如图 8.1.3 所示。它由权电阻网络、电子模拟开关、基准电压 V_{REF} 和求和放大器 A 四个部分组成。n 个开关分别由 n 位输入数码 D 控制,对应的数码位 D_i 控制对应的开关位 S_i。当 $D_i = 1$ 时,S_i 接 V_{REF},于是,该 D_i 位就会产生一个相应权值的电流。当 $D_i = 0$ 时,S_i 接地,该位不产生电流,即对输出电压没有贡献。所有电流经电流放大器转换为电压后输出。

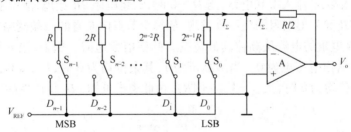

图 8.1.3　加权电阻型 DAC 原理图

由电路可见,不同权值的电阻 R_i 可以统一表示为

$$R_i = 2^{n-1-i} \cdot R \qquad (8.1.3)$$

则相应产生的电流为

$$I_i = \frac{V_{REF}}{R_i} = \frac{V_{REF}}{2^{n-1-i} \cdot R} = \frac{V_{REF}}{2^n R} 2^{i+1} \qquad (8.1.4)$$

总电流为

$$I_\Sigma = \sum_{i=0}^{n-1} I_i = \frac{V_{REF}}{2^n R} \sum_{i=0}^{n-1} D_i 2^{i+1} \qquad (8.1.5)$$

转换后的输出电压为

$$V_o = -I_{\Sigma}\frac{R}{2} = -\frac{V_{REF}}{2^n}\sum_{i=0}^{n-1}D_i2^i \tag{8.1.6}$$

式(8.1.6)与式(8.1.2)一样,它是 D/A 转换器的一般表达式。用通俗的一句话表述 DAC 的原理如下:一个 n 位的 DAC,如将参考电压 V_{REF}(量程)等分为 2^n 份(分辨率),则输入二进制数据的模拟转换值是该二进制数据对应的十进制数的份数之和。

图 8.1.3 所示的权电阻也可以用相应的权电流代替。权电阻网络 DAC 电路的优点是结构简单,所用的电阻元件数很少。其缺点是权电阻阻值相差较大,在集成电路中很难保证各权电阻精度,故在实际应用中一般不单独使用这种结构。

三、$R - 2R$ 倒 T 形电阻网络 DAC

针对权电阻网络 DAC 的缺点进行改进,就得到了 $R - 2R$ 倒 T 形电阻网络 DAC。这是单片 DAC 中使用最多的一种结构,原理图如图 8.1.4 所示。

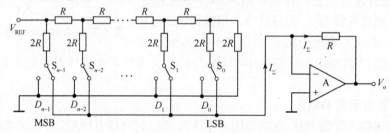

图 8.1.4 $R - 2R$ 倒 T 型电阻网络 DAC 电路

图中,$S_0 \sim S_{n-1}$ 为 n 个模拟开关,$R - 2R$ 电阻解码网络呈倒 T 形,运算放大器 A 构成求和电路。与加权电阻型 DAC 电路一样,开关 S_i 由输入数码 D_i 位控制,当 $D_i = 1$ 时,S_i 接运放反相输入端,I_i 流入求和电路,当 $D_i = 0$ 时,S_i 将电阻 $2R$ 接地,该位不产生电流。

分析 $R - 2R$ 倒 T 形电阻网络不难发现,从每个节点向左看的二端网络等效电阻均为 R,流入每个 $2R$ 电阻的电流从高位到低位按 2 的整倍数递减。例如,当 n 位二进制数均为 0 时,$I_{\Sigma} = 0$,输出电压也为 0。当最高位为 1,其余位均为 0 时,$I_{n-1} = V_{REF}/(2R)$,当次高位为 1,其余位均为 0 时,$I_{n-2} = V_{REF}/(4R)$,由此类推可知,D_i 位产生的电流是

$$I_i = \frac{V_{REF}}{R} \cdot \frac{1}{2^{n-i}} \tag{8.1.7}$$

故可得到总电流和输出电压分别为

$$I_{\Sigma} = \sum_{i=0}^{n-1}\frac{V_{REF}}{R} \cdot \frac{1}{2^{n-i}}D_i = \frac{V_{REF}}{2^nR}\sum_{i=0}^{n-1}D_i2^i \tag{8.1.8}$$

$$V_o = -I_{\Sigma}R = -\frac{V_{REF}}{2^n}\sum_{i=0}^{n-1}D_i2^i = -D \cdot \frac{V_{REF}}{2^n} \tag{8.1.9}$$

通常,模拟开关在状态改变时,都设计成按"先通后断"的顺序工作,使 $2R$ 电阻的下端总是接地或接虚地,而没有悬空的瞬间,即 $2R$ 电阻两端的电压及流过它的电流都不随开关掷向的变化而改变,故不存在对网络中寄生电容的充、放电现象,而且流过各 $2R$ 电阻的电流都是恒定的,所以利于提高工作速度。和权电阻网络相比,由于它只有 R、$2R$ 两种阻值,从而克服了权电阻网络中阻值多且差别大的缺点。因此,$R - 2R$ 倒 T 形电阻网

络 DAC 是一种工作速度较快、应用较多的一种 DAC。

采用 $R-2R$ 倒 T 形电阻网络 DAC 集成片种类也较多,例如 8 位 DAC ~ AD7524、12 位 DAC ~ AD7534 等。

四、乘法型 DAC(MDAC)

DAC 中的模拟开关如果用双极型工艺制造,则它只能向一个方向传输电流,即要求 V_{REF} 为单极性。而 CMOS 模拟开关的漏极和源极可互换,因此可以双向传输电流。如果 DAC 中使用 CMOS 模拟开关,流经模拟开关电流的方向可以任意,对 V_{REF} 的极性无限制。 把模拟信号 v_i 当作参考电压,根据式(8.1.9),它可完成模拟电压 v_i 与数字量 D 的乘法运算,这就是乘法型 DAC。

乘法型 DAC(Multiplying DAC,MDAC)的内部原理电路如图 8.1.5 所示,结构与一般的倒梯型 $R-2R$ 网络型 DAC 相似,但不设固定内部输出接地端,而设两个电流输出端 I_{o1} 和 I_{o2},方便任意连接。电流输出端 I_{o1} 和 I_{o2} 可通过放大器的反馈端接地或直接接地,保持地电位。R_{FB} 用作外接放大器的反馈电阻,它与网络电阻的精度相一致。

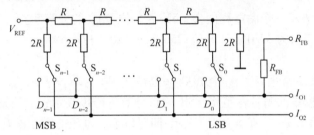

图 8.1.5　MDAC 的内部原理电路

当 $D_i = 1$ 时,开关接 I_{O1},当 $D_i = 0$ 时,开关接 I_{O2}。如果输入任意数据 D,则根据式 (8.1.8)得到

$$I_{O1} = I_i \cdot D = \frac{V_{REF}}{2^n R} \cdot D = \frac{V_{REF}}{2^n R} \sum_{i=0}^{n-1} D_i 2^i \qquad (8.1.10)$$

$$I_{O2} = I_i \cdot \overline{D} = \frac{(2^n - 1) V_{REF}}{2^n R} - I_{O1} \qquad (8.1.11)$$

式(8.1.10)说明,MDAC 的输出电流正比于输入数据 D 和基准电压 V_{REF} 的乘积,这一特性常用来做程控增益放大器的控制网络,只要将输入信号接在 V_{REF} 端,改变输入数据就可以得到放大不同倍数的输出信号。

MDAC 还可以用电压方式输出,此时只需将 I_{O1} 端接参考电压 V_{REF},将 I_{O2} 端接地,则在原 V_{REF} 端即可输出与输入数字量 D 对应的模拟电压。

常见的乘法型 DAC 有 8 位 DAC ~ DAC0830/1/2、10 位 DAC ~ DAC1000/1/2/6/7/8 和 12 位 DAC ~ DAC1208/9 等。

8.1.2　DAC 的主要参数

DAC 的参数较多,大致可分为静态、动态和接口参数 3 类。这里仅介绍几种主要参数。

一、静态参数

1. 满量程 FS

单极性 DAC 输出的最大模拟量称为满量程值,该值就是输入数字量为全"1"时 DAC 的输出模拟量。

2. 满量程范围 FSR

对于单极性 DAC,FSR 等于 FS。对于双极性 DAC,FSR 等于 DAC 输出的负最大到正最大的模拟量范围。

3. 分辨率

DAC 输出的模拟电平(FSR)可能被分割的数目称为分辨率。因为 DAC 的位数 n 越大,可以被分割的数目也就越多,越能反映出输出电压的细微变化,所以分辨率常用 n 表示。以下是分辨率的几种常见表示方法。

$$\Delta = \frac{\text{FSR}}{2^n}, n, 2^n, \frac{1}{2^n}, \frac{1}{2^n} \times 100\%$$

例 8.1.1　试表示一个满量程值为 ±5V 的 8 位 DAC 的分辨率。

解:分辨率可表示为 39.06mV、8 位、256、3.9×10^{-3} 和 0.39%。

4. 误差

DAC 的误差表示常用以下 4 种方法:一是以 1LSB 为单位表示,如 ±1LSB、±LSB/2 等;二是以输出模拟量的满量程范围 FSR 的百分数% FSR 表示;三是以输出模拟量的满量程范围 FSR 的百万分之一($\times 10^{-6}$)表示;四是以输出电压的实际误差如 mV、μV 表示。

例 8.1.2　试用 4 种误差表示方法表示一个 FSR 为 ±5V 的 12 位 DAC 在精度为正负一个最低有效位时的误差。

解:4 种误差表示为 ±1LSB、±0.0244% FSR、$±244 \times 10^{-6}$ 和 ±2.44mV。

1)零点误差和增益误差

零点误差又称失调误差,它是指 DAC 输入数据为 0 时,输出电压或电流不为 0。理想的特性应为过零的直线,而零点误差使输出电压或电流平移了一个固定的数值,如图 8.1.6(a)所示。零点误差可由调零方法消除,但环境温度改变时会产生新的误差(漂移)。

增益误差表示 DAC 实际输出特性曲线斜率与理想输出特性曲线斜率的偏差,如图 8.1.6(b)所示。增益误差可由初始增益调节消除,但环境温度变化后会引起新的增益误差。

实际的 DAC 零点误差和增益误差同时存在。

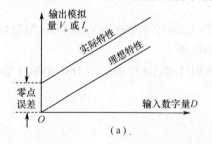
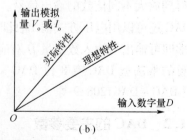

图 8.1.6　零点误差和增益误差

(a)零点误差; (b)增益误差。

2）非线性误差

输出非线性误差分为积分非线性误差和微分非线性误差两种。仅有零点误差和增益误差的 DAC，其输出数值在一条直线上，转换关系是线性的，但实际的 DAC 输出值不在一条直线上，则它与理想特性曲线的最大偏差称为积分非线性误差（Integral Non-Linearity error, INL），如图 8.1.7（a）所示。而任意两个相连输入数据所对应的输出的差值与 1LSB 之差，就称为该点的微分非线性误差，如图 8.1.7（b）所示。图中，a、b 两点为实际输出数值，该处的微分非线性误差为（4.5LSB － 2.5LSB）－ 1LSB = 1LSB。

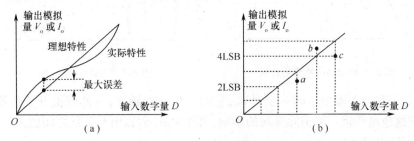

图 8.1.7　积分非线性误差和微分非线性误差

(a) 积分非线性误差；(b) 微分非线性误差。

积分非线性误差反映的是实际输出特性的整体线性度，即它与理想特性的偏离程度，而微分非线性误差反映了积分非线性误差在整个输出特性中的分布，它可说明 DAC 是否具有单调性。

5. 单调性

当 DAC 的输入数字量单调增加时，其模拟输出也随之增加的特性称做单调性。若输入数据单调增加 1LSB 时，输出模拟值反而减小，则 DAC 没有单调性。如图 8.1.7（b）中 b、c 两点的微分非线性误差为 － 1.5LSB，故这两点不具有单调性，而 a、b 两点具有单调性。

单调性对 DAC 的控制应用非常重要。DAC 是否具有单调性，在数据手册中都会给出结论。

例 8.1.3　一个满量程一个满量程电压为 10V 的 10 位 DAC，微分非线性误差为 ±0.5LSB，微分非线性误差温度系数为 ±2 × 10^{-6}/℃，工作温度范围为 0℃ ~ 70℃，计算该芯片能否用于自动控制系统。

解：该 DAC 产生 1LSB 的误差为 9.78mV，即 978 × 10^{-6}，在工作温度范围内的微分线性误差为：0.5 × 978 + 2 × 70 = 629 × 10^{-6} ＜ 978 × 10^{-6}，即总的微分线性非误差小于 1LSB，因此该 DAC 具有单调性，可用于自动控制系统。

二、动态参数

1. 稳定时间 t_{set}

稳定时间也称为建立时间，它用来定量描述 DAC 的转换速度。t_{set} 是指输入数字量变化时，输出电压变化到相应稳定电压值所需的时间。一般用 DAC 输入的二进制数字量从全 0 变为全 1 时，输出电压达到规定的误差范围（一般为 ±LSB/2）所需时间表示，如图 8.1.8 所示。DAC 的建立时间较快，单片集成 DAC 建立时间可达几微秒以内。

2. 突跳

当 DAC 的输出从一个稳态值过渡到另一个稳态值时，输出端可能出现一个较大幅度的窄脉冲,称为突跳。由于 DAC 内部模拟开关的切换时间不同步,使得当数据变化时,由原数据到新数据的过渡中间可能会出现不同于输入数据的输出,这种输出的幅度有时较大,如图 8.1.9 所示。

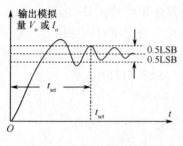

图 8.1.8　DAC 的稳定时间

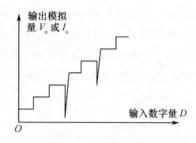

图 8.1.9　DAC 的突跳

突跳是一种错误输出。同一个 DAC,它的工作速度越高,内部模拟开关切换的一致性越差,突跳也越严重。要消除突跳的影响,可在 DAC 的输出与负载之间插入一个采样/保持器(S/H)电路。

三、接口特性

DAC 是数字到模拟的桥梁,它的输入端与数字电路相连,输出端与模拟电路相连,接口特性描述了 DAC 与外部电路连接时的行为特征。

1. 输入缓冲能力

DAC 带有三态输入缓冲器或锁存器加以保存输入数字量,这对于不能长时间在数据总线上保持待转换数据的微型计算机系统来说,十分重要。

2. 输入数据宽度

DAC 有 8 位、10 位,12 位、14 位、16 位之分。当 DAC 的位数高于微型计算机系统数据总线的宽度时,需要两次分别输入数字量。

3. 输入码制

一般对于单极性输出的 DAC 只接收二进制码或 BCD 码,对于双极性输出的 DAC 只能接收偏移二进制码或补码。

4. 电流型/电压型

DAC 输出是电流即为电流型,输出是电压即为电压型。对于电流型,其电流在几毫安至十几毫安;对于电压输出型,其电压一般为 5V ~ 10V。有些高电压型可达 24V ~ 30V。如果需要可将电流输出转换成电压输出。

5. 输出极性

对于一些需要正负电压控制的设备,就要使用双极性 DAC,或在输出电路中采取措施,使输出电压有极性变化。

8.1.3　常用集成 DAC 芯片

一、AD7524

集成 DAC 芯片 AD7524 是一种非常流行且价格低廉的 DAC。图 8.1.10 示出了它的内部电路结构和基本应用电路。

AD7524 是采用 $R - 2R$ 倒 T 形电阻网络的 8 位并行 CMOS DAC。具有功耗低(约为

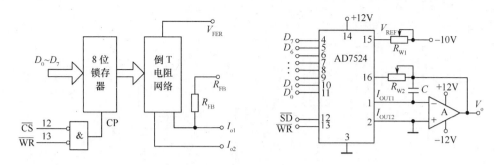

图 8.1.10　DAC 芯片 AD7524

20mW)、转换非线性误差小(小于 1/8LSB)的显著优点。

AD7524 有 DIP、SOIC、PLCC、LCCC 四种封装形式,可以根据需要选择。在图 8.1.10 的 DIP 封装中,$D_0 \sim D_7$ 是 8 位数字信号输入,$\overline{CS}$ 和 $\overline{WR}$ 用于控制锁存器的工作状态,只有这两个信号均为低时,输入的 8 位数据才能写入锁存器,否则锁存器保持原存数据不变。I_{OUT1} 和 I_{OUT2} 是模拟信号输出,通常 I_{OUT1} 外接运算放大器的反相输入端,I_{OUT2} 接地。R_{FB} 为反馈电阻,常外接运算放大器的输出端。V_{REF} 为基准电压源,一般在 $-10V \sim +10V$ 之间选取。由于 AD7524 是 CMOS 器件,故电源电压 V_{DD} 可在 $+5V \sim +15V$ 之间选取。

AD7524 芯片的应用很广泛,除了用于数模转换领域外,还可以用它构成数字电压或电流源、数字衰减器、函数发生器、精密 AGC 电路和可编程有源滤波器等。图 8.1.10 所示电路用来接收 8 位数字输入信号,并将其转换为 0V~10V 的模拟电压输出。数模转换器所需要的基准电压源由外部提供。

二、DAC0832

DAC0832 是一个采用 CMOS 工艺制作的 8 位乘法型 DAC,可与 TTL 电平兼容的微处理器直接接口。内部采用双缓冲寄存器,可使用多个 DAC 同时采样。内部淀积的硅铬 R-$2R$ 梯形电阻网络具有较好的温度跟踪特性(全温度范围内最大线性误差为 0.05% FSR)。稳定时间为 $1\mu s$,最大非线性误差为 0.2% FSR。图 8.1.11 是它的内部电路结构图。图中有 4 个控制信号,其中,$\overline{WR_1}$ 用于将输入数据送到输入锁存器,低电平有效;ILE 为输入锁存器选通信号,与 $\overline{CS}$ 配合选通 $\overline{WR_1}$,高电平有效;$\overline{WR_2}$ 用于将输入锁存器中的数据送到 DA 寄存器,低电平有效;$\overline{XFER}$ 为将数据送到 DA 寄存器的选通信号,选通 $\overline{WR_2}$,低电平有效。

DAC0832 有单缓冲和双缓冲两种接口方式。单缓冲方式可一次完成从输入数据的锁存到 D/A 转换输出,电路如图 8.1.12 所示。此时在片选信号 $\overline{CS}$ 和写信号 $\overline{WR_1}$ 均有效时,LE_1 和 LE_2 均为"0",输入数据从输入寄存器到 DA 寄存器直至转换输出可一次性完成。

双缓冲则是先将输入数据锁存,然后转移数据并经 D/A 转换输出,这种方式常用在需要多路 DAC 同步输出的场合,如图 8.1.13 所示。当 $\overline{WR}$ 和 $\overline{CS_1}$ 同时有效时,输入数据写入芯片 U_1 输入寄存器,当 $\overline{WR}$ 和 $\overline{CS_2}$ 同时有效时,输入数据写入芯片 U_2 输入寄存器,当 $\overline{WR}$ 和 $\overline{XFER}$ 同时有效时,在芯片 U_1 和 U_2 输入寄存器中的数据被同时分别转移到 DA 寄存器,经 DA 转换后输出,从而实现两片 DAC 芯片的同步转换。

DAC 器件的应用将在 8.3 节中详细讨论。

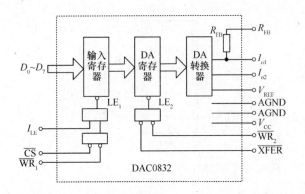

图 8.1.11   DAC0832 内部电路结构

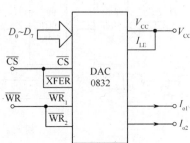

图 8.1.12   DAC0832 的单缓冲接口电路

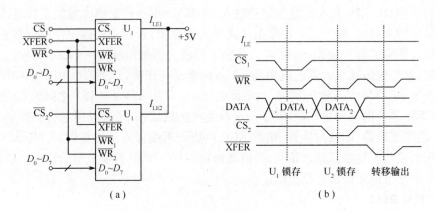

图 8.1.13   DAC0832 的双缓冲接口和时序

小结

1. DAC 的作用是将数字量 D 转换成与之相应的模拟量 V_o(或 I_o)输出,其一般关系式为 $V_o = \dfrac{V_{REF}}{2^n} \sum\limits_{i=0}^{n-1} D_i 2^i$

2. DAC 有多种不同的电路结构形式,这些结构各有优缺点。除了本节所介绍的结构外,还有全解码型 DAC、分段型 DAC、过采样/内插 DAC 等。

3. DAC 最主要的性能指标是满量程范围、分辨率、误差、转换速度和接口性能等,它们是选择 DAC 的依据,应正确理解每一个指标的含义。

4. 一般 DAC 的输出量是模拟电流,需要用 I—V 变换电路将电流转换成合适的电压输出。

复习思考题

1. Kelvin 分压器、二进制加权型 DAC 和 $R-2R$ 倒 T 形电阻网络 DAC,它们的转换比例系数 k 各是多少? 转换比例系数 k 与 DAC 的分辨率是什么关系?

2. 对图 8.1.4 所示的倒 T 形电阻网络 DAC,从运放的反相输入端和 V_{REF} 端看进去的等效电阻是多少?

3. 失调误差、增益误差、积分非线性误差是如何定义的？它们是如何影响 DAC 的精度的？

4. 试解释 FS、FSR、MSB、LSB、误差和分辨率的含义。

5. 影响 DAC 转换精度的主要因素有哪些？

8.2　模数转换器

模数转换器(ADC)的作用是将输入模拟量转换为输出数字量,如图 8.2.1 所示。因为所有的 ADC 器件都包含有模拟电路和数字电路,所以,它是一种模拟/数字混合信号器件。

ADC 的输入是模拟量而输出是数字量, ADC 是 DAC 的逆过程。根据 DAC 的转换表达式(8.1.2),即

$$V_o = \frac{V_{REF}}{2^n} \sum_{i=0}^{n-1} D_i 2^i \qquad (8.2.1)$$

若把 V_o 视为 ADC 的模拟输入电压 v_i,则 ADC 转换输出的数字量应为

$$D = \sum_{i=0}^{n-1} D_i 2^i = \frac{v_i}{V_{REF}/2^n} \qquad (8.2.2)$$

当 v_i 达到满量程值 V_{REF}时,ADC 转换输出值达到最大值为 2^n。

式(8.2.2)是 A/D 转换器的一般表示式,它表明:一个量程为 V_{REF} 的 n 位 ADC 输出的数字量是输入模拟电压 v_i 与分辨率 $V_{REF}/2^n$ 的比值。因此,可以将 ADC 视为一个除法器。

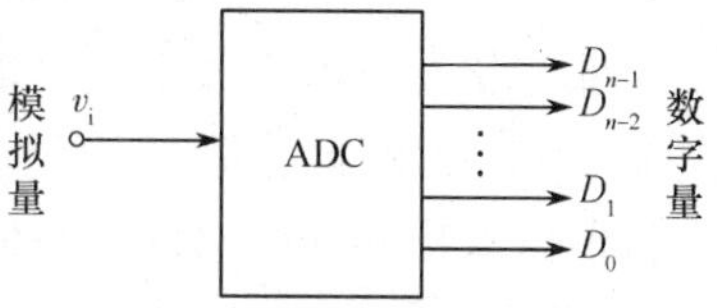

实际应用中的 ADC 常以单片集成电路形式出现,其种类很多,大致分类如表 8.2.1 所列。

图 8.2.1　ADC 的作用

表 8.2.1　ADC 的分类

原理	积分式(单、双和四重积分)、比较式、V/F 转换式、分段式和过采样等
精度	低、中、高、超高
分辨率	4 位、8 位、9 位~12 位、13 位~16 位及 16 位以上
速度	低速(大于 1ms)、中速(1ms~10μs)、高速(10μs~1μs)、超高速(小于 1μs)

ADC 的应用领域很广。其中低速 ADC 主要应用在数字电压表、数字温度计和电子秤等场合中。中速 ADC 是应用最广的一种,它主要应用在工业控制系统和实验系统中。高速 ADC 则在数字通信系统、导弹测远系统等高速系统中被广泛应用,而超高速 ADC 则大量应用在数字音频、视频信号变换、气象数据分析处理和数字信号瞬态分析等场合。

8.2.1　ADC 的基本原理

一、采样和采样定理

模拟信号在时间上和量值上是连续的,而 ADC 只是以一定的时间间隔周期地"读取"输入模拟信号的幅值,并转换成与它的大小对应的数字量。该"读取"输入模拟信号的过程通常称为采样。

时域采样定理告诉我们，一个频谱在区间 $(-\omega_m, \omega_m)$ 以外为零的频带有限信号 $f(t)$，可唯一由其在均匀间隔 $T_s(T_s < 1/2f_m)$ 上的样点值 $f(nT_s)$ 确定。也就是说，只要采样脉冲频率 f_s 大于或等于输入信号中最高频率 f_m 的两倍，即 $f_s \geq 2f_m$，则采样后的输出信号就能够不失真地恢复出模拟信号。

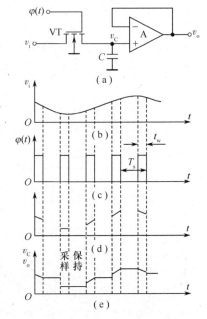

采样定理说明可以用数字化的方法来处理和传输模拟信号。根据采样定理，不必去注意模拟信号在整个作用时间内是怎样变化的，而仅仅需要知道模拟信号在采样时刻的幅值。由于模数转换需要一定时间，在前后两次采样之间，应保持其幅值不变，以便将它数字化（量化和编码）。采样（Samping）/保持（Hold）电路（S/H）可起到这个作用。

图 8.2.2（a）所示为 S/H 电路的基本形式。它由取样开关、保持电容 C 和缓存放大器组成。在取样时间内，取样脉冲 $\varphi(t)$ 为高电平，由场效应管构成的双向模拟开关 VT 导通，保持电容 C 被迅速充电，电路处于取样阶段。由于电容 C 的充电时间常数远小于取样时间 t_w，所以电容上的电压变化与 v_i 同步，放大器的输出 v_o 也与 v_i 同步。当取样时间结束后，VT 截止，电路处于保持状态。由于放大器 A 的输入阻抗、电容 C 的漏电阻和 VT 的截止阻抗均足够大，则电容 C 上的电压将保持取样脉冲结束前一瞬间的电压一直到下一个取样脉冲到来时为止。

图 8.2.2　S/H 电路和工作波形
（a）采样/保持器；（b）输入信号；
（c）采样脉冲；（d）采样信号；
（e）输出信号。

目前，大多数的 ADC 都已将 S/H 电路集成到芯片上。对于没有集成 S/H 电路的 ADC，则需要外接集成化的 S/H。如 LF198、AD582/583 和 AD346 等。

二、量化与编码

模拟信号经 S/H 电路而形成的取样值在数值上仍属模拟信号范畴，需通过量化处理才能转换为数字信号。量化是指将取样值表示为最小数量单位整数倍的转化过程。所取的最小数量单位称为量化单位，用符号"Δ"表示。显然，$\Delta = 1\text{LSB}$。

把量化的结果用数字代码表示出来，称为编码。对于单极性模拟信号，一般采用自然二进制进行编码；对于双极性模拟信号，则通常采用二进制补码进行编码。经过编码后得到的代码就是 ADC 输出的数字信号。

另外，由于取样得到的取样值幅度是输入模拟信号的某些时刻的瞬时值。它们不可能都正好是量化单位 Δ 的整数倍，因而在量化时不可避免地会引入误差，这种误差称为量化误差，用符号"ε"表示。量化误差的大小与 ADC 编码位数、量化单位和基准电压 V_{REF} 的大小有关。当输入模拟信号相同时，编码位数越多，量化单位越小，则 ADC 的转换精度越高。

集成 ADC 芯片常用的量化技术有截断量化和舍入量化两种。下面以 3 位 ADC 为例进行说明。截断量化方式对变化范围为 $0\text{V} \sim 8\text{V}(V_{\text{REF}} = 8\text{V})$ 的取样值量化过程及对应误差值如图 8.2.3（a）所示。当取样值 v_o 介于两个量化电平之间时，采用取整（截

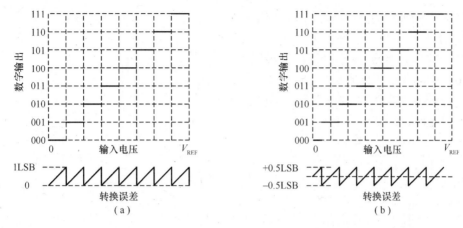

图 8.2.3　ADC 的量化方式及其误差

断)的方法取其较低的量化电平。例如,不论 $v_o = 4.1V$ 还是 $v_o = 4.9V$,都取为 4V 的量化电平,输出编码都为 100。不难看出,这种截断量化方式的最大量化误差为 $\varepsilon_{max} = -1\Delta = -1LSB$。

　　舍入量化方式对变化范围为 $0V \sim 7.5V$ 的取样值量化过程及对应误差值如图 8.2.3 (b)所示。当取样值介于两个量化电平之间时,采用舍入的方式取其最相近的量化电平。例如,若 $v_o = 3.49V$,则取 3V 的量化电平。输出编码为 011;若 $v_o = 3.50V$,则取为 4V 的量化电平,输出编码为 100。可见,舍入量化方式的最大量化误差为 $\varepsilon_{max} = \pm 0.5\Delta = \pm 0.5LSB$。显然这种量化方式的量化误差较前一种要小。

　　例 8.2.1　一个 8 位 ADC,满量程输入电压为 $+10V$,试分别计算当该 ADC 输出二进制数据为 01000000 时在舍入和截断两种量化方式下所对应的输入电压的范围。

　　解:该 ADC 的 1LSB 所对应的电压为

$$10000/256 = 39.0625(mV)$$

由于 $(01000000)_B = (64)_D$,因此,舍入量化方式下对应的输入电压范围为

$$v_i = 64 \times 39.0625 \pm 0.5 \times 39.0625 = 2480.5 \sim 2519.53(mV)$$

截断量化方式下对应的输入电压范围为

$$v_i = 64 \times 39.0625 \sim 65 \times 39.0625 = 2500 \sim 2539.0625(mV)$$

8.2.2　几种 ADC 的工作原理

一、并行编码 ADC

　　将模拟信号转换为数字信号可以通过多种方法实现,其中一个简便的方法是通过并行码的方式来实现(也称做同步多重比较器,或者叫做快速转换器)。在这种方法中,设置一定数目的比较器,每一个比较器都供给不同的参考电压,并用它们的输出来驱动一个优先编码器,如图 8.2.4 所示。图中的电压驱动网络被设成每经过一个电阻,电压降低 1V。这样就形成了各个比较器的参考电压之间有 1V 的电压降。图 8.2.4 所示电路转换真值表如表 8.2.2 所列。

图 8.2.4 所示的 ADC 输入的模拟电压信号范围是 0V ~ 8V,它由参考电压 V_{REF} 决定。因为这个转换器分辨率只有 3 位,所以只能将模拟输入电压分成 8 个不同电平。如要扩展分辨率,需要增加分压电阻和比较器。

表 8.2.2　3 位并行比较型 ADC 的转换真值表

v_i	量化值	$d_6\, d_5\, d_4\, d_3\, d_2\, d_1\, d_0$	$D_2\, D_1\, D_0$
$0 \leqslant v_i < 1V$	0V	1111111	000
$1V \leqslant v_i < 2V$	1V	0111111	001
$2V \leqslant v_i < 3V$	2V	0011111	010
$3V \leqslant v_i < 4V$	3V	0001111	011
$4V \leqslant v_i < 5V$	4V	0000111	100
$5V \leqslant v_i < 6V$	5V	0000011	101
$6V \leqslant v_i < 7V$	6V	0000001	110
$7V \leqslant v_i < 8V$	7V	0000000	111

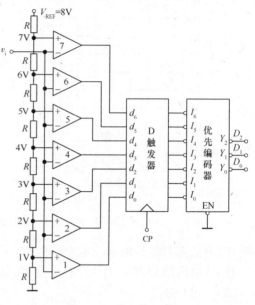

图 8.2.4　并行编码 ADC

并行编码 ADC 的最大优点是转换速度高,故大多数高速 ADC 基本都采用这种形式。它的缺点是高分辨时电路复杂,所用的分压电阻和比较器数目大大增加,难以保证良好的一致性,且大量比较器输入端连接在一起容易引起输入信号失真。

二、逐次逼近式 ADC

逐次逼近式 ADC 是一种反馈比较型 ADC,也被称作 SAR ADC,基本电路结构如图 8.2.5 所示。它主要由电压比较器、控制逻辑、逐次逼近寄存器和 DAC 等部分构成。

图 8.2.5 中,DAC 的作用是按不同的输入数码产生相应的比较电压 V_P,电压比较器的作用是将 ADC 输入模拟电压取样值 v_i 与 DAC 的输出电压 v_a 进行比较,并相应输出"0"或"1"。逻辑控制器产生节拍脉冲控制其它电路完成逐次比较。逐次逼近寄存器用于记忆比较结果,并输出二进制代码。

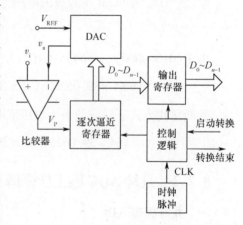

图 8.2.5　逐位逼近式 ADC

SAR ADC 的工作原理:当出现启动脉冲时,逐次逼近寄存器和输出寄存器清零,经 DAC 输出模拟量也为 0。当第一个时钟脉冲到来时,逐次逼近寄存器最高位置"1",其余位为"0",经 DAC 转换后输出值为满刻度值的 1/2,该值送到比较器与输入模拟电压 v_i 比较,若 $v_i > v_a$,比较器输出为"1",则说明输出数字量不够大,寄存器的最高位的"1"应保留,否则说明数字量输出过大,则寄存器的最高位应置"0"。然后,再按同样的方法将次高位置"1",并比较 v_a 与 v_i 的大小,以确定这一位的"1"是否应该保留。如此逐位比较下去,直到最低位比较完为止。这时逐次逼近寄存器内所存放的数字量即为 ADC 的输出数字量。将其送入输出寄存器输出。

这种转换方法,如果是 n 位输出的 ADC,则完成一次转换所需要的时间为 $n+1$ 个时钟信号周期,其中包含将转换的结果送到输出缓冲锁存器的 1 个时钟周期。

逐次逼近型 ADC 的转换速度比并行编码 ADC 低,但电路结构简单,转换精度也较高。所以它是目前集成 ADC 中用得较多的一种,中速 ADC 基本都属于这种工作方式。

三、双积分型 ADC

双积分型 ADC 是一种间接型 ADC。它的基本原理是将输入模拟信号转换成与之成正比的时间变量 T,然后在时间 T 内对固定频率的时钟脉冲计数,计数的结果就是正比于输入模拟信号的数字信号,从而实现模拟信号到数字信号的转换。

双积分型 ADC 的基本结构如图 8.2.6 所示,它主要由积分器、过零比较器、计数器、逻辑控制器等部分构成。图中,有两个与输入模拟信号 v_i 极性相反的基准电压 $+V_{REF}$ 和 $-V_{REF}$。

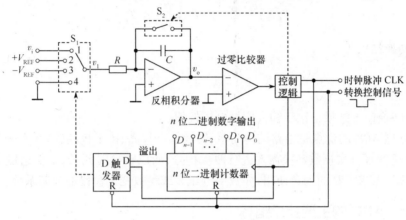

图 8.2.6 双积分式 ADC 电路

下面简述双积分 ADC 的工作过程。

转换开始前,转换控制信号使计数器清零,同时使电子开关 S_2 闭合,电容 C 完全放电,开关 S_1 接地,$v_o=0$,该阶段称为开始阶段。开始阶段结束后进入采样阶段,此时 S_2 断开、S_1 接 v_i。若设 $v_i<0$,则电容 C 反向充电,v_o 线性增加,比较器输出低电平,控制逻辑输出信号使计数器对时钟脉冲 CLK 计数,直到计数器计满"溢出",溢出信号使 S_1 转接到 $+V_{REF}$,(视 v_i 极性定,与 v_i 极性相反),至此,采样阶段结束。采样阶段结束后 ADC 进入编码阶段,在该阶段,积分器对 $+V_{REF}$ 积分,其输出电压 v_o 从采样阶段结束时刻的值开始下降,当下降到 0 时,比较器输出高电平,控制逻辑控制计数器停止计数,此时计数器的计数值就是 ADC 的转换值。因为在采样阶段如果模拟电压 $|v_i|$ 越大,积分器输出电压 $|v_o|$ 也大,则在编码阶段所用时间就越长,计数器计数值也就越大。可见,转换结果是正比于输入信号电平高低的(图 8.2.7 中长虚线所示)。

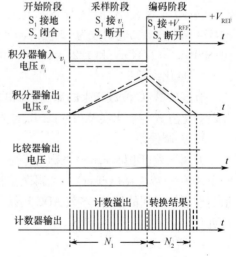

图 8.2.7 双积分 ADC 过程示意图

双积分 ADC 的工作过程示意如图 8.2.7 所示。若设计数器字长为 n,时钟脉冲周期为 T_c,时钟频率为 f_c,则在采样阶段计数器计满直至溢出所需时间为 $T_1 = N_1 T_c$,编码阶段所需时间为 $T_2 = N_2 T_c$。在采样阶段,经过 T_1 时间后积分器输出电压为

$$v_o(T_1) = -\frac{v_i}{RC}T_1 \tag{8.2.3}$$

在编码阶段,$v_o(t)$ 从 $v_o(T_1)$ 开始下降,经过 T_2 时间后 $v_o(t)$ 下降到 0,因此有

$$\frac{V_{REF}}{RC}T_2 = -\frac{v_i}{RC}T_1 \tag{8.2.4}$$

即有 $V_{REF}T_2 = v_i T_1$。于是有

$$T_2 = \frac{|v_i|}{V_{REF}}T_1 = N_2 T_c = \frac{|v_i|}{V_{REF}}N_1 T_c \tag{8.2.5}$$

由此得到转换结果为

$$N_2 = \frac{|v_i|}{V_{REF}}N_1 = 2^n \cdot \frac{|v_i|}{V_{REF}} \tag{8.2.6}$$

可见,转换输出结果正比于输入模拟电压幅值。

双积分型 ADC 的优点是电路结构简单、转换精度较高、抗干扰性较好(有积分器的缘故)。缺点是实现一次模数转换需要进行两次积分,所以转换时间长,工作速度低。因此它只在对速度要求不高的场合使用,如数字电压表或参数变化缓慢的控制系统。

8.2.3 ADC 的主要技术指标

ADC 的主要技术指标有些与 DAC 相似,但应注意区别。

一、静态参数

1. 分辨率

ADC 分辨率指的是 ADC 对输入模拟信号的分辨能力,通常以输出二进制数的位数表示分辨率的高低。从理论上讲,n 位二进制数字输出的 ADC 应能区分输入模拟信号的 2^n 个不同等级大小,能区分输入电压的最小差异为 $FSR/2^n$。例如,集成 ADC 芯片 AD574A 的输出二进制数为 12 位,若 $FSR = \pm 5V$,则该 ADC 的分辨率可以分别表示为 12 位、$RSR/2^n = 2.44mV$ 和 $1/2^n \times 100\% = 0.0244\% FSR$。

2. 量化误差

有限的 ADC 位数产生的输出数据的等效值与实际输入量之间的差值称为量化误差。截断量化方式的量化误差为 $-1LSB$,舍入量化方式的量化误差为 $\pm LSB/2$。

3. 失调误差

失调误差(Offset Error)也称为零位失调误差(Sro Scale Offset Error)、零位失调(Zero Scale Offset)或失调(Offset)。失调误差指实际 ADC 转换曲线中第一次变迁对应的模拟量与理想值之间的偏差,多数 ADC 转换器可以通过外部电路的调整,使零位误差减小到接近 0。

4. 增益误差

增益误差是指 ADC 在量程内最后一次变迁对应的模拟输入量与第一次变迁对应的

模拟量之差与理想值之间的偏差,通常用该偏差值相对于满度范围 FSR 的百分比(% FSR)表示,也可用 LSB 的倍率表示。增益误差也可以定义为 ADC 特性曲线的实际斜率与理想斜率之间的偏差,多数 ADC 可以通过外部电路的调整使增益误差减小到接近0。

5. 满度误差

某些 ADC 的指标中未给出增益误差值,而用满度误差代替。理想 ADC 在接近满度的最后一次变迁发生在比满度低 1.5LSB 模拟输入量处(舍入量化时)。实际的 ADC 最后一次变迁对应的模拟输入量与理想值之间的偏差称做满度误差。一个 2 位 ADC 的满度误差与失调、增益误差如图 8.2.8 所示。

6. 积分非线性

理想的 ADC 转换曲线的代码中点连线是一条直线,实际的转换曲线代码中点与该直线之间的最大偏差为积分非线性(INL),也可以称做积分线性误差(ILE)。图 8.2.9 所示是一个 3 位 ADC 的 INL 示意图。

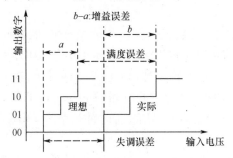 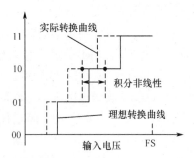

图 8.2.8　2 位 ADC 的失调误差、增益误差和满度误差　　图 8.2.9　2 位 ADC 的积分非线性示意图

7. 差分非线性

ADC 的实际代码宽度与理想代码宽度之间的最大偏差称为微分非线性(DNL)。图 8.2.10 所示是一个 3 位 ADC 的 DNL 示意图。

8. 丢码

丢码是指在 ADC 的输出端永远不会出现的码。当某个代码的微分非线性误差为 −1LSB 时,表明该码代码宽度为 0,从 ADC 的特性曲线上看少了一个阶梯。当模拟输入电压在该代码附近变化时,该代码并不会出现,而直接跳到上一个代码或下一个代码,如图 8.2.11 所示,10 是一个丢码。

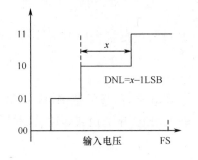 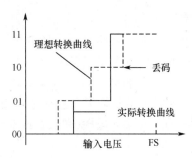

图 8.2.10　2 位 ADC 的 DNL 示意图　　　图 8.2.11　2 位 ADC 的丢码示意图

9. 信噪比(SNR)

信噪比是指 ADC 输出端的信号与噪声之比,通常用 dB 表示,记作 SNR。其中,信号指基波分量的有效值,噪声是指奈奎斯特频率以下的全部非基波分量,但不包括直流分量的总有效值。理想 ADC 的噪声主要来自于量化噪声,对于正弦波输入信号,信噪比的理论值满足 6dB 规则,即

$$SNR = 6.02n + 1.76(\text{dB}) \tag{8.2.7}$$

式中:n 为 ADC 的位数。

式(8.2.7)说明 ADC 的位数每增加一位,SNR 值增约 6dB。利用此公式及 ADC 的实际信噪比,可以得到 ADC 的有效位数(ENOB)为

$$\text{ENOB} = \frac{\text{SNR} - 1.76}{6.02} \tag{8.2.8}$$

二、动态特性参数

1. 转换时间 t_{con}

完成一次从模拟到数字的转换所需的时间称为转换时间。积分型 ADC 的转换时间为毫秒级,属于低速 ADC,逐次比较型 ADC 的转换时间为微秒级,属于中速 ADC,而全并行/串并行型 ADC 则可达到纳秒级,属于高速 ADC。转换时间不包括采样时间、多路转换器建立时间以及数据输出等其它时间。转换时间一般比吞吐时间(Throughput Time)小。

例 8.2.2　一个 8 位 10V 满量程电压的逐位逼近式 ADC,若时钟频率为 1MHz,求转换频率。

解:逐位逼近式 ADC 每转换 1 位需 1 个时钟周期,共需 8 个周期。数据输出需要 1 个周期。按题意,时钟周期为 1μs,进行一次转换共需 9μs 时间,因此转换频率为 1/9 = 0.11MSPS。

2. 吞吐率(Throughput Rate)

ADC 的最大连续转换速率称做吞吐率。吞吐率的倒数即是吞吐时间,吞吐时间总是大于或等于转换时间。

3. 全功率带宽(Full Power Bandwidth)

全功率带宽有几种不同的定义,较常用的定义是指与低频信号相比,接近最高允许电平的输入信号在输出端信噪比降低了 3dB 的频率,在此频率上,与低频输入信号相比,ENOB 相对于减小了 1/2 位。

三、接口特性

ADC 的接口特性是指其与外部电路连接时的特性,包括输入模拟信号的特性、输出数字信号的特性和控制接口特性。

1. 输入接口特性

输入模拟信号的特征主要包括输入模拟电压(或电流)信号的范围、输入方式(单端输入或差分输入)、输入极性(单极性或双极性)、输入通道(单通道或多通道)和模拟信号的最高有效频率等。

2. 输出接口特性

输出数字信号的特征主要包括编码方式(自然二进制码、补码、偏移二进制码、BCD

码等)、输出方式(串行输出、并行输出、三态输出、缓冲输出、锁存输出)以及逻辑电平的类型(TTL 电平、CMOS 电平和 DCL 电平等)。

3. 控制接口特性

多数 ADC 都有"启动转换"输入端和"状态"输出端。启动转换用于控制 ADC 开始转换,当状态输出端有效时,表示转换完成。微处理器可以根据这些信号控制 ADC 进行转换和读取转换数据。此外,还有与微处理器接口用的片选信号(CS)和数据读(RD)等控制信号端,这些信号间有严格的时序关系,选用器件时需注意与微处理器匹配。

8.2.4　常用集成 ADC 芯片

一、ADC0809

ADC0809 是一个用 CMOS 工艺制作的 8 位逐次逼近式 ADC,模拟输入部分有一个 8 通道多路开关和寻址逻辑,可以接入 8 个模拟信号,数字输出部分具有三态锁存和缓冲功能。

ADC0809 的分辨率为 8 位,总不可调误差为 ±1LSB,在时钟为 500kHz 时转换时间为 128μs。它用单一电源 +5V 电源供电,模拟输入电压范围为单极性 0V ~ 5V,外加一定电路时可用于双极性应用。该芯片使用时不需要进行零点和满刻度调节。

ADC0809 内部结构如图 8.2.12 所示。它内部有一个 8:1 模拟开关、一个比较器、一个开关树型 DAC 和一个逐次逼近寄存器等。图中 IN_0 ~ IN_7 是 8 路模拟输入电压,ALE 是地址锁存允许输入端,高电平有效。ADD_0、ADD_1 和 ADD_2 是 3 位地址输入端,用于选择 IN_0 ~ IN_7 中的一路模拟信号进行 A/D 转换。

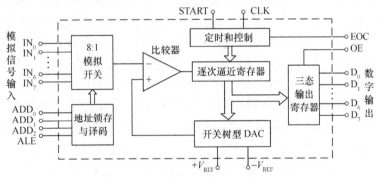

图 8.2.12　ADC0809 内部结构

START 是启动脉冲输入端,其宽度应大于 200ns,上升沿清零 SAR,下降沿启动 ADC 工作。EOC 为转换结束信号,当 EOC 输出高电平时,表示 A/D 转换结束,数字量已存入三态输出锁存器。CLK 是时钟输入端,用于为 ADC0809 芯片提供逐次比较所需的时钟脉冲序列。要求频率范围为 10kHz ~ 1280kHz,典型值为 640kHz。

$+V_{REF}$、$-V_{REF}$ 是参考电压输入端,用于给电阻阶梯网络供给基准电压。在实际应用时,$+V_{REF}$ 常和 V_{DD} 相连,$-V_{REF}$ 常接地。

当通道选择地址有效,只要 ALE 信号一出现,地址信号 ADD_0、ADD_1 和 ADD_2 立即被锁存,这时转换启动信号紧随 ALE 之后出现。START 的上升沿将逐次逼近寄存器 SAR 复位,在该上升沿之后的 2μs 加上 8 个时钟周期内,EOC 信号变低,以指示转换操作正在进行中,直到转换完成后 EOC 再变为高电平。当 OE 端输入高电平信号时,打开三态门, 便可以从 $D_0 \sim D_7$ 数据线上读取转换结果。

图 8.2.13 是 ADC0809 与单片机 8031 的一种接口方法。

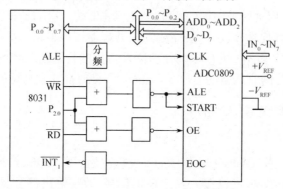

图 8.2.13　ADC0809 与 8031 的接口

8031 芯片通过地址线 $P_{2.0}$ 和读 $\overline{RD}$、写 $\overline{WR}$ 控制线来控制转换器的模拟输入通道地址锁存、启动转换和输出允许。模拟输入通道选择所需的 3 位地址由 $P_{0.0} \sim P_{0.2}$ 接入。转换器的时钟可由 8031 芯片的 ALE 取得,如果 ALE 信号频率过高,应经过分频器后才能送入转换器。

二、AD774

AD774 是一个 12 位逐次比较式 ADC,转换时间为 5μs。它内部有参考电压源和时钟电路,可与 TTL 电平兼容的微处理器直接接口。AD774 采用双极性偏移码编码方式,图 8.2.14 是它的信号引脚图(DIP 封装)和偏移码与输入模拟信号的对应关系。主要信号引脚含义如下:$12/\overline{8}$、$R/\overline{C}$、CE、$\overline{CS}$ 和 A_0 是控制信号,它们相互配合可用于对 ADC 的启动转换和数据读取操作,如表 8.2.3 所列。V_{CC} 是数字电源,通常为 +5V, $+V_{SS}$ 和 $-V_{SS}$ 是模拟电源,一般为 ±15V 或 ±12V。REF_I 和 REF_O 分别是基准电压输入和输出,一般要通过电位器接入。AGND 和 DGND 分别是模拟地和数字地,应用时应将其区分开。$10V_{IN}$ 和 $20V_{IN}$ 为模拟信号输入端,满量程范围分别为 10V 和 20V。$D_0 \sim D_{11}$ 为 12 位转换数据输出。

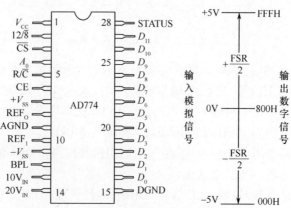

图 8.2.14　AD774 的信号引脚和偏移码示意

表 8.2.3　AD774 逻辑控制真值表

CE	$\overline{\text{CS}}$	$R/\overline{C}$	$12/\overline{8}$	A_0	工作状态
0	×	×	×	×	禁止
×	1	×	×	×	禁止
1	0	0	×	0	启动 12 位转换
1	0	0	×	1	启动 8 位转换
1	0	1	1	×	12 位并行输出
1	0	1	0	0	高 8 位输出
1	0	1	0	1	低 4 位并尾随 4 个 0 输出

　　AD774 既可与 8 位机接口,也可与 16 位机接口。图 8.2.15 是它与 8 位机的接口实例,因为是 8 位操作,故引脚 2 要接地。使能端(引脚 6)接高电平,故 AD774 始终处于可操作状态,当 $A_1A_0 = 00$ 且 $\overline{\text{WR}}$ 有效时,译码器输出 ADD_0 为低电平,片选信号 $\overline{\text{CS}}$ 有效,此时操作状态为驱动 12 位 A/D 转换。ADC 被启动后,可以通过查找 STATUS 状态线是否为低电平确认 A/D 转换是否结束。当 $A_1A_0 = 01$ 且 $\overline{\text{RD}}$ 有效时,译码器输出 ADD_1 为低电平,片选信号 $\overline{\text{CS}}$ 有效,此时操作状态为读取低 4 位并尾随 4 个 0 的 A/D 转换值。当 $A_1A_0 = 10$ 且 $\overline{\text{RD}}$ 有效时,译码器输出 ADD_2 为低电平,片选信号 $\overline{\text{CS}}$ 有效,此时操作状态为读取高 8 位 A/D 转换值。若从 ADD_1 读取的低 4 位数据为 A,从 ADD_2 读取的高 8 位数据为 B,则 12 位转换数据等于 $B + A/16$。其中 $A/16$ 只需将二进制数据 A 右移 4 位即可。

　　AD774 与 16 位机的接口更为简单,只需将 AD774 的数据线与微处理器的数据线一一对应连接,在数据操作时一次并行读取 12 位数据即可。

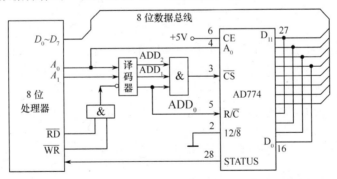

图 8.2.15　AD774 与 8 位机的接口实例

小结

1. ADC 的作用是将模拟量转换为数字系统所能接收的数字量,它是 DAC 的逆过程。ADC 的转换值也可以理解为输入模拟信号与 ADC 分辨的比值。

2. 常见 ADC 可分为逐位逼近式、双积分式(双斜式)、并行(闪速)ADC 等。除此以外还有流水线型 ADC、$\Sigma - \Delta$ 型 ADC、V/F 转换器等。

3. ADC 的主要参数有静态参数、动态参数和接口参数 3 类。其中,分辨率、误差、转换时间和接口性能是最常用的参数,它们是选择 ADC 的依据,因此应理解每一个指标的含义。

4. 不同的 ADC 芯片接口方法不同,使用时要查找相关技术资料。

复习思考题

1. ADC 的最低有效位 LSB 与 ADC 所能分辨的最小电压是什么关系?
2. ADC 进行模数转换时如果不使用采样/保持器对 ADC 的性能会产生什么影响? 为什么?
3. 什么叫采样、量化和编码? ADC 有几种量化方式? 它们分别产生的最大量化误差为多少?
4. 并行编码 ADC、逐位逼近 ADC、双积分型 ADC 它们各有何优缺点? 适宜使用的场合是什么?
5. 试比较 ADC 与 DAC 技术指标的相同与不同点。
6. 试用 3 种方法表示一个字长为 10 位、FSR = ±5V 的 ADC 的分辨率。

8.3 DAC 和 ADC 的应用

随着计算机技术的发展和数字化技术的进步,DAC 和 ADC 的应用日益广泛,在电子系统中使用 DAC 或 ADC 已成家常便饭。但在应用 DAC 或 ADC 时,常常会遇到许多问题,如器件的选择、与微处理器的接口、器件功能的扩展等。妥善解决这些问题,有利于提升和稳定系统性能。

本节主要介绍 DAC 和 ADC 应用中的一些常见问题和器件选择的一般方法,并结合具体应用例子说明模拟数字混合电路的构成和有关信号处理技术。

8.3.1 DAC 的应用基础

一、DAC 的选择

选择 DAC 是系统设计中的一个关键环节,要综合考虑性能、成本以及器件市场供应等因素。如有些器件虽然性价比较高,但市场供应不足或供货周期太长,就应考虑采用代用品或其采取其它措施。这里仅从性能要求上考虑 DAC 的选取问题。

1. 确定转换器的位数

转换器的位数取决于对信号分辨率 Δ 的要求,可由下式给出:

$$n \geqslant \log_2\left(\frac{\mathrm{FSR}}{\Delta} + 1\right) = 3.32 \lg\left(\frac{\mathrm{FSR}}{\Delta} + 1\right) \tag{8.3.1}$$

式中:FSR 为满量程输出电压;Δ 为分辨率。

例如,满量程电压为 10V,要求分辨率不低于 10mV,DAC 的位数应满足 $n \geqslant 9.96$,即 DAC 至少应为 10 位。

2. 确定转换时间(建立时间)

DAC 的转换时间应根据系统数据更新速度要求确定,数据更新速度越快,要求 DAC 的建立时间越短。在有 N 个通道的 DAC 电路中,若设硬件延迟时间为 t_y,通道转换时间为 t_p,要求数据更新频率为 f,则所选 DAC 的建立时间应满足

$$t_{\mathrm{set}} \leqslant \left[\frac{1}{N \cdot f} - (t_y + t_p)\right] \tag{8.3.2}$$

例8.3.1 一个 8 路 DAC 系统,若硬件延迟和通道转换时间均为 $1\mu s$,且要求每隔 0.1ms 对每个 DAC 更新一次输出电压,试确定能满足此要求的 DAC 的建立时间为多少?

解:直接利用式(8.3.2)计算得到

$$t_{set} \leqslant \left[\frac{1}{N \cdot f} - (t_y + t_p) \right] = \frac{100}{8} - 2 = 10.5(\mu s)$$

即所选 DAC 的稳定时间不能大于 $10.5\mu s$。

3. 数字接口的特性

数字接口需要与微处理器及数字电路连接,主要考虑逻辑电平是否与微处理器及数字电路匹配,输入数据的位数和编码方式,数据输入的方式(串行或并行)等。

4. 模拟信号接口的特性

对于 DAC 的模拟信号输出端,主要考虑其与负载连接时的驱动能力、驱动方式(电流或电压),输出信号的动态范围,输出信号的极性(单极性或双极性)等。

5. 参考电压

有些 DAC 的内部自带参考电压,如果没有,需外加参考电压。参考电压的精度对输出有很大的影响,尤其当 DAC 的位数较高时,需要精心设计。

二、DAC 的调整

在一些精密应用的场合,需要对 DAC 进行零点和增益调整。调整的目的在于使输入数字量与输出模拟量严格对应。例如,对于 n 位的 DAC,在单极性应用时,使输入数据为全 0 时,输出电压也为 0,输入数据为全 1 时,输出电压应为 $(1 - 1/2^n)V_{REF}$。而在双极性应用时,输入数据为全 0 时,输出电压为 $-V_{REF}/2$,输入数据为全 1 时,输出电压为 $(1/2 - 1/2^n)V_{REF}$。

不同的 DAC 调整方法也不同。图 8.3.1 是 AD567 的调整电路,其中,图 8.3.1(a)所示电路是输出电压为 $-5V \sim +5V$ 的调整电路,图 8.3.1(b)所示电路是输出电压为 $0V \sim 10V$ 的调整电路。AD567 的位数是 12 位,两个电路的分辨率都是 2.44mV。

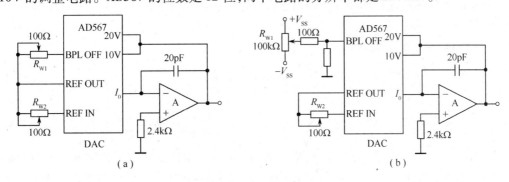

图 8.3.1 AD567 调整电路例

(a)双极性输出调整电路;(b)单极性输出调整电路。

调整时应首先调整零点,再调整增益。对于图 8.3.1(a)所示电路,在输入端输入全 0 数据,调整 R_{W1},使输出电压为 $-5.00V$,然后输入全 1 数据,调整电位器 R_{W2},使输出电压为 4.9976V。图 8.3.1(b)所示电路的调整方法基本同图 8.3.1(a)所示电路,但由于其分辨率较高,所使用的测量电压表应有较高的精度。

三、DAC 的功能扩展

1. 单极性输出扩展为双极性输出

当要求用单极性输出的 DAC 输出双极性电压时,需增加适当的外围电路。系统中输出数据使用的码制不同,所对应的双极性范围也不同。最常用的是二进制偏移码,输入全 0 数据对应输出负满度值,输入全 1 数据对应输出正满度值,中心点零值对应的输入数据为 10…00。对于补码和反码等码制,应首先将它们转换成二进制偏移码后再送到DAC 中。

因为单极性 DAC 的输出电压表示式为

$$V_o = -\frac{V_{REF}}{2^n} \sum_{i=0}^{n-1} D_i 2^i \tag{8.3.3}$$

当输入数据为全 0 时,$V_o = 0$,输入数据为全 1 时,$V_o = -(1 - 2^{-n})V_{REF} \approx -V_{REF}$,输入数据为 10…00 时,输出电压 $V_o = -V_{REF}/2$。因此,只要将输出电压反相后再偏移 $-V_{REF}/2$ 即可。图 8.3.2 就是这样的一个电路,它把 DAC 输出的单极性电压变成了双极性输出电压。在输入数据为全 0、全 1 和 10…00 时分别输出的电压为 0、V_{REF} 和 $V_{REF}/2$。

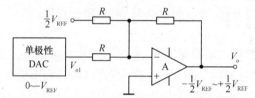

图 8.3.2　单极性输出扩展到双极性输出

2. 低分辨率扩展为高分辨率

当要求 DAC 有较高的分辨率时,最直接的办法是选用高分辨率的 DAC。但高分辨率的 DAC 价格往往较贵,而两个低分辨率 DAC 的价格会比一个高分辨率 DAC 便宜。因此,在系统工作速度允许的前提下可以进行分辨率扩展。以下用两个 8 位 DAC 扩展为一个 16 位 DAC 为例说明这种方法。

一个 16 位 DAC 的输出电压可以表示为

$$V_o = -\frac{V_{REF}}{2^{16}} \sum_{i=0}^{15} D_i 2^i = -\frac{V_{REF}}{2^{16}} \sum_{i=0}^{7} D_i 2^i - \frac{V_{REF}}{2^{16}} \sum_{i=8}^{15} D_i 2^i$$

$$= -\frac{V_{REF}}{2^8 2^8} \sum_{i=0}^{7} D_i 2^i - \frac{V_{REF}}{2^8 2^8} \sum_{i=8}^{15} D_i 2^{i-8} 2^8 = -\frac{V_{REF}}{2^8 2^8} \sum_{i=0}^{7} D_i 2^i - \frac{V_{REF}}{2^8} \sum_{i=0}^{7} D_{i+8} 2^i \tag{8.3.4}$$

式(8.3.4)中,第一项为低 8 位,第二项为高 8 位。由此式可以得到用两个 8 位 DAC 扩展得到的 16 位 DAC 电路,如图 8.3.3 所示。操作时应先将低 8 位和高 8 位数据分别锁存到两个 DAC 中,然后再同步转换输出。显然,分辨率的扩展是以牺牲速度为代价的。

3. 高分辨率 DAC 与微处理器的接口

在数据总线宽度为 8 位的系统中,如果使用了 10 位、12 位或更高分辨率的 DAC,转换数据无法一次传送到 DAC 中,必须分两次或两次以上传送,此时接口电路要做相应的变化。接口电路的结构与数据传送的格式有关,第一次可先传送数据的低 8 位或高 8 位,第二次再传送剩余的数据位。图 8.3.4 是一个 12 位 DAC 与 8 位微处理器的接口电路。

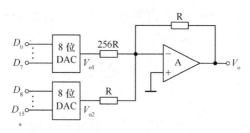

图 8.3.3　两个 8 位 DAC 扩展成一个 16 位 DAC

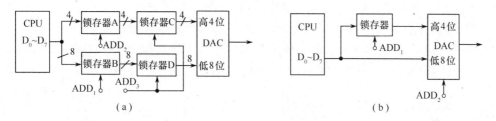

图 8.3.4　12 位 DAC 与 8 位处理器接口

(a)内部无缓冲器;(b)内部有单级缓冲器。

若 DAC 内部无缓存器,则可先通过地址 ADD_1 传送数据的低 8 位到锁存器 A,其次通过 ADD_2 传送高 4 位数据到锁存器 B,最后通过 ADD_3 将 12 位数据从外部锁存器 C、D 同时送到 DAC。所以,这是一个双缓存电路,可避免由于数据不完整造成的错误输出。若 DAC 内部有单级缓冲器,则外部电路只需提供一级锁存。可先将高 4 位数据通过地址 ADD_1 送入外部锁存器,然后再将低 8 位数据和锁存器中的高 4 位数据通过地址 ADD_2 同时送到 DAC 内部进行转换。

8.3.2　ADC 的应用基础

一、ADC 的选择

ADC 的选择与 DAC 相似,需考虑精度要求(包括分辨率、线性度等指标)、转换时间、输入特性(包括信号的动态范围、极性、变化速度、通频带等)和数字接口的特性等。此外还要注意对工作环境、功耗的要求。其中较为主要的是确定 ADC 的位数和转换速度。

1. ADC 位数的确定

系统对转换分辨率的要求直接确定了 ADC 的位数。若输入信号的满量程范围为 FSR,分辨率要求为 Δ,则可得到 ADC 位数为

$$n \geqslant \log_2\left(\frac{FSR}{\Delta} + 1\right) = 3.32\lg\left(\frac{FSR}{\Delta} + 1\right) \tag{8.3.5}$$

由于 ADC 产品的位数多为 6 位、8 位、10 位、12 位、14 位和 16 位等,n 值应从中选取。例如,若输入模拟信号范围为 ±5V,要求分辨率不低于 2mV,则 ADC 的位数要大于 12.3,应选择 14 位的 ADC。输入信号的动态范围可能与 ADC 的输入范围不一致,为了充分发挥 ADC 的性能,应将输入信号的最大值调整到接近 ADC 的参考电压值。

对于一个 n 位的转换器,理想分辨率为 $FSR/2^n$,而实际上由于转换器存在非线性和系统误差的影响,使得有效分辨率低于理想分辨率。例如,一个 12 位的转换器,由于非线

性、温度漂移、电源波动等因素的影响,可能只有 10 位的分辨率。这时应使用式(8.2.8)确定实际的有效位数 ENOB,并确保满足

$$\text{ENOB} \geqslant 3.32 \lg\left(\frac{\text{FSR}}{\Delta} + 1\right) \tag{8.3.6}$$

2. 确定转换时间

转换时间是选择 ADC 时必须考虑的一个重要因素。不但要看 ADC 的转换时间,更重要的是看它的吞吐率。例如,要采集一个频谱在区间$(-\omega_m, \omega_m)$的带限信号$f(t)$,采样脉冲频率f_s必需满足$f_s \geqslant 2f_m$,也就是 ADC 的吞吐率必需大于或等于$2f_m$。如果需要测量脉冲幅度,由于脉冲信号的幅度变化速率较快,那么假定被测脉冲宽度最大为 10μs,则 ADC 的吞吐率至少为 100kHz。如果被测模拟信号有多路且共用一片 ADC 时,还必需考虑每一路的切换时间。多路系统中 ADC 的转换时间t_{con}确定仍可用式(8.3.2)计算,即

$$t_{con} \leqslant \left[\frac{1}{N \cdot f} - (t_y + t_p)\right] \tag{8.3.7}$$

式中:N为模拟通道数;f为采样频率。

例 8.3.2　一个有 8 路模拟输入的 ADC 系统,若每个通道的硬件延迟时间为 100ns,通道转换时间为 1μs,被采样的模拟脉冲信号的最小宽度为 50μs。试确定能用于该系统的 ADC 的转换时间为多少?

解:由题意可知,要求系统对每一通道的采样频率为2×10^4次/s。利用式(8.3.7)计算得到

$$t_{con} \leqslant \left[\frac{1}{N \cdot f} - (t_y + t_p)\right] = \frac{50}{8} - 1.1 = 5.15(\mu s)$$

即所选 ADC 的转换时间不能大于 5.15μs。实际选型还须留有一定余量。

二、ADC 的调整

使用 ADC 时一般需要调整其失调和增益误差,有些 ADC 可通过外部元件调整,有些 ADC 无外部调整电路,需通过软件来消除。如果需要进行硬件调节,可参照相应 ADC 的数据手册进行。这里介绍软件调整的方法,这种方法使用方便,适应性更广。

软件调整方法实际上也要有硬件配合,需要增加模拟开关和两个基准电压源,图 8.3.5 是 AD1674 采用软件调整时的硬件连接。AD1674 是 12 位逐次逼近型 ADC,内部带有采样保持器,模拟电压输入范围 FSR $= \pm 10$V。软件调整所用的基准电压可选 8V,对应模数转换值设为D_{HREF},基准低电压可选 -8V,对应标准转换值设为D_{LREF}。利用多路开关分别选择基准高电

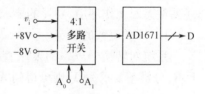

图 8.3.5　ADC 软件调整
时的硬件连接

压和低电压作为 ADC 的输入,进行模数转换,得到实际的转换值为D_H和D_L。

这样,就得到了两组参考数据(D_{HREF}, D_H)和(D_{LREF}, D_L),将它们代入线性方程 $y = m_a x + b$,得到

$$\begin{cases} D_{HREF} = m_a D_H + b \\ D_{LREF} = m_a D_L + b \end{cases} \tag{8.3.8}$$

解方程组(8.3.8)得到两个参数 m_a 和 b,其中

$$m_a = \frac{D_{HREF} - D_{LREF}}{D_H - D_L}, b = \frac{D_{HREF}D_L - D_{LREF}D_H}{D_L - D_H} \tag{8.3.9}$$

分别称为实际增益和实际失调。由 m_a、b 以及实际模数转换输出 D_x,就可以得到消除了增益和失调误差的模数转换输出为

$$D = m_a D_x + b \tag{8.3.10}$$

软件调整方法简单易行,如果同时使用的基准电压源温度系数很小,那么温度变化对软件调节精度的影响也将很小,这是软件调整方法的一个优点。

三、ADC 的功能扩展

1. 单极性 ADC 采样双极性电压或双极性 ADC 采样单极性电压

用单极性 ADC 采样双极性电压或用双极性 ADC 采样单极性电压这两种情况在实际中常会遇到。前者普遍存在于单电源工作的 ADC 中,后者存在于单电源工作的模拟电路或模拟信号中存在单极性的情况。虽然在单极性模拟电压幅度不超过双极性 ADC 的单边动态范围时 ADC 可以直接采样,但这样做会使 ADC 的动态范围利用不充分,增加量化误差的影响。因此,上述这两种情况下都需要事先对模拟信号进行电平变换,在 ADC 前接入电平变换电路,使输入到 ADC 的信号符合要求,如图 8.3.6 所示。

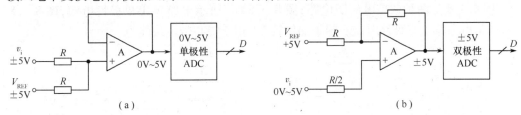

图 8.3.6　两种电平转换电路

(a)单极性 ADC 采样双极性电压; (b)双极性 ADC 采样单极性电压。

图 8.3.6(a)所示电路是用 FSR = +5V 的单极性 ADC 对 ±5V 的双极性电压进行采样。输入为 ±5V(动态范围为 10V)的信号被两个分压电阻 R 压缩到 ±2.5V(动态范围为 5V),然后再偏移 +2.5V 直流电平,于是在跟随器输出端得到 0V ~ 5V 的单极性电压,该电压的变化方向与输入信号方向相同。

图 8.3.6(b)所示电路是用 FSR = ±5V 的双极性 ADC 对 0V ~ 5V 的单极性电压进行采样。输入为 0V ~ 5V 的信号被同相放大到 0V ~ 10V,然后再偏移 -5V 直流电平,即得到 ±5V 的双极性电压,该电压的变化方向与输入信号相同。

2. 高分辨率 ADC 与处理器的接口

ADC 与微处理器连接时,可通过读写和地址信号控制转换和数据读出。当 ADC 的位数高于处理器的数据总线宽度时,必须通过复用的方法与数据总线相连,经两次或多次的读出操作取出完整数据。设计电路时应注意数据输出的格式,可采用"高位对齐"或"低位对齐"的格式。图 8.3.7 是两个接口电路示例。

AD574A 的数据输出有三态控制,两组数据可分别输出,由地址线 $A_0 = 0$ 或 $A_0 = 1$ 确定,所以它的数据输出 $D_0 \sim D_{11}$ 可直接接入数据总线。AD1210 的输出无三态缓冲,需通

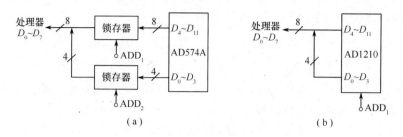

图 8.3.7　高分辨率 ADC 与微处理器的接口

(a)无内部缓冲器；(b)有内部缓冲器并可选择数据。

过外部锁存器将数据锁存后,再经总线分两次读出。图中的输出数据都采用了"高位对齐"的格式,传送到总线的低位字节中 $D_0 \sim D_3$ 是无效的,使用时应屏蔽。

8.3.3　DAC 和 ADC 的应用电路

一、数控电源

用 DAC 可以组成数控电源,包括电流源、电压源和稳压电源。它们一般要选用乘法型 DAC 实现。

1. 数控电流源

图 8.3.8 是两种数控电流源电路,图 8.3.8(a)所示电路输出单极性电流,图 8.3.8(b)所示电路输出双极性电流。图中晶体管 VT 用于提高带负载能力。

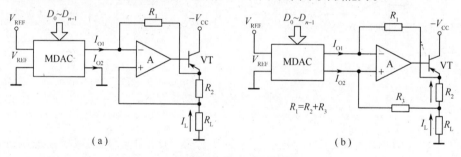

图 8.3.8　数控电流源电路

(a)单极性输出；(b)双极性输出。

由图 8.3.8(a)所示电路,并根据 MDAC 输出电流关系式(8.1.10)可写出输出电流为

$$I_L = \frac{I_{O1}R_1}{R_2} = \frac{V_{REF}}{2^n R} \cdot \frac{R_1}{R_2} \sum_{i=0}^{n-1} D_i 2^i \qquad (8.3.11)$$

若选择电组 R_1 与内部 $R-2R$ 网络电阻 R 相等,则式(8.3.11)变为

$$I_L = \frac{I_{O1}R_1}{R_2} = \frac{V_{REF}}{2^n R_2} \sum_{i=0}^{n-1} D_i 2^i = \frac{V_{REF}}{2^n R_2} \cdot D \qquad (8.3.12)$$

可见,流经负载的电流与负载大小无关且电流大小可由数字量 D 控制。

对于图 8.3.8(b)所示电路,流经负载的电流为

$$I_L = I_2 - I_{O2} = \frac{1}{R_2} [I_{O1}R_1 - (R_2 + R_3) I_{O2}] = \frac{R_1}{R_2} (I_{O1} - I_{O2}) \qquad (8.3.13)$$

当 $I_{O1} > I_{O2}$ 时,输出电流为正,反之为负。当输入数字量从全 0 逐渐变到全 1 时,输出电流从负满度变化到正满度。

2. 数控电压源

DAC 输入是数字量,输出是模拟量,因此 DAC 本身就是一个数控电压源。但实际应用的数控电压源应具有控制精细和输出稳定等特点。

图 8.3.9 是一个数控电压源电路,图中,A 为精密型运放,实际应用时还应加接失调调整电路。R_W 用于调整量程,其值在 100Ω 左右即可。电容 C 起消噪作用,取值为几十皮法。如果 $V_{REF} = 10V$,且选用 12 位 DAC,则输出电压 V_o 的最小控制步长为 2.44mV。

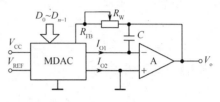

图 8.3.9 数控电压源电路

图 8.3.9 所示电路只能输出单极性电压,如要实现双极性输出,可在其后接入一个电平偏移电路。

二、数控放大/衰减器

用 DAC 可以组成数控放大器、数控衰减器,还能组成既能放大又能衰减的放大/衰减器电路。数控放大器的基本原理已在 4.1 节中讲述,这里仅介绍后两种电路。

1. 数控衰减器

数控衰减器电路如图 8.3.10 所示。在这种应用中要将 DAC 的参考电压输入端 V_{REF} 接输入信号电压 v_i,内部反馈电阻 R_{FB} 端接到运放输出端。则由电路可知如下关系成立:

$$I_{O1} = \frac{V_{REF}}{2^n R} D = \frac{v_i}{2^n R} D = -\frac{v_o}{R_{FB}}$$

式中: R、R_{FB} 为 DAC 内部 $R - 2R$ 网络电阻和内部反馈电阻。

若使 $R = R_{FB}$,于是得到

$$v_o = -\frac{v_i}{2^n} D \tag{8.3.14}$$

可见,输出电压小于输入电压。当输入数据 D 为全 0 时输出也为 0,$(D)_D = 2^n - 1$ 时,输出信号幅度与输入信号幅度近似相等,$(D)_D = 1$ 时,衰减最大,此时输出信号只有输入信号的 $1/2^n$。

2. 数控放大/衰减器

数控放大/衰减器电路如图 8.3.11 所示。输入信号经 DAC 的 R_{FB} 端加入,DAC 的参考电压来自于运放 A_1 的输出。运放 A_1 自动调整 V_{O1} 使 I_{O1} 等于 v_i/R_{FB},而 V_{O1} 取决于输入

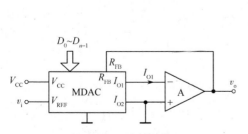

图 8.3.10 数控衰减器

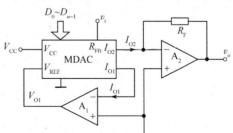

图 8.3.11 数控放大/衰减器

到 DAC 的数据大小。运放 A_2 将 I_{O2} 转换成电压输出，I_{O2} 的大小取决于输入电压 v_i 和输入数据 D 两者。运放 A_1 的输出电压为

$$V_{O1} = \frac{2^n R \cdot I_{O1}}{D} \tag{8.3.15}$$

DAC 的输出电流为

$$I_{O1} = -\frac{v_i}{R_{FB}} \tag{8.3.16}$$

则电路的输出电压为

$$v_o = -I_{O2}R_F = -\left(\frac{V_{O1}}{R} - I_{O1}\right)R_F = -I_{O1}R_F\left(\frac{2^n}{D} - 1\right) \tag{8.3.17}$$

将式(8.3.16)代入式(8.3.17)，并取电阻 $R_F = R_{FB}$，于是式(8.3.17)可简化为

$$v_o = -v_i\left(\frac{2^n}{D} - 1\right) = -v_i\left(\frac{2^n - D}{D}\right) \tag{8.3.18}$$

式(8.3.18)说明，图 8.3.11 所示的电路既可对输入信号加以放大，又可对输入信号进行衰减，放大量和衰减量均由输入到 DAC 的 n 位二进制数据 D 控制。当 $(D)_D = 2^n/2$ 时，输出信号和输入信号幅度相等，这时，电路对输入信号没有衰减。当 D 从 $2^n/2$ 起开始增加时，电路开始进入衰减状态，且随着 D 的增加衰减量也增加，最大衰减量出现在 $(D)_D = 2^n - 1$ 时，最大衰减倍数为 $(2^n - 1)$ 倍。当 D 从 $2^n/2$ 起开始减小时，电路进入放大状态，随着 D 的减小放大量增加，最大放大倍数出现在 $(D)_D = 1$ 时，最大放大倍数为 $(2^n - 1)$ 倍。

这里需要注意，式(8.3.18)中的数据 D 不能为 0，否则电路处于开环状态。式中的负号表示这是一个反相放大/衰减器。

三、数控波形发生器/直接数字频率合成器(DDS)

按时间顺序将某个波形的幅度值送入 DAC 中，即可在输出端得到模拟信号波形，这就是用 DAC 构成波形发生器的基本原理。用 DAC 和微处理器组成的波形发生器，可以产生任意波形，波形数据存放在存储器中，可以方便地改变波形的各种参数。图 8.3.12 是一个实际的波形发生器电路原理框图，它由微控制器 MCU、逻辑控制电路、16KB 深度的先进先出存储器(FIFO)和 10 位 DAC 器件 AD7520 组成。

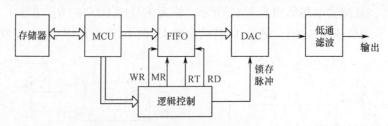

图 8.3.12　数控波形发生器电路原理框图

首先将需要的波形数据存储在 MCU 的存储空间，根据存储空间的大小，可以存储多个波形数据。需要生成模拟波形时，由 MCU 将相应一个周期的波形幅度数据写入 FIFO。

写入完成后,启动读信号 RD,在 RD 控制下,这些数据依次从 FIFO 读出并送到 DAC,转换为对应的电压信号,生成模拟输出波形。利用 FIFO 的重传功能,可以在 MCU 不干涉的情况下,将周期波形重复输出。同时,通过改变读信号 RD 的频率,也可以改变周期波形的重复频率。

近期发展起来的直接数字合成(Direct Digital Frequency Synthests,DDS)技术,使用 DAC 将数值转换为各种应用波形。在通信系统中用于产生本振和载波信号,而且可以直接产生频率键控、相位键控甚至调幅等调制信号,已得到广泛应用。图 8.3.13 是用作频率合成器的 DDS 系统。在这个系统中,DAC 将 ROM 输出的数据转换为连续的信号。ROM 输出的位数与 DAC 的分辨率一致,而瞬时相位的位数取决于波形的精度。

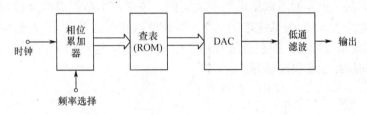

图 8.3.13　用于频率合成器的 DDS 原理框图

在图 8.3.13 所示的 DDS 系统中,设频率选择码为 M,时钟频率为 f_c,相位累加器字长为 n,则 DDS 系统输出信号的频率可表示为

$$f_o = \frac{M}{2^n} f_c \tag{8.3.19}$$

系统可能输出的最低信号频率、最高信号频率和频率分辨率分别为

$$\begin{cases} f_{omin} = \frac{1}{2^n} f_c \\[2mm] f_{omax} = \frac{1}{4} f_c \\[2mm] \Delta f_o = \frac{1}{2^n} f_c \end{cases} \tag{8.3.20}$$

目前已经有很多用于 DDS 的集成芯片,这些芯片中含有微处理器接口,使用十分方便,如 AD 公司的 AD7008、AD9830、AD9831 和 AD9850 等。其中 AD9850 是一个时钟频率为 125MSPS 的 DDS/DAC 合成器,片内集成有 10 位 DAC 和高速比较器。

四、数据采集系统

1. 数据采集系统结构

常用的数据采集系统一般有两种结构,多通道共享 ADC 结构和多通道并行 ADC 结构,如图 8.3.14(a)、(b)所示。前者采用分时转换方式,模拟开关在计算机控制下分时选通各通道信号,经 A/D 转换后送计算机处理,这种方式适用于对信号采样率要求不高的场合。后者采用并行 A/D 转换方式,每个通道都有各自的 ADC,它们只对本通道的模拟信号进行 A/D 转换,这种方式没有模拟开关引起的静态和动态误差,多用于高速高频系统,但系统成本较高。

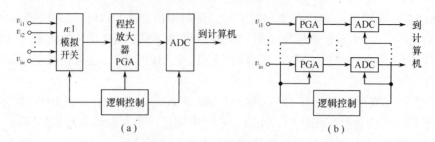

图 8.3.14　数据采集系统常用结构

(a)多通道共享 ADC 结构；(b)多通道并行 ADC 结构。

　　图 8.3.15 是一个 8 通道数据采集系统实例。该系统由数据总线和控制总线进行通信，数据总线宽度为 8 位，由系统中的 ADC、微处理器和存储器共用，它们可向系统中某处发送或从某处接收数据。控制总线控制不同设备操作，这些信号主要有片选 $\overline{CS}$、读写 $RD/\overline{WR}$、系统时钟、触发和选择等。

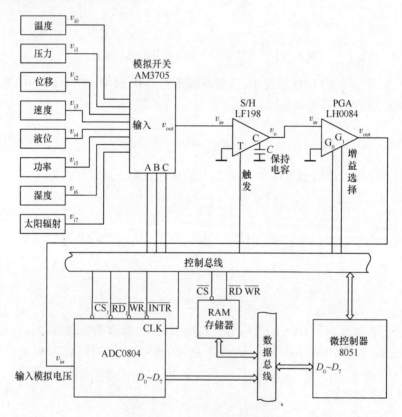

图 8.3.15　数据采集系统实例

　　图 8.3.15 中，多路转换器允许 8 个传感器输出中的每一个依次经由其进行传输，从而降低了电路的复杂性。微处理器在适当的时间向其输入端发送 3 位二进制选择码来选择某个传感器信号，使该信号传输到下一个设备。S/H 电路及其外接的保持电容允许系统在微处理器发出触发信号的瞬间保持模拟量值。

　　因为传感器各有不同的输出额定量程。例如，温度传感器输出范围可能为 0V ~ 5V，而压力传感器可能输出 0mV ~ 500mV。增益可编程放大器 LH0084 能够由增益选择输入端进行增益控制,被编程为 1、2、5 或 10 倍增益。在读取压力传感器时,微处理器将增益编程为 10,以便使输出范围为 0V ~ 5V,与其它传感器输出电平相一致。通过此方式,ADC 总是可以在其最精确的范围 0V ~ 5V 内工作。

ADC 接收调整后的模拟电压,将其转换为相应的 8 位二进制数。进行转换时,微处理器发出片选$\overline{CS_1}$和开始转换信号$\overline{WR_1}$。当转换结束端$\overline{INTR}$变成低电平时,微处理器发出一个输出使能$\overline{RD_1}$信号,经由数据总线读取 ADC 数据,并传输到微处理器和随机存储器。

2. ADC 的满量程转换

在一些对精度要求较高的测量系统中,为了减小 ADC 的量化误差对测量精度带来的影响,需要使 ADC 尽可能在满量程电平下转换。例如,若用一个分辨率为 12 位、满量程范围 FSR 为 ±5V、采用截断量化方式的 ADC 对一个 11mV 模拟信号直接进行 AD 转换(相当于图 8.3.16 中 PGA 的增益为 1 倍),转换结果为 4,对应的模拟电压为 9.76mV,则因 ADC 截断量化引入的相对误差为 -11.3% 。但若设定 PGA 的增益为 450 倍,此时,到达 ADC 输入端的电压为 4950mV,转换结果为 2028,折算成相应的模拟电压为 10.99 mV,因截断量化引入的相对误差降为 -0.1% 。可见,使 ADC 尽可能在满量程值下转换可以大大减小因量化误差对测量精度带来的影响。

ADC 的满量程转换需要硬件和软件结合才能实现。硬件上要在 ADC 前增加一个程控放大器,它可以根据输入信号幅度自动调整增益,使输入到 ADC 的信号幅度满量程,如图 8.3.16 所示。软件上需要控制 ADC 进行两次采样。因为被测模拟信号的幅度大小往往是未知的,故首先应设 PGA 的增益为 1 倍,对模拟信号进行试采样,若采样结果已经达到满量程值的 1/2 以上(与 PGA 增益挡位有关,当 PGA 的下一个增益为 2 时),则该采样值即是对被测模拟量的转换结果,若采样结果未达到满量程值的 1/2 以上,则应将 ADC 的满量程转换值除以试采样值并取整后的结果作为 PGA 的增益值,经放大后再采样,该采样值即是满量程转换值。图 8.3.17 是实现满量程转换的软件流程图。

图 8.3.16　ADC 的满量程转换

3. 常用数据处理技术

数据采集系统工作时,因存在各种干扰,使系统采集到的数据偏离真实数值。要去掉采样数据中的干扰成份,除了采用硬件抗干扰方法以外,还可以用软件对采样数据进行处理,使采样数据尽可能接近真实值,以便使数据的二次处理结果更加精确。以下介绍几种数据处理方法。

1)采样数据的标度变换

各种物理量有不同的单位和数值。例如,压力的单位为 Pa,流量的单位为 m^3/h,温度的单位为℃等。这些物

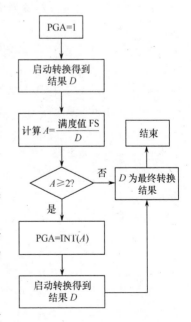

图 8.3.17　满量程转换流程图

量经过 A/D 转换后变成一系列数字量,且数字量的变化范围是由 A/D 转换器的位数决定的。例如,一个 8 位 ADC 输出的数字量只能是 0~255。因此不管被测物理量是什么单位和数值,经 A/D 转换后都只能表示为 0~255 中的某一个数。如果直接把 ADC 输出的数字量显示或打印出来,显然不便于操作者理解。因此,必须把 A/D 转换的数字量变换为带有工程单位的数字量,这种变换称为标度变换,也称为工程变换。标度变换有多种形式,它取决于被测物理量所用的传感器或变送器的类型。

标度变换有线性标度变换和非线性标度变换两种。当被测物理量与传感器或仪表的输出之间呈线性关系时,采用线性变换。变换公式为

$$Y = Y_0 + \frac{Y_m - Y_0}{N_m - N_0}(X - N_0) \tag{8.3.21}$$

式中:Y_0 为被测量量程的下限;Y_m 为被测量量程的上限;Y 为标度变换后的数值;N_0 为 Y_0 对应的 A/D 转换后的数字量;N_m 为 Y_m 对应的 A/D 转换后的数字量;X 为 Y 所对应的 A/D 转换后的数字量。

在数据采集与处理系统中,为了实现上述变换,可把式(8.3.21)设计成专门的子程序,然后当某个被测量需要进行标度变换时,调用标度变换子程序即可。

有些传感器或变送器的输出信号与被测量之间的关系是非线性关系,则应根据具体问题详细分析,求出被测量对应的标度变换公式,然后再进行变换。

如果传感器或变送器的输出信号与被测信号之间的关系可以用解析式表达,则可以通过解析式来推导出所要的参量,这样一类参量称为导出参量。

有许多传感器或变送器输出的信号与被测参数之间的关系是非线性的且无法用解析式表达。但是,它们之间的关系是已知的。例如,热敏电阻的阻值与温度之间的关系。这时可以采用多项式变换法进行标度变换。采用多项式变换的关键是找出一个能够较准确地反映传感器输出信号与被测量之间关系的多项式,可以采用的方法包括最小二乘法、代数插值法等。

采用多项式变换法在多项式阶数较高时需要花费较多的计算时间,影响数据采集与处理系统的速度。这时可采用表格法对非线性参数作标度变换。所谓"表格法"是指在已知的被测量与传感器输出的关系曲线上(图 8.3.18)选取若干个样点并以表格形式存储在计算机中,即把关系曲线分成若干段。对每一个需要作标度变换的数据 y 分别查表一次,找出数据 y 所在的区间,然后用该区间的线性插值公式进行计算,即

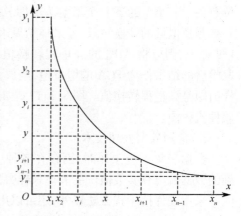

$$y = y_i + k_i(x - x_i) \tag{8.3.22}$$

图 8.3.18 表格法分段线性插值

式中:$k_i = (y_{i+1} - y_i)/(x_{i+1} - x_i)$。

通过计算,即可完成对 A/D 转换数字量所做的标度变换。

2)采样数据的数字滤波

由于工业生产和科学实验现场的环境比较恶劣,干扰源较多。为减少对采样数据的

干扰,提高系统的性能,一般在进行数据处理之前,先要对采样数据进行数字滤波。

所谓数字滤波,就是通过特定的计算程序处理,减少干扰信号在有用信号中的比重,故实质上是一种程序滤波。数字滤波与模拟滤波器相比具有不需增加硬件设备,可以多个通道共用一个滤波程序、可靠性高、稳定性好和各回路之间不存在阻抗匹配等优点。而且数字滤波可以对频率很低(如0.01Hz)的信号进行滤波,通过改写数字滤波程序,可以实现不同的滤波方法或改变滤波参数,这比改变模拟滤波器的硬件参数灵活方便。

数字滤波的方法各种各样,这里仅介绍几种常用的数字滤波方法。

中值滤波法:中值滤波就是对某一个被测量连续采样 n 次(一般 n 取奇数),然后把 n 个采样值从小到大(或从大到小)排队,再取中间值作为本次采样值。中值滤波法对于去掉脉动性质的干扰比较有效,但是对快速变化过程的参数(如流量等)则不宜采用。

算术平均法:算术平均滤波法是取 n 次连续采样值的平均值作为当前有效采样值。该方法适用于压力流量等变化平缓信号的平滑。平滑程度完全取决于 n , n 越大,平滑程度越高,但灵敏度越低。反之,平滑度低,灵敏度高。

加权平均滤波:为了解决算术平均滤波中平滑程度与灵敏度的矛盾,可采用加权平均滤波。即先给各采样点相应权重,然后进行平均。加权系数一般是先小后大,以突出后面采样点的作用。各加权系数均为小1的小数,且满足总和等于1。

防脉冲干扰平均值滤波:前面介绍的算术平均值法不易消除脉冲干扰而引起的采样值偏差,而中值滤波法虽然能消除脉冲干扰,但由于采样点数的限制,使其应用范围缩小。如果将这两种方法合二为一,即先用中值滤波原理滤除脉冲干扰引起误差的采样值,然后把剩下的采样值进行算术平均滤波,这样既可以去掉脉冲干扰,又可对采样值平滑,这就是所谓的防脉冲干扰平均值法。该方法的原理用公式可表示为

$$x_1 \leqslant x_2 \leqslant \cdots \leqslant x_{n-1} \leqslant x_n \quad (3 \leqslant n \leqslant 5)$$
$$y = (x_2 + x_3 + \cdots + x_{n-1})/(n-2)$$
(8.3.23)

低通数字滤波:一阶低通数字滤波器表达式为

$$Y_n = aX_n + (1-a)Y_{n-1}$$
(8.3.24)

式中: $a = T_s/(T_s + \tau)$,为滤波系数。

$f_c = a/2\pi T_s$ 为滤波器上限截止频率。当采样周期 T_s 一定时,可通过选择 a 值改变滤波器频率特性。数字滤波器的截止频率可以很低(如0.01Hz),这对于 RC 模拟滤波器很难实现,这正是数字滤波相对于模拟滤波的一个优点。

小结

1. 现代电子系统几乎不存在纯粹的模拟电路和数字电路,更多的是由 DAC 和 ADC 构成模拟/数字混合电路系统。

2. 要根据应用需要选用 DAC 和 ADC,其中最重要的是确定位数和转换时间参数。根据分辨率要求可以确定 DAC 和 ADC 的位数,根据模拟信号的通道数和信号的频率可以确定 DAC 和 ADC 的转换时间。

3. 可以对 DAC 和 ADC 进行功能扩展,包括极性变换和分辨率的扩展等。其中,分辨率扩展是以牺牲速度为代价的。

4. 不同的 ADC 和 DAC 可以有不同的接口方式,可参考相应的技术资料。

5. ADC 和 DAC 在现代电子系统中具有广泛的应用。数据采集系统、数控放大器、数控衰减器和数控波形发生器等是常见的应用电路,应理解它们的基本原理。

复习思考题

1. 在选择 ADC 或 DAC 时,如何根据应用需求确定性能指标?

2. 能否用低分辨率的 ADC 扩展为高分辨率的 ADC?

3. 能否用 DAC 实现对输入信号的加、减和乘法功能?

4. 为何要对 ADC 实现满量程转换? 实现满量程转换时硬件和软件是如何配合的?

5. 分析图 8.3.13,并说明式(8.3.20)的来历?

6. 简述对采样数据进行数字滤波的几种方法。

习　题

8.1　一个 12 位加权电阻型 DAC,若希望输出误差不超过由 LSB 引起的输出变化的 1/2。

(1)如果只有 MSB 位的电阻有误差,则允许 ΔR 的变化范围是多少?

(2)如果只有 LSB 位的电阻有误差,则允许 ΔR 的变化范围是多少?

8.2　题图 8.1 为一权电阻网络和梯形网络相结合的 DAC。试证明该电路为 8 位二进制码 DAC。

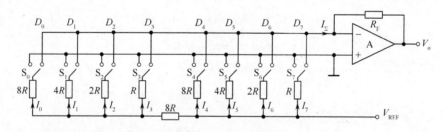

题图 8.1　习题 8.2 用图

8.3　在题图 8.2 所示的倒 T 形电阻网络 DAC 中,设 $V_{REF} = 5V$, $R_F = R = 10k\Omega$,求对应于输入 4 位二进制数码为 0101、0110、1101 时的输出电压 V_o。

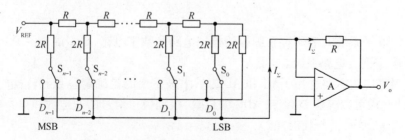

题图 8.2　习题 8.3 用图

8.4　一个满度输出为 10V 的 12 位 DAC,其积分非线性误差为 ±0.5LSB,零点温度系数为 $\pm 2 \times 10^{-6}/℃$,增益温度系数为 $\pm 20 \times 10^{-6}/℃$,设该转换器已在 25℃ 时进行了零点和增益校准。问

(1) DAC 分辨率是多少?

(2) 当工作温度为 0℃ ~ 100℃ 时,可能出现的最大误差为多大?

8.5　若 ADC(包含采样/保持电路)输入模拟电压信号的最高变化频率是 10kHz,试说明取样频率的下限是多少? 完成一次 A/D 转换所用时间的上限是多少?

8.6　用逐次比较 ADC,若 $n = 10$,已知时钟频率为 1MHz,完成一次转换所需要的时间是多少? 若完成一次转换时间小于 100μs,问时钟频率应为多大?

8.7　一个 12 位 ADC,满度输入电压为 + 10V,最大线性误差为 ±0.5LSB,按舍入方式量化。

(1)试求此 ADC 的分辨率。

(2)当输出数据为 00…011 时,对应的输入电压范围为多少?

(3)当输入电压为 9.9948V 时,输出数据是多少?

8.8　设计一个用 DAC0832 组成的程控衰减器电路,并给出输入输出信号的关系。

8.9　用 DAC 芯片 AD7524 设计一个数控电压源,输出电压范围是 0V ~ 10.0V,精度是 0.1V,要求有 101 种输出。

8.10　一个 ADC 的允许输入电压的范围是 0V ~ 5V,而实际输入电压信号 v_i 的范围是 −1V ~ +1V。试设计一个电平变换电路,使得输入电压与 ADC 相匹配。

8.11　8 位乘法型 D/A 转换器组成的数控电压源电路如题图 8.3 所示。已知内部电阻网络中的电阻 R 与反馈电阻 R_{FB} 相等,运算放大器为理想的,晶体管 VT 的导通电压 V_{BE} 可以忽略不计,其它电路参数已标在图中。

(1)该电路所能控制输出的最大电压 V_{omax} 和最小电压 V_{omin} 各为多少伏?

(2)若要求输出电压 V_o 为 5V,则应当输入的数字量(八位二进制数)为多少?

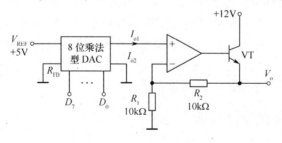

题图 8.3　习题 8.11 用图

8.12　对一个动态范围为 40dB 的话音信号进行 A/D 转换,若将该信号的最大值设为 ADC 的满量程值,且希望以至少 80dB 的 SNR(信噪比)数字记录该信号。则要想获得希望的 SNR,选用的 ADC 位数至少需要多少位?

第9章　电子系统设计基础

随着计算机技术和微电子技术的飞速发展,集成电路的规模越来越大,电子工程师的主要设计任务已经由功能电路转变到进行系统集成。设计电子系统有许多实际(工程)问题需要考虑,这些问题在电路原理课程中涉及不到。因此,本章专门介绍电子系统设计所需的基础知识,例如,如何进行系统设计、常用电子系统设计方法(可靠性设计、低噪声设计、电磁兼容设计)和系统设计时会遇到的主要工程应用问题等。但限于篇幅,只作简单介绍,目的是使读者初步了解电子系统设计会遇到和应考虑哪些问题,以便在实际设计应用时引起注意。

本章内容与实际工作结合紧密,有些内容还与电子系统设计的工程问题有关,故本章内容无需在课堂上详细讲解,仅讲基本原理即可。本章也可留给读者课外阅读,以扩充知识面。

9.1　电子系统方案设计

电子系统设计没有一个固定的模式和方法,在传统电子系统设计方法已经逐步演变为电子设计自动化(Electronic Design Automation,EDA)的今天,电子工程师根据自己的传统习惯和自己所拥有的设计工具不同,所采用的设计方法也会有所不同。

电子系统规模可大可小,规模的大小是相对的。例如,相控阵预警雷达规模很大,全球卫星移动通信系统的规模却更大,电子血压计规模小,声控电源开关的规模更小。一个大的系统在立项时要进行市场需求论证、技术可行性论证、经济效益论证等。在大系统方案确定之后,要将它分成许多分系统,分系统还要进行方案论证,继续分成更小的子系统,直到由一个人或一个小组就能完成时才停止划分。由于这本书的读者主要是在校大学生,因此,更注意最后子系统的设计问题。

9.1.1　电子系统设计过程

电子系统的设计没有特定的程式可循,特别是在传统设计方法与电子设计自动化并存的时代,一个电子产品的设计生产过程可能差别很大,但它们的设计过程大体是相同的。电子设计自动化只是把其中的某些步骤用计算机完成罢了。当设计任务书下达之后,传统的设计方法大体可分为如下几个步骤。

一、技术调研

技术调研目的是了解同类系统的国内、国际水平(指它们的主要技术指标)、现有系统的主要优缺点、主要的关键技术、技术难点和解决途径;关键元器件和材料供应、拟在哪些方面有所改进等。调研方法可以是外出调研,也可以搜集资料或在互联网上进行调研等。

二、可行性论证

可行性论证包含市场需求可行性、技术可行性和经济可行性等方面。市场需求可行性主要是了解市场对该产品是否需要,何时需要,市场的大小。这是最重要的论证,它决定是否值得研制该产品,研制的最长允许周期(过长的周期可能丧失市场良机),市场对产品的哪些性能要求最高,还有哪些特殊要求等。

经济可行性论证包括估算成本、投资回报率估计。同时也应当考虑产品的社会效益。

技术可行性论证主要是从技术上论证能否在要求的研制周期内完成质量合格的设计制造任务,并保证成本不高于预期结果。

三、总体方案设计

总体方案设计阶段不涉及具体电路。总体方案设计的任务是把整个大系统划分为若干功能相对独立的分系统,确定各分系统的输入输出信号及各分系统之间的信号连接关系,对各分系统的功能做出规定,保证把分系统连接成大系统后能实现要求的大系统功能;根据大系统的性能指标,分配和制订各分系统的性能指标(如增益、带宽、时间延迟、脉冲宽度、幅度、前后沿等);制订各分系统必须遵守的内部协议;确定系统电源种类;确定各分系统之间的空间位置,并由此确定各分系统之间信号传输协议,接插件及插针定义;规定印制版的层数、层次分配和尺寸,必须遵守的国际标准、国家标准或行业标准,对自检和故障诊断提出建议;系统可靠性设计和可靠性指标分配等。由于现在每个系统都是由硬件和软件共同完成,总体设计还要划分硬件和软件各自完成的功能,它们之间的接口关系。

总体设计是整个产品设计的关键阶段。对于比较成熟的产品,设计人员也要反复进行计算,关键部分进行实验验证。在电子设计自动化中,总体设计就是所谓的"高层次设计"或"概念设计"。在高层次设计之后,可以立即进行高层次的仿真验证。高层次仿真验证可以避免总体设计不当引起后续工作的大量返工,甚至全盘推倒重来。各分系统如果仍然太大,可以继续按第三步的总体设计方法,把分系统进一步划分为更小的子系统。

四、分系统设计

这里所说的分系统相当于电子设计自动化中的寄存器传输级(RTL),据此即可以进行电路设计。用 EDA 工具进行设计时,工程师可以进行较多的干预,也可进行较少的干预,由 EDA 软件自动完成门级直至版图的工艺设计,并进行验证仿真。如果完全由工程师进行手工设计,必须自己画电路框图、电原理图,设计电路参数,安装原理样机并进行原理实验和性能测试,改进设计,最后定型。如果系统中包含软件的话,软件工程师必须自己动手编写应用程序。

9.1.2 方案设计需要创新

因循守旧不可能有科学技术的发展,创新是科技发展的动力和灵魂。1945 年 5 月著名物理学家 A·C·克拉克在一篇科幻文章中描述了一个以地球同步空间站构成的世界通信、广播系统,这个"异想天开"的构想是在人造卫星发射成功 12 年前提出的。直到 1959 年 3 月,皮尔斯才发表了关于卫星通信可能性的论文,一年之后就实现了卫星中继通信实验。如果说这个创新思维涉及面太大,一时不可能实现,那么,HJD04 数字程控交换机研制中的创造性思维为系统设计提供了一个可供借鉴的范例。从事 HJD04 设计的工程师们原来都是计算机专家,从未接触过交换机,但他们从程控交换机的基本功能出发,利用计算机的知识去解决交换问题,而不是把国际上通常使用的交换技术照搬过来。结果他们创造出了得到国际上认可的分布式程控交换机体系结构,并成为我国首家掌握大型程控交换技术的研究所,现在已建成"国家数字交换工程中心"。

9.1.3　方案论证

　　方案设计阶段必须对每个提出的方案比较优劣,全盘考虑,最后综合出最佳设计方案,这样才能保证不出现大的返工。方案中采取的每一个技术措施都必须有充分的论据。即使选用一个元器件的型号也是方案设计的内容,在方案设计的不同阶段关心的内容层次不同,到最后阶段元器件的型号选取也会影响系统性能。在中低速电路中选用高速器件不但提高了成本,更重要的是会增加电磁干扰,不符合电磁兼容设计的原则。在高频振荡回路中的电容必须用损耗角小的品种,如果设备的空间有限,还要对电容的体积尺寸提出要求。另外,电路中要用到运算放大器,但对性能指标没有特殊要求,一般选通用型廉价的型号。但究竟选用哪个型号,可以有多种优先考虑,如库房现有型号、价格最低的型号、市场供应充足的型号、最熟悉的型号等。方案论证时别人可能提出反对意见,例如,价格低固然不错,但这种型号已经绝版,不利于今后生产,各种反对意见都可能提出,合不合理,经过论证就清楚了。对元器件的型号选用就有这么多考虑,其它重要的技术措施更需要充分论证。

9.1.4　方案设计中的条件考虑

一、约束条件

　　方案设计时,大部分技术要求是明确的,但也会有一些非常重要的要求没有明确提出,而是包含在某种约束条件中。例如,环境条件、经费限制、限定必用设备、研制周期、用户指定使用材料等都可成为方案设计时的约束条件。有的约束条件更加具体,如整个费用不能超过多少万元、设备的高度不能超过多少厘米、设备总质量不得超过多少千克等。

　　例如,要求设计一套监视系统,能在机房内不间断监视 100 台露天设备是否正常工作。已知条件:100 台相同的露天设备距机房 1000m 远,当设备出现故障时,它能自动断开某个继电器,该继电器现有一组备用触点;从机房到露天设备只有一对信号线可用,每台设备机箱内有约 $3 \times 5 \times 5 (cm^3)$ 的多余空间,还有 220V 交流电源可用。我们曾用这个题目要求学生设计,他们普遍对"只有一对信号线可用"这个约束条件十分重视,因此设计了许多数字编码传输故障情况的方法,有的十分巧妙。虽然他们的设计方案在原理上都是可行的,但没有一个方案在实际中可行。原因就是他们没有考虑其它约束条件。首先,用有源电路必须有直流电源,因为只有一对信号线,不可能从机房传送直流电源到机箱。在露天机箱内进行交直流变换也不可行,因为机箱内的可用空间很小。同时,野外条件下温度、湿度变化很大,有源器件的工作可靠性得不到保证。在这些限制条件下,最好的实现方案是用无源电路。设想,每台设备中安装一个阻值互不相同的电阻。设备工作正常时,电阻从信号线上断开,一旦设备故障,继电器备用触点把电阻接入信号线。在机房内测量信号线上的接入电阻,就可以知道是否有设备故障,哪台设备故障。到此时,仅仅解决了方案的技术路线,具体实现,还要解决每个电阻的阻值和型号选定、测量阻值的方法、显示方法。同时还要考虑同时有两台设备故障时,如何区分故障设备号的问题。

二、优先条件和折中

同一个设计要求可以有多种设计方案,每个方案都有优缺点,都可能得到不同用户的赞赏,因为每个用户对产品的要求重点不同。仅从外观上讲,有的喜欢小巧,有的喜欢结实,有的喜欢辅助功能多,有的则喜欢简洁。在操作习惯上的差别更为明显。类似这种由用户提出的优先条件,设计人员必须事先心中有数。如果用户没有提出要求,进行决策时,最好征求用户的意见,免得以后返工。还有一些必须由设计人员自己正确决定的优先级别。例如,一般情况下,安全优先于可靠,可靠优先于性能,性能优先于经济性(低成本)。这是因为,一件产品首先不应给用户造成安全危害,不可靠的产品谈不上性能,达不到合格标准的产品再便宜也没用。当然在特殊情况下也会有例外。

在设计中,经常会碰到解决同一个问题可以有多个方案,必须在多个方案中选出一个最优的方案。每个设计者在选择方案时会不自觉地采用了某种优先标准。例如,要解决信号源的高共模电压问题,可以在如下4种方案中选择:变压器隔离、光电隔离、隔离放大器、继电器切换浮地电容(见图9.1.1)。如果信号源是直流信号,显然变压器隔离

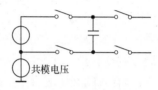

图9.1.1 浮地电容

就不可行。如果4种方案都是可行的,应当选择哪一种,就需要列出每种方案的优缺点。例如,变压器使用方便,但体积大,易产生电磁干扰,低频响应不好。光电隔离最简单,但非线性失真大。继电器切换浮地电容的传输性能最好,但继电器的成本高,而且切换时线圈电流会产生干扰。隔离放大器成本最高,但使用方便。必须在成本、非线性失真、传输性能、使用方便等优缺点之间排出一个优先顺序,才好定下决心采用哪种方案。

有时,两个设计要求之间会产生矛盾,有可能调和,也可能调和不了。这就需要设计者与用户协商调整某些技术指标,把其中不太重要的指标调低。应当深入了解他所提出的技术指标的根据,如果用户提的技术指标不合理,应向用户解释。例如,某用户根据国外产品的数据,把同类产品的等深采样率定为10点/m。但10不是2的整数幂,在设计采样控制时不十分方便。如果采样率是8或16都更容易实现。但无法说服用户,只好按10点/m设计。后来,发现采样数据的最终用户在进行数据处理时又用内插法把采样率从10点/m转换为8点/m。设计人员重新与用户进行协商,希望把设计指标定为8点/m,最终得到了用户的认可。有的情况并不这样简单,两个甚至多个指标要求互相牵连,必须小心在他们之间寻求折中,以期都能得到满足。例如,使用一种粒子探测器探测放射性粒子每秒钟的计数率。探测器每探测到一个粒子,就产生一个脉冲,脉冲的幅度与粒子的能量成正比。同时探测器还会产生慢变和快变的噪声脉冲。要从干扰背景中检测出信号脉冲,既不漏掉信号,也不把噪声当成信号(既不虚警,也不漏警),这是永远也不可能同时实现的要求。合理的要求应当是在虚警概率(把噪声当成信号的概率)不高于P_F的情况下,发现概率(把真正信号正确判为信号的概率)不小于P_D。设计者此时必须认真计算噪声幅度的概率分布,确定虚警概率不高于P_F的判决门限,并用此门限去检验信号幅度分布,看信号幅度超过门限的概率是否满足不小于P_D的要求。如果不能满足,说明信噪比太低,应当提高信噪比。设计者首先应当对传感器的直接输出进行测试或理论计算,

如果直接输出的信噪比不能满足要求,只好更换传感器(对雷达来说是提高雷达的发射功率,或接收灵敏度)。假定满足 P_F、P_D 两个要求的信噪比为 10dB,传感器直接输出的信噪比为 18dB,设计者就必须采用低噪声设计技术,保证信号放大处理电路对信噪比的降低不超过 8dB。当然设计者还可以采用门限自动调整技术,以及根据信号和噪声脉冲的宽度分布差异,用宽度门限滤去部分噪声脉冲等措施提高发现概率。但是无论如何,发现概率与虚警概率是紧密相关的,当提高门限压低虚警概率时,发现概率也同时会降低。就门限选取而言,必须在二者之间进行折中,二者兼顾。这种必须进行折中选择的情况在系统设计中常常遇到,应当熟练运用。

三、"代价交换"原则的应用

所谓"代价交换"是以牺牲一种次要性能为代价换取另一种必备性能的提高。这种"交换"在系统设计中也是一种普遍的方法。最普通和最容易理解的是研制经费与设备性能之间的交换。费用也是设备的性能,但不是技术性能,它和许多性能之间都有矛盾,牺牲一些次要性能(或功能)以降低价格,或者不惜代价取得必要的高性能。这都是经常见到的费用与性能交换的例子。

最有名的交换应当是扩频通信中的以扩展频带换取降低信噪比要求。柯捷尔尼可夫(Котельников)在其潜在抗干扰性理论中得到如下关于信息传输差错概率的公式:

$$P_e \approx f(E/N_0) \tag{9.1.1}$$

式(9.1.1)表明,差错概率 P_e 是信号能量 E 与噪声功率谱密度 N_0 之比的函数。设信号频带宽度为 BW,信号持续时间为 T,信号功率为 $P = E/T$,噪声功率为 $N = N_0 \mathrm{BW}$,信息带宽为 $\Delta F = 1/T$,代入式(9.1.1),有

$$P_e \approx f\left(\frac{P}{N} \cdot \frac{\mathrm{BW}}{\Delta F}\right) \tag{9.1.2}$$

从式(9.1.2)可知,差错概率是输入信号与噪声功率比 P/N 和信号带宽与信息带宽之比 $W/\Delta F$ 二者乘积的函数。它说明信噪比与带宽可以互换,即用增加带宽这个代价换取信噪比上的好处。理论上讲,带宽增加一倍,信噪比就可以降低一半,而传输差错概率保持不变。当带宽增加很多时,信号淹没在噪声中也可以正确解调。例如,GPS 全球定位系统采用直接序列扩频通信技术,其扩频处理增益达到 43dB(C/A 码),其他条件不变,由于扩频使系统的信噪比得到 43dB 的好处,使 GPS 接收机可以接收到 10^{-16}dB·W 的微弱信号。这也是 GPS 接收机(包括天线)可以随身携带的原因。它付出的代价是非常宽的信号带宽和复杂的硬件结构以及大量的数字信号处理软件。这种代价在微电子技术高度发展的今天已经不是问题了。

在实际工作中还会碰到用电气性能换取机械性能的情况。例如,在一个对特长图纸进行数字化扫描时,会对扫描仪的机械走纸精度要求很高,否则走纸速度不稳定、走纸歪斜都可以造成扫描结果的数据误差。要求机械加工精度太高是不切实际的。可以在进行扫描的同时,用电子技术对扫描误差进行实时检测,然后用软件对扫描的数据不断进行修正。还可以对机械运动进行适当的干预。曾经用这样的方法设计制造了扫描精度很高、但机械加工精度要求不高的特种图纸数字化扫描设备。比较简单而常用的"代价交换"的例子很多。例如,虽然已经有分辨率 8 位、采样率达 1GSPS 的 A/D 转换器,但要对带宽

1GHz 以上的信号进行直接采样是难以实现的。但对于周期信号,可以利用其周期性,用低速 A/D 转换器进行"欠采样"(采样频率低于奈奎斯特频率)。从原理上讲,采样速率比奈奎斯特频率低数倍、数十倍甚至数百倍,只要采样的时间足够长,最后仍可恢复出原始信号波形。这是用时间换取速度的例子。采样示波器就是这个道理。

对上千兆带宽的信号进行采样,除了上面的时间换速度的方法,也可用设备换速度,如图 9.1.2 所示。用 n 套采样保持器和 A/D 转换电路,就可以把奈奎斯特频率降低至原来的 $1/n$ 进行采样,这除了设备量增加外,精确的定时也增加了技术难度,这些就是代价。其收益是换来了对高速信号的实时采样。

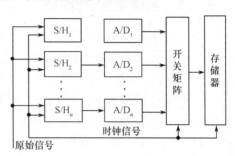

图 9.1.2　用设备换速度

硬件和软件的功能也可以相互转换。"软件硬化"指的是用硬件实现软件的功能,同时提高了处理速度。"硬件软化"则指的是用软件实现硬件的某些功能,最典型的就是数字滤波器、软件无线电等。即使在软件中,也会有互换的事。例如,当某种运算比较复杂,而工作要求实时性较强时,可以把常用的运算结果事先算好存入表中,需要运算时,只要查表即可。这实际上是用设备(存数据表用的存储空间)换取运算速度。

9.1.5　标准化问题

一个孤立的设备不存在标准化问题。只要与外部连接,就要遵循一定的标准。计算机的总线标准大家都很熟悉,通信设备都是与外界互连的,因此所有的通信设备都必须严格遵循国际电联(ITU)的一系列标准,从传输介质的电气特性,接口关系,到设备内部的频率、频率稳定度、噪声电平、载波电平、群延时、失真、串音、阻抗等无一不作严格规定。有一项不符合标准就不允许入网使用。在接到一项设计任务时,必须充分了解有关的标准,然后再开始设计。

电阻、电容的数值也必须按照标准标称系列选取。电阻的标称系列分为 7 个,即 E3、E6、E12、E24、E48、E96、E192。其中,E3 误差大于 ±20% ,E6 是Ⅲ级精度(±20%),E12 是Ⅱ级精度(±10%),E24 是Ⅰ级精度(±5%)。以上 4 个系列的电阻值只取两位数。E48、E96、E192 属于精密电阻系列,其精度根据要求不同从 2% 直到 0.001% 。精密电阻系列的电阻值取 3 位数。系列名称中的数字表示该系列电阻的标称阻值的数量,例如 E192 表示该系列有 192 个标称阻值。这些标称阻值可用下面的方法计算得到

$$R_n = 100 \times \left(\sqrt[192]{10} \right)^n \tag{9.1.3}$$

式中: $n = 0, 1, \cdots, 191$ 。

E48、E96 的标称阻值计算方法与此相仿。这样的标称系列也可以查表得到。例如,在设计中需要 75.5Ω 电阻,但查表得知,表中没有这个阻值。与 75.5Ω 相近的阻值是 75.0Ω 和 75.9Ω,因此只能取与其相近的 75.9 欧姆。而 E3、E6、E12 和 E24 的标称阻值只取两位数,取值的计算原理与式(9.1.3)相似。

电容的标称取值系列与电阻相仿,也有 E6、E12、E24 之分。

另外,电路图中元件等符号的画法、电气连接走向、印制板的设计、产品的安全等均应遵循相关标准设计,如电气制图及图形符号国家标准、印刷版制图规则和电工电子产品安全标准等。

9.1.6 高速电路设计问题

对于初学者来说,在进行电子系统的电路设计时最感头疼的问题是模拟电路设计,而模拟电路设计中又对宽带电路的设计没有把握。实际上高速数字电路也会遇到宽带模拟电路相似的问题,这里一并归纳出几个主要问题说明如下。

现在的电子线路基本上是由许多集成电路组成的。集成电路之间可能直接由导线相连,也可能通过滤波器、衰减器等相连。集成电路之间也可能没有直接连接关系。图9.1.3 是这种简化结构示意图。图中,IC_1 与 IC_{11} 之间经过滤波器有信号传输,如果没有必要,也可不用滤波器。IC_2 与 IC_{22} 之间也有相似的情形。现在就从简化结构图中看电路设计中应当注意的问题。

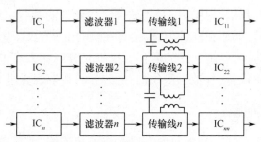

图9.1.3　简化电路结构示意图

一、通频带

如果信号带宽为 BW,要求输入信号经过 IC_1 直到 IC_{11} 输出不产生明显失真,初学者往往只注意到使 IC_1、滤波器 1 和 IC_{11} 各自的通频带不小于 BW,这是错误的。而应当要求从 IC_1 到 IC_{11} 总的信道通频带不小于 BW。如果从 IC_1 到 IC_{11} 有 n 级,各级都按一阶系统计算,他们的通频带分别为 $BW_1, BW_2, \cdots, BW_n$,则总的通频带近似为

$$(\mathrm{BW})_n = \frac{1}{\sqrt{\dfrac{1}{BW_1^2} + \dfrac{1}{BW_2^2} + L + \dfrac{1}{BW_n^2}}} \tag{9.1.4}$$

当 $BW_1 = BW_2 = \cdots = BW_n$ 时,近似有

$$(\mathrm{BW})_n = \frac{BW_1}{\sqrt{n}} \tag{9.1.5}$$

当 $n = 2$ 时,可以精确计算出 $(\mathrm{BW})_2 = 0.64 BW_1$。因此,当信号通过的级数多时,要求各级的通频带越宽。还需要注意,如果对信号通过的群延时有要求(如雷达和电视中),多级电路的相位特性可能满足不了要求,这时需要在传输过程中增加群延时补偿器。为了保持信号低失真,有时还要增加幅度均衡和相位均衡。

二、输入输出阻抗和阻抗匹配

使用集成电路时,常常会忘记它们的输入输出阻抗对电路性能的影响。这种影响体

现在 3 个方面。

1. 输出阻抗

输出阻抗影响电路的负载能力。具体来说,设电路输出电压是 V_o,则负载上得到的电压和电流分别为

$$V_L = \frac{Z_L}{Z_o + Z_L} V_o \tag{9.1.6}$$

$$I_L = \frac{V_o}{Z_o + Z_L} \tag{9.1.7}$$

当输出阻抗 Z_o 太大时,负载上得到的电压就会很低,流入负载的电流就会很小。如果有负载电容,则负载电流小就会降低负载电容的充放电速度低,延缓了脉冲的上升和下降沿,从频率域来说,使通频带变窄,相位延迟增加。这些道理都知道,但初学者往往会忽略这种影响。

2. 输入阻抗

输入阻抗是上一级的负载,它对上一级提出了负载能力的要求。有时器件手册上没有直接给出输入阻抗,而是给出了输入的电压和电流要求。例如,要求输入的最高电压为 5V,输入驱动电流为 10mA,那么输入阻抗可以看成为 500Ω。这时必须要求前一级能提供 5V10mA 的驱动能力。一些高速器件往往要求比较大的前级驱动能力,例如,MAX104 8 – bitADC 要求模拟差分输入电阻为 50Ω,输入电压为 300mV,其输入电流不小于 6mA。

输入输出阻抗中的电容成分是影响系统通频带的重要因素。这在串接滤波器时必须注意。例如,示波器有输入电阻和输入电容,虽然它的输入电阻一般都很高,而输入电容又很小,但它对高频信号的测量仍会造成影响。因此,示波器一般都配有一个高频探头用以减小示波器输入阻抗的影响,探头里的电阻和电容是特别选定的。由于示波器及其探头的阻抗一般远高于被测信号的源内阻,在忽略信号源阻抗的情况下,可以计算示波器探头在信号测试中的作用。如图 9.1.4 所示,信号从探头输入,经过衰减到达示波器输入端,其衰减系数为

$$F = \frac{1 + j\omega R_i C_i}{1 + j\omega R_i C_i + \frac{C_i}{C} + j\omega R C_i} = \frac{1 + j\omega R_i C_i}{\left(1 + \frac{C_i}{C}\right) + j\omega R_i C_i \left(1 + \frac{R}{R_i}\right)} \tag{9.1.8}$$

显然,当 C_i 与 C 的比值等于 R 与 R_i 的比值时,式(9.1.8)可简化成与频率无关的常数。因此,除了有一定衰减以外,它不会对被测信号造成影响。有的人随便交换不同型号示波器的高频探头,甚至不用高频探头直接用鳄鱼夹以图方便,都会给测试带来误差。

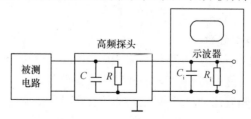

图 9.1.4 示波器探头的作用

3. 阻抗匹配

阻抗匹配是高速电路设计中必须十分重视的问题,这种阻抗匹配并不是为了最大功率输出,而是为了减小信号失真。信号在传输过程中碰到不连续的阻抗时(如负载不匹配、连接器、传输线接头输入设备、板层数改变)都会发生反射。信号在传输线(无论是同轴电缆、双绞线还是印制板上的导线)上的传输时间大于信号上升时间(从 10% 到 90%)的 1/2 时,就应当以长线传输来处理。设传输线特性阻抗是 R_0,集成电路 IC_1 的输出阻抗是 R_{o1},IC_2 的输入阻抗是 R_{i2},由于阻抗不匹配,信号将在 IC_1 和 IC_2 之间产生多次反射。而且信号在传输线中的来回传输时间不能忽略,就会叠加在原来的信号上,使信号产生失真。根据分析和测试,设阶跃信号源内阻 $R_s = 5\Omega$,传输线端接负载电阻 $R_L = 4600\Omega$,传输线特性阻抗 $Z_o = 75\Omega$ 时,由于不匹配产生反射使 R_L 上可能产生上冲量如表 9.1.1 所列。

表 9.1.1 反射使负载波形产生上冲

传播时间/上升时间	1	0.5	0.333	0.25	0.166	0.125
上冲量/%	87	63	30	10	5	0

当(传播时间/上升时间)小于 0.25 时,可以看成集总参数,当(传播时间/上升时间)大于 0.5 时,要作为长线处理,而当(传播时间/上升时间)介于两者之间时,则可作为短线处理。对于常见的器件,ECL100K 系列(上升时间约 1ns)可以看成集总参数的最长连线是 5.3cm,TTL(上升时间约 4ns)可以看成集总参数的最长连线是 23cm。15V CMOS(上升时间约 50ns)可以看成集总参数的最长连线是 274cm。此时,在表 9.1.1 中的负载波形上冲达到 10%。关于传输线特性阻抗的知识可参阅有关书籍。

关于阻抗匹配,见图 9.1.5。设 IC_1 是运算放大器,它的输出阻抗接近于 0。为了使它与传输线的特性阻抗 R_0 匹配,可以在它的输出端串接一个阻值为 R_0 的电阻。IC_2 的输入阻抗可能很大,就在紧靠它的输入引脚到地之间并接一个阻值为 R_0 电阻。以此保证在 IC_1 和 IC_2 之间不出现信号的多次反射现象。一些高速器件本身的输入电阻就设计成 50Ω,其目的就是便于进行传输线匹配连接。

关于输入输出阻抗还有一点要特别说明,从大范围来看,半导体器件输入输出端都是非线性的。因此其直流阻抗和交流阻抗一般不同。当需要仔细区分交直流阻抗时应当区别对待。

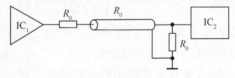

图 9.1.5 阻抗匹配

三、信号完整性设计和分析

信号完整性(Signal Integrety)是指信号未受到损伤的一种状态,它表示信号质量和信号传输后仍保持其正确功能的特性。良好的信号完整性是指经过传输之后,信号仍能保持正确的时序和电平。随着高速器件和高速数字系统的广泛使用,数据速率、时钟速率和电路密度都在不断增加。在这种应用设计中,信号快斜率瞬变和高工作频率,电缆、互连线、印制板(PCB)和硅片将表现出与低速设计截然不同的行为,即出现信号完整性问题。

信号完整性问题能导致或者直接带来信号失真,定时错误,不正确数据、地址和控制线以及系统误工作甚至系统崩溃,因此,它已成为高速产品设计中值得高度重视的困难和问题。

解决信号完整性问题的方法主要有电路设计、合理布局和建模仿真。

1. 电路设计

电路设计中,通常采用以下方法来解决信号完整性问题:

(1) 控制同步切换输出数量,使用系统能接受的最低速率,不要盲目提高同步信号的上升沿和下降沿速率(di/dt 和 dv/dt)。

(2) 功率驱动单元(如时钟驱动器)尽量采用差分信号,使它们的上升沿和下降沿对地线和其它信号线的影响互相抵消。

(3) 在传输线两端都端接匹配无源元件(如电阻、电容等),以实现信号源与传输线、传输线与负载间的阻抗匹配。端接策略的选择应该是对增加元件数目、开关速度和功耗的折中,且端接的电阻或电容应尽量靠近激励端或接收端。

2. 合理布线

前面已经谈到,高速信号在传输线上的传输时间大于信号上升时间的 1/2 时应将传输线当作长线处理(分布参数处理)。除此之外,任何导线都会引入外部干扰。图 9.2.13 中用寄生电容和寄生互感表达两条平行导线间的互相影响,这种寄生电容和寄生电感是产生"串音"干扰的原因。当一条导线中出现快变的信号,通过寄生电容和寄生电感将此信号耦合到相邻的导线上。因此,在电路板布线和进行板间信号连接时应注意使弱信号(模拟信号)线尽量远离快变大信号(数字信号)线,使它们之间平行走线距离尽量短,如果有可能,尽量使它们相垂直。可见,在高速电路设计中必须充分考虑分布参数的影响。即把电路板的设计和传输线、接插件等都纳入电路设计的考虑之中。这就是高速电路设计的困难所在,它们都要靠信号完整性分析来解决。

3. 建模仿真

合理进行电路建模仿真是信号完整性最常见的解决方法。它给设计者以准确、直观的设计结果,便于及早发现问题,及时修改方案,从而缩短设计时间,降低设计成本。在进行电路建模仿真过程中,设计者应对相关因素作合理估计,采用适当的仿真工具合理建立模型,用仿真结果帮助合理选择端接元件、优化元器件布局、满足布局约束条件,从而解决信号完整性问题。

由于速度的提高和规模的增大,单靠人工解决信号完整性已不可能,使用 EDA 工具是电路设计、合理布局和建模仿真中解决信号完整性问题的唯一可靠方法。

四、电磁兼容问题

高速电路设计需要更多考虑电磁兼容问题,列举如下。

(1) 系统的接地方法。使用多层接地印制板。

(2) 如果电路板上同时有模拟器件和数字器件,则应分别相对集中,不可混杂。数字地和模拟地应严格分开。

(3) 高速数据转换器件的接地方法。一般高速数据转换器件都有数字地与模拟地两个引脚,为了减小数字地对模拟电路的干扰,两个地都就近连接到模拟地(见 9.2 节)。

(4) 尽量不用集成电路插座,因为插座引脚之间有分布电容和电感。如果必须要用,就用针对单个引脚的"引脚插座(pin sockets)"。

(5) 电源去耦。除了需要低频去耦电容(几十微法)、中频去耦电容(几千纳法)外，还要同时用高频去耦电容(几百皮法)就近并接到电源与地之间。

(6) 精心设计 PC 板。应把 PC 板纳入电路系统设计之中。

(7) 使用点到点的短连接。

小结

1. 电子系统设计的过程包括技术调研、可行性论证、总体方案设计、分系统设计 4 个基本步骤。

2. 方案设计中要注重创新，要通过论证选取最佳设计，要重视系统所提出的约束条件，在设计要求之间产生矛盾时，要进行折中，并熟练应用"代价交换"原则。

3. 系统设计之前应充分了解有关标准，设计过程中必须遵循这些标准。

4. 高速电路的设计还必须考虑通频带、输入输出阻抗匹配、信号完整性设计以及电磁兼容等问题。

复习思考题

1. 电子系统的设计有哪几个基本步骤？各步骤的要点是什么？

2. 如何从方案的约束条件得到其隐含的技术要求？

3. 举出一个实际设计中应用"代价交换"原则的例子。

4. 高速电路设计中应注意什么问题？

9.2　电子系统设计方法

电子系统良好的性能、高的可靠性和可维修性是靠电子系统设计阶段的设计得来的，而不是靠后来的调试或修改得到的。要使一个电子系统达到性能优良、工作稳定可靠，就应当在系统设计阶段严格把关，其中重要的是要采用正确的设计方法。本节主要介绍电子系统中常用的低噪声设计、电磁兼容设计和可靠性设计 3 种基本电子系统设计方法。

9.2.1　低噪声设计

在诸如通信、雷达、遥感遥测、生物、航空航天、地质水文、海洋天文、考古、环境监测、地震等自然科学领域中，都需要用电子仪器进行数据测量、信息传递、检测监视等。这些仪器、仪表都需要把微弱信号检测出来。由于信号过于微弱，噪声的影响便不可忽视。检测微弱信号的重要技术手段之一就是尽量减小系统内部噪声对信号的影响，即低噪声设计。这里介绍各种常见电子元器件的噪声特性及低噪声设计方法。

一、噪声和线性电路

噪声的特性用统计方法描述。最常见的噪声特性是功率谱密度，即每赫兹带宽内包含的噪声功率随频率变化的特性，它实质上是噪声的自相关函数。如果在所关心的频率范围内功率谱密度是均匀的，这种噪声被称为白噪声。下面简要介绍线性电路中的噪声。

1. 噪声通过线性电路

设线性电路实频率域的传输函数为 $A(j\omega)$,输入噪声 $x(t)$ 的谱密度为 $S_x(\omega)$,输出噪声的谱密度为 $S_y(\omega)$(图9.2.1),则可通过维纳-辛钦定理证明下式成立:

$$S_y(\omega) = |A(j\omega)|^2 S_x(\omega)$$

例如,白噪声在频率范围内谱密度为常数,即

$$S_x(\omega) = N_0$$

当它通过一个 RC 低通网络后,其谱密度为

$$S_y(\omega) = \frac{N_0}{1 + \omega^2 R^2 C^2}$$

可见,输出的噪声谱密度集中在低频区,成为红色噪声。对 $S_y(\omega)$ 进行傅里叶反变换可得 $y(t)$ 的自相关函数为

$$R_y(\tau) = \frac{N_0}{4RC} \exp\left(-\frac{|\tau|}{RC} \right)$$

白噪声的自相关函数是冲激函数,通过低通 RC 电路后变成了钟形,如图9.2.2(b)所示。

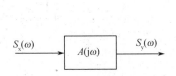

图 9.2.1　噪声通过线性电路

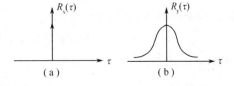

图 9.2.2　噪声通过线性电路改变了相关函数

2. "噪声带宽" Δf_n 的概念

设线性网络(含放大器)的传输函数为 $A(j\omega)$,$A(\omega)$ 是 $A(j\omega)$ 的模,A_0 是 $A(\omega)$ 的最大值,则噪声带宽 Δf_n 定义为:白噪声通过传递函数为 $A(j\omega)$ 的线性电路后的噪声功率与白噪声通过增益为 A_0、带宽为 Δf_n 的矩形频率响应后的噪声功率相等,即

$$\int_0^\infty N_0 A^2(\omega) \,\mathrm{d}\omega = N_0 A_0^2 \Delta f_n$$

因此,噪声带宽为

$$\Delta f_n = \frac{\displaystyle\int_0^\infty A^2(\omega) \,\mathrm{d}\omega}{A_0^2} \tag{9.2.1}$$

必须指出,电路的噪声带宽不是电路的通频带(如 3dB 带宽)。

3. 线性电路的 $V_n - I_n$ 噪声模型、最佳源阻抗和最小噪声系数

线性电路,特别是放大电路的噪声分析是低噪设计的基础。集成放大器中包含大量电子元器件,分别计算每个器件的噪声对电路的影响十分繁琐。生产厂家为了方便低噪设计应用,一般都给出了放大器的 $V_n - I_n$ 模型参数。

1) $V_n - I_n$ 模型

把实际放大器内部的所有噪声源都等效到输入端,用一个与信号源串联的噪声电压 V_n 和一个与信号源并联的噪声电流 I_n 表示放大器内部所有噪声源的贡献,就是常见的 $V_n - I_n$ 模型,如图9.2.3所示,V_n 和 I_n 可以通过测量得到。图中,V_{ns} 是信号源内阻 R_s 的

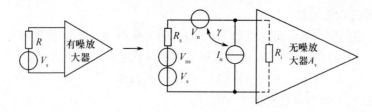

图9.2.3 放大器的噪声模型

热噪声有效值电压。

从图9.2.3等效电路看出,当 $R_s=0$、$V_s=0$ 时,放大器的输入电压就是 V_n,在输出端测量出此时的输出噪声电压 V_{no},则可求出

$$V_n = V_{no}/A_v$$

当测出 V_n 之后,取 R_s 为一个足够大的值,使其满足 $I_n R_s \gg V_n$,此时放大器输入端噪声近似为

$$V_{ni}^2 \approx I_n^2 R_s^2 + V_{ns}^2$$

测量出输出端噪声功率 V_{no}^2,由于

$$V_{no}^2 = A_v^2 V_{ni}^2 = A_v^2(I_n^2 R_s^2 + V_{ns}^2)$$

于是可以求出

$$I_n = \frac{1}{R_s}\sqrt{\frac{V_{no}^2}{A_v^2} - 4kTR_s\Delta f}$$

式中:k 为玻耳兹曼常数;T 为绝对温度;Δf 为放大器的带宽。

2) 最佳源电阻和最小噪声系数

一个线性网络的噪声系数定义为 F = 输入信噪比/输出信噪比,或者 F = 总输出噪声功率/(源内阻 R_s 的噪声功率 $\times A_P$)。其中,A_P 为放大器的功率增益。如果注意到

总输出噪声功率 = (总等效输入噪声功率)$\times A_P$

即

总输出噪声功率 = $A_P(V_{ns}^2 + V_n^2 + I_n^2 R_s^2)/R_s$

则噪声系数为

$$F = \frac{V_{ns}^2 + V_n^2 + I_n^2 R_s^2}{V_{ns}^2} = 1 + \frac{V_n^2}{4kTR_s\Delta f} + \frac{I_n^2 R_s}{4kT\Delta f} \tag{9.2.2}$$

式(9.2.2)表明噪声系数是 R_s 的函数。因式(9.2.2)右边第二项随 R_s 增大而减小,第三项随 R_s 增大而增大,因此必有一个最佳值使 F 达到最小。将 F 对 R_s 求导,并令其等于0可解得最佳源电阻为

$$R_{sopt} = V_n/I_n \tag{9.2.3}$$

此时的噪声系数为最小噪声系数

$$F_{min} = 1 + \frac{V_n I_n}{2kT\Delta f} \tag{9.2.4}$$

这种情况称为噪声匹配。如果 V_n 和 I_n 的相关系数 $\gamma \neq 0$,式(9.2.3)仍然有效,只是

式(9.2.4)变为

$$F_{\min} = 1 + (1 + \gamma)\frac{V_n I_n}{2kT\Delta f} \tag{9.2.5}$$

二、常见电子元器件中的噪声

除了理想电抗元件外,所有电子元器件都存在噪声,它们都可看成产生噪声的噪声源。

1. 电子元器件中常见的几种噪声

在电路中常见的 3 种主要噪声类型是热噪声、低频噪声和霰弹噪声。

1) 热噪声

热噪声是导体中自由电子的随机热运动产生的。热噪声在从直流到 10000GHz 的频率范围内的功率谱密度呈均匀分布,它覆盖了全部电子信息技术占用的频率范围,因此都把它看成白噪声。热噪声的谱密度为

$$S(f) = 4kTR \tag{9.2.6}$$

噪声电压的均方值为

$$\overline{e_t^2} = 4kTR\Delta f \tag{9.2.7}$$

式中:R 为电阻或阻抗的实部;Δf 为测量系统的噪声带宽,不严格的场合,就把它看成测量系统带宽。

$T = 290$K 时,1kΩ 电阻在 1Hz 带宽内的噪声电压均方根值约为 4nV。在后面的叙述中,为了书写简便,记为

$$E_t^2 = \overline{e_t^2} \qquad E_t = \sqrt{\overline{e_t^2}}$$

其它噪声也如此。

电阻 R 的热噪声等效模型如图 9.2.4 所示。

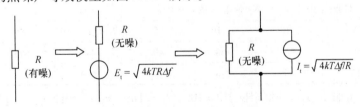

图 9.2.4　电阻的热噪声等效模型

2) 低频噪声

电阻和电子器件中还有一类噪声,其功率遵从 $1/f^{\alpha}$ 的规律。其中,f 为频率;α 为常数,不同器件,α 在 $0.8 \sim 1.3$ 之间取值,一般取 $\alpha = 1$。因此,又称为 $1/f$ 噪声,有时也称 $1/f$ 噪声为过量噪声、闪烁噪声等。

电阻器产生 $1/f$ 噪声的原因是直流电流流过不连续介质所致。晶体管中 $1/f$ 噪声则是由于载流子在半导体表面的产生与复合引起的。$1/f$ 噪声的谱密度为

$$S(f) = k_0/f \tag{9.2.8}$$

式中:k_0 为与器件有关的常数。

3）霰弹噪声

晶体管和二极管中,由于载流子流过 PN 结瞬时流量的波动,会产生霰弹噪声。霰弹噪声电流的均方根值与流过 PN 结的直流电流 I_{DQ} 有关,即

$$I_{sh} = \sqrt{2qI_{DQ}\Delta f} \tag{9.2.9}$$

式中:q 是电子电荷;Δf 为测量系统的带宽。

霰弹噪声也具有白噪声性质,其谱密度为

$$S(f) = 2qI_{DQ} \tag{9.2.10}$$

式中:I_{DQ} 是晶体管、二极管的工作点电流。

降低晶体管工作点电流(或减小偏流)可有效降低晶体管噪声。

2. 晶体管和场效应管的内部噪声

晶体管和场效应管内部噪声有多种,如等效电路中的电阻产生的热噪声、每个电流产生的霰弹噪声、晶体管的半导体表面载流子的产生与复合引起的 $1/f$ 噪声、集电极电流的"分配噪声"等。还有一个低频噪声源是"爆裂噪声",它常表现为每秒钟不足一次到几百次的随机脉冲尖峰,放大后到扬声器中听到爆玉米似的声音。

场效应管的噪声来源比较少,主要是沟道电阻的热噪声。场效应管比晶体管的噪声要小得多,是低噪设计的首选有源器件。有人对晶体管和场效应管的典型噪声性能进行了对比计算,结果如表 9.2.1 所列。

表 9.2.1　共源 FET 与共射晶体管噪声性能比较

共源 FET								
频率/Hz	1	10	10^2	10^3	10^4	10^5	10^6	10^7	10^8
R_{sopt}/Ω	10^7	10^7	10^7	59×10^3	59×10^3	58×10^3	29×10^3	3.3×10^3	0.33×10^3
NF_{min}/dB	0.103	0.103	0.004	0.099	0.099	0.12	0.36	2.55	8.38

共射晶体管							
频率	低频(表中 f_L 是 $1/f$ 噪声带宽,一般为 1kHz)				中频	高频	
	$f_L/10^3$	$f_L/10^2$	$f_L/10$	f_L	$f_L < f < f_T/10$	$f_T/10$	f_T
R_{sopt}/Ω	50	76	188	408	442	575	72
NF_{min}/dB	13	7.7	2.8	1.3	0.9	6.4	9.2

晶体管性能如下:$f_T = 400MHz$,$\beta_0 = 100$,$I_C = 1mA$,$r_{bb'} = 50\Omega$,$C_\mu = 1pF$,$r_e = 26\Omega$,$C_\pi = 20pF$,$T = 300K$。场效应管性能如下:$g_m = 10^{-3}S$,$R_{gs} = 10^7\Omega$,$C_{ds} = 1pF$,$C_{gs} + C_{gd} = 5pF$,$I_G = 10^{-8}A$,$T = 300K$。

用砷化镓材料制作的微波低噪场效应管具有更加优良的低噪声特性。

3. 电阻器的噪声

电阻器的噪声,除了具有一般电阻的热噪声外,还有 $1/f$ 噪声也称过量噪声。热噪声的噪声电压均方值为

$$E_t^2 = 4kTR\Delta f \tag{9.2.11}$$

热噪声是白噪声,在 $T = 290K$ 时的功率谱密度为

$$S(f) = \frac{E_t^2}{\Delta f} \approx 16 \times 10^{-3} R \quad (nV^2) \tag{9.2.12}$$

例如,用式(9.2.12)可以计算出 $100\text{k}\Omega$ 电阻在 1Hz 带宽内的噪声电压有效值约为 40nV。

此外,由于电阻器是一个不连续的导电介质,当电流流过其中时会产生 $1/f$ 噪声,又称过量噪声。根据国际电工协会标准,用噪声指数 NI 来表示电阻器 $1/f$ 噪声性能。噪声指数 NI 定义为:电阻器上每加 1V 直流电压时,在十倍频程内产生的噪声的均方根值,即

$$\text{NI} = \frac{V_{\text{fl0}}}{V_{\text{R}}} \tag{9.2.13}$$

式中:V_{R} 为电阻器两端的直流电压;V_{fl0} 为十倍频程通频带内噪声电压的均方根值。

NI 通常用分贝表示,即

$$\text{NI} = 20\lg\frac{V_{\text{fl0}}}{V_{\text{R}}} \tag{9.2.14}$$

其单位是 dB/十倍频程。早期用 $50\text{Hz} \sim 5000\text{Hz}$ 内的 $1/f$ 噪声电压有效值来表示电阻器的噪声性能,称为噪声电动势 V_{fi}。二者之间关系为

$$\text{NI} = 20\lg\frac{V_{\text{fi}}}{\sqrt{2}V_{\text{R}}} \tag{9.2.15}$$

显然,为了降低噪声,应尽量避免在电阻器两端加高的直流电压。

金属膜电阻器比炭膜电阻器具有更低的噪声。

4. 电容器的噪声

一个实际电容器有两个损耗电阻,一个是极板间介质的漏电阻 R_{p},另一个是引线电阻 R_{s},如图 9.2.5 所示。R_{s}、R_{p} 除产生热噪声外,R_{p} 会产生过量噪声($1/f$ 噪声),它与加在电容器两端的直流电压成正比。

电容器噪声性能好坏可以用电容器的损耗角来表示,即

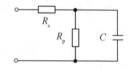

图 9.2.5　电容器等效电路

$$\delta = \arctan\frac{1}{\omega CR_{\text{p}}}$$

显然,δ 越小,R_{p} 的影响越小。一般电容器的 δ 在 $10^{-2} \sim 10^{-3}$ 量级,云母和陶瓷电容可达 10^{-4} 量级,钽电容比电解电容的损耗角小。

三、级联放大器的噪声

图 9.2.6 是三级级联放大器。可以看出,其总输出噪声功率为

$$P_{\text{no}} = A_{\text{P1}}A_{\text{P2}}A_{\text{P3}}P_{\text{ni}} + A_{\text{P2}}A_{\text{P3}}P_{\text{n1}} + A_{\text{P3}}P_{\text{n2}} + P_{\text{n3}} \tag{9.2.16}$$

总噪声系数为

$$F = \frac{P_{\text{no}}}{A_{\text{P}}P_{\text{ni}}} = \frac{P_{\text{no}}}{A_{\text{P1}}A_{\text{P2}}A_{\text{P3}}P_{\text{ni}}} = 1 + \frac{P_{\text{n1}}}{A_{\text{P1}}P_{\text{ni}}} + \frac{P_{\text{n2}}}{A_{\text{P1}}A_{\text{P2}}P_{\text{ni}}} + \frac{P_{\text{n3}}}{A_{\text{P1}}A_{\text{P2}}k_{\text{P3}}P_{\text{ni}}} \tag{9.2.17}$$

考虑到各级的噪声系数分别为

$$F_1 = \frac{P_{\text{no1}}}{A_{\text{P1}}P_{\text{ni}}} = 1 + \frac{P_{\text{n1}}}{A_{\text{P1}}P_{\text{ni}}}$$

$$F_2 = 1 + \frac{P_{\text{n2}}}{A_{\text{P2}}P_{\text{ni}}}$$

$$F_3 = 1 + \frac{P_{n3}}{A_{P3}P_{ni}}$$

则总噪声噪声系数 F 与各级噪声系数的关系为

$$F = F_1 + \frac{F_2 - 1}{A_{P1}} + \frac{F_3 - 1}{A_{P1}A_{P2}} \tag{9.2.18}$$

式(9.2.18)表明,多级放大器的噪声系数主要取决于第一级,增加第一级的功率增益,降低第一级的噪声系数,是低噪声多级放大器设计的关键技术之一。

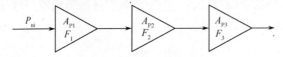

图 9.2.6　级联放大器的噪声

四、低噪声设计方法

低噪声系统设计的基本程序:先根据噪声性能要求精心设计输入级,然后再根据噪声质量指标以外的其它指标要求设计后续各级。

低噪声设计的基本要点是元器件选用、工作点选择、源噪声匹配。

1. 元器件选用

总的原则是选用低噪声元器件,具体如下:

(1)电阻器。主要根据 $1/f$ 噪声(即噪声指数)大小来选用。一般金属膜电阻的噪声指数低。碳膜电阻的噪声电动势可达几十微伏每伏,而 RJ10 精密金属膜电阻的噪声电动势可小于 $0.2\mu V/V \sim 1\mu V/V$。

(2)电容器。选用损耗角 δ 小的电容器,如云母和瓷介电容器。大容量电容器则选用钽电容。

(3)二极管。检波等正向运用的二极管,其噪声主要是霰弹噪声,其大小正比于正向偏置电流,与二极管型号关系不是太大。对于稳压二极管,除霰弹噪声外,还有 $1/f$ 噪声。稳压管有两种击穿机制,其中,齐纳击穿稳压管的噪声比雪崩击穿稳压管要小得多,因此,在低噪声电路中应尽量选用齐纳稳压二极管,反偏压尽量小,并用钽电容与稳压管并联以旁路 $1/f$ 低频噪声。

(4)三极管。场效应管比晶体管的噪声小,应当首选。场效应管和晶体管中都有专门的低噪声管。

(5)运放。集成电路取代分立元器件之后,低噪声放大器可以直接选用低噪声运放。低噪声放大器的使用手册中都给出了它的 $V_n - I_n$ 噪声模型指标,以及低噪声设计的指导性意见。

(6)变压器。变压器经常用在噪声匹配、输入耦合等场合。由于磁化的不连续性,变压器会释放出磁起伏噪声影响周围器件,同时变压器还会接收外界的电磁场干扰而恶化系统的噪声性能。因此,应当对变压器进行磁屏蔽,同时,为了得到良好的共模抑制比,在变压器初次级之间应使用静电屏蔽。

(7)同轴电缆。在需要较长距离传输信号而使用电缆时,一定要选低噪声电缆,同时把电缆外层屏蔽层良好接地。30MHz 以下的低噪声电缆中加有石墨层,30MHz 以上的低噪声电缆则加有润滑膜,其作用是减小导体与绝缘体之间的磨擦以减小噪声电荷。

(8)电源。电源的纹波和干扰一定要低于设计要求。

　　2. 噪声匹配

前面已经讲过,当源电阻满足噪声匹配条件 $R_s = R_{sopt} = V_n/I_n$ 时可以得到最小噪声系数,因此,低噪声设计中都必须进行噪声匹配设计。以下是常用的噪声匹配方法。

　　1)变压器输入耦合法

经过 $1:n$ 变压器后,源电阻 R_s 反射到次级(放大器输入端)的等效电阻变成 $n^2 R_s$,调节 n 实现噪声匹配,如图 9.2.7 所示。

　　2)输入级并联法

当源电阻 R_s 小于最佳源电阻时,可以用多个放大器并联的方法实现噪声匹配,如图 9.2.8 所示。

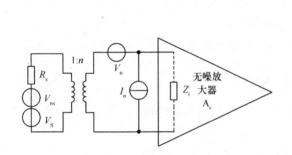

图 9.2.7　变压器耦合噪声匹配

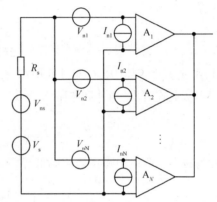

图 9.2.8　输入级并联噪声匹配方法

当放大器输入阻抗 $Z_i \gg V_n/I_n$ 时,N 个相同的输入级并联可能把最佳源阻抗减小至原来的 $1/n$,从而达到匹配目的。

　　3)晶体管的噪声匹配

对晶体管噪声性能进行分析后知道,晶体管的最佳源阻抗为

$$R_{sopt} = \sqrt{2\beta_0 r_e r_{bb'} + \beta_0 r_e^2}$$

显然,改变 r_e 可以有效地改变 R_{sopt}。目前,有些运算放大器可以用程控方法改变放大器的噪声,就是通过程控方法改变输入级偏流 I_B 来实现的。

　　4)场效应管的应用

当源阻抗 R_s 比较高时,使用场效应管作输入级较好,因为场效应管具有很高的最佳源电阻 R_{sopt}。

　　5)复源阻抗噪声匹配

源阻抗的虚部不为 0 时,必须对实部和虚部分别进行匹配。实部的匹配方法已如上述。而虚部的匹配原则基本上是利用串联、并联谐振以消除源阻抗中的虚部,如图 9.2.9 所示。

　　3. 耦合网络对噪声的影响

在信号源与前置放大级之间插入耦合网络时,将对电路的噪声性能造成影响。其分

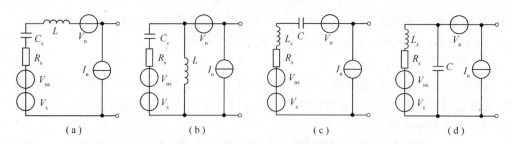

图9.2.9　复源阻抗时的噪声匹配方法

(a)串电感；(b)并电感；(c)串电容；(d)并电容。

析推导过程很复杂,这里只给出结果。

如图9.2.10所示,当在信号源与放大器输入端之间插入一个并联电阻 R_c 时,最小噪声系数变为

$$F_{\min}(a) = 1 + \frac{V_n I_n}{2kT\Delta f}\left[\left(1 + \frac{I_{nc}^2}{I_n^2} + \frac{R_{sopt}^2}{R_c^2}\right)^{\frac{1}{2}} + \frac{R_{sopt}}{R_c}\right]$$

式中:R_c 为并联电阻;I_{nc} 为并联电阻 R_c 产生的噪声电流。

从上式看出,当并联电阻 $R_c \gg R_{sopt}$ 时(此时 I_{nc} 也将远小于 I_n),$F_{\min}(a) \approx F_{\min}$。因此

$$R_c \gg \frac{V_n}{I_n} \tag{9.2.19}$$

称为减小并联电阻噪声影响的低噪声化条件。当 R_c 与信号源串联时,最小噪声系数为

$$F_{\min}(b) = 1 + \frac{V_n I_n}{2kT\Delta f}\left[\left(1 + \frac{V_{nc}^2}{V_n^2} + \frac{R_c^2}{R_{sopt}^2}\right)^{\frac{1}{2}} + \frac{R_c}{R_{sopt}}\right]$$

式中:V_{nc} 为串联电阻 R_c 产生的噪声电压。

显然,当满足如下条件时,即

$$R_c \ll R_{sopt} = \frac{V_n}{I_n} \tag{9.2.20}$$

则 R_c 的影响可以忽略,接近不串联电阻时的最佳状态。因此,式(9.2.20)又称为减小串联电阻噪声影响的低噪声条件。

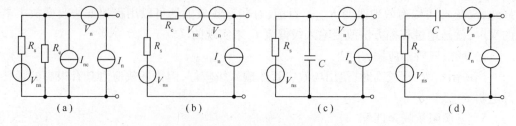

图9.2.10　耦合网络对噪声的影响

特别需要指出,如图9.2.10(c)那样给源电阻上并联一个低噪声电容,不但不会降低电路的噪声系数,反而会增大噪声系数。下面来分析这个结论。图9.2.10(c)的最小噪声系数应为

$$F_{\min}(c) = 1 + \frac{V_n I_n}{2kT\Delta f}(1 + R_{\text{sopt}}^2 \omega^2 C^2)^{\frac{1}{2}}$$

当频率很低时,下式成立:

$$\omega C \ll \frac{1}{R_{\text{sopt}}} = \frac{I_n}{V_n} \tag{9.2.21}$$

$F_{\min}(c) \approx F_{\min}$,而在 $\omega C \gg 1/R_{\text{sopt}}$ 时,噪声系数将远高于不并联电容的情况。这似乎有些不可理解,为什么在频率高时电容 C 对噪声的短路作用不会降低噪声系数,反而使噪声系数增大呢? 这是因为只注意了并联电容对于 V_{ns} 的旁路作用,却忽略了电容 C 把 V_n 全部加到放大器输入端这一后果。式(9.2.21)又称为减小并联电容噪声影响的低噪声化条件。

对于图 9.2.10(d)串联电容的情况有

$$F_{\min}(d) = 1 + \frac{V_n I_n}{2kT\Delta f}\left(1 + \frac{1}{R_{\text{sopt}}^2 \omega^2 C^2}\right)^{\frac{1}{2}}$$

显然,使上式接近最低噪声系数的条件为

$$\omega C \gg \frac{1}{R_{\text{sopt}}} = \frac{I_n}{V_n} \tag{9.2.22}$$

因此,式(9.2.22)又称为减小串联电容噪声影响的低噪声化条件。串联电容后,由于 I_n 的低频成份在电容 C 上的压降大增,从而使低频段的噪声系数严重恶化。

总之,增加任何形式的耦合网络(包括纯电抗)都会恶化电路的噪声性能,这是不可不注意的。

4. 设计举例

例 9.2.1　低噪脉冲接收机最佳带宽的确定。

接收机输入宽度为 τ 的脉冲,为了不产生失真,接收机带宽应宽。但带宽越宽,引入的噪声也越大。低噪声设计的基本方法:用信号分析的方法分析出宽度为 τ 的脉冲通过具有带宽为 Δf,幅度响应为矩形的放大器后的脉冲峰值 V_{om},同时利用放大器的 $V_n - I_n$ 模型计算出矩形幅度响应放大器产生的噪声有效值 V_{n0},得到信噪比等于 V_{om}^2/V_{no}^2,其值显然是通频带 Δf 的函数。改变 Δf,算出一组信噪比,找出信噪比最大时的带宽即为最佳带宽。其值大约是 $0.68/\tau$ 为最佳带宽。

例 9.2.2　测量粒子的数量和能量分布,如石油测井中的 γ 能谱测井。粒子探测器把每个粒子的出现转换成一个脉冲,而粒子能量用脉冲幅度表示。要求前置放大器既不漏掉一个粒子脉冲,又要尽量避免虚假脉冲信号的出现。图 9.2.11 中,R_s 和 $v_s(t)$ 表示粒子探测传感器,R_1、C_1 微分电路把淹没在背景干扰中的脉冲检测出来进行放大(以避免放大器阻塞饱和),在放大器输出端加 R_2、C_2 积分电路以滤掉干扰脉冲。微分时间常数 $R_1 C_1$ 和积分时间常数 $R_2 C_2$ 的选择,将影响检出脉冲的正确与否。显然,$R_1 C_1$ 越大和 $R_2 C_2$ 越小,越利于检出脉冲,但这同时也有利于干扰脉冲的出现,因此 $R_1 C_1/R_2 C_2$ 成为低噪设计的主要变量。设计时,根据图 9.2.12 电路计算 $R_1 C_1/R_2 C_2$ 不同情况下输出脉冲幅度和噪声功率(放大器的 $V_n - I_n$ 噪声模型已知),从中选出信噪比最大的比值 $R_1 C_1/R_2 C_2$,并考虑到最佳源阻抗的要求设计 R_1 和 C_1 大小,完成低噪设计任务。

例 9.2.3 计算图 9.2.12(a) 反相放大器的噪声系数。根据图 9.2.12(b) 所示 $V_n - I_n$ 噪声模型,计算每个噪声源对输出端的噪声电压贡献。

解:V_{ns} 的贡献为 $A_v V_{ns}$,其中,$A_v = R_F/R_s$;V_n 的贡献为 $(1 + A_v) V_n$;I_n 的贡献为 $A_v R_s I_n$;V_{nRf} 的贡献为 V_{nRF}。

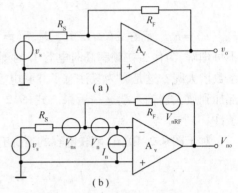

(a)

(b)

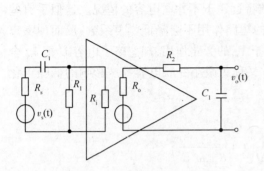

图 9.2.11 粒子能谱测量放大器　　　图 9.2.12 反相放大器的噪声模型

总输出噪声电压均方值为

$$V_{no}^2 = A_v^2 V_{ns}^2 + (1 + A_v)^2 V_n^2 + A_v^2 I_{ns}^2 R_s^2 + V_{nRF}^2$$

其中,源电阻贡献的输出噪声电压均方值为

$$A_v^2 V_{ns}^2 = 4kT\Delta f R_s A_v^2$$

因此,噪声系数为

$$F = \frac{V_{no}^2}{A_v^2 V_{ns}^2} = 1 + \frac{(1 + A_v)^2 V_n^2 + A_v^2 I_{ns}^2 R_s^2 + V_{nRF}^2}{A_v^2 V_{ns}^2} \tag{9.2.23}$$

以低噪运放 MAX401 为例,在带宽 100kHz 内,有

$$V_n \approx 1.8 \times 10^{-9} \times 10^5 = 180(\mu V)$$

$$I_n \approx 1.2 \times 10^{-12} \times 10^5 = 0.12(\mu A)$$

取 $R_s = 10k\Omega$,$R_F = 100\ k\Omega$(增益为 10),在 290K 下,热噪声近似为 $\frac{1}{8}\sqrt{R\Delta f}\mu V$。于是

$$V_{ns} \approx \frac{1}{8}\sqrt{10^5 \times 10^4} = 3.95(mV)$$

$$V_{nRF} \approx \frac{1}{8}\sqrt{10^5 \times 10^5} = 12.5(mV)$$

代入式 (9.2.23) 得到

$$F \approx 1 + \frac{1}{(3.95 \times 10^{-3})^2} =$$

$$\left[(1 + 1/10)^2 \times (1.8 \times 10^{-4})^2 + (1.2 \times 10^{-7})^2 \times 10^{10} + \frac{(12.5 \times 10^{-3})^2}{100} \right] = 10.33$$

计算得到的噪声系数显然太大。原因是源电阻太大,造成 I_n 的影响过大。理论上最佳源

电阻应当是 $R_{sopt} = V_n / I_n = 1500(\Omega)$。当取 $R_s = 1500\Omega$，$R_F = 15k\Omega$ 时，放大器增益仍保持为 10，而噪声系数却变小为

$$F \approx 1 + \frac{1}{2.344 \times 10^{-6}}(2.68 \times 10^{-8} + 3.24 \times 10^{-8} + 2.344 \times 10^{-7}) = 1.02625$$

可见噪声匹配的重要性。

9.2.2　电磁兼容设计

电磁兼容设计的目的在于使一个电气装置或系统，既不受电磁环境的影响，也不影响电磁环境。电磁兼容（Electromagnetic Compatibility，EMC）是电子系统设计中必须考虑的一个问题。

国际上成立了专门的机构研究电磁兼容并制订各种技术规范。国际无线电干扰特别委员会（CISPR）专门负责建立无线电干扰方面的国际标准。国际电报电话咨询委员会（CCITT）下的第 V 委员会专门研究通信设施的电磁干扰防护问题并制订有关标准。

这里主要介绍电磁干扰产生的途径及其消除方法。

一、电磁干扰源及其传播途径

在我们周围存在大量的电磁干扰源。宇宙中传来的银河噪声，太阳黑子活动产生的磁暴，大气中的雷电（其频谱从数千赫兹到数百兆赫兹）都是自然产生的。人类自身使用的大量电气设备都是电磁干扰源，如各类家用电器、照明设备、医疗设备、工业用机动设备、电力设备、汽车和内燃机的点火系统、无线电发射机、各种开关、计算机等。

造成电磁干扰需要具备 3 个要素，即足够强的干扰源、有适当的传播途径和对干扰敏感的被干扰对象。

任何一段导体，只要对地存在电压，就会在周围产生电场，有电流流经导体，就会在导体周围产生磁场。当电场磁场交变时，就会向外辐射电磁波。导体周围电磁场的性质与该点到导体的距离 r 有关，当 $r > \lambda/2\pi$ 时为远场区，当 $r < \lambda/2\pi$ 时为近场区，λ 为波长。在远场区，波阻抗 $Z = E/H = 120\pi = 377(\Omega)$，是常数。式中，$E$ 为电场强度，H 为磁场强度。而在近场区，波阻抗较复杂。当干扰源导体上的电压很高而电流很小时，电场强而磁场弱，此时波阻抗为 $Z = (120\pi \sqrt{(2\pi r/\lambda)^2 + 1})/(2\pi r/\lambda)$，呈高阻抗。而当干扰源导体上电压低而电流很大时，磁场强而电场弱，此时波阻抗为 $Z = 120\pi (2\pi r/\lambda)/\sqrt{(2\pi r/\lambda)^2 + 1}$，呈低阻抗。因此，近场区高阻抗干扰源主要是通过电场干扰（通过电容耦合），而低阻抗干扰源主要是通过磁场干扰（互感耦合）。在远场区，任何干扰源都是通过电磁辐射（通过天线耦合）产生干扰。如果频率为 3MHz，远场区与近场区的分界线在 16m 处，但当频率高达 100MHz 时，其分界线减小到 48cm 处。现代电子系统中工作频率很高，在同一电子系统内部，既可以有电场、磁场的近场区干扰，也可以有远场区的辐射干扰。

除了通过电磁场传播干扰以外，还有与干扰源共用一段导线将产生传导型的干扰。因此，从干扰源到被干扰对象的传播途径共有传导、电容耦合、互感耦合和对电磁辐射的天线耦合 4 种，如图 9.2.13 所示。图中，A 为干扰源，它产生的辐射直接干扰敏感设备 B，同时还通过激发设备 H 产生辐射耦合而影响敏感设备 C。此外，A 的干扰信号通过与其相连的导线传到敏感设备 D 和 E。还通过靠得很近的一段引线间的寄生电容和互感把

干扰耦合进敏感设备 F 和 G。

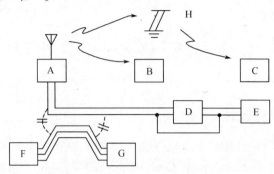

图 9.2.13　干扰的传播

传导干扰源的频谱如表 9.2.2 所列。辐射干扰源的频谱如表 9.2.3 所列。各种干扰源的影响范围如表 9.2.4 所列。

由造成电磁干扰的 3 个要素可知，解决电磁干扰应从 3 个方面做起：降低干扰源的干扰强度、阻断干扰的传播途径和降低被干扰对象对干扰的灵敏度。其中，对于干扰源和被干扰对象，可用的办法不多，主要的办法是切断干扰传播途径。

表 9.2.2　传导干扰源的频谱

加热器电路	50kHz～25MHz	电源开关电路	0.5MHz～25MHz
荧光灯	0.1MHz～3MHz（峰值在 1MHz）	功率控制器	2kHz～15kHz
逻辑电路	50kHz～25MHz		
多路通信设备	1MHz～10MHz	磁铁电枢	2MHz～4MHz
转换开关	0.1MHz～25MHz	吸尘器	0.1MHz～1MHz

表 9.2.3　辐射干扰源的频谱

双稳态电路	15kHz～400MHz	设备外壳	10kHz～10MHz
多谐振荡器	30MHz～10GHz	荧光灯	100kHz～3MHz
加热设备热继电器电弧	30kHz～300kHz	固态开关	300kHz～500MHz
马达	10kHz～400MHz	电源开关设备	100kHz～300MHz
开关电弧	30MHz～200MHz	电源控制器（断电器等）	10kHz～200MHz
直流电源开关电路	100kHz～30MHz		

表 9.2.4　各种干扰源的影响范围

	部件内	机内	配电盘内	室内	统一变压器供电区内	更大范围
无线电通讯设备						√
送配电系统浪涌					√	√
工厂配电系统异常			√	√		
使用高频放电设备			√	√	√
晶闸管变换装置			√	√	√
强电设备			√	√	
电机控制盘			√	√	
无线电接收发机				√		

（续）

	部件内	机内	配电盘内	室内	统一变压器供电区内	更大范围
小型电动机			√	√		
静电放电			√	√		
AC、DC 变换电源干扰		√	√			
设备内功率驱动回路内干扰	√	√	√			
设备内信号处理回路干扰	√	√				
设备内器件、材料内部噪声	√					

二、降低干扰源强度的措施

有些干扰源是无法控制的,如日光灯、机动车、发电机、电动机等。在设计电子系统时,它们是潜在的干扰源。

电子系统本身的干扰源有各种振荡器,特别是脉冲振荡器;发送设备;非线性电路如混频器、检波器、整流器、丙类放大器等;功率输出级,它的大电流在地线上产生很大干扰;各种开关信号。

对于这些干扰源,可以采取的措施如下:系统中尽量少用非线性器件;工作波形尽量采用非矩形脉冲,以减小谐波分量;选用的数字器件的工作速度不要高于实际需要,以降低脉冲前、后沿速度,减小谐波分量;功率输出级的输出功率不要有太多的裕量,把负载以外多余的功率尽量吸收掉,不让其辐射出去;继电器等开关的动作时间尽量安排在触点电压为 0 或较低时进行,以减小火花干扰;对于高速、高频信号传输线终端要加接匹配吸收负载,以减小反射波产生的干扰。这在数字信号的传输中同样非常重要。

电源是重要的干扰源。市电电网上经常因为各种大型电气设备开关时和雷击时产生很大的浪涌电压和电流。直接雷击的电压高达 $5 \times 10^6 \text{V}$,感应雷电电压 $4 \times 10^6 \text{V}$,电流峰值达 $1.1 \times 10^5 \text{A}$。这种浪涌干扰很容易耦合到次级。为了抑制电源上的干扰窜入次级线圈可以采取如下措施:在初、次级绕组之间加屏蔽层,屏蔽层必须接地;把初级绕组平分为二,采用平衡式绕法;采用 EI 型铁芯、初次级线轴分开,比环形铁芯初次级线轴共用具有更好的抑制共模干扰能力;铁磁谐振变压器和恒压变压器具有较好的抑制浪涌电压和其它脉冲干扰的能力;近年来研制成功的噪声隔离变压器(Noise Cutout Transforms)可以有效地防止共模干扰中的高、低频带噪声,只对差模干扰中的高次谐波没有抑制能力。

三、阻断干扰传播途径

阻断干扰信号从干扰源传播到被干扰对象,可以通过如下几种方法:对干扰源和被干扰对象进行屏蔽,以阻断辐射和感应两种传播途径;用滤波器阻断传导型干扰的传播途径;精心设计接地线,减少共用接地部分,降低通过地线的传导干扰;精心设计印制板,以减小寄生电容和互感产生的感应干扰。下面分别予以讨论。

1. 电容耦合与静电屏蔽

两个导体之间有电容存在。导体体积越大,两导体之间距离越近,电容也越大。例如,图 9.2.14 所示的两根平行导线,其间的寄生电容为

$$C_d = \frac{\pi \varepsilon}{\text{arcch}(D/d)} \qquad (9.2.24)$$

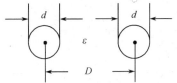

图 9.2.14 导线间的寄生电容

式中:ε 为导体之间介质的介电常数。

真空中 $\varepsilon_0 = 8.854 \times 10^{-12}$ F/m,按真空介电常数计算,当 D/d 变化时,电容 C_d 如表 9.2.5 所列。

表9.2.5　寄生耦合电容

D/d	2	5	10
C_d/(pF/m)	21.2	12.1	9.3

如果 $D/d = 2$,导线长度为 5cm,则 $C_d = 1$pF,它对于 100MHz 信号呈现阻抗仅为 1591Ω。对于 1MHz 信号的阻抗也只有 159.1kΩ。如图 9.2.15 所示,一段导线 A 连接频率为 1MHz 的信号 v_s,另一段导线 B 连接高阻抗负载 $R_L = 1$MΩ,则 v_s 信号幅度的 86% 将通过寄生电容 C_d 耦合到导线 B。因此,通过电场和寄生电容耦合的干扰,都发生在高阻负载情况下。运放输入阻抗很高,其输入端很容易通过寄生电容受到干扰。

解决电容耦合干扰的途径是静电屏蔽,静电屏蔽的原理在物理课中已经讲过。可以只屏蔽导体 A 或导体 B,也可两个分别都加屏蔽。带屏蔽层的导线具有屏蔽作用,但是必须把屏蔽层良好接地,如果不接地,不但没有屏蔽效果,甚至比没有屏蔽层更坏。

在印制板上的走线无法加屏蔽层,但用图 9.2.16 所示方法也可以起到屏蔽作用。图 9.2.16(a)是在导线 A 和 B 之间插入一条地线,使干扰源主要耦合到地上而达不到被干扰导线。图 9.2.16(b)是多层印制板,专设一接地层。在 A、B 导线下方设置接地层会大大减小 A、B 之间的寄生电容。举例来说,不加接地层时导线 A、B 的寄生电容为 11.6 pF,加接地层后可以减小到 2 pF 以下。

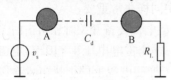
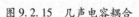
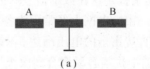
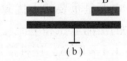

<table>
<tr><td align="center">图 9.2.15　几声电容耦合</td><td align="center">图 9.2.16　印制板用屏蔽方法</td></tr>
</table>

值得指出,用拉大线间距离以减小寄生电容,是减小干扰耦合的途径,但其有效性远低于静电屏蔽。例如,直径为 0.1mm 的两导线从相距 0.2mm 变到 20mm,距离拉大 100 倍,电容仅减小到原来的 1/4.56。表 9.2.6 是一个电容耦合干扰的实验。从中可见加大线间距离远不如编织网屏蔽好。

表9.2.6　感应噪声电压对比

线间距离/mm	感应噪声电压/V	
	裸导线	编织网屏蔽
0	40~90	0.25~0.7
170	12~30	0.15~0.6
510	7~20	0.05~0.3

2. 互感耦合与磁屏蔽

设导线 A 中有电流 I_s 流过,则在其周围将产生磁力线(图9.2.17)。如果相邻导线 B

构成回路,回路中有磁力线穿过,导线 A 与 B 之间就会产生互感 M。频率为 ω 的源电流 I_s 将在导线 B 中感应出电压,即

$$V_N = j\omega M I_s \tag{9.2.25}$$

若 I_s 不是正弦波,则

$$v_N(t) = M \frac{di_s}{dt} \tag{9.2.26}$$

图 9.2.18 所示为几种常见导线的几何结构图。在这几种结构的导线中,互感分别为

$$M = \frac{\mu}{2\pi}\left[\ln \frac{2l}{D} - \sqrt{1 - \left(\frac{D}{l}\right)^2} + \frac{D}{l} \right], M = \frac{\mu}{2\pi}\ln \frac{D'}{D}, D' = \sqrt{4h^2 + D^2}, M = \frac{\mu}{2\pi}\ln\left(1 - \frac{2h}{D}\right)$$

单位均为 H/m。

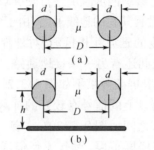
图 9.2.17　互感耦合

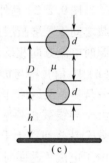
图 9.2.18　导线间寄生电感计算

例如,在图 9.2.18(a)中,当 $l/D = 1$ 时,介质为空气,$\mu = 1.2566 \times 10^{-6}$ H/m,$M \approx$ 0.339μH/m。当 $l/D = 10$ 时,$M \approx 0.818\mu$H/m。

在图 9.2.18(b)中,设 $2h/D = 1$ 时,$D' = 1.414D$,$M \approx 0.07\mu$H/m。而 $2h/D = 2$ 时,$D' = 2.236D$,$M \approx 0.16\mu$H/m。

可见,在平行导线下置一接地平面可以减小互感。导线越贴近地平面,导线间的寄生互感也越小,这与寄生电容相似。这是一种不能进行理想磁屏蔽时减小互感耦合的方法。

减小互感耦合的另一种方法是拉大干扰源回路与被干扰回路之间的距离。两回路的几何位置关系十分重要,两个回路平面相垂直时互感耦合最小,两回路平面平行靠近时互感最大,如图 9.2.19 所示。

磁屏蔽最有效的措施是在被屏蔽的回路四周加封闭的导电金属罩,当回路中产生磁通变化时,金属罩中产生涡流,涡流产生磁场与原磁场方向相反,从而抵消了原磁场使其不能外泄。例如,在 50Hz 电源变压器外加一封闭的铜带,以屏蔽变压器磁场对周围电路的影响。

对于频率很低的交变磁场,用导电金属做屏蔽不十分有效。这时可采用高导磁率的磁性材料做屏蔽罩,而且要有一定厚度以减小磁阻,把磁力线限制在磁性材料内部,从而达到磁屏蔽的目的。

除了这种比较直观,易于理解的磁屏蔽外,下面对常用的其它几种磁屏蔽使用时的注意事项作一说明。

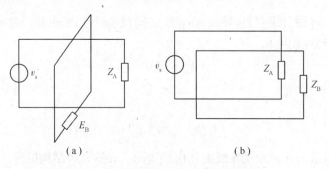

图 9.2.19 回路几何位置与互感的关系
(a)互感最小；(b)互感最大。

1) 对干扰源导线的屏蔽

图 9.2.20 是外层加编织网屏蔽层进行磁屏蔽的原理。图 9.2.20(a)中,信号源与负载之间除了屏蔽层外,没有其它的地线通路,由于电流 I 流经芯线和经屏蔽层返回到信号源时电流方向相反,产生的磁通互相抵消,对外界的磁干扰被有效地屏蔽了。图 9.2.20(b)中,信号源与负载之间还有另一条接地通路。此时从芯线流入负载的电流只有一部分从屏蔽层返回,因此,其屏蔽效果不如图 9.2.20(a)。这种情况下屏蔽导线只对频率大于导线截止频率 5 倍以上的信号有较好的屏蔽作用。编织网屏蔽导线的截止频率在数千赫兹到数十千赫兹之间。图 9.2.20(c)有一个公共地线而屏蔽层只是单端接地,由于电流 I 返回时不流经屏蔽层,因此无任何屏蔽作用,千万不能使用这种屏蔽接地方法。

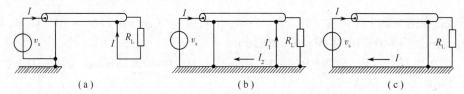

图 9.2.20 对干扰源导线的磁屏蔽
(a)屏蔽效果好；(b)屏蔽效果差；(c)无屏蔽效果。

2) 对被干扰回路导线的屏蔽

对被干扰回路导线的屏蔽原理与图 9.2.20 相似。如果图 9.2.20 中的芯线是被干扰的导线,则屏蔽层的作用等效看成是大大减小了被干扰回路所包围的有效面积(图 9.2.20(a)),因此被屏蔽保护起来了。如果屏蔽层接地不当或不接地,其屏蔽效果大受影响或根本没有屏蔽效果(图 9.2.20(c))。

3) 双绞线的磁屏蔽原理及效果

图 9.2.21 是双绞线的屏蔽作用原理图。图 9.2.21(a)是干扰源被屏蔽的原理。干扰电流在双绞线相邻环中产生的磁通构成回路,对外不显磁通,对干扰源起到屏蔽作用。图 9.2.21(b)是对被干扰对象的屏蔽保护原理,外来磁通变化在双绞线相邻环段中产生的感应电势方向相反、大小相等,互相抵消。

表 9.2.7 是几种不同双绞线屏蔽效果比较。

双绞线和屏蔽双绞线非常适用于频率低于 100kHz 时对干扰的屏蔽,有时也用到 10MHz,但频率高于 1MHz 时其损耗显著增大。

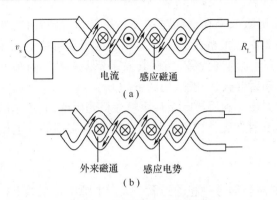

图 9.2.21　双绞线的屏蔽作用

（a）干扰源；绞线内相邻环间磁通构成回路，外部无磁通；

（b）外来磁通在相邻绞线环中感应的电势互相抵消。

导　　线	屏蔽衰减/dB
平行导线	0
双绞线（1 绞/101.6mm）	23
双绞线（1 绞/76.2mm）	37
双绞线（1 绞/50.8mm）	41
双绞线（1 绞/25.4mm）	43
金属管内平行线	27

表 9.2.7　双绞线屏蔽效果比较

4）同轴电缆的屏蔽效果

双绞线外加一屏蔽层，可以进一步提高双绞线的屏蔽效果，但它的分布电容大，不适用于高频和高阻抗回路。在高频和高阻抗回路中广泛采用同轴电缆，它是在电缆芯周围加特制的金属编织网而成。它在很大范围内具有均匀不变的低阻抗特性，可以用于从直流到甚高频段（30MHz～300MHz）乃至超高频段（300MHz～3GHz）。

3. 电磁辐射的屏蔽

前面已讲过，电磁辐射发生在远场区，即距离干扰源大于 $\lambda/2\pi$ 的区域。对于 100MHz 的信号源，其远场区是指约 0.5m 以远。对于已经微型化的各类电子设备，这大都发生在本系统机壳以外的空间，可以利用机壳做屏蔽，把电磁辐射限制在机壳以内。

对辐射的屏蔽，是利用金属导电层对电磁波的反射和吸收来完成的。图 9.2.22 是金属屏蔽体对电磁波衰减原理示意。电磁辐射入射波 E_1 在金属与空气界面上产生反射。部分透射进入金属层内部，引起导电载流子运动而吸收电磁波的能量，使其强度被衰减。吸收损耗系数为

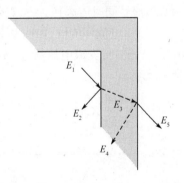

$$A = 131.4 \cdot d \sqrt{f \cdot \mu_r \cdot g}(\mathrm{dB}) \qquad (9.2.27)$$

式中：d 为金属层厚度；f 为频率；μ_r 为相对导磁率；g 为金属的电导率。

图 9.2.22　金属层对电磁波的衰减

界面上产生反射引入的损耗为

$$R = 20\lg \left| (Z_i + Z_s)^2/4Z_iZ_s \right| \qquad (9.2.28)$$

式中：$Z_i = 377\Omega$ 为空间波阻抗；Z_s 为金属内的波阻抗，即

$$Z_s = 3.69 \times 10^4 \sqrt{f \cdot \mu_r \cdot g}(\Omega) \qquad (9.2.29)$$

因此，反射损耗可表示为

$$R \approx 108 - 10\lg(f \cdot \mu_r \cdot g)(\mathrm{dB}) \qquad (9.2.30)$$

经过两种衰减之后，最后穿过金属层到达屏蔽罩外空间的 E_5 是泄露出去的辐射干扰。从

式(9.2.27)和(9.2.30)可以看出,金属层屏蔽效果在低频时主要是反射,在高频时主要是吸收。利用金属机壳屏蔽电磁辐射时,要注意把机壳上所有的孔洞也用金属堵上。如果屏蔽体较大,使用金属板不太方便,也可用金属网代替,当然其效果要差一些。目前有许多机壳是塑料制品,为了利用机壳进行辐射屏蔽,一般采用如下的方法。

在机壳内贴金属箔,但它的粘贴不太方便。利用导电涂料涂覆在机壳内壁,利用金属喷涂技术,用压缩空气将熔化的金属微粒喷射在壳体内层。目前正在研制实用的导电塑料机壳。

4. 抗传导干扰的方法

传导干扰的典型例子是前级产生的噪声与信号一起送到下一级。电源中存在的干扰也直接传导到所有使用电源的地方。

抑制传导型干扰最有效的措施之一是降低干扰源的干扰强度。电源是主要的传导型干扰源,稍后将专门介绍电源的降干扰措施。抑制传导型干扰的另一措施是在干扰传播途中加接滤波器。低通滤波器用在信号集中于低频段、干扰是一些尖脉冲等高频干扰的场合。对于窄带信号,使用带通滤波器把信号选择出来,滤除通带以外的所有干扰。带阻滤波器常用来对付频谱已知的窄带干扰。例如,针对50Hz工频干扰加接50Hz带阻滤波器(陷波器)。高通滤波器则用于滤除直流和低频干扰。斩波运放的抗零漂原理就是先把有用信号变成交流,放大过程中利用高通滤波器的隔直流作用滤除直流零漂,然后再把有用的交流信号恢复成原始信号。

最简单的抗传导型干扰的措施就是在电路中串进电容(高通)或并接电容(低通)。

共模干扰是传导型干扰。抑制共模干扰可以采用以下办法:

(1)差动传输方式如图9.2.23所示。在传输之前把信号变为差动模式,把同相和反相两个信号同时传送到后级,有效抑制共模干扰。

(2)用电流环传输,如图9.2.24所示。信号以电流形式传输,在接收端用一个电阻R_L把电流信号变成电压信号,不但避免了共模干扰,而且R_L较小,通过其它方式耦合干扰也就较小。

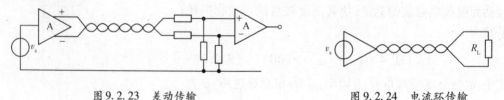

图9.2.23　差动传输　　　　　　　　图9.2.24　电流环传输

(3)隔离传输方式如图9.2.25所示。使用变压器隔离、光电隔离或浮地电容都可以完全避免共模信号干扰。

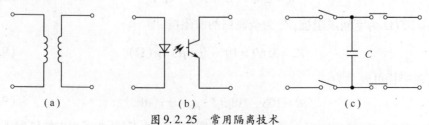

(a)　　　　　　　　(b)　　　　　　　　(c)

图9.2.25　常用隔离技术

(a)变压器隔离;(b)光电隔离;(c)浮地电容隔离。

四、电源的电磁兼容措施

电子系统中电源无处不在,而电源又最容易受到干扰污染,并把污染通过传导方式带到电子系统的每个角落,因此对电源的净化处理是电子系统中最重要的电磁兼容措施之一。对电源采取的电磁兼容措施主要有如下几种:

(1) 对变压器实行磁屏蔽和初次级间静电屏蔽。静电屏蔽层必须良好接地。

(2) 加接滤波器,以滤除电网上和电源内部产生的干扰。图9.2.26是几种常用的滤波器。电源滤波器可以接在电网入口处,以阻止电网干扰进入电源,也可接在电源出口处以阻止电源内部干扰影响用电电路。电源滤波器一般用来滤除30MHz以下的干扰。实践表明,10kHz~150kHz主要抑制差模噪声干扰,在150 kHz~10MHz主要抑制共模噪声干扰,在10 MHz~30MHz除注意滤除共模干扰外,还要防止与周围的电磁耦合以及加接接地电容等辅助手段。

要注意电源滤波器接地端的漏电流不能超过额定安全标准,各国规定的安全标准约为0.25mA~5mA。

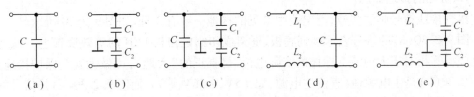

图9.2.26　各种电源滤波方法

(a)抑制差模干扰;(b)抑制共模干扰;(c)抑制差模和共模干扰;(d)抑制差模干扰;(e)抑制共模干扰。

(3) 在开关稳压电源和DC-DC变换器输出端常常加接既滤除差模干扰(C_1、C_2、L_1、L_2)也滤除共模干扰的滤波器(C_5、C_6、L_3、L_4),如图9.2.27所示。

(4) 在直流电源输出线上套一个铁氧体磁珠,可以把高频电能转换为热能,达到吸收高频干扰的目的。

(5) 加接浪涌吸收器。浪涌吸收器也是一种滤波器,专门用于吸收雷击或大的动力用电器开关或故障造成的电网浪涌干扰。齐纳二极管也可以作为浪涌吸收器,但其容量小,响应速度也不够快。

(6) 氧化锌浪涌吸收器是在氧化锌中加入 Bi_2O_3、Co_2O_3、MnO_2、Sb_2O_3 等添加剂,在1100℃~1400℃的高温中烧结,再引出电极而成。它利用氧化锌粒子的边界层肖特基势垒的隧道效应,产生如图9.2.28所示的伏安特性,达到限制浪涌电压的目的。肖特基势垒的响应速度极快,达20ns量级。

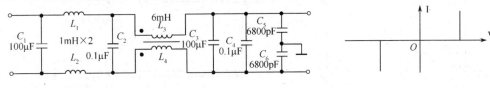

图9.2.27　效果更好的电源滤波器图　　　　　图9.2.28　氧化锌浪涌吸收器

五、接地

"地"是电子系统的公共参考零电位。具有公共地的电子系统中每一点电位的高低,均指对地的电位。当同一系统中的电路 A、B、C 分别接在地线上的 a、b、c 三点,由于地线本身的阻抗,使 a、b、c 三点电位不等,从而造成系统参考电平的混乱,而且还造成各电路之间通过地线的公共部分互相干扰(图 9.2.29)。

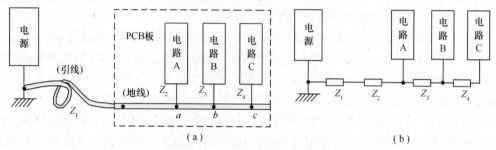

图 9.2.29　多点接地引起相互干扰

(a)装配图;(b)等效电路图。

1. 常见的接地概念

尽管接地符号画法多样,但电路中常见的接地一般有 3 种,如图 9.2.30 所示。

图 9.2.30(a)的符号表示接到底板、框架或印刷电路板 PCB 的等效底板上。该地电位是底板等相对于大地或支撑体的实际电位,是真正的"大地",可做为安全保护接地点。图 9.2.30(b)是主电源地(直流主电源,如 +5V,+15V 等)。而图 9.2.30(c)是信号的接地线,或副电源(如 15V 等)的地线。大功率信号(如继电器、功放)要通过主电源地接地,而小信号地与大信号地分开,以免受到干扰。

2. 接地不当引起的电磁兼容问题。

接地不当会产生由公共地线引起的传导干扰和由闭合回线引起的电磁感应干扰这两大问题。

图 9.2.29 已说明了公共地线部分会把电路的干扰传导到其它电路。图 9.2.31 说明了这个问题的严重性。差分放大器输入端不在一点接地,其中反相输入端与另一电路共用一段地线 AB,电流 I_3 在地线 AB 上产生的电压降被作为差分信号送入差分放大器放大输出,这是个虚假信号。设这段地线宽度为 1mm,长度为 3cm(厚度为 30μm)它的电阻约 2mΩ,且不计引线电感引入的高频干扰,如果 $I_3 = 1mA$,则 2mΩ 电阻引入的差分干扰电压达 2μV,由于放大器的开环增益多在 10^6 以上,2μV 的差分干扰电压将产生 2V 的干扰输出。

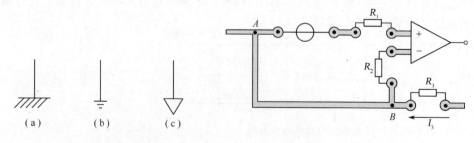

图 9.2.30　各种接地符号　　　　　　图 9.2.31　多点接地问题

在高频时,导线电感量不可忽略。长度为 l(cm),直径为 d(cm)的圆形截面直线非磁

性导体,其自感量约为

$$L \approx 2l \times \ln\left(\frac{4l}{d} - 0.75\right) \quad (\text{nH}) \tag{9.2.31}$$

长度 $l(\text{cm})$,宽度为 $W(\text{cm})$,厚度为 $d(\text{cm})$ 的矩形截面导体 $(W \gg d)$,其电感量约为

$$L \approx 2l \times \left(\ln\frac{2l}{W+d} + \frac{1}{2} + 0.2235\frac{W+d}{l}\right) \quad (\text{nH}) \tag{9.2.32}$$

在 $l > 50(W+d)$ 时,最后一项可以略去。例如印制板上长度 $l = 3\text{cm}$,宽度为 $W = 0.1\text{cm}$,厚度为 $d = 3.5 \times 10^{-3}\text{cm}$ 的导线,自感量为

$$L \approx 6 \times \left(\ln\frac{6}{0.1} + \frac{1}{2} + 0.2235 \times \frac{0.1}{3}\right) = 27.61(\text{nH})$$

它对 30MHz 信号呈现的阻抗为 $2\pi \times 3 \times 10^7 \times 27.61 \times 10^{-9} = 5.2(\Omega)$。线上即使只有 $1\mu A$、30MHz 的高频电流,也将产生 $5.2\mu V$ 的高频干扰。可见在高频时对实际连线的物理长度、位置等非常敏感,需十分注意。

3. 正确的接地原则

(1) 模拟器件的电源地(模拟地)与数字器件的电源地(数字地)必须分开单独接到电源输出端子,但数字模拟混合器件(如 ADC 和 DAC)的数字地和模拟地要就近接到一起,并连接到模拟地上。

(2) 模拟电路中,大信号电路、功率电路要与小信号电路分开接地(直接接到电源输出端子)。

(3) 对地线上传导干扰敏感的电路或易于造成地线干扰污染的电路(如屏蔽回路、机壳底板等)应单独接地。以上所谓单独接地,即单点接地,如图 9.2.32 所示。在电源上数字地与模拟地要短接。

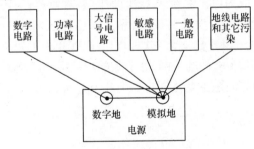

图 9.2.32　单点接地原则

(4) 所有接地线尽可能短,线径粗,阻抗尽可能低。

(5) 当两部分电路间有大的共模电压时,应采用浮地隔离技术(变压器、光电隔离等)。

(6) 要特别注意电缆屏蔽层的正确接地。

(7) 高速电路的 PCB 板应使用多层印制板,其中一层专门用作模拟地线,另用一层专门作数字地线。电源也应使用专门的一层。

4. 混合芯片的接地问题

同时含模拟电路和数字电路的混合集成电路芯片如 ADC 和 DAC 中,数字地和模拟

地通常都有独立的地线引脚。但集成电路的"数字地"引脚名字只是告诉我们这个引脚必须连到该芯片的数字地上,并不表明这个引脚必须连到系统的数字地上。事实上,应用中必须把它的数字地引脚与模拟地引脚共同连接到系统模拟地上。图 9.2.33 所示转换器的简单模型可以用来说明其原因。系统的数字地与模拟地之间存在数字噪声干扰电压 ΔV。假定把 ADC 芯片的数字地接到系统的数字地上(如图中虚线所示),则 ΔV 将从 B 点通过寄生电容 C_S 耦合到模拟电路的 A 点,对模拟电路造成影响。如果把芯片的模拟地和数字地引脚用最短的引线连在一起并引到模拟地盘上,就可避免将更多的数字噪声耦合到模拟电路中。

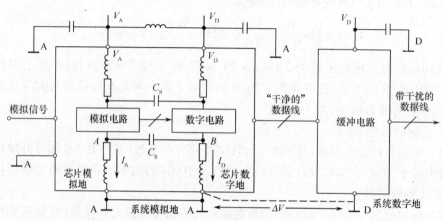

图 9.2.33   ADC 和 DAC 的接地方法

六、印制板和装配中的电磁兼容技术

随着电子器件集成度越来越高,整机尺寸越来越小,工作时钟频率越来越高,导致印制电路板(PCB)的设计成为电子系统可靠性设计、电磁兼容设计不可忽视的重要环节。印制电路板设计关系到到系统设计的成败,靠人工已无法解决 PCB 板上的电磁兼容问题。目前,许多 EDA(电子设计自动化)软件提供了 PCB 板的可靠性和电磁兼容仿真分析和自动布线,借助于 EDA 软件的帮助,加上人的经验指导才能最终得到解决。

PCB 板上的电磁兼容问题主要体现在如下几个方面。

1. 线条的阻抗

线条的电阻为

$$R = \rho \frac{l}{W \cdot d} \quad (\Omega) \tag{9.2.33}$$

式中:ρ 为铜的电导率,20℃时为 1.75Ω/cm;l 为线长(cm);W 为线宽(cm);d 为线厚度(cm)。

例如,35μm 厚,0.3mm 宽,1cm 长的印刷线电阻为 0.017Ω。这在高增益电路中是个可观的引入干扰的祸根。

线条的电感由式(9.2.32)给出。高频时它会引起很大的干扰压降。

印制板线条应尽可能短、宽。

2. 线间寄生电容和互感

参照本节介绍的方法,尽量减小线间寄生电容和互感。

3. 印制线条特性阻抗及终端反射

当印制线长 $l > \lambda/10$ 时,就应当作为分布参数处理。印制线条的特性阻抗在大平面接地方式下为

$$Z_0 = \frac{87}{\sqrt{\varepsilon_r + 1.41}} \ln \frac{5.98h}{0.8W + d} (\Omega) \qquad (9.2.34)$$

式中:W 为线宽度(mm);h 为印制板基厚度(mm);d 为铜箔厚度(mm);ε_r 为绝缘层的相对介电常数。

对于环氧树脂玻璃板,$h = 1.6\text{mm}$,$\varepsilon_r = 4.6 \sim 5.5$,当 $d = 35\mu\text{m}$,$W = 2.5\text{mm}$ 时,$Z_0 = 50\Omega$ 左右。

当把印制线作为传输线看待时,其终端必须端接匹配吸收电阻作负载,否则其反射波会使传输线上的信号波形产生严重失真。

4. 印制板中的射频(RF)辐射

当印制板上存在有射频电流回路,且射频回路达到一定的物理尺寸,就会产生辐射。射频电流回路阻抗越低,射频辐射能量越小。抑制射频辐射的重要措施就是降低射频电流返回路径阻抗。采用多层印制板,分配一层甚至多层接地层和电源层,是降低射频返回路径阻抗的有效方法。但层次分配十分重要。图 9.2.34 是对 6 层板的两种层次分配方案,图 9.2.34(a)所示方案更好。时钟线的布线层要紧挨地线层。

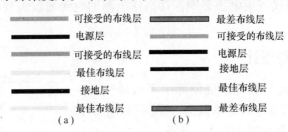

图 9.2.34　多层板的层次分配

5. 保护环

当运放作为高阻输入应用时,印制板中一般都采用保护环技术。例如,采样/保持放大器的输出跟随器(图 9.2.35),可能通过印制板基上的漏电阻在运放输入端引脚 2 引进干扰信号。防止通过漏电阻引进干扰的方法是用保护环把运放输入端引脚 2 保护起来。保护环具有如下两个特性:一是必须与被保护点具有相同电位;二是必须对地具有低阻抗。图 9.2.35 中,A_2 构成跟随器,输出端引脚 6 与反相输入端引脚 3 等电位,且输出电阻很小,可用于保护放大器 A_2 输入端引脚 2 不受漏电阻影响。

如果没有合适的保护电位连接保护环,就需专门产生一个保护电位信号。例如,如果要保护图 9.2.36 中放大器 A 的同相输入端 2,用跟随器 B 的输出作为保护电位,它与放大器 A 的同相输入端 2 等电位、且具有对地低阻抗。

6. 印制板上的电源滤波

印制板的电源进线必须加电容滤波,对重要的器件,特别是大规模器件的电源引脚与地线引脚之间要另加滤波电路,如图 9.2.37 所示。图中用了 3 个电容和一个电感,一般电路只用 $10\mu\text{F}$ 和 $0.1\mu\text{F}$ 两个电容就可以了,其中,$10\mu\text{F}$ 用于低频滤波,$0.1\mu\text{F}$ 用于消

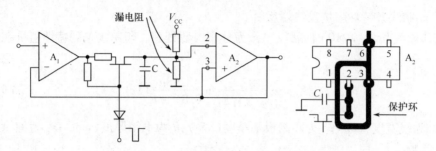

图9.2.35　保护环使环内电路免受漏电阻影响

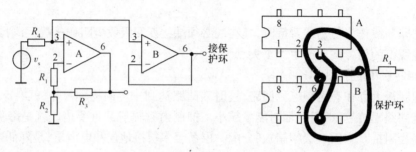

图9.2.36　制造一个保护环电位

除 $10\mu F$ 大电容的引线寄生电感影响。在高速电路的电源滤波需要增加电感和 $1nF$ 电容,用于高频滤波。

9.2.3　可靠性设计

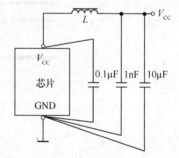

　　可靠性设计是大型电子系统设计中不可缺少的一环。这里简要介绍可靠性的基本概念,系统可靠性设计,电路可靠性设计,可靠性预计的基本原理。

一、可靠性基本概念

1. 可靠度函数 $R(t)$ 和累积失效概率 $F(t)$

　　可靠度是指在给定的时间 t 内完成给定功能的概率,即产品正常工作时间 T(是个随机变量)大于给定时间 t

图9.2.37　芯片的电源滤波

的概率,即

$$R(t) = P_r(T > t) \tag{9.2.35}$$

即

$$R(t) = \frac{N_0 - r(t)}{N_0} \quad (0 \leqslant R(t) \leqslant 1) \tag{9.2.36}$$

　　例如,日本 GMS 定点气象卫星的 1 年可靠度为 0.915,3 年可靠度为 0.767,4.5 年可靠度为 0.672。

　　累积失效概率 $F(t)$ 是指在规定时间 t 内丧失给定功能的概率,显然有

$$F(t) = 1 - R(t) = P_r(T \leqslant t) \tag{9.2.37}$$

　　例 9.2.4　有一批晶体管共 1000 只,已知工作到 500h 时坏了 100 只,工作到 1000h

时共坏了 500 只。计算工作到 500h 和 1000h 时的可靠度。

解：工作到 500h 和 1000h 时的可靠度分别为

$$R(500) = \frac{1000-100}{1000} = 0.9 \text{ 和 } R(1000) = \frac{1000-500}{1000} = 0.5$$

2. 失效密度函数 $f(t)$

失效密度函数表示产品在时刻 t 单位时间内失效的平均概率，即

$$f(t) = \frac{\mathrm{d}F(t)}{\mathrm{d}t} = -\frac{\mathrm{d}R(t)}{\mathrm{d}t} \qquad (9.2.38)$$

显然

$$F(t) = \int_0^t f(\tau)\mathrm{d}\tau \qquad (9.2.39)$$

$$R(t) = \int_t^\infty f(\tau)\mathrm{d}\tau \qquad (9.2.40)$$

$$\int_0^\infty f(t)\mathrm{d}t = 1 \qquad (9.2.41)$$

3. 失效率函数 $\lambda(t)$

失效率函数 $\lambda(t)$ 表示在时刻 t 的单位时间内产品失效的瞬时概率。它与失效概率密度 $f(t)$ 的区别在于 $f(t)$ 表示总的受试样品数 N 中在时刻 t 的单位时间内失效的概率，即

$$f(t) = \lim_{\Delta t \to 0} \frac{F(t+\Delta t) - F(t)}{\Delta t} = \frac{\mathrm{d}F(t)}{\mathrm{d}t}$$

而 $\lambda(t)$ 则表示在时刻 t 剩余的正常工作的样品（占总样品总数的 $100R(t)\%$）中，单位时间失效的概率，即

$$\lambda(t) = \lim_{\Delta t \to 0} \frac{F(t+\Delta t) - F(t)}{R(t)\Delta t} = \frac{f(t)}{R(t)} \qquad (9.2.42)$$

把式(9.2.38)代入(9.2.42)，得

$$\lambda(t) = -\frac{\mathrm{d}R(t)}{R(t)\mathrm{d}t}$$

或

$$\lambda(t) \cdot \mathrm{d}t = -\frac{\mathrm{d}R(t)}{R(t)} = -\mathrm{d}[\ln R(t)] \qquad (9.2.43)$$

式(9.2.43)两边积分并注意到 $R(0)=1$，则有

$$R(t) = \exp\left[-\int_0^t \lambda(\tau)\mathrm{d}\tau\right] \qquad (9.2.44)$$

把式(9.2.44)代入式(9.2.38)，得

$$f(t) = \lambda(t)\exp\left[-\int_0^t \lambda(t)\mathrm{d}t\right] \qquad (9.2.45)$$

例9.2.5 有 10 万片集成电路，工作到 5 年时损坏了 3000 片，到 6 年时损坏了 6000

片。试分别计算工作到 5 年时和 6 年时的失效率。

解:工作到 5 年时和 6 年时的失效率分别为

$$\lambda(5) = \frac{3 \times 10^3}{(10^5 - 3 \times 10^3) \times 1} = \frac{3.1\%}{年} = 3500(\text{Fit})$$

$$\lambda(6) = \frac{6 \times 10^3}{(10^5 - 6 \times 10^3) \times 1} = \frac{6.6\%}{年} = 7530(\text{Fit})$$

式中:单位名称 Fit(菲特)表示 $10^{-9}/h$,常用于故障率较低的情况,一般情况下常取单位时间的百分数($10^{-5}/h$)为单位。

4. 平均寿命与平均无故障工作时间

对于不可维修产品和可维修产品,平均寿命的含义是不同的。

不可维修产品平均寿命 MTTF(Mean Time To Failure)表示一批同类产品失效前工作寿命的平均值。

可维修产品的平均寿命 MTBF(Mean Time Before Failure)又称平均无故障工作时间,它是指单个产品两次故障间隔的平均值。

可以导出,MTTF 和 MTBF 均可用下式求出:

$$M_t = \int_0^\infty R(t) \, dt \tag{9.2.46}$$

式中 $R(t)$ 对于不可维修产品是指产品的可靠度函数,对可维修性产品是指每次维修后作为 $t=0$ 的可靠度函数。由于"平均寿命"是一种统计特性,具体某一台产品的寿命远低于或远高于平均寿命都是正常现象。

5. 最常见的寿命分布函数——负指数分布

负指数分布的失效率是一个常数,即

$$\lambda(t) = \lambda_0 \tag{9.2.47}$$

于是,可以得出失效率为 λ 的负指数分布时的可靠性指标公式:

失效密度函数为

$$f(t) = \lambda \exp(-\lambda t) \tag{9.2.48}$$

可靠度函数为

$$R(t) = \exp(-\lambda t) \tag{9.2.49}$$

累积失效概率函数为

$$F(t) = 1 - R(t) = 1 - \exp(-\lambda t) \tag{9.2.50}$$

平均寿命或平均无故障工作时间为

$$\text{MTTF, MTBF} = \frac{1}{\lambda} \tag{9.2.51}$$

其它分布函数还很多,如 Γ 分布、威布尔分布、泊松分布、正态分布等,这里不再一一列举,其中用得最多的是负指数分布。

二、系统的可维修性和有效度

维修性是指系统在规定时间内修复设备的能力。每次修复的时间 T 是个随机变量。

维修度 $G(t)$ 是指维修时间 T 不超过 t 的概率,即

$$G(t) = P_r\{T \leq t\} \tag{9.2.52}$$

维修密度函数 $g(t)$ 是维修度函数 $G(t)$ 的导数,即

$$g(t) = \frac{\mathrm{d}G(t)}{\mathrm{d}t} \tag{9.2.53}$$

修复率函数 $\mu(t)$ 是单位时间内瞬时修复的概率,它类似于可靠性指标中的失效率函数。它与 $G(t)$ 的关系为

$$\mu(t) = \frac{1}{1 - G(t)} \cdot \frac{\mathrm{d}G(t)}{\mathrm{d}t} \tag{9.2.54}$$

$$G(t) = 1 - \exp\left[-\int_0^t \mu(\tau)\mathrm{d}\tau\right] \tag{9.2.55}$$

平均修复时间 MTTR(Mean Time to Repair)为

$$\mathrm{MTTR} = \int_0^t \tau g(\tau)\mathrm{d}\tau \tag{9.2.56}$$

常用维修性函数是负指数分布,它的修复率是不变的,即

$$\mu(t) = \mu \tag{9.2.57}$$

此时

$$G(t) = 1 - \exp(-\mu t) \tag{9.2.58}$$

$$g(t) = \mu\exp(-\mu t) \tag{9.2.59}$$

$$\mathrm{MTTR} = \frac{1}{\mu} \tag{9.2.60}$$

有效度函数 $A(t)$ 是指在时刻 t 产品可以正常工作的概率。

有效度主要用于评价可修复产品的可靠性和维修性综合性能。因为在时刻 t,产品可能在正常工作,也可能是在维修中。如果维修性好(MTTR 很小),则有效度肯定高。它与可靠度函数 $R(t)$ 的区别在于,有效度函数 $A(t)$ 允许时刻 t 之前出现过故障但已经维修好了,而可靠度函数 $R(t)$ 不允许在时刻 t 之前出现过故障。

对于特定产品究竟用哪个可靠性指标来要求,主要由产品的工作性质来决定。对于不能修复或难以修复的设备(如卫星等),其维修性指标可不考虑,主要考虑可靠度指标。无故障工作时间也不宜作为这类系统的可靠性指标,这是因为相同 MTBF 下其可靠度可以差别很大。例如,用负指数分布的单元作并联冗余系统,设单元电路的失效率为 $\lambda = 10^{-5}/\mathrm{h}$,不用冗余,其平均寿命 MTTF 为 $10^5\mathrm{h}$,它在 10000h 内的可靠度为

$$R_0 = \exp(-\lambda t) = \exp(-10^{-5} \times 10000) = 0.9048$$

另一个双并联冗余系统,其单元失效率为 $\lambda = 1.5 \times 10^{-5}/\mathrm{h}$,仍用上式算出单元电路在 10000h 内的可靠度为 0.86071。如果用并联冗余,可以计算出并联冗余系统的 MTTF 也是 10^5,但它在 10000h 内的可靠度却是 0.9806,显然要高得多,如果用累积失效率来计算,前者 $F(10000) = 0.0952$,后者 $F(10000) = 0.0091$,二者相差 10.46 倍,即前者失效的概率为后者的 10 倍以上。

三、系统的可靠性模型

研究可靠性数学模型可以解决已知组成系统的各单元的可靠度,求系统的可靠度(可靠性预计);也可以由系统可靠度求解各单元可靠度(可靠性指标分配)。系统可靠度是与组成系统的各单元之间的可靠性框图,连接关系紧密相关的。由于篇幅的限制,这里只就其中较简单的情形加以讨论。

1. 串联系统

一个系统由 n 个单元组成,任一单元失效就引起系统失效,这就是串联系统,如图9.2.38 所示。不加冗余措施的都是串联系统。串联系统的总可靠度显然是所有单元可靠度之积,即

$$R_s(t) = \prod_{i=1}^{n} R_i(t) \tag{9.2.61}$$

对于负指数分布系统,有

$$R_s(t) = \exp(-\lambda_s t) \tag{9.2.62}$$

其中

$$\lambda_s = \sum_{i=1}^{n} \lambda_i \tag{9.2.63}$$

当各单元的失效率相同时,其系统平均寿命只有单元平均寿命的 $1/n$,即

$$MTTF_s = \frac{1}{\lambda_s} = \frac{1}{n} MTTF_i \tag{9.2.64}$$

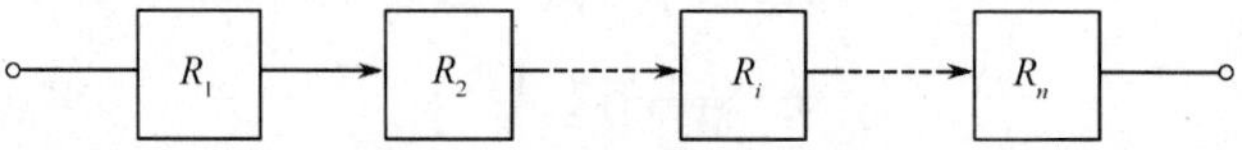

图 9.2.38　串联系统

可见,要提高串联系统的可靠性应尽量减少串联系统中单元的数目,并提高各单元的可靠性(降低各单元的 λ)。

例 9.2.6　某接收机框图如图 9.2.39 所示。已知其中各单元的寿命分布均为指数分布,故障率均为 $\lambda = 6.9 \times 10^{-3}/h$,试求不同时间内该系统的可靠度。

```
天线──[1高放]──→[2混频]──→[3中放]──→[4检波]──→[5低放]──→[6负载]──→
```

图 9.2.39　例 9.2.6 用图

解:这是一个串联系统,系统故障率为

$$\lambda_s = \sum_{i=1}^{n} \lambda_i = \sum_{i=1}^{6} \lambda_i = 0.0414/h$$

系统故障时间间隔为

$$MTBF = 1/\lambda_s = 24.2h$$

系统可靠度函数为

$$R_s(t) = \exp(-\lambda_s t) = \exp(-0.0414t)$$

则该系统在工作 1h、10h 和 50h 内的可靠度分别为

$$R_s(1\text{h}) = \exp(-0.0414) = 0.959$$

$$R_s(10\text{h}) = \exp(-0.414) = 0.66$$

$$R_s(1\text{h}) = \exp(-0.0414 \times 50) = 0.126$$

2. 并联系统

由 n 个单元组成一个系统,只要其中一个单元正常工作则系统就正常工作,称为并联系统,如图 9.2.40 所示。并联系统又称工作冗余系统。显然,只有系统全部单元失效,系统才失效。因此系统失效概率为

$$F_s(t) = \prod_{i=1}^{n} F_i(t) = \prod_{i=1}^{n} \left[1 - R_i(t) \right] \quad (9.2.65)$$

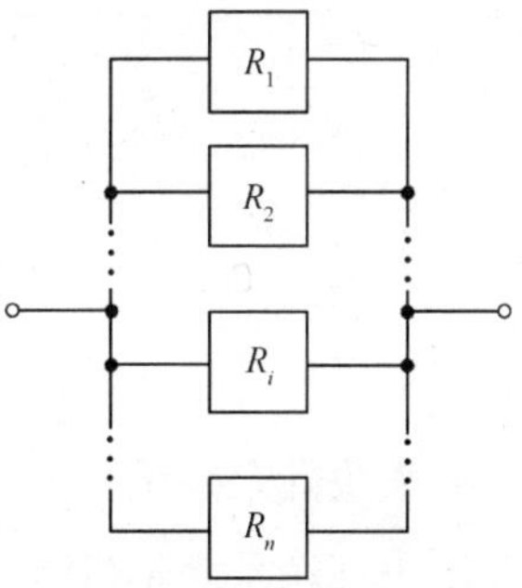

系统的可靠度为

$$R_s(t) = 1 - F_i(t) = 1 - \prod_{i=1}^{n} \left[1 - R_i(t) \right]$$

$$(9.2.66)$$

图 9.2.40　并联系统

当各单元的可靠度相同时为

$$R_s(t) = 1 - \left[1 - R_i(t) \right]^n \qquad (9.2.67)$$

所以,系统并联单元数越多,可靠性越高。当各单元的可靠度函数均满足指数分布时,系统的可靠度为

$$R_s(t) = 1 - \prod_{i=1}^{n} \left[1 - \exp(-\lambda_i t) \right] \qquad (9.2.68)$$

对于常用的二单元并联系统有

$$R_s(t) = \exp(-\lambda_1 t) + \exp(-\lambda_2 t) - \exp\left[-(\lambda_1 + \lambda_2)t \right] \qquad (9.2.69)$$

$$\text{MTBF} = \frac{1}{\lambda_1} + \frac{1}{\lambda_2} - \frac{1}{\lambda_1 + \lambda_2} \qquad (9.2.70)$$

$n = 2$ 的负指数分布单元并联系统,可算出其平均寿命延长了 1.5 倍。

3. 混联系统

混联系统是指可靠性框图中既有串联,又有并联的系统,如图 9.2.41(a)所示。其系统可靠度计算方法可分别先将 R_1、R_2、R_3 和 R_4、R_5 作串联计算,得到 R_a 和 R_b。将 R_6 和 R_7 作并联计算得到 R_d。再将 R_a 和 R_b 作并联计算得到 R_c,最后将 R_c 和 R_d 作串联计算得到系统的可靠度函数 R_s,即

$$R_a(t) = R_1(t)R_2(t)R_3(t), R_b(t) = R_4(t)R_5(t)$$

$$R_d(t) = R_6(t) + R_7(t) - R_6(t)R_7(t)$$

$$R_c(t) = R_a(t) + R_b(t) - R_a(t)R_b(t)$$

$$R_s(t) = R_c(t)R_d(t)$$

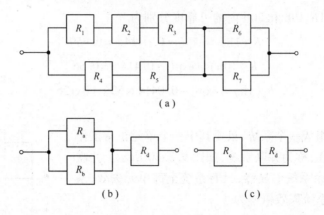

图 9.2.41　混联系统

4. 表决冗余系统

表决冗余系统是指组成系统的 n 个相同单元中有 k 个正常工作系统就可正常工作的系统(图 9.2.42)。

用概率论方法不难导出 n 中取 k 系统的可靠度为

$$R_{k/n}(t) = \sum_{i=k}^{n} C_n^i R_0^i(t) [1 - R_0(t)]^{n-i}$$

式中: C_n^k 为 n 中取 k 的组合; $R_0(t)$ 为组成单元的可靠度。

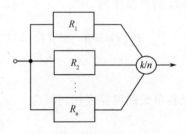

图 9.2.42　表决冗余系统

对于负指数分布,其 MTBF 为

$$\text{MTBF}_{k/n} = \frac{1}{\lambda_0} \sum_{i=0}^{n-k} \left(\frac{1}{n-i} \right) \tag{9.2.71}$$

5. 旁待冗余系统

对于热旁待冗余,完全等效于并联系统。

对于冷旁待冗余,即一个单元失效后,启动第二个单元。n 个单元组成的冷旁待冗余系统的可靠度为

$$R_s(t) = \exp(-\lambda t) \sum_{i=0}^{n-1} \frac{(\lambda t)^i}{i!} \tag{9.2.72}$$

其平均无故障时间为

$$\text{MTBF}_s = \frac{n}{\lambda} \tag{9.2.73}$$

显然,无故障工作时间延长了 n 倍。

冷旁待时单元失效率高(因为不加电易于受潮等因素),因此又有一种暖旁待冗余系统,即冗余单元平时处于轻载工作状态。设工作状态的失效率为 λ,暖旁待失效率为 λ',则 n 个单元组成的暖旁待系统的可靠度和无故障工作时间分别为

$$R_s(t) = \sum_{i=0}^{n-1} \left[\prod_{i=0, j\mid i}^{n-1} \frac{\lambda + j\lambda'}{(j-1)\lambda'} \right] \exp[-(\lambda - i\lambda')t] \tag{9.2.74}$$

$$\text{MTBF}_s = \sum_{i=0}^{n-1} \frac{1}{\lambda - i\lambda'} \tag{9.2.75}$$

还有其它一些复杂系统,这里从略。

四、系统可靠性设计

系统可靠性设计的内容是确定、预测和分配系统可靠性指标,同时提出和分析实现可靠性指标的系统设计方案。

1. 系统可靠性指标的确定和论证

系统的可靠性和可维修性指标一般从两个方面来论证:一是研究被论证系统应该具有或应侧重于哪些可靠性指标;二是决定这些指标的水平。

前面讲过,关于可靠性有几个性能指标,但对于不同用途的系统,其侧重点并不相同。例如,发射卫星用的火箭只要在数分钟内完成任务即可,对于 MTBF 不必去关心,也不可能去考虑维修性指标,应把重点放在规定的数分钟内的可靠度上。间断使用的某些设备如测量雷达、炮瞄雷达等,人们关心它的可靠度或 MTBF;但另一些间断使用的如医疗器械,人们更关心它使用的利用率,即有效度。对连续使用的设备如电台设备,则更应侧重其有效度,而且要对其平均停机时间(为了维修)加以限制。

确定了系统应选用的可靠性指标后,接着是确定其指标的高低,这些指标的高低应从设备失效造成的危害和损失程度来决定。危害大、损失大的,可靠性指标要高,否则可以低些。另外,可靠性高必然带来价格高,也要从可靠性所花费的成本与其得到的回报综合考虑。而且还要考虑用户的观念,即用户对可靠性和价格的接受程度,以及当前的加工水平,在各种因素中进行综合折中,最后确定指标。这里,还要弄清两个基本概念:一个是产品的可靠性是由可靠性设计和可靠性管理共同决定的,二者缺一不可。可靠性管理即在生产过程中的管理措施,不进行可靠性设计的产品是无法谈论其可靠性的。另一个基本概念是产品的可靠性指标在使用过程中是不断变化的,在投入使用初期,故障率高,而后逐渐降低,这称为"可靠性增长"。

系统可靠性方案论证要考虑如下一些问题。

1) 系统方案与可靠性

系统的可靠性与系统的技术方案关系极大,而且不能从直观上看出其优劣。例如,图9.2.43 所示的超群载频供给系统有两个方案,其中,方案 A 比方案 B 少用 $(n-1)$ 个电子开关和 n 个滤波器,似乎方案 A 从设备量上和可靠性上都应优于方案 B。但可靠性分析结果显示,在电子开关可靠度 R_k 小于式(9.2.76)所示的临界值时确实如此。但 R_k 大于式(9.2.76)所示的临界值时,方案 A 的可靠度将低于方案 B。

系统的可靠度为

$$R_k = \sqrt[n-1]{\lambda_g / (\lambda_g + n\lambda_f)} \tag{9.2.76}$$

式中:λ_g、λ_f 分别为振荡器支路和滤波器支路的失效率。

2) 简化设计原则

一般来说,设备硬件越少,其可靠度越高。因此可靠性设计的原则之一就是简化设计。用软件代替硬件功能是简化设计的方法之一。用纠错码等编码技术降低传输误码率可以达到提高可靠度的效果。其它如采用大规模集成电路、压缩电源品种、采用标准化组

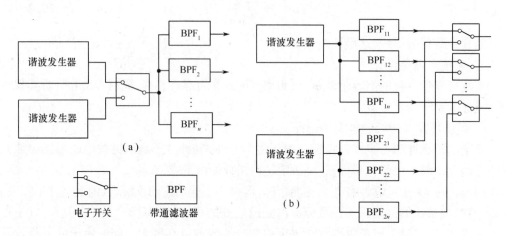

图 9.2.43　超群载频供给系统两个方案
(a)方案 A；(b)方案 B。

件等都属于简化设计措施。

3）系统的冗余设计

根据系统采用的元器件情况,酌情在各种冗余方案中选出价格适中而可靠性最优的冗余方案。例如,整体冗余与单元冗余(见图 9.2.44),虽然所用设备量相同,但其可靠度不同。再如,并联冗余与旁待冗余、冗余与脱机维修、多单元冗余的最优布局等,都需仔细分析比较。如能对冗余单元进行脱机维修,将使系统可靠度大幅度上升。有人对阿波罗飞船的可靠性进行了分析,它共用了 700 多万个元器件,它对月球飞行需一个星期时间,其可靠度约为 0.95。如果用同一飞船对火星探测需 700 天,其可靠度只有 0.006 左右。这么复杂的系统靠大量的旁待冗余是解决不了问题的。但是如果由航天飞船的机务人员修复失效的单元,估计只需 186 个备件,质量约为 408kg(900 磅),就可以使火星飞行的可靠度提高到 0.99 ~ 0.994。

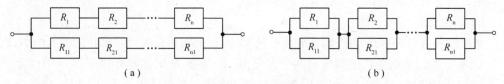

图 9.2.44　整体冗余与单元冗余
(a)整体冗余；(b)单元冗余。

对系统进行冗余设计的前提一般应在采用其它可靠性设计方法后仍无法达到可靠性指标要求时才采用。这是因为冗余设计将增加系统复杂度,系统越复杂,可靠性就降低。

4）电路本身的设计

应尽量采用允许参数漂移的稳健性方案以降低单元的失效率,即降低电路性能对参数的灵敏度。

5）合理利用辅助功能单元

例如,在主系统计算机出故障时, 可以把平时用作其它数据处理的计算机自动切换上。

6) 使用计及系统退化的设计方法

即当系统某些单元失效时,只使系统性能降低而不致于完全失效。

2. 可靠性指标分配

系统可靠性指标确定之后,需要对各分系统(分机、组件直至元器件)进行可靠性指标分配,否则系统可靠性就无法实现。

可靠性指标分配时必须注意合理性,做到技术上可行,经济上合算,实现容易。

可靠性指标分配的具体方法很多,都是根据系统结构情况而定的,如均匀分配法、代数分配法、工程加权分配法、顺序分配法、约束条件分配法、应力变动分配法、单个约束条件冗余单元分配法、动态规划分配法、直接寻查分配法、串联系统稳态有效度分配法以及复杂系统稳态有效度分配法等。这里只介绍简单的分配法原理。

1) 均匀分配法

若组成系统的各分系统的复杂性和重要性相同,可以分配给它们相同的可靠度和无故障工作时间,即

$$R_1(t) = R_2(t) = \cdots = R_n(t) = \sqrt[n]{R_s(t)} \tag{9.2.77}$$

$$\mathrm{MTBF}_1 = \mathrm{MTBF}_2 = \cdots = \mathrm{MTBF}_m = n \cdot \mathrm{MTBF}_s \tag{9.2.78}$$

例如,某系统由 20 个模块组成,每个模块具有相同的复杂度和重要性。若要求系统的 MTBF = 100h,则各模块的 MTBF = 2000h。

2) 代数分配法

设第 i 个分系统的复杂性因子为 k_i,重要性因子为 W_i。重要性因子含意是当第 i 个分系统失效时,引起系统失效的概率。因此,如果 $R_i(t)$ 表示第 i 个分系统对系统影响的实际可靠度,$R_i^*(t)$ 表示第 i 个分系统本身的可靠度,则

$$R_i(t) = 1 - W_i[1 - R_i^*(t)] \tag{9.2.79}$$

从中解出

$$R_i^*(t) = 1 - \frac{1}{W_i}[1 - R_i(t)] \tag{9.2.80}$$

复杂性因子 k_i 是指分系统相对于整个系统的复杂程度。显然整个系统最复杂,若整个系统复杂性因子为1,各分系统的复杂性因子均小于1,且复杂性与可靠度成指数关系。如果用第 i 个分系统的可靠度 $R_i(t)$ 来表示整个系统的可靠度 $R_s(t)$,则有

$$R_s(t) = \sqrt[k_i]{R_i(t)} \tag{9.2.81}$$

因此

$$R_i(t) = R_s^{k_i}(t) \tag{9.2.82}$$

把式(9.2.92)代入式(9.2.80)得到

$$R_i^*(t) = 1 - \frac{1}{W_i}[1 - R_s^{k_i}(t)] \tag{9.2.83}$$

显然,当 $k_i = 1/m$, $W_i = 1$ 时,代数分配结果就是均匀分配的结果。

例 9.2.7　一个系统由 3 个分系统组成,它们的复杂性因子相对比例是 1: 1.5: 2.5,各自的复杂性因子为 $k_1 = 1/5 = 0.2$, $k_2 = 1.5/5 = 0.3$, $k_3 = 2.5/5 = 0.5$,若要求系统可靠度为 0.95,重要性因子均为 1,则分配到 3 个分系统的可靠度分别为多少?

解:3 个分系统的可靠度分别为

$$R_1 = 0.95^{0.2} = 0.9898$$

$$R_2 = 0.95^{0.3} = 0.9847$$

$$R_3 = 0.95^{0.5} = 0.9747$$

3)顺序分配法

顺序分配法建立在这样一个事实基础上:如果串联系统由 n 个分系统组成,则系统的可靠度 $R_s(t)$ 等于各分系统可靠度之积,即

$$R_s(t) = \prod_{i=1}^{n} R_i(t)$$

但因 $R_i(t) < 1(i = 1, 2, \cdots, n)$,因此 $R_s(t) < R_{min}$,R_{min} 是 R_i 中最小的。基于这一事实建立的顺序分配法要点分为以下 3 步:

(1)对各分系统的可靠性进行预计,并把各分系统可靠度从小到大顺序排列,即

$$R_1(t) < R_2(t) < \cdots < R_n(t)$$

(2)把可靠度低于系统可靠度指标 $R_s(t)$ 的 k 个分系统的可靠度指标按下式要求一律提高到 r_k,其余不变:

$$r_k \prod_{i=k+1}^{n+1} R_i(t) \geqslant R_s(t) \tag{9.2.84}$$

式(9.2.84)中本来没有 R_{n+1} 这个分系统,纯粹为了公式统一,令 $R_{n+1} = 1$,从式(9.2.84)中可以解出 r_k,即

$$r_k \geqslant \left[R_s(t) / \prod_{i=1}^{m+1} R_i(t) \right]^{1/k} \tag{9.2.85}$$

(3)如果 $r_k \geqslant 1$,则分系统不可实现,把前面 $k+1$ 个分系统按(2)的方法提高可靠度,直到可实现为止。

例9.2.8 设计一部有 11 个分系统组成的雷达,要求可靠度为 $R_s(t) = 0.9000$,它们的可靠度预计结果按大小排列如表9.2.8所列。试用顺序分配法分配可靠性指标。

表9.2.8 可靠度预测结果

分系统	发射机	电源	伺服	接口	控制器	计算机	接收机	显示器	测角	测距	天线
可靠度	$R_1(t)$	$R_2(t)$	$R_3(t)$	$R_4(t)$	$R_5(t)$	$R_6(t)$	$R_7(t)$	$R_8(t)$	$R_9(t)$	$R_{10}(t)$	$R_{11}(t)$
	0.7100	0.8540	0.900	0.951	0.9530	0.9800	0.9840	0.9852	0.992	0.996	0.997

解:由于 $R_1, R_2, R_3 \leqslant R_s$,先把这 3 个分系统可靠度提高到

$$r_3 = [0.900/(0.951 + 0.953 + 0.980 + 0.984 + 0.985 + 0.992 + 0.996 + 0.997)]^{1/3} = 1.020$$

显然,$r_3 > 1$ 不可能实现。把 k 扩大到 4、5、6、7、8、9 时分别计算出对应的 r_k 如下

$$r_4 = 1.0020, r_5 = 0.9923, r_6 = 0.9900, r_7 = 0.9893, r_8 = 0.9888, r_9 = 0.9891$$

再进行分配。从上面计算结果看,当 $k = 8$ 时,r_8 达到最小值(最容易实现),因此可以取 $R_1 = R_2 = R_3 = R_4 = R_5 = R_6 = R_7 = R_8 = r_8 = 0.9888$,而 R_9、R_{10} 和 R_{11} 保持不变,这就完成了分配。但也可以考虑,如果取 $k = 6$,令 $R_1 = R_2 = R_3 = R_4 = R_5 = R_6 = r_6 = 0.9900$ 可以

实现,则其后的 R_7、R_8 也可保持表中的数值不变。这对于第 7 个、第 8 个分系统的可靠性要求降低了。

五、可靠性预计

可靠性预计是在产品设计阶段和工程设计阶段都需要进行的工作,它把可靠性技术措施贯穿到产品研究设计的始终,保证产品最终达到要求的可靠性。

在产品研制阶段主要使用元器件计数预测法和相关性能参数预测法。在工程设计阶段,则用元器件应力分析预测法、电路参数稳定性预测法和结构应力 – 强度预测法。

可靠性预测是以大量经验数据积累和可靠性试验数据积累为依据进行的,因此也有局限性,因为这些数据可能有出入。特别是一些厂家的元器件未被统计过,引用的数据出入可能更大。目前可靠性预计中使用最多的是美国军用指标 MIL – HDBK – 217《电子设备可靠性预计手册》(美国军用手册)。该手册提出了各类元器件失效的数学模型,给出了各种可靠性预计必须的数据。由于集成电路规模不断扩大,其成熟系数也在不断变化,MIL – HDBK – 217 也在不断更新,目前已经升级到 MIL – HDBK – 217gG。

以下讲的预测方法只是简单情况,更精确的预测必须借助预计手册。

1. 初步预测(产品研究阶段)

此时可能连产品的详细设计图纸还没有,不可能有很精确的估计,只是粗略预测,给设计方案和可靠性指标分配提供原始数据。这种粗略估算有以下几种方法。

1)元器件总数预测法

对于串联模型,如已知元器件总数,则系统失效率是元器件失效率的总和。但此时无需精确计算,只需大概求出,认为 n 个元器件的失效率都是 λ^*。这样,总的失效率就是

$$\lambda_s = n\lambda^* \tag{9.2.86}$$

不同工作环境下的失效率平均值 λ^* 可以从 MIL – HDBK – 217《电子设备可靠性预计手册》中查到。

例 9.2.9　某地面车载设备共用 20000 个元器件,求它的 MTBF。

解:查手册,环境代号为 GF,λ^* 最低为 0.7×10^{-6}/h,最高为 0.95×10^{-6}/h,因此

$$\text{MTBF}_{\min} = 1/(20000 \times 0.95 \times 10^{-6}) = 52.6(\text{h})$$

$$\text{MTBF}_{\max} = 1/(20000 \times 0.70 \times 10^{-6}) = 71.4(\text{h})$$

2)有源器件计数预测法

如果不能确定元器件总数,只能对有源器件总数 m 作出估计,则元器件总数 n 可用 m 估计,即

$$n \approx m^\alpha \tag{9.2.87}$$

式中:α 根据 m 的大小不同选择,如表 9.2.9 所列。

用表 9.2.9 中的 α 代入(9.2.87)式求出 n,再代入式(9.2.86)即可进行预测。

表 9.2.9　根据 m 选择 α 的结果

m	$30 \leq m < 80$	$80 \leq m < 300$	$300 \leq m < 1000$	$1000 \leq m < 10000$
α	1.6 ~ 1.75	1.4 ~ 1.6	1.25 ~ 1.4	1.2 ~ 1.25

3）元器件分类计数预测法

当已有设计方案的元器件可以分类统计时,可以查 MIL – HDBK – 217《电子设备可靠性预计手册》,查到每一种元器件的失效率后,最后计算系统失效率,即

$$\lambda_s = \sum_{i=1}^{m} n_i \lambda_i \qquad (9.2.88)$$

式中:m 是元器件种类数,n_i 是第 i 种元器件的总数。

系统的 MTBF $= 1/\lambda_s$。

MIL – HDBK – 217《电子设备可靠性预计手册》对电子设备中使用的每一种元器件都建立了实效模型,并且给出了基本失效率的详细计算方法。例如,电阻器就区分为固定合成(2种)、固定薄膜(6 种)、固定薄膜网络(1 种)、固定线绕(6 种)、热敏(1 种)、非线绕可变(5种)、线绕可变(6 种)共 27 种基本失效率模型参数。用于计算基本失效率的公式为

$$\lambda_b = A \exp\left[B\left(\frac{T+273}{N_T}\right)^G \right] \exp\left[\left(\frac{S}{N_S}\right)\left(\frac{T+273}{273}\right)^J \right]^H \qquad (9.2.89)$$

式中:A 为将模型调整为每种电阻器相应失效率等级的调整系数;T 为工作环境温度(℃);N_T 为温度常数;B 为形状参数;G、H、J 为加速常数;N_S 为应力常数;S 为电应力,即实际工作功率与额定功率之比。

从上面的公式可以看出编制可靠性预计手册需要进行大量实验进行数据统计。

2. 工程设计阶段的可靠性预测

这是在电路设计已经定型,元器件的类型规格和承受的热应力、电应力都已确定而进行的比较精确的可靠性预计。

元器件应力分析预测法,应按预计手册的要求填写每个元器件的失效率明细表。举例来说,对于门数少于 100 门的中小规模数字集成电路,其失效率为

$$\lambda_p = \pi_L \pi_Q (C_1 \pi_T + C_2 \pi_E) \pi_P \qquad (9.2.90)$$

式中:λ_p 为器件的失效率(失效数/10^6h);π_L 为器件成熟系数;π_Q 为质量系数;π_T 为温度加速度系数,其值决定于器件工艺;π_E 为应用环境系数。以上参数均可通过 MIL – HDBK – 217《电子设备可靠性预计手册》查得;π_P 为管脚数决定的系数(管脚数 24 个以下 π_P 为 1.0,超过 24 个 π_P 为 1.1);C_1、C_2 为电路复杂性失效率,即

$$C_1 = 0.00129 G^{0.677}(失效数/10^6 h)$$

$$C_2 = 0.00389 G^{0.359}(失效数/10^6 h)$$

其中:G 为门数。

从式(9.2.90)可以看出,可靠性预计是一项非常细致的工作。像式(9.2.90)这样的公式对每种元器件都不相同,因此其计算是非常复杂的。

可靠性预测还包括性能参数稳定性预测,即容差分析,灵敏度分析。维修性预测这里从略,但工程实践中是不该忽略的一步。

六、电路可靠性设计原则

这里对电路的可靠性设计给出一些基本原则,更具体的方法可参阅有关专著。

1. 元器件的选用原则

在电路设计中,选用元器件是很重要的一环。例如,低噪电路中的电阻应尽量选用金

属膜电阻。但是,并不是一切场合都选高性能元器件就好。

（1）不要片面选用高性能元器件,一方面会增加费用,另一方面不一定都能改善系统性能。要在关键部位上选用高性能元器件。

（2）少用失效率高的元器件,这是指工艺尚不成熟的试制品、损耗性元器件(继电器、开关等)以及具有活动触点的电位器、可变电感、可变电容等。

（3）微电子器件主要根据电压、功耗、速度、时延、噪声特性、负载特性、精度等,先满足主要性能要求,其它额定指标尽可能选用要求低的。大规模比小规模好。

（4）电容器根据耐压、损耗角、工作频率、精度、温度系数等选择。根据要求不同,从表 9.2.10 中选取。

（5）电阻器要根据阻值范围,温度系数、噪声、高频响应、电压、功率及稳定性要求,依表 9.2.11 选取。

表 9.2.10　电容器主要性能

介质	适用频率范围	优缺点
云母电容器	1kHz ~ 1GHz	容量稳定、损耗小、体积大,适用于精密高频电路中滤波、旁路、耦合、调谐等
玻璃电容器	1kHz ~ 1GHz	容量范围比云母宽,但易受机械损伤而开路
陶瓷电容器	Ⅰ型 1kHz ~ 1GHz	损耗小,供高稳定电容或温度补偿用
	Ⅱ型 1kHz ~ 1GHz	损耗大、容量大、体积小,供旁路用
金属化纸介电容	0MHz ~ 10MHz	容量大、体积小、损耗大、漏电大,用于交流分量小于额定直流分量的电路中
聚苯烯	0Hz ~ 1GHz	损耗小、绝缘电阻高、温度稳定性好
聚丙烯	0Hz ~ 1GHz	损耗小、绝缘电阻高、温度稳定性好
涤纶	100Hz ~ 1MHz	耐热性好、损耗小
聚碳酸酯	100Hz ~ 1MHz	耐热性好、损耗小
铝电解电容器	0Hz ~ 10kHz	容量大,但变化也大,极性反接后易损坏,用于低频滤波、耦合及旁路
液体钽电容器	0Hz ~ 1kHz	体积小、容量大,但容量偏差和漏电流也大,没有耐反压能力,仅用于直流电路
固体钽电容器	0Hz ~ 10kHz	体积小、容量大、对温度不敏感、漏电流大、耐压小,用于低频滤波、旁路、耦合

表 9.2.11　电阻器性能比较

	合成碳膜	合成碳	金属氧化膜	金属膜	金属玻璃釉	线绕电阻
阻值范围	中~很高	中~高	低~中	低~高	中~很高	低~高
温度系数	一般	一般	良	优	良~优	优~特优
噪声	一般	一般	良~优	优	中	特优
高频响应	良	一般	优	特优	良	差
功率	低	中	中~高	中~高	高	中~高
稳定性	中	良	良	优	良~优	特优

2. 元器件的正确使用

只选性能好的元器件还不一定达到预期效果,必须正确使用才能发挥其性能优势。

1）严格禁止超过额定使用条件

超过额定值后,其可靠性指标急剧恶化。例如,普通三极管的失效率 λ 与应力系数 S 的关系为

$$\lambda = 19\pi_e \exp\left[\left(\frac{-1200}{273 + T + 120S}\right) + \left(\frac{273 + T + 120S}{420}\right)^{14}\right] \qquad (9.2.91)$$

式中:S = 实际使用参数/额定参数;π_e 为环境系数;T 为环境温度。

从式(9.2.91)看出,应力系数 S 以 14 次方出现在指数项里,可见其影响的巨大。因此,当元器件可靠性指标不够时,可以用降额使用来提高其可靠性。例如,场效应管在满额使用时($T=0℃$)其失效率为 0.052×10^{-6}/h,如果降额50%($S=0.5$),则失效率降到 0.019×10^{-6}/h。

2）注意电应力极限条件的温度限制

例如40℃、1W 的电阻器,在80℃时仅可用到 0.42W,否则就因超过极限而损坏。半导体器件对温度应力也非常敏感。

锗材料半导体允许的最高结温为

$$T_{jmax} = [4060/(10.67 + \ln\rho)] - 273 \qquad (9.2.92)$$

硅材料半导体允许的最高结温为

$$T_{jmax} = [6400/(10.45 + \ln\rho)] - 273 \qquad (9.2.93)$$

式中:ρ 为材料的电阻率。

例如,当 $\rho = 5\Omega \cdot cm$ 时,锗和硅的最高允许结温分别是 58℃ 和 257℃。降低电阻率可以提高结温。

3）注意环境应力对额定值的影响

当使用环境为地面、车载、海上、航天等不同场合时,同一器件的额定值是不同的,可查手册予以确定,不要随便使用。

4）降额设计

元器件负荷降额设计是可靠性设计的重要内容之一。常用元器件的降额范围可查阅《元器件降额准则》(国家军用标准 GJB/Z35)。一般降额分为 3 个等级,一级最高,三级最低。一级适用于危及安全,导致任务失败或严重损失的设备或元件;二级用于工作任务降低或导致不合理维修的设备或元件;三级用于只对完成任务有小影响的设备或元件。

几种常用元器件的降额准则如表9.2.12 所列。

表 9.2.12 几种常用元器件降额准则

器件名称	参数	一级降额/%	二级降额/%	三级降额/%
晶体管	反向电压	60	70	80
	功率	50	65	75
运放	电源电压	70	80	80
	输入电压	60	70	70
比较器	输入电压	70	80	80
TTL 电路	输出电流	80	90	90

例如,晶体管在一级、二级和三级降额中,它的反向击穿电压分别只能按参数的

50%、70% 和 80% 使用,而耗散功率分别只能按参数的 50%、65% 和 75% 使用。

3. 电路的简化设计

简化电路是提高可靠性的有效途径之一,主要从以下两个方面考虑。

(1) 尽量采用规模大的集成电路,减少器件数量。如果能直接采用集成部件或集成系统更好。

(2) 尽量用数字技术取代模拟技术。例如,目前通信中大量使用数字频率合成器、数字锁相环,用 DSP(数字信号处理)芯片代替调制解调器等。

4. 故障软化设计

故障软件设计是在设计时尽量避免某些元器件失效时导致系统失效,而只是降低系统性能。例如,低通滤波器可以有图 9.2.45 所示两种形式,它们具有相似的传输函数,即

$$F_b(s) = \frac{1 + sRC}{1 + sRC + s^2 LC}$$

$$F_b(s) = \frac{1 + (sL/R)}{1 + (sL/R) + s^2 LC}$$

一个低通滤波器可以由多节组成。假定电容 C 是钽电容,发生短路故障的概率远大于开路故障率。那么,选用图 9.2.45(b) 所示电路时,一旦电容短路失效,信号被短路到地,滤波器就完全失效。但若用图 9.2.45(a) 所示电路,同样是电容短路失效,但只影响滤波器的一节,造成滤波性能下降,不会完全失效。这是故障软化设计的一个例子。

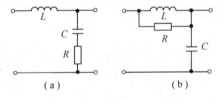

图 9.2.45 低通滤波器

5. 注意抗瞬态冲击设计

电路里有许多电感和电容,在电源开关或其它大电流的瞬态过程中,都会造成大的电压反冲或电流反冲,设计不当将造成半导体器件的损坏。要增加保护措施,如加限幅二极管、旁路电容等。

6. 尽量减少接触故障

使用大印制板或多层板,减少板间互联;接插件的触点采用冗余设计;对接插点采用电润滑剂。

7. 潜在通路分析

美国红石火箭经过 50 次成功发射之后,1960 年 11 月 21 日火箭在发射命令下达并点火后,在基座上上升几英寸后突然熄火并落回基座。事后查明,造成这一事故的原因是设计中存在一个潜在通路,它在一般情况下不会出现,只在条件满足时才会出现。潜在通路可能正好导致严重后果。图 9.2.46 是红石火箭存在潜在通路的简图。正常情况下,熄火命令继电器 S_2 和紧急熄火开关 S_3 均断开,尾部脱落插头 J_1 总是在控制脱落插头 J_2、J_3 脱开之后才断开。这种正常情况下由发射继电器 S_1 触点传过来的电源只能点亮发射指示

灯。但这次事故的出现是因为 J_1 先于 J_2、J_3 脱开 29ms,在这 29ms 里,出现了图中虚线所示的潜在通路(它是设计者未预计到的,也是不希望有的)。这个潜在通路使电流流过熄火线包和熄火指示灯线包,造成熄火事故。这次事故出现在潜在通路分析技术出现之前。它充分说明了潜在通路分析在可靠性设计中的重要性。现在有一些现成潜在通路分析软件可以利用。

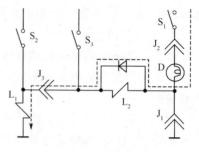

图 9.2.46　潜在通路例

9.2.4　可维修性设计

维修性作为一门技术,比可靠性技术晚 10 年,从 20 世纪 60 年代开始,受到注意。提高系统的可维修性,也就提高了系统的可用度。对于可维修系统来说同时也提高了它的可靠性。可维修设计也分为系统设计和电路结构设计,而系统可维修性设计能更有效地缩短平均停机时间。

一、故障诊断设计

故障诊断是可维修设计的重要内容,它包括故障检测和故障定位。一般要求系统的故障诊断可做到:对系统各种工作状态均能检测,并显示出其所处状态是正常工作,发生失效,还是性能减退;能检测到系统 95% 以上的故障,并把其中 90% 定位到更换单元;避免使用外部检测设备;故障检测和定位电路本身的失效率不超过系统总失效率的 5%;错误告警概率小于 1%。

为了不用外部检测设备(仅用内设检测电路)进行故障诊断,必须在系统设计时在系统内设计内置检测装置 BITE(Built-In Test Equipment),现在又称为 BIST(Built-In Self Test),并分为 3 个等级:BITE1 ~ BITE3。其中,BITE1 要求不中断系统工作而自动连续地对系统的关键工作参数进行检测;BITE2 要求有操作人员干预,可中断系统局部工作;而 BITE3 则要中断系统工作,把故障定位到失效单元,以便维修,如表 9.2.13 所列。

表 9.2.13　各级 BITE 的诊断目的及特性

等　级	主　要　特　性	目　的
BITE1	自动激励,不中断系统工作	连续检测
BITE2	人工激励,部分或暂时中断系统工作	校验
BITE3	人工激励,中断系统工作	检修

故障诊断的基本方法是把故障诊断电路看成无故障的核,用它发出激励信号。把系统故障位置分几个大区,先把故障定位到大区。然后大区内再划分为更小的区,逐级检查,直到发现故障位置为止。也可以设置区域交叉覆盖,出现在覆盖区的故障位置范围又缩小了。

诊断中常常利用冗余单元互相进行比较,多数表决;也可利用数据传输中的奇偶校验发现故障。在系统设计时,可以把主要状态参数连续测试并直接送到故障诊断单元去与正常状态参数进行比较,一旦发现异常,即可定为故障。

如何设置检测点才能把故障定位到一个更换单元,最简单的办法就是每个单元设置一个检测点。但这是不现实的,也是不经济的,下面介绍一种桥测点优化设计方法。

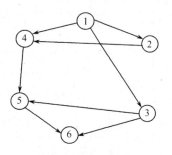

首先,把一个系统按功能划分为若干个功能单元,这些功能单元就是将来维修时的更换单元。每个单元为一个节点,节点间以信号流向为方向画出有向拓扑图。图9.2.47是一个简单拓扑图的例子。

写出它的关联矩阵为

图9.2.47 系统拓扑图

$$A = \begin{bmatrix} 1 & 1 & 1 & 1 & 0 & 0 \\ 0 & 1 & 0 & 1 & 0 & 0 \\ 0 & 0 & 1 & 0 & 1 & 1 \\ 0 & 0 & 0 & 1 & 1 & 1 \\ 0 & 0 & 0 & 0 & 1 & 1 \\ 0 & 0 & 0 & 0 & 0 & 1 \end{bmatrix} \qquad (9.2.94)$$

式中:$a_{ij}=0$ 表示节点 i 到节点 j 不存在有向线连接;$a_{ij}=1$ 表示节点 i 到节点 j 存在有向线连接;$a_{ii} \equiv 1$。

由关联矩阵可以导出失效标志矩阵 E,其主要原理如下:如果 $a_{ij}=1$,即节点 i 的输出信号作为节点 j 的输入信号,节点 i 有故障时它的输出端必有反应,即在节点 j 可以发现节点 i 的故障。失效标志矩阵元素 r_{ij} 定义如下:

$r_{ij}=1$ 在 j 输出端可以发现 i 或 i 的前级故障

$r_{ij}=0$ 在 j 输出端不能发现 i 或 i 的前级故障

根据以上定义,则 r_{ij} 用 A 矩阵元素表示为

$$r_{ij}=a_{i1} \cdot a_{1j} \oplus a_{i2} \cdot a_{2j} \oplus \cdots \oplus a_{in} \cdot a_{nj} \qquad (9.2.95)$$

式中的"·"和"$\oplus$"是逻辑乘和逻辑加运算。用式(9.2.95)写出式(9.2.94)关联矩阵对应的失效标志矩阵为

$$E = \begin{bmatrix} 1 & 1 & 1 & 1 & 1 & 1 \\ 0 & 1 & 0 & 1 & 1 & 1 \\ 0 & 0 & 1 & 0 & 0 & 1 \\ 0 & 0 & 0 & 1 & 1 & 1 \\ 0 & 0 & 0 & 0 & 1 & 1 \\ 0 & 0 & 0 & 0 & 0 & 1 \end{bmatrix} \qquad (9.2.96)$$

分析式(9.2.96)可以发现,只要设置3个检测点就可以把故障定位到6个单元中除2、4单元外的任何一个,如表9.2.14所列。表中,T_3、T_4、T_5 是3个检测点(对应3、4、5单元输出端)。T_3、T_4、T_5 取值1表示该检测点发现故障,0表示未发现故障。从中可以看出如果有 n 个节点,至少要有 $\log_2 n$ 以上个检测点才可定位到单元。本例中,$n=6$,$\log_2 6 = 2.58$,因此至少3个检测点才行。现在设了3个检测点,当故障发生在2、4单元时,只能定位到2、4两个单元,无法更具体定位到2还是4单元,其他各单元发生故障均可定位到

故障单元。如果再设一个检测点,就可以把2、4单元的故障也可定位到单元。

表 9.2.14　故障定位表

状态	T_3	1	0	1	0	0	0
	T_4	1	1	0	1	0	0
	T_5	1	1	1	1	1	0
故障位置		1	2	3	4	5	6

二、结构维修性设计

结构维修性设计主要解决更换单元和设备维修可达性问题。如果确定了一个可更换单元,但实际去更换时要拆卸很多东西才能更换,就是可维修性差。一般复杂设备的维修不要求故障定位到元器件级,而把系统分解成若干更换模块,把故障定位到更换模块即可,接着要从结构上解决各更换模块容易进行更换操作问题。

三、维修体制

一般大型系统维修分为3级:第一级是现场维修,只更换功能单元,这样维修时间短,可以保证设备的有效利用率。第二级是内场维修级(修理所),它可以把外场换下的故障单元再细分为更小的更换模块,并用仪器检查故障位置,更换第二级故障单元。第三级是修理工厂级,它可以排除元器件级的故障。

用3级维修体制可以有效保证设备的可用性。尤其是当大型设备 MTBF 较短,而又要求连续工作的设备,更需要事先订好维修制度。

四、预防维修周期的确定(设计)

预防维修周期要根据设备的可靠性及使用目的来确定。

1. 更新型预防维修周期的确定

更新型预防维修周期 T 为常数,每次修复投入使用 T 时间后即行维修。若系统的可靠度为 $R(t)$,失效率为 $\lambda(t)$,每次排障维修的费用为 C_c,预防维修的费用为 C_P,则按维修费用最低这一原则确定维修周期 T 的条件为

$$\int_0^T R(t)\,\mathrm{d}t = \left[\frac{C_c}{C_c - C_p} - R(T) \right] \frac{1}{\lambda(T)} \tag{9.2.97}$$

式中:T 为隐函数,要用试探法去解。

对于特殊情况,如 $C_c = C_P$ 时,可解出 $T \to \infty$,即不需预防维修。

2. 固定型预防维修周期 T 的确定

固定型预防维修是两次预防维修的时间间隔为固定时间 T,无论其间是否经过维修。如果也以维修费用最低来确定维修周期 T,则要求 T 满足下式:

$$\int_0^T R(t)\,\mathrm{d}t = T\sqrt{R(T)^{C_c}/(C_c + C_p)} \tag{9.2.98}$$

显然,当 $C_c = C_P$ 时,也不需要进行预防维修($T \to \infty$)。

小结

1. 电子系统的优良性能需要在设计阶段加以设计,以后的调试或修改不能从根本上提高电子系统的性能。

2. 放大器可用 $V_n - I_n$ 模型作为噪声模型,其最佳源电阻为 V_n / I_n。

3. 电路中常见的 3 种噪声类型是热噪声、低频噪声和霰弹噪声。晶体管、场效应管、电阻、电容的噪声各有特点。

4. 级联放大器的噪声主要由第一级放大器决定。

5. 低噪声设计的基本要点是元器件选用、工作点选择和源噪声匹配,同时注意耦合网络对噪声的影响。

6. 电磁干扰的 3 个要素是干扰源、传播途径和敏感设备。传播途径包括传导和辐射两种。

7. 解决电磁干扰应从降低干扰源的干扰强度、阻断干扰的传播途径和降低被干扰对象对干扰的灵敏度 3 个方面着手。

8. 阻断干扰传播途径的主要方法有屏蔽、滤波和恰当的接地。

9. 在印制板和装配中应当注意使用电磁兼容技术。

10. 可靠性的基本概念,主要是有关可靠性的几个基本定义及其数学描述。

11. 系统的可靠度与组成系统的各单元之间的可靠性框图及连接关系紧密相关,本书介绍了其中几种较简单的情形。

12. 系统可靠性设计的内容是确定、预测和分配系统的可靠性指标,并提出和分析实现可靠性指标的系统设计方案。

13. 可以使用一系列的方法预测系统的可靠性。

14. 要按照可靠性设计的原则进行系统的可靠性设计。

15. 在注重可靠性设计的同时,还必需注意提高系统的可维修性。

复习思考题

1. 什么叫噪声带宽,它是如何定义的? 它与平常所说的小信号带宽有何不同?

2. 如何确定线性网络的最佳源电阻? 对应的最小噪声系数是多少?

3. 常用低噪声设计方法有哪些? 如何实现噪声匹配?

4. 电路中常见的几种噪声各自的特点是什么? 晶体管、场效应管、电阻、电容的噪声各存在什么噪声?

5. 从物理概念上说明为什么多级放大器的噪声系数主要取决于第一级。

6. 电磁干扰的 3 个要素是什么? 举例说明干扰的传播途径和抑制干扰的措施。

7. 如何降低干扰源的强度?

8. 奔腾 PⅢ－450 的工作频率为 450MHz,试定性分析它在周围产生电磁干扰的性质(提示:远场区、近场区)。

9. 试说明可靠度函数、平均无故障工作时间的基本概念及其数学表示。

10. 不计维修的串联和并联系统的可靠度如何计算?

11. 常用可靠性设计方法有哪些? 这些设计方法有无前提使用条件?

习　题

9.1　写出阻值为 R 的单个电阻器以及阻值为 $2R$ 的两个电阻器并联时(并联等效电

阻值为 R)各自的热噪声电压和电流。

9.2 写出阻值为 R 的两个电阻器串联时的热噪声电压和电流。

9.3 用题图 9.1 所示的方法给信号源并联一个电阻 $R = R_s$ 时,画出信号源和噪声的等效电路。把原信号源和并接 R 后的信号源接到同一放大器,放大器的噪声系数会改变吗? 为什么?

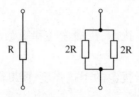

题图 9.1　习题 9.3 用图

9.4 已知运算放大器 OP07 的 $V_n - I_n$ 在 10Hz ~ 1kHz 频率范围内的噪声模型参数值为 $V_n = 10 \text{nV} / \sqrt{\text{Hz}}$, $I_n = 0.14 \text{pA} / \sqrt{\text{Hz}}$。计算在此频率范围内噪声匹配时的最佳源电阻为多少? 计算出源电阻为匹配源电阻的 0.1 倍、0.5 倍、5 倍和 10 倍时的噪声系数与匹配时的噪声系数 $F_{\min}$ 之比。

9.5 某电视机厂家声称其电视机的平均寿命为 100000h,但某顾客买了一台回家 3 天就出现故障,这种现象是否属于虚假宣传?

9.6 某顾客 1986 年 1 月买了一台电冰箱,一直工作到 1999 年 12 月仍未出现故障,可否说这个品牌的电冰箱的平均寿命超过 $14 \times 365 \times 24 = 122640 \text{h}$?

9.7 你认为发射卫星用的火箭与电视机相比,哪个可靠性更高? 为什么?

9.8 题图 9.2 所示的二单元并联系统是可靠性设计中常采用的一种系统。已知两个单元的可靠度函数分别为 $R_1(t) = \exp(-0.01t)$, $R_2(t) = \exp(-0.02t)$。试写出该并联系统的瞬时故障率函数 $\lambda_s(t)$ 的表示式。

9.9 某电子系统的可靠性模型可用题图 9.3 表示。各子单元的可靠度函数已标在图中,试写出整个系统的可靠度函数 $R_s(t)$ 的表达式。

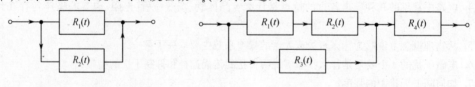

题图 9.2　习题 9.8 用图　　　　　　　　题图 9.3　习题 9.9 用图

9.10 某车载电子系统有 5 个分系统组成,且只有各分系统都正常工作时该车载系统才能工作。已知各分系统的寿命服从指数分布,且故障率分别为: $\lambda_1 = 56 \times 10^{-4} / \text{h}$, $\lambda_2 = 81 \times 10^{-4} / \text{h}$, $\lambda_3 = 72 \times 10^{-4} / \text{h}$, $\lambda_4 = 35 \times 10^{-4} / \text{h}$, $\lambda_5 = 48 \times 10^{-4} / \text{h}$。试分别求出当 $t = 1 \text{h}$、$t = 20 \text{h}$ 和 $t = 40 \text{h}$ 时的可靠度 $R(1)$、$R(20)$ 和 $R(40)$ 的值。

附录 A 晶体管的 y 参数

在图 A.1(a)所示的双端口网络中,以 v_1、v_2 作为激励信号,i_1 和 i_2 作为响应信号,则其端口特性方程可以表示为

$$i_1 = y_{11}v_1 + y_{12}v_2$$
$$i_2 = y_{21}v_1 + y_{22}v_2 \tag{A.1}$$

显然,4 个 y 参数均具有导纳的量纲,故 y 参数又称为导纳参数。由式(A.1)可得到 4 个 y 参数的定义如下:

输出端短路时的输入导纳为

$$y_{11} = \left. \frac{i_1}{v_1} \right|_{v_2=0} \tag{A.2}$$

输入端短路时网络的反向传输导纳为 $\quad y_{12} = \left. \dfrac{i_1}{v_2} \right|_{v_1=0} \tag{A.3}$

输出端短路时网络的正向传输导纳为

$$y_{21} = \left. \frac{i_2}{v_1} \right|_{v_2=0} \tag{A.4}$$

输入端短路时的输出导纳为

$$y_{22} = \left. \frac{i_2}{v_2} \right|_{v_1=0} \tag{A.5}$$

用 4 个 y 参数可将图 A.1(a)所示的线性双端口网络用图 A.1(b)所示的电路等效。

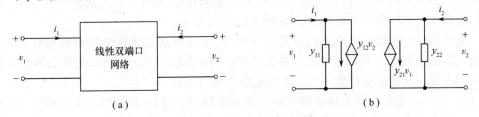

(a)　　　　　　　　　　　　　(b)

图 A.1　双端口网络与其 y 参数等效电路

对于小信号放大应用的晶体管而言,也可以用 y 参数等效电路等效,共发组态应用时的电路如图 A.2(a)所示。它的端口特性方程为

$$i_b = y_{11}v_{be} + y_{12}v_{ce}$$
$$i_c = y_{21}v_{be} + y_{22}v_{ce} \tag{A.6}$$

则 4 个 y 参数的含义如下:

输出端短路时晶体管的输入导纳为

$$y_{11} = \frac{i_b}{v_{be}}\bigg|_{v_{ce}=0} = y_{ie} \qquad (A.7)$$

输入端短路时的反向传输导纳为

$$y_{12} = \frac{i_b}{v_{ce}}\bigg|_{v_{be}=0} = y_{re} \qquad (A.8)$$

输出端短路时的正向传输导纳为

$$y_{21} = \frac{i_c}{v_{be}}\bigg|_{v_{ce}=0} = y_{fe} \qquad (A.9)$$

输入端短路时的输出导纳为

$$y_{22} = \frac{i_c}{v_{ce}}\bigg|_{v_{be}=0} = y_{oe} \qquad (A.10)$$

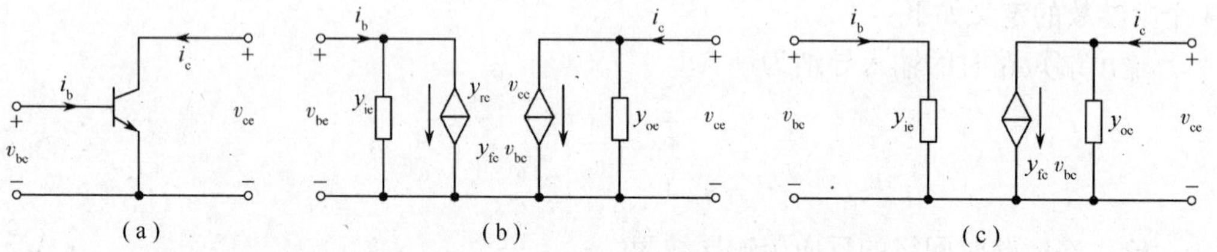

图 A.2　共发组态运用的晶体管电路及其 y 参数等效电路

通常,晶体管的 y 参数是复数,为方便起见常将它们表示为

$$y_{ie} = g_{ie} + j\omega C_{ie}, \quad y_{re} = |y_{re}|e^{j\varphi_{re}}$$
$$y_{oe} = g_{oe} + j\omega C_{oe}, \quad y_{fe} = |y_{fe}|e^{j\varphi_{fe}}$$

晶体管的 4 个 y 参数中,下角标中的 i 和 o 分别表示输入和输出,f 和 r 分别表示正向和反向,而 e 则表示共发射极。

根据式(A.6),可将共发组态运用的晶体管用图 A.2(b)所示的 y 参数电路等效。对于放大状态应用的晶体管,输出电压 v_{ce} 对 i_b 的影响很小,即 y_{re} 较小,故常将其忽略,于是可得到简化的晶体管 y 参数等效电路如图 A.2(c)所示。

晶体管的 y 参数既可以通过仪器测量得到,也可以从晶体管的物理模型转换得到。最常用的是由混合 π 型等效电路的参数计算得到 y 参数。下面分析简化的晶体管混合 π 型等效电路与简化的晶体管 y 参数等效电路之间的关系。

图 A.3(a)是简化的晶体管混合 π 型等效电路,相应的 y 参数等效电路如图 A.3(b)所示。根据 y 参数的定义不难求得这两个等效电路之间的参数关系为

$$y_{ie} = g_{ie} + j\omega C_{ie} = \frac{1}{r_\pi} + j\omega(C_\pi + C_\mu)$$

$$y_{fe} = g_m$$

$$y_{oe} = g_{oe} + j\omega C_{oe} = \frac{1}{r_{ce}} + j\omega C_\mu$$

分析晶体管高频电路大都采用 y 参数等效电路。主要理由是由于晶体管是电流受控器件,它的输入和输出都有电流,且导纳并联直接相加便于运算。而最重要的是从参数的

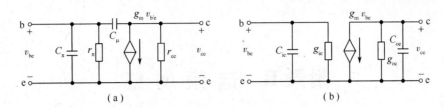

图 A.3 简化的晶体管混合 π 型等效电路及其 y 参数等效电路

定义可知它是一种短路参数,对于高频而言测量起来十分方便。

附录 B　选 频 网 络

选频网络(Frequency Selective Network)是电子线路的重要组成部分,它的作用是从非线性器件产生的或由外部引入的(如干扰等)众多频率分量中选取有用分量、抑制无用分量。在有些电子电路中(如功率电子电路)选频网络还同时兼作匹配网络。

B.1　LC 串联谐振回路

LC 串联谐振回路(Series Resonant Circuits)如图 B.1 所示。图中,L 和 C 分别是回路电感和电容,r 为回路固有损耗电阻。

回路总阻抗为

$$Z(j\omega) = r + j\left(\omega L - \frac{1}{\omega C}\right)$$

回路电流为

$$I(j\omega) = \frac{V_s(j\omega)}{Z(j\omega)} = \frac{V_s(j\omega)}{r + j\left(\omega L - \frac{1}{\omega C}\right)} \quad (B.1)$$

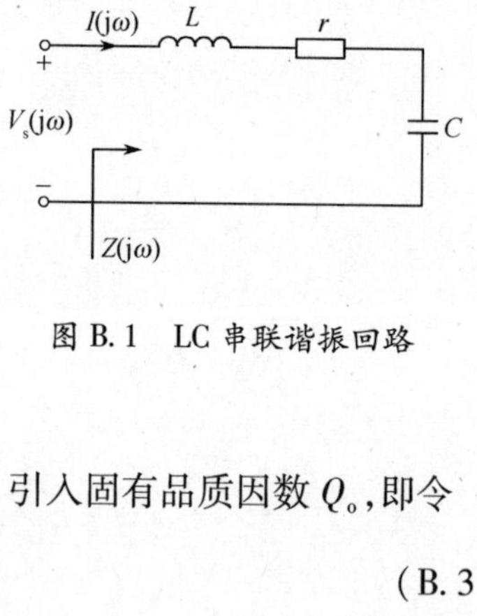

图 B.1　LC 串联谐振回路

回路总电抗为 0 时对应的角频率称为谐振角频率(Resonant Angular Frequency),用 ω_o 表示。

$$\omega_o = \frac{1}{\sqrt{LC}}, f_o = \frac{1}{2\pi\sqrt{LC}} \quad (B.2)$$

在这个频率上,回路电流达到最大,且电流与电压同相位。引入固有品质因数 Q_o,即令

$$Q_o = \frac{\omega_o L}{r} = \frac{1}{r\omega_o C} = \frac{1}{r}\sqrt{\frac{L}{C}} \quad (B.3)$$

于是可将式(B.1)改写为

$$I(j\omega) = \frac{V_s(j\omega)}{Z(j\omega)} = \frac{I_o}{1 + jQ_o\left(\frac{\omega}{\omega_o} - \frac{\omega_o}{\omega}\right)} = \frac{I_o}{1 + j\xi} \quad (B.4)$$

式中:I_o 为回路在谐振频率上的电流;ξ 称为一般失谐。

$$\xi = Q_o\left(\frac{\omega}{\omega_o} - \frac{\omega_o}{\omega}\right) \quad (B.5)$$

由式(B.4)可写出回路电流的模和相位为

$$|I(j\omega)| = \frac{I_o}{\sqrt{1 + \xi^2}}, \quad \varphi_i(\omega) = -\arctan\xi \quad (B.6)$$

其幅频和相频特性如图 B.2 所示。

由图可见,当回路谐振时 $\varphi_i(\omega)=0$,回路呈现阻性,此时 L 和 C 上的电压均为 $V_S(\mathrm{j}\omega)$ 的 Q_o 倍,相位超前或滞后 $90°$。根据通频带(Band width)的定义,当 $\xi=\pm1$ 时,可求得相应的两个频率 f_1 和 f_2,则回路的通频带为

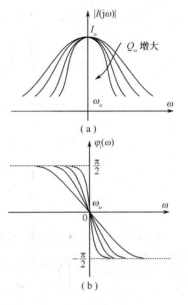

$$\mathrm{BW}_{0.7}=f_1-f_2=\frac{f_o}{Q_o} \tag{B.7}$$

另外可见,Q_o 越大,ξ 越大,回路对带外干扰信号的抑制能力也就越强。

由上分析可见,串联谐振回路的各项性能均与品质因数 Q_o 有关,当回路串接有负载 R_L 和信号源内阻 R_S 时,将使有载品质因数 Q_L(即计入 R_L、R_S 影响后回路的品质因数)下降,从而导致通频带增宽,对带外干扰的抑制能力下降。所以,在保证一定选择性条件下,应尽可能使品质因数大,故在串联谐振回路中应采用信号源内阻 R_S 小的电压源激励,同时应限制负载 R_L 的值。

图 B.2 串联谐振回路的
幅频和相频特性
(a)幅频特性;(b)相频特性。

B.2 LC 并联谐振回路

LC 并联谐振回路(Parallel Resonant Circuit)如图 B.3(a)所示。图中,L 和 C 分别是回路电感和电容,r 为回路电感的固有损耗电阻,其值通常很小。

由图可见

$$Z_P(\mathrm{j}\omega)=\frac{(r+\mathrm{j}\omega L)/\mathrm{j}\omega C}{r+\mathrm{j}\left(\omega L-\dfrac{1}{\omega C}\right)}\approx\frac{L/rC}{1+\mathrm{j}\left(\dfrac{\omega L}{r}-\dfrac{1}{r\omega C}\right)}$$

谐振时,感抗和容抗相等,回路呈阻性,故谐振频率为

$$\omega_o=\frac{1}{\sqrt{LC}},f_o=\frac{1}{2\pi\sqrt{LC}} \tag{B.8}$$

回路的谐振阻抗为

$$R_o=Z_P(\mathrm{j}\omega_o)=\frac{L}{r\cdot C} \tag{B.9}$$

令

$$Q_o=\frac{\omega_o L}{r}=\frac{1}{r\cdot\omega_o C} \tag{B.10}$$

称为回路的固有品质因数。则谐振阻抗 R_o 可用 Q_o 表示为

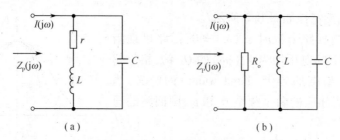

图 B.3　并联谐振回路

（a）LC 并联谐振回路；（b）等效电路。

$$R_\text{o} = Q_\text{o}\omega_\text{o}L = \frac{Q_\text{o}}{\omega_\text{o}C} \qquad (B.11)$$

式（B.11）表明，回路谐振时的谐振电阻比谐振感抗和谐振容抗大 Q_o 倍，谐振时流过电感和电容的电流比外电流 $I(j\omega_\text{o})$ 大 Q_o 倍。因为

$$\frac{\omega L}{r} - \frac{1}{r\omega C} = Q_\text{o}\left(\frac{\omega}{\omega_\text{o}} - \frac{\omega_\text{o}}{\omega}\right) \approx Q_\text{o}\frac{2\Delta\omega}{\omega_\text{o}} \qquad (B.12)$$

其中，$\Delta\omega = \omega - \omega_\text{o}$。利用式（B.12）可将式（B.7）表示为

$$Z_\text{P}(j\omega) = \frac{L/rC}{1 + j\left(\frac{\omega L}{r} - \frac{1}{r\omega C}\right)} = \frac{R_\text{o}}{1 + jQ_\text{o}\frac{2\Delta\omega}{\omega_\text{o}}} = \frac{R_\text{o}}{1 + j\xi} \qquad (B.13)$$

其中

$$\xi = Q_\text{o}\frac{2\Delta\omega}{\omega_\text{o}} = Q_\text{o}\frac{2\Delta f}{f_\text{o}} \qquad (B.14)$$

称为一般失谐。由式（B.13）可写出并联谐振回路阻抗的模和相位分别为

$$|Z_\text{P}(j\omega)| = \frac{R_\text{o}}{\sqrt{1 + \xi^2}} \ , \ \varphi_z(\omega) = -\arctan\xi$$

$$(B.15)$$

根据通频带定义，可令 $\xi = 1$，从而由式（B.14）得到回路的通频带为

$$BW_{0.7} = 2\Delta f = \frac{f_\text{o}}{Q_\text{o}} \qquad (B.16)$$

并联谐振回路的幅频和相频特性曲线如图 B.4 所示。

由上分析可见，并联谐振回路与串联谐振回路一样，其各项性能也与品质因数 Q_o 有关，因此，当回路接入负载 R_L 和信号源内阻 R_S 时将对回路的品质因数产生影响，从而影响回路的选择性。

实际应用时为了减小信号源和负载对回路产生的影响，常采用部分接入的方法，即信号源和负载不是直

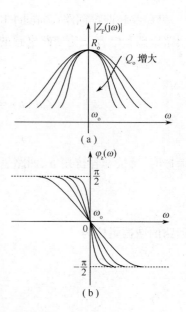

图 B.4　并联谐振回路的
幅频和相频特性

（a）幅频特性；（b）相频特性。

接并联到回路两端,而是接到线圈的一部分,如图 B.5 所示。令

$$p_1 = \frac{N_{12}}{N_{13}} \qquad\qquad (B.17)$$

为信号源对回路的接入比。令

$$p_2 = \frac{N_{45}}{N_{13}} \qquad\qquad (B.18)$$

为负载对回路的接入比。则信号源及其内电导和负载电导折算到回路两端的值分别为

$$\begin{cases} I'_s = p_1 I_s \\ g'_s = p_1^2 g_s \\ g'_L = p_1^2 g_L \end{cases} \qquad\qquad (B.19)$$

于是,得到谐振时回路的总电导为

$$g_\Sigma = g_o + g'_s + g'_L \qquad\qquad (B.20)$$

回路的有载品质因数为

$$Q_L = \frac{1}{g_\Sigma \omega_o L} = \frac{\omega_o C}{g_\Sigma} \qquad\qquad (B.21)$$

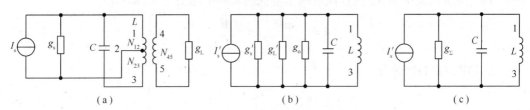

图 B.5 部分接入的并联谐振回路

显然,有载品质因数 Q_L 小于回路固有品质因数 Q_o。此时,回路的通频带变为

$$BW_{0.7} = 2\Delta f = \frac{f_o}{Q_L} \qquad\qquad (B.22)$$

从式(B.19)可知,由于 p_1、p_2 均小于 1,信号源内电导和负载电导折算到回路两端的电导值均减小,等效于并联在回路两端的电阻值增大,因此,它们对回路的影响就减小。另外,信号源内阻越大,它对回路的影响越小,所以,并联谐振回路总是希望用内阻 R_S 大的电流源激励。

B.3 耦合谐振回路(双调谐回路)

在高频电路中,时常用到两个互相耦合的振荡回路,两个回路可以通过互感耦合,也可以通过电容耦合,如图 B.6 所示。耦合振荡回路也称为双调谐回路。

耦合振荡回路在高频电路中的主要作用是进行阻抗变换,以利于高频信号传输,同时形成比单谐振回路更好的频率特性。耦合振荡回路中的两个回路通常都可以进行频率调谐,而且 Q 值高。为便于分析,将图 B.6 所示的两个电路分别等效成如图 B.7(a)、图 B.7(b)所示两个电路。

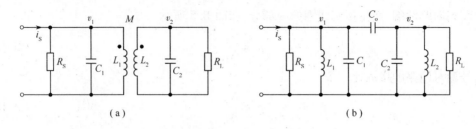

图 B.6 耦合振荡回路

(a)通过互感耦合；(b)通过电容耦合。

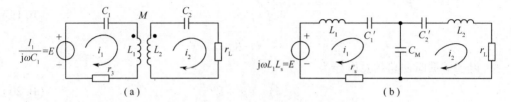

图 B.7 耦合振荡回路的等效电路

为了说明两个回路之间的相对耦合程度,现引入耦合系数 k,它定义为耦合阻抗 $X_\mathrm{m} = \omega M$ 与初、次级回路中和 X_m 同性质的两个电抗的几何平均值之比,即

$$k = \frac{\omega M}{\sqrt{\omega^2 L_1 L_2}} = \frac{M}{\sqrt{L_1 L_2}} \tag{B.23}$$

对于电容耦合回路有

$$k = \frac{C_\mathrm{o}}{\sqrt{(C_1 + C_\mathrm{o})(C_2 + C_\mathrm{o})}} \tag{B.24}$$

现对图 B.7(a)所示电路进行分析。当初级回路有信号激励产生回路电流 I_1 时,将在次级回路产生感应电势 $j\omega M I_1$,从而形成次级回路电流 I_2。次级回路对初级回路产生反作用,在初级回路产生反电势,此反电势可以通过在初级回路引入一个反映阻抗 Z_f 来等效,它表示为

$$Z_\mathrm{f} = \frac{X_\mathrm{m}^2}{Z_2} = \frac{\omega^2 M^2}{Z_2} \tag{B.25}$$

式中:Z_2 是次级回路串联阻抗。

因为 Z_2 是随频率变化的阻抗,它随次级回路谐振与否会呈现纯阻性、感性或容性,所以,Z_f 也会随频率变化呈现不同的阻抗特性,并最终影响转移特性阻抗的特性。

耦合回路常作为双端口网络应用,关心的是它的转移阻抗的频率特性。由于实用中初、次级回路参数往往相同,即 $L_1 = L_2 = L$, $C_1 = C_2 = C$, $Q_1 = Q_2 = Q$。故以下在此条件下分析转移阻抗的特性。

初、次级串联回路的阻抗和耦合阻抗分别为

$$Z_1 = r_1(1 + j\xi) \tag{B.26}$$

$$Z_2 = r_2(1 + j\xi) \tag{B.27}$$

$$Z_\mathrm{m} = j\omega M \tag{B.28}$$

式中:ξ 为广义失谐系数,它表示为

$$\xi = \frac{\omega_o L}{r}\left(\frac{\omega}{\omega_o} - \frac{\omega_o}{\omega}\right) \approx 2Q\frac{\Delta\omega}{\omega_o} \quad\quad (\text{B.29})$$

由图 B.7(a)电路可知,转移阻抗为

$$Z_{21} = \frac{V_2}{I_s} = \frac{I_2/(j\omega C_2)}{j\omega C_1 \cdot E} = -\frac{1}{\omega^2 C_1 C_2} \cdot \frac{I_2}{E} \quad\quad (\text{B.30})$$

式中:I_2 为次级电流,它由次级感应电势 $I_1 Z_m$ 产生;$I_2 = I_1 Z_m/Z_2$。

考虑次级反映阻抗 Z_f 后,有

$$E = I_1(Z_1 + Z_f) = I_1(Z_1 + X_m^2/Z_2)$$

将上述关系代入式(B.30),并利用广义失谐系数 ξ,经化简可得

$$Z_{21} = -j\frac{Q}{\omega_o C} \cdot \frac{A}{1 - \xi^2 + A^2 + 2j\xi} \quad\quad (\text{B.31})$$

式中:$A = kQ$ 称为耦合因子。

与此相仿,可得电容耦合回路的转移阻抗为

$$Z_{21} = jQ\omega_o L \cdot \frac{A}{1 - \xi^2 + A^2 + 2j\xi} \quad\quad (\text{B.32})$$

观察式(B.31)和式(B.32)可知,它们具有相同的频率特性,且耦合因子 A 将影响频率特性。将它们表示成归一化形式为

$$n = \frac{|Z_{21}|}{|Z_{21}|_{max}} = \frac{2A}{\sqrt{(1 - \xi^2 + A^2)^2 + 4\xi^2}} \quad\quad (\text{B.33})$$

式中:$|Z_{21}|_{max}$ 是 $|Z_{21}|$ 的极大值,对互感耦合电路为 $Q/2\omega_o C$,对电容耦合回路为 $Q\omega_o L/2$。

分析式(B.33)可知,若以 ξ 为变量,当 $A = 1$ 时,在 $\xi = 0$ 处出现一个最大值 $n = 1$;当 $A > 1$ 时,n 有两个均为 1 的最大值,而在 $\xi = 0$ 处出现凹点;当 $A < 1$ 时,在 $\xi = 0$ 处出现最大值,但该值小于 1。由此得到转移阻抗的频率特性如图 B.8 所示。

通常把 $A = 1$、$A > 1$ 和 $A < 1$ 分别称为临界耦合、强耦合和弱耦合。由图可见,在弱耦合时,最大值较小,曲线较尖锐,带宽窄,因此,耦合谐振回路一般不应工作在弱耦合状态。

在临界耦合时,曲线顶部变化较平缓,最大值较大,带宽宽,且在带宽以外曲线下降陡峭,说明它的选择性较好。将 $A = 1$ 代入式(B.33)可得

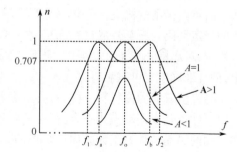

图 B.8　双调谐回路的频率特性

$$n = \frac{|Z_{21}|}{|Z_{21}|_{max}} = \frac{1}{\sqrt{1 + \xi^4/4}} \quad\quad (\text{B.34})$$

令 $\xi = \sqrt{2}$,并由式(B.29)得到回路的 3dB 带宽为

$$BW_{0.7} = \sqrt{2} f_o / Q \qquad (B.35)$$

可见,它是单谐振回路的带宽(f_o/Q)的$\sqrt{2}$倍。再令$\xi = 4.46$,并由式(B.29)得到回路的20dB带宽为

$$BW_{0.1} = 4.46 f_o / Q \qquad (B.36)$$

由式(B.35)和式(B.36)可得临界耦合时的矩形系数为

$$K_{0.1} = \frac{BW_{0.1}}{BW_{0.7}} = \frac{4.46}{\sqrt{2}} = 3.15$$

与单谐振回路的矩形系数等于9.96相比,双调谐回路的矩形系数大幅下降,说明双调谐回路的选择性远比单调谐回路好。

若允许在通带内存在凹陷的起伏特性,可以采用$A>1$的强耦合,此时可以得到更大的带宽。通常工作于强耦合状态的双调谐回路,其凹陷点的值不应小于0.707。则由式(B.33)计算得到最低凹陷点为0.707时的耦合因子$A = 2.41$,通频带为$BW_{0.7} = 3.1 f_o / Q$。

B.4 石英晶体谐振器

石英是一种具有晶状结构、外形呈角椎形六棱柱体的天然矿物质(也可人工制造),其主要化学成分为二氧化硅(SiO_2),它具有正、反两种压电效应。即若将其按照某种方式切割成一定厚度的薄片,当对薄片某两侧施加外力使其产生形变(压缩或伸长),则薄片另两侧将出现正、负电荷的集聚,且该电荷的正负电荷量相等,并与石英片的形变量成正比,这一现象称为正压电效应。反之,若在晶片两侧施加一电压使之形成电场,则石英片晶格中偶极子由于受电场力作用,将使薄片产生机械变形,这一现象称为反压电效应。若外加到石英片的电压是一个交变电压时,则由于电荷性质的变化和机械形变作用,石英片将同时产生机械振荡和电振荡。

在石英片两侧形成能与外电路连接的两个电极,石英片能在电极支架上自由振荡,再加一个合适的封装,就构成一个石英晶体谐振器。

石英谐振器的固有振荡频率与石英片的物理特性、几何尺寸和外形有关。而振荡频率的稳定性则与石英片的材料和切割方式有关。由于石英晶体的物理性能和化学性能十分稳定,对周围环境条件如温度、湿度等的变化不敏感,故石英谐振器的谐振频率十分稳定,而且准确度也可以做得很高。

与许多其它固体材料一样,石英谐振器也存在着多种振荡模式,它除了取决于石英片几何尺寸的基音振动模式外,还存在着各种奇次泛音振动模式。利用基音振动实现对频率控制的的晶体称为基频晶体(Fundamental Frequency),其余称为泛音(Overtones)晶体。目前,基频晶体的振荡频率可以达到几百兆赫兹,当要求更高工作频率时可使用泛音晶体,泛音次数通常选为3次~7次,很少选9次以上,因为次数太高,泛音晶体的性能将明显下降。

图B.9是石英谐振器的电路符号和等效电路。其中,L_q、C_q和r_q为基频谐振特性参数,L_{q3}、C_{q3}和r_{q3}等分别为3、5、7次泛音谐振特性参数。这些参数仅在谐振器产生正、负压电效应时才有意义。

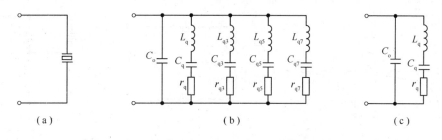

图 B.9　石英谐振器及其等效电路

(a)电路符号；(b)基频及各次泛音等效电路；(c)基频等效电路。

在等效电路中，C_o 称为并联电容（静电容），它相当于以石英片为介质、以两电极为极板的平板电容器的电容量，并包含支架和引线电容的总和，其值常在几皮法至几十皮法。L_q 为等效电感，其值通常较大，常在几毫亨至上百亨之间。C_q 称为动态电容，其值较小，通常小于 0.1pF。r_q 等效石英片产生机械振动时材料的损耗，其值很小。例如，国产 B45 型 1MHz 晶体，$L_q = 4.0H$，$C_q = 0.0063pF$，$r_q < 100\Omega \sim 200\Omega$，$C_o = 2pF \sim 3pF$。

如果只考虑石英谐振器的基频特性时，可以用图 B.9(c)所示的基频等效电路。由该电路可知其两个谐振频率分别为

$$f_q = \frac{1}{2\pi \sqrt{L_q C_q}} \tag{B.37}$$

$$f_p = \frac{1}{2\pi \sqrt{L_q C_q C_o / (C_q + C_o)}} = f_q \sqrt{1 + C_q / C_o} \tag{B.38}$$

式中：f_q 为串联谐振频率；f_p 为并联谐振频率。

由于满足 $C_o \gg C_q$ 的条件，故 f_q 与 f_p 十分接近。石英谐振器的品质因数可以表示为

$$Q_q = \frac{2\pi f_q L_q}{r_q} = \frac{1}{r_q} \sqrt{\frac{L_q}{C_q}} \tag{B.39}$$

因为 r_q、C_q 很小，而 L_q 较大，故 Q_q 是一个很大的数值。例如，国产 B45 型 1MHz 晶体，$Q_q = 12500 \sim 25000$，这是一般 LC 回路根本无法达到的。

图 B.10 是石英谐振器的电抗特性曲线。由图可见，在频率小于 f_q 和大于 f_p 的范围内，晶体呈容性，在频率 $f_q \sim f_p$ 的一段频率范围内，晶体呈感性。在串联谐振频率 f_q 上，晶体呈现的阻抗很小（r_q），此时可将晶体近似看作一根短路线，而在并联谐振频率 f_p 上，晶体呈现的阻抗很大。因此，从理论上讲晶体不仅可以作电感器使用，也可以作电容器使用，但从电抗特性曲线中可以看到，容抗的特性曲线远不如感抗的特性曲线陡峭，因此，石英晶体谐振器一般只作高 Q 值电感器使用。

石英谐振器除了在电路中用来提高振荡频率的稳定度外，也用来组成石英晶体滤波器。图 B.11(a)是石英晶体滤波器的一种电路形式。将它画成图 B.11(b)的形式，可见它是一个电桥电路。

它的平衡条件是 $Z_{JT1} Z_L = Z_{JT2} Z_L$，即 $Z_{JT1} = Z_{JT2}$。当两个晶体的阻抗在某个频率上相等时电桥达到平衡，a、b 端之间就不会有该频率的信号输出，电桥越是不平衡，a、b 端之间的输出信号就越强。如果选择 JT_1 的并联谐振频率 f_{p1} 等于 JT_2 的串联谐振频率 f_{q2}，则可定性分析得到晶体滤波器的滤波特性如图 B.12 所示。

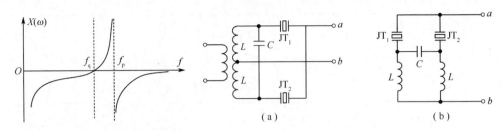

图 B.10　石英谐振器的电抗特性曲线　　　　　　图 B.11　石英晶体滤波器

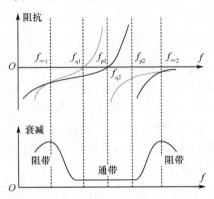

图 B.12　晶体滤波器的滤波特性

晶体滤波器的特点是中心频率很稳定,阻带内具有较陡峭的衰减特性,但它的带宽很窄,它相对中心频率的通带宽度只有千分之几,在许多情况下限制了它的运用。

B.5　陶瓷滤波器

陶瓷滤波器是集中选频滤波器之一种。集中选频滤波器具有接近理想矩形的幅频特性,有的矩形系数可以达到 1.1,目前广泛应用的有晶体滤波器、陶瓷滤波器和声表面波滤波器。

有些陶瓷材料(如锆钛酸铅 $P_b(ZrTi)O_3$)经直流高压电场极化后可具有类似于石英晶体的压电效应。它们具有与石英晶体一样的电路符号和等效电路,因此,压电陶瓷也可制成滤波器,即陶瓷滤波器(B.13)。

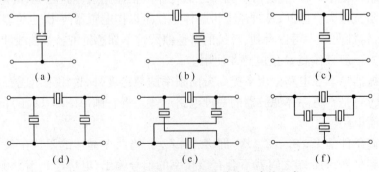

图 B.13　陶瓷滤波器的电路符号和连接形式
(a)电路符号;(b)L 型;(c)T 型;(d)π 型;(e)桥型;(f)桥 T 型。

　　陶瓷滤波器是具有陶瓷振子的滤波器,目前陶瓷滤波器使用的压电陶瓷振子,其相对带宽为 0.5% ~20% ,品质因数在 600 ~3000 范围内。大量生产的陶瓷振子频率温度系数一般为 $5 \times 10^{-5}/℃$,使用频率范围为 1kHz ~ 几十兆赫兹,具体又可分为音频(3kHz 以下)、甚低频(3kHz ~ 30kHz)、低频(30kHz ~ 300kHz)、中频(300kHz ~ 3000kHz)、高频(3MHz ~ 30MHz)以及甚高频(30MHz 以上)。音频的下限频率达到 500Hz,甚高频上限频率可达到 70MHz 左右。使用钛酸铝陶瓷材料可制成 200MHz 的振子和滤波器。

　　陶瓷滤波器的选频特性介于 LC 滤波器和晶体滤波器之间,工作频率约为几百千赫兹至上百兆赫兹,相对带宽较窄,约为千分之几至百分之几。陶瓷滤波器的主要优点是可以适合小型化的要求,耐热耐湿性能较好,很少受外界因素影响。它的等效品质因数可以达到几百,且通带内衰减较小,带外衰减大,矩形系数较小。缺点是工艺一致性差,故频率特性的离散性较大,带宽窄,从而在许多情况下限制了它的运用。

附录 C 阻抗变换网络

C.1 理想变压器阻抗变换

变压器阻抗变换网络如图 C.1(a)所示。若变压器是理想的,且初级和次级绕组匝数比为 $n = N_1/N_2$,则初、次级电压和电流满足如下关系:

$$\frac{V_1}{V_2} = n, \frac{I_1}{I_2} = -\frac{1}{n} \tag{C.1}$$

因此,当次级接有电阻 R_L 时,呈现在初级绕组两端的电阻值为

$$R_i = n^2 R_L \tag{C.2}$$

同理,当初级接有电阻 R_L 时,呈现在次级绕组两端的电阻值为

$$R_i = \frac{1}{n^2} R_L \tag{C.3}$$

即它是可逆的。

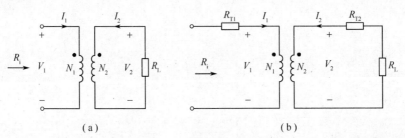

图 C.1 变压器阻抗变换电路

(a)理想变压器;(b)实际变压器。

当考虑变压器的损耗时如图 C.1(b)所示,其中,R_{T1} 和 R_{T2} 分别是初、次级绕组的损耗电阻,这时,呈现在初级绕组两端的电阻为

$$R_i = R_{T1} + n^2(R_{T2} + R_L) \tag{C.4}$$

于是,变压器的效率可表示为

$$\eta_T = \frac{I_1^2 n^2 R_L}{I_1^2 [R_{T1} + n^2(R_{T2} + R_L)]} = \frac{n^2 R_L}{[R_{T1} + n^2(R_{T2} + R_L)]} = \frac{n^2 R_L}{R_i} \tag{C.5}$$

$$R_i = \frac{n^2 R_L}{\eta_T} \tag{C.6}$$

实际的变压器不可能为理想,但只要初、次级之间的耦合系数接近于 1(无漏感),初级激磁电感量足够大,即可近似认为变压器是理想的。

C.2 电感分压器阻抗变换

电感分压阻抗变换电路如图 C.2 所示。图中，M 为 L_1 和 L_2 之间的互感量。若 L_1 和 L_2 是无耗的，则从功率相等原理可得

$$\frac{V_1^2}{R_i} = \frac{V_2^2}{R_L}$$

即

$$R_i = R_L \frac{V_1^2}{V_2^2} \tag{C.7}$$

当满足 $R_L \gg \omega L_2$ 的条件时，两个电压可近似表示为

$$V_1 \approx I[j\omega(L_1 + L_2 + 2M)]$$
$$V_2 \approx I[j\omega(L_2 + M)]$$

因而

$$R_i = R_L \frac{V_1^2}{V_2^2} = \left(\frac{L_1 + L_2 + 2M}{L_2 + M}\right)^2 R_L \tag{C.8}$$

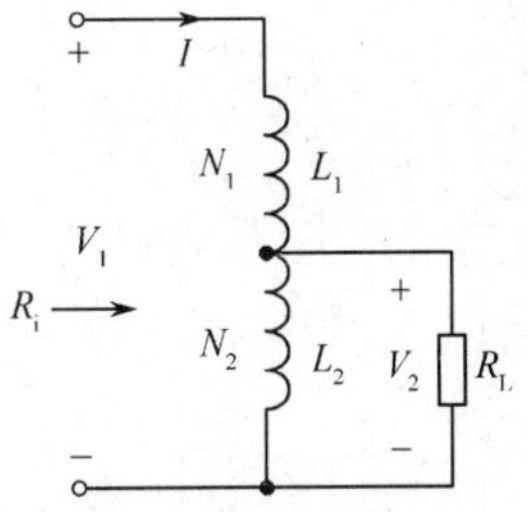

图 C.2 电感分压阻
抗变换电路

因为

$$L_1 = N_1^2 L_o, L_2 = N_2^2 L_o, M = N_1 N_2 L_o$$

式中：L_o 为每匝线圈的电感量。

将其代入式(C.8)可得

$$R_i \approx \left(\frac{N_1 + N_2}{N_2}\right)^2 R_L = n^2 R_L \tag{C.9}$$

式中：$n = (N_1 + N_2)/N_2$ 为电感线圈的匝数比。

如果在输入端接 R_L，并满足 $R_L \gg \omega(L_1 + L_2 + 2M)$ 的条件，则转换到输出端的电阻值为 R_L/n^2，它是可逆的。

电感分压阻抗变换电路常在 LC 并联谐振回路中出现(部分接入)。

C.3 电容分压器阻抗变换

电容分压器阻抗变换电路如图 C.3 所示。若设电容是无耗的，根据功率相等原理可得

$$\frac{V_1^2}{R_i} = \frac{V_2^2}{R_L}$$

即

$$R_i = R_L \frac{V_1^2}{V_2^2} \tag{C.10}$$

当满足 $R_L \gg 1/(\omega C_2)$ 的条件时，可近似认为

$$\frac{V_2}{V_1} = \frac{C_1}{C_1 + C_2} \tag{C.11}$$

于是得到

$$R_i = R_L \frac{V_1^2}{V_2^2} = \left(\frac{C_1 + C_2}{C_1}\right)^2 R_L = n^2 R_L \tag{C.12}$$

式中: $n = (C_1 + C_2)/C_1$。

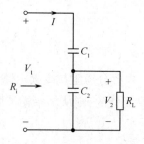

图 C.3　电容分压阻抗变换电路

　　如果在输入端接电阻 R_L, 且保证其值远大于两端容抗值, 则将其折算到输出端的数值为 R_L/n^2, 即它也是可逆的。

附录 D 常用函数的展开式

D.1 常用函数的幂级数展开式

常用函数的幂级数展开式如表 D.1 所列。

表 D.1 常用函数的幂级数展开式

函 数	幂级数展开式	收 敛 域
$(1 \pm x)^m$ $m > 0$	$1 \pm mx + \dfrac{m(m-1)}{2!}x^2 \pm \dfrac{m(m-1)(m-2)}{3!}x^3 + \cdots$	$\lvert x \rvert \leqslant 1$
$(1 \pm x)^{-m}$ $m > 0$	$1 \mp mx + \dfrac{m(m+1)}{2!}x^2 \mp \dfrac{m(m+1)(m+2)}{3!}x^3 + \cdots$ $+ (\mp)^n \dfrac{m(m+1)\cdots(m+n-1)}{n!}x^n + \cdots$	$\lvert x \rvert < 1$
$(1 \pm x)^{-1/2}$	$1 \mp \dfrac{1}{2}x + \dfrac{1 \cdot 3}{2 \cdot 4}x^2 \mp \dfrac{1 \cdot 3 \cdot 5}{2 \cdot 4 \cdot 6}x^3 + \dfrac{1 \cdot 3 \cdot 5 \cdot 7}{2 \cdot 4 \cdot 6 \cdot 8}x^4 \mp \cdots$	$\lvert x \rvert < 1$
$(1 \pm x)^{-1}$	$1 \mp x + x^2 \mp x^3 + x^4 \mp \cdots$	$\lvert x \rvert < 1$
$\sin x$	$x - \dfrac{x^3}{3!} + \dfrac{x^5}{5!} - \cdots (-1)^n \dfrac{x^{2n+1}}{(2n+1)!} + \cdots$	$\lvert x \rvert < \infty$
$\cos x$	$x - \dfrac{x^2}{2!} + \dfrac{x^4}{4!} - \dfrac{x^6}{6!} + \cdots + (-1)^n \dfrac{x^{2n}}{(2n)!} + \cdots$	$\lvert x \rvert < \infty$
e^x	$1 + \dfrac{x}{1!} + \dfrac{x^2}{2!} + \dfrac{x^3}{3!} + \cdots + \dfrac{x^n}{n!} + \cdots$	$\lvert x \rvert < \infty$
$\ln(1+x)$	$x - \dfrac{x^2}{2} + \dfrac{x^3}{3} - \dfrac{x^4}{4} + \cdots + (-1)^{n+1} \dfrac{x^n}{n} + \cdots$	$-1 < x \leqslant 1$
$\ln(1-x)$	$-\left(x + \dfrac{x^2}{2} + \dfrac{x^3}{3} + \dfrac{x^4}{4} + \cdots + \dfrac{x^n}{n} + \cdots \right)$	$-1 \leqslant x < 1$
$\ln\dfrac{1+x}{1-x}$	$2\left(x + \dfrac{x^3}{3} + \dfrac{x^5}{5} + \cdots + \dfrac{x^{2n+1}}{2n+1} + \cdots \right)$	$\lvert x \rvert < 1$
$\mathrm{sh}x$	$x + \dfrac{x^3}{3!} + \dfrac{x^5}{5!} + \dfrac{x^7}{7!} + \cdots + \dfrac{x^{2n+1}}{(2n+1)!} + \cdots$	$\lvert x \rvert < \infty$
$\mathrm{ch}x$	$x + \dfrac{x^2}{2!} + \dfrac{x^4}{4!} + \dfrac{x^6}{6!} + \cdots + \dfrac{x^{2n}}{(2n)!} + \cdots$	$\lvert x \rvert < \infty$
$\mathrm{th}x$	$x - \dfrac{1}{3}x^3 + \dfrac{2}{15}x^5 - \dfrac{17}{315}x^7 + \dfrac{62}{2835}x^9 - \cdots$	$\lvert x \rvert < \dfrac{1}{2}\pi$

D.2　常用函数的傅里叶级数展开式

常用函数的傅里叶级数展开式如表 D.2 所列。

表 D.2　常用函数的傅里叶级数展开式

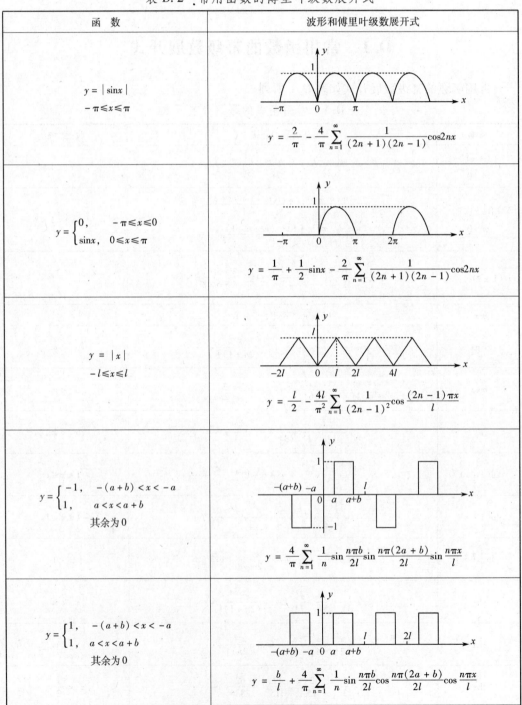

函 数	波形和傅里叶级数展开式
$y = \lvert \sin x \rvert$ $-\pi \leqslant x \leqslant \pi$	$y = \dfrac{2}{\pi} - \dfrac{4}{\pi} \sum_{n=1}^{\infty} \dfrac{1}{(2n+1)(2n-1)} \cos 2nx$
$y = \begin{cases} 0, & -\pi \leqslant x \leqslant 0 \\ \sin x, & 0 \leqslant x \leqslant \pi \end{cases}$	$y = \dfrac{1}{\pi} + \dfrac{1}{2}\sin x - \dfrac{2}{\pi} \sum_{n=1}^{\infty} \dfrac{1}{(2n+1)(2n-1)} \cos 2nx$
$y = \lvert x \rvert$ $-l \leqslant x \leqslant l$	$y = \dfrac{l}{2} - \dfrac{4l}{\pi^2} \sum_{n=1}^{\infty} \dfrac{1}{(2n-1)^2} \cos \dfrac{(2n-1)\pi x}{l}$
$y = \begin{cases} -1, & -(a+b) < x < -a \\ 1, & a < x < a+b \end{cases}$ 其余为 0	$y = \dfrac{4}{\pi} \sum_{n=1}^{\infty} \dfrac{1}{n} \sin \dfrac{n\pi b}{2l} \sin \dfrac{n\pi(2a+b)}{2l} \sin \dfrac{n\pi x}{l}$
$y = \begin{cases} 1, & -(a+b) < x < -a \\ 1, & a < x < a+b \end{cases}$ 其余为 0	$y = \dfrac{b}{l} + \dfrac{4}{\pi} \sum_{n=1}^{\infty} \dfrac{1}{n} \sin \dfrac{n\pi b}{2l} \cos \dfrac{n\pi(2a+b)}{2l} \cos \dfrac{n\pi x}{l}$

（续）

函 数	波形和傅里叶级数展开式

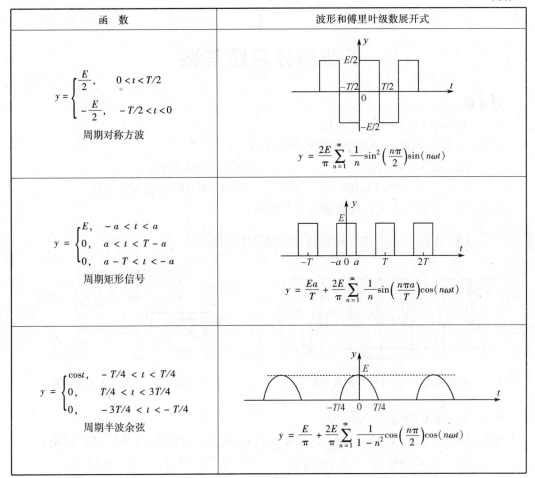

$$y = \begin{cases} \dfrac{E}{2}, & 0 < t < T/2 \\ -\dfrac{E}{2}, & -T/2 < t < 0 \end{cases}$$

周期对称方波

$$y = \frac{2E}{\pi} \sum_{n=1}^{\infty} \frac{1}{n} \sin^2\left(\frac{n\pi}{2}\right) \sin(n\omega t)$$

$$y = \begin{cases} E, & -a < t < a \\ 0, & a < t < T-a \\ 0, & a-T < t < -a \end{cases}$$

周期矩形信号

$$y = \frac{Ea}{T} + \frac{2E}{\pi} \sum_{n=1}^{\infty} \frac{1}{n} \sin\left(\frac{n\pi a}{T}\right) \cos(n\omega t)$$

$$y = \begin{cases} \cos t, & -T/4 < t < T/4 \\ 0, & T/4 < t < 3T/4 \\ 0, & -3T/4 < t < -T/4 \end{cases}$$

周期半波余弦

$$y = \frac{E}{\pi} + \frac{2E}{\pi} \sum_{n=1}^{\infty} \frac{1}{1-n^2} \cos\left(\frac{n\pi}{2}\right) \cos(n\omega t)$$

下册部分习题答案

第6章

6.1　$A_{vo} = -12.3$，$BW = 633kHz$。

6.2　(1)　y 参数等效电路如题解图 6.1 所示；

(2)　$g_\Sigma = 0.41mS$；　　　　　　　　　(3)　$C_\Sigma = 50.54pF$；

(4)　$A_{vo} = -27.44$，$BW = 2.1MHz$；　　(5)　A_{vo} 和 BW 均会发生变化。

6.3　(3)　交流等效电路如题解图 6.2 所示；

(4)　$A_{vo} = -\dfrac{p_2 g_m}{g_\Sigma}$，$P_2$ 是负载对回路的接入比。

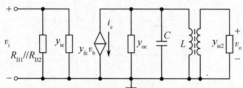

　　题解图 6.1　习题 6.2 答案用图　　　　　　题解图 6.2　习题 6.3 答案用图

6.5　$P_D = 6.64W$，$\eta_C = 75.3\%$。

6.7　(a)　$R_i/R_L = 1/16$，$Z_{C1} = Z_{C2} = R_L/4$；(b)　$R_i/R_L = 16$，$Z_{C1} = 8R_L$，$Z_{C2} = 2R_L$；

(c)　$R_i/R_L = 4$，$Z_{C1} = Z_{C2} = 2R_L$；　　(d)　$R_i/R_L = 9$，$Z_{C1} = Z_{C2} = 3R_L$；

(e)　$R_i/R_L = 1/9$，$Z_{C1} = Z_{C2} = R_L/3$，$Z_{C3} = R_L$

6.12　(a)　$F = 0.45$，(b)　$F = 0.14$。

6.14　$\omega_c \pm \Omega$，$\omega_c \pm 2\Omega$。

6.15　$v_1 v_2 = \dfrac{V_{1m} V_{2m}}{2} \big[\cos(\omega_1 + \omega_2)t + \cos(\omega_1 - \omega_2)t \big]$。

6.16　$25V$，$2\pi \times 10^6 rad/s$，0.7 和 $1000Hz$。

6.17　$m_{a1} = 0.5$；$10.845kW$。

6.18　频率分量为 $2\pi(10^6 \pm 5000)$ 和 $2\pi(10^6 \pm 10000)$，振幅分别为 $8.75V$ 和 $3.75V$。峰值为 $37.6V$，谷值为 $0V$。

6.19　$v_a(t) = 5\big[1 + 0.8(1 + 0.5\cos6\pi \times 10^3 t)\cos2\pi \times 10^4 t + 0.4(1 + 0.4\cos6\pi \times 10^3 t)\cos6\pi \times 10^4 t \big] \times \cos2\pi \times 10^6 t (V)$；原理框图如题解图 6.3 所示。

6.21　由题图 6.8 可写出标准调幅波表达式为

$$v_a(t) = -\frac{R_3}{R_1} A_M E_o V_{cm} \left(1 + \frac{R_1 V_{\Omega m}}{R_2 E_o} \cos\Omega t \right) \cos\omega_c t \quad (V)$$

所以，应通过增大 R_2 或减小 R_1 的数值来消除过调制失真。

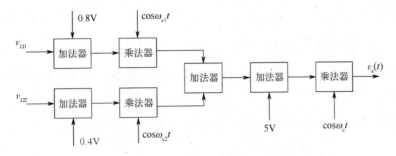

题解图 6.3　习题 6.19 答案用图

6.22　(1) $v_o(t) = 10 + 6(1 + 0.563\cos10^4 t)\cos10^7 t\,(\mathrm{V})$;

　　　(2) 不能得到双边带信号。

6.23　(1) $v_s(t) = 2\cos2\pi\times10^6 t\,(\mathrm{V})$, $v_o(t) = 1.8\,\mathrm{V}$;

　　　(2) $v_o(t) = 1.8(1 + 0.5\cos2\pi\times10^3 t)\,(\mathrm{V})$ 。

6.24　$R_{id} = 2.35\,\mathrm{k\Omega}$; $K_d = 0.81$ 。

6.25　会产生负峰切割失真。应通过调整 R_2 (向下滑动), 增大交流电阻 R_Ω 的数值加以克服。当 R_2 的下半部电阻值小于等于 $4.46\,\mathrm{k\Omega}$ 时不会产生负峰切割失真。

6.26　$\Delta f_m = 10\,\mathrm{kHz}$, $m_f = 5$; $\Delta\varphi_m = m_p = 5\,\mathrm{rad}$ 。

6.27　$v_f(t) = 5\cos\left[2\pi\times10^8 t + \dfrac{20}{3}\sin(2\pi\times10^3 t) + \dfrac{80}{3}\sin(2\pi\times500 t)\right]$ 。

6.28　(1) $v_f(t) = 4\cos\left[2\pi\times2.5\times10^7 t - 2.5\times10^4\cos(2\pi\times400 t)\right]\,(\mathrm{V})$,

　　　　　$v_p(t) = 4\cos\left[2\pi\times2.5\times10^7 t + 2.5\times10^4\sin(2\pi\times400 t)\right]\,(\mathrm{V})$;

　　　(2) $v_f(t) = 4\cos\left[2\pi\times2.5\times10^7 t - 5000\cos(2\pi\times2000 t)\right]\,(\mathrm{V})$,

　　　　　$v_p(t) = 4\cos\left[2\pi\times2.5\times10^7 t + 5000\sin(2\pi\times2000 t)\right]\,(\mathrm{V})$ 。

6.29　(1) 当 $v_\Omega(t) = V_{\Omega m}\cos10^4 t$ 时为调频波, 当 $v_\Omega(t) = V_{\Omega m}\sin10^4 t$ 时为调相波。

　　　(2) $m_f = m_p = 3$, $f_\Omega = 10\,\mathrm{kHz}$, $\Delta f_m = 30\,\mathrm{kHz}$ 、$80\,\mathrm{kHz}$, $P = 0.5\,\mathrm{W}$ 。

6.30　$f_{c1} = 6\,\mathrm{MHz}$, $\Delta f_{m1} = 1.5\,\mathrm{kHz}$, $\mathrm{BW}_1 = 33\,\mathrm{kHz}$, $\mathrm{BW}_2 = 180\,\mathrm{kHz}$ 。

6.32　(1) $g_d = -0.01\,\mathrm{V/kHz}$;

　　　(2) $v_f(t) = V_{fm}\cos(2\pi f_c t + 50\sin4\pi10^3 t)$, $v_\Omega(t) = -V_{\Omega m}\cos4\pi10^3 t\,(\mathrm{V})$ 。

6.33　$v_{o1}(t) = R_1 C_1\left[V_{fm}(\omega_c + V_{\Omega m}\cos\Omega t)\right]\sin\left(\omega_c t + \displaystyle\int V_{\Omega m}\cos\Omega t\,\mathrm{d}t\right)$;

　　　$v_o(t) = k_d R_1 C_1\left[V_{fm}(\omega_c + V_{\Omega m}\cos\Omega t)\right]$ 。

6.34　(2) $f_s = 535\,\mathrm{kHz}$; (3) $g_c = 4\,\mathrm{ms}$; (5) $A_{vc} = -10.4$ 。

6.35　$i_1(t) = \dfrac{I_{DSS}}{V_P^2}V_{sm}V_{Lm}\cos\omega_1 t$ 、$g_c = \dfrac{I_{DSS}}{V_P^2}V_{Lm}$

6.36　$0.91\,\mathrm{MHz}$; $1.365\,\mathrm{MHz}$; $0.6825\,\mathrm{MHz}$ 。

6.38　3 级 AGC 电路能满足要求。

6.39　$\Delta f_c = 2.9\,\mathrm{kHz}$ 。

6.40　$A_1 = 40$ 。

6.41　$V_{\Omega m} = 0.4\,\mathrm{V}$ 。

第 7 章

7.1　$v_o = -\dfrac{10}{3}(T_1 + T_2 + T_3)(\text{mV})$。

7.2　(1) 分辨力 $\Delta V = 0.316(\text{mV})$；(2) CMRR $= 60\text{dB}$；(3) CMRR $= 120\text{dB}$，需要使用专用测量放大器。

7.3　(1) 最大值 288mV，最小值 -263mV；(2) $v_o = \dfrac{10x}{2+x}(\text{V})$。

7.4　$v_o = \dfrac{Ex}{2(2+x)}\left[1 + \dfrac{2R_F}{R}\right] \approx \dfrac{ExR_F}{(2+x)R}$。

7.5　只有题图 7.4(c) 所示电路可以正常工作，因为其它两种均为电压放大器。

7.6　$A_v = -R_W/R_5$。

7.7　$V_o = -\dfrac{K}{\mu}\ln\left(\dfrac{V_m}{A_v V_{xo}}\right)$。

7.8　电路如题解图 7.4 所示。其中，$R_1 = \dfrac{280 - 400V_{REF}}{23}$，$R_2 = \dfrac{168 - 240V_{REF}}{47}$。

7.9　(1) $v_i \sim v_o$ 特性如题解图 7.5 所示；

　　(2) 当输入电压为 3V 和 6V 时对应的输出电压分别 -5.05V 和 -7.94V。

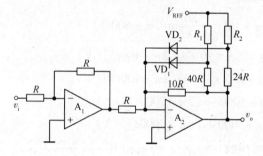

题解图 7.4　习题 7.8 答案用图

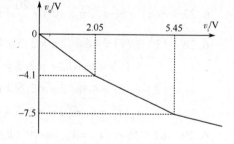

题解图 7.5　习题 7.9 答案用图

7.10　$v_o = 2\left[v_i - \left(\dfrac{v_i}{6.3}\right)^m\right](\text{V})$。

7.11　子电路 A 选(3)，子电路 B 选(6)，子电路 C 选(5)，子电路 D 选(2)。

第 8 章

8.1　(1) $-\dfrac{R_{MSB}}{2^{12}} \sim +\dfrac{R_{MSB}}{2^{12}}$；(2) $-\dfrac{R_{LSB}}{2} \sim +\dfrac{R_{LSB}}{2}$。

8.3　$-25/16\text{V}$，$-15/8\text{V}$，$-45/16\text{V}$。

8.4　(1) 12 位或 $2.44 \times 10^{-4}\text{FSR}$；(2) 7.25LSB。

8.5　20kHz，50μs。

8.6　11μs，大于 110kHz。

8.7　(1) 12 位或 0.0244% FSR；

　　(2) 4.88mV ~ 9.76mV；

　　(3) FFDH 或 FFEH。

8.10 电平变换电路如题解图 8.6 所示。

8.11 (1) 最大输出电压为 9.96V,最小输出电压为 0V;

(2) 10000000B(或 80H)。

8.12 至少需要 20 位。

第 9 章

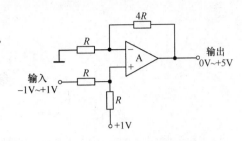

题解图 8.6 习题 8.10 答案用图

9.1 $\sqrt{4kTR\Delta f}$, $\sqrt{4kT\Delta f/R}$; $\sqrt{8kTR\Delta f}$, $\sqrt{8kT\Delta f/R}$。

9.2 $\sqrt{16kTR\Delta f}$, $\sqrt{4kT\Delta f/R}$。

9.4 71.4kΩ,5.05,1.25,2.6,5.05。

9.8 $\lambda_s(t) = 0.01 \dfrac{e^{-0.01t} + 2e^{-0.02t} - 3e^{-0.03t}}{e^{-0.01t} + e^{-0.02t} - e^{-0.03t}}$。

9.9 $R_s(t) = R_4(t)\left[R_3(t) + R_1(t)R_2(t) - R_1(t)R_2(t)R_3(t)\right]$。

9.10 $R(1) = 0.971$, $R(20) = 0.558$, $R(40) = 0.311$。

参 考 文 献

[1] 王志刚. 现代电子线路(下册). 北京:清华大学出版社,2003.

[2] 谢家奎. 电子线路 非线性部分(第四版). 北京:高等教育出版社,2000.

[3] 王卫东,傅佑麟. 高频电子线路. 北京:电子工业出版社,2004.

[4] 谢沅清. 通信电子电路基础(第二版). 北京:电子工业出版社,2006.

[5] 曾兴雯,刘乃安,等. 高频电路原理与分析. 西安:西安电子科技大学出版社,2001.

[6] Richard R Spenceer,Mohammed S. Ghausi-Introduction to Electronic Circuit Design.
张为、关欣,等译. 北京:电子工业出版社,2005.

[7] Adel S Sedra,Kenneth C. Smith – Microelectronic Circuits,Fifth Edition.
周玲玲,蒋乐天,等译. 北京:电子工业出版社. 2006.

[8] 美国国家半导体公司. 世界著名 IC 汇集,Linear supplement databook,1988.

[9] 美国 RCA 半导体公司. 世界著名 IC 汇集. Linear integrated circuits,1988.

[10] 翁瑞琪. 袖珍电子工程师手册. 北京:机械工业出版社. 1998.

[11] 《电子工业技术词典》编委会. 电子工业技术词典. 北京:国防工业出版社,1980.

[12] 黄智伟. 射频电路设计. 北京:电子工业出版社,2006.

[13] 张义芳,冯建华. 高频电子效率. 哈尔滨:哈尔滨工业大学出版社,1996.

[14] 张志刚. 常用 AD、DA 器件手册, 北京:电子工业出版社, 2008.

[15] (美)William Kleitz. 数字电子技术 – 从电路分析到技能实践. 陶国彬,赵玉峰译. 科学出版社, 2008.

[16] 陈明义. 数字电子技术基础(电类). 长沙:中南大学出版社, 2006.

[17] 徐志军,尹廷辉. 数字逻辑原理与 VHDL 设计. 北京:机械工业出版社,2008

[18] 方志豪. 晶体管低噪声电路. 北京:科学出版社,1984.

[19] 戴逸松. 电子系统噪声及低噪声设计. 长春:吉林人民出版社,1984.

[20] (美)A. 兹尔. 测量中的噪声. 陈杰美译. 北京:国防工业出版社,1984.

[21] 郭挺祥,张伦. 噪声测量技术. 北京:国防工业出版社,1984.

[22] 诸邦田. 电子电路实用抗干扰技术. 北京:人民邮电出版社,1996.

[23] (美)B. E. 凯瑟. 电磁兼容原理. 肖华庭等译. 北京:电子工业出版社,1985.

[24] 周文盛. 电子机械工程设计手册 – 电磁兼容设计分册. 北京:电子工业出版社,1987.

[25] 丁定浩. 可靠性与维修性工程. 北京:电子工业出版社,1986.

[26] 赵保经、罗振侯,等. A/D 和 D/A 转换器应用手册. 上海:上海科学普及出版社,1995.

[27] 美国军用手册. 电子设备可靠性预计. (MIL – HDBK – 217).

[28] Douglas LPerry. 电子设计硬件描述语言 VHDL(第 2 版). 周祖成,陆卫民译. 1994.

[29] 刘红丽,等. 传感与检测技术. 北京:国防工业出版社,2007.

[30] 陈裕泉,等. 现代传感器原理与应用. 北京:科学出版社,2007.

[31] 彭军. 传感器与检测技术. 西安:西安电子科技大学出版社,2003.

[32] 吴兴惠,王彩君. 传感器与信号处理. 北京:电子工业出版社,1998.

[33] 黄继昌、徐巧鱼,等. 传感器工作原理及应用实例. 北京:人民邮电出版社,1998.

[34] 陆利忠. 测控系统中采样数据的预处理. 测控技术,2000,8[15 ~ 16].